普通高等教育焊接技术与工程系列教材

焊接冶金学

——材料焊接性

第2版

李亚江　栗卓新　陈芙蓉
任振安　王　娟　等编著
杨建华　主审

机械工业出版社

本书针对工程中大量应用的材料（如合金结构钢、不锈钢及耐热钢、有色金属、铸铁等）和具有发展前景的新材料，系统阐述了这些材料焊接性的基本概念。全书共8章，内容包括：概述、焊接性及其试验评定、合金结构钢的焊接、不锈钢及耐热钢的焊接、有色金属的焊接、铸铁焊接、先进材料的焊接以及异种材料的焊接。本书内容反映了近年来材料焊接性研究的发展和应用现状。

本书可作为高等学校材料成形及控制工程（焊接方向）、焊接技术与工程专业的教材，也可供从事装备制造和焊接技术应用的工程技术人员参考。

图书在版编目（CIP）数据

焊接冶金学：材料焊接性/李亚江等编著. —2版.—北京：机械工业出版社，2016.6（2024.7重印）

普通高等教育焊接技术与工程系列教材

ISBN 978-7-111-53492-1

Ⅰ.①焊…　Ⅱ.①李…　Ⅲ.①焊接冶金-高等学校-教材　Ⅳ.①TG401

中国版本图书馆CIP数据核字（2016）第073252号

机械工业出版社（北京市百万庄大街22号　邮政编码100037）
策划编辑：丁昕祯　责任编辑：丁昕祯　张　鑫
责任校对：张　征　责任印制：单爱军
北京虎彩文化传播有限公司印刷
2024年7月第2版第10次印刷
184mm×260mm · 19.75印张 · 490千字
标准书号：ISBN 978-7-111-53492-1
定价：59.80元

电话服务
客服电话：010-88361066
010-88379833
010-68326294

网络服务
机　工　官　网：www.cmpbook.com
机　工　官　博：weibo.com/cmp1952
金　书　网：www.golden-book.com
机工教育服务网：www.cmpedu.com

第2版前言

《焊接冶金学——材料焊接性》是高等学校焊接专业、材料成形及控制工程专业（焊接方向）的教材，对培养工程技术人员起着重要的作用，同时也是从事与装备制造业和焊接技术相关的工程人员的主要参考书。

本书是根据2005年7月中国机械工业教育协会材料成形及控制工程教学委员会焊接学科组和机械工业出版社共同组织的焊接专业（方向）教材编写工作会议所通过的教材编写大纲的要求编写的，经过多年的教学实践，受到各高校专业教学好评。此次修订版将更新和增补新的内容，使之更加完善。

本书的特点是从焊接性角度研究材料的基本特性，阐述材料焊接性的基本理论与概念。书中引用了科研和焊接生产中一些先进的技术成果和成功的经验，目的在于启发学生独立思考，培养学生归纳、整理和分析的能力，加强对学生理论联系实际能力的训练，使之初步具备分析和解决焊接技术问题的能力。本书内容反映出近年来材料焊接性研究的发展，有助于引导学生思考、理解和扩大视野。

本书第1、2、3章由山东大学李亚江教授编著；第4章由北京工业大学栗卓新教授编著；第5章由内蒙古工业大学陈芙蓉教授编著；第6章由吉林大学任振安教授编著；第7章由山东大学王娟教授编著；第8章由山东建筑大学张元彬教授、刘鹏、李嘉宁编著；江苏科技大学夏春智、胡庆贤参加了第3章的编著；马群双、刘坤、魏守征等参加全书图、表整理和多媒体课件的编辑工作。全书由山东大学杨建华教授主审。

向关心本书出版的焊接界同行及所援引文献的作者表示诚挚谢意，这些文献资料充实了本书的内容，推动了我国焊接技术的发展。

由于水平所限，书中错误或不足之处敬请读者批评指正。

编　者

目录

第1章 概　述

焊接技术是现代工业高质量、高效率生产中不可缺少的先进制造技术，广泛应用于机械、船舶制造、电力、石油化工、建筑、汽车、电子和航空航天等工业部门中。一些发达国家焊接加工的钢材量已超过钢材产量的一半。大量的铝、铜和钛等有色金属的结构件也是用焊接方法来制造的。随着科学技术的发展，具有特殊性能的新型结构材料不断涌现，对材料的焊接性能提出了更高的要求，材料焊接性也越来越受到各行各业的密切关注。

1.1　材料在工程中的发展及应用

历史上，石器时代、青铜器时代和铁器时代，都是以材料为标志划分的。但是自古以来，人们都要把材料结合成一种结构才能更好地使用。因此，材料和结合手段就一直密不可分，而且彼此相互促进、不断发展。20 世纪初，电弧技术用于钢铁产品，促使焊接和钢结构出现了质的飞跃。21 世纪以来，我国钢产量发展得更快，已突破 7 亿 t，成为世界第一大产钢国。同时，钢的品种和质量也在迅速发展和提高，我国装备制造业中焊接工作者的任务将更加繁重和光荣。

1.1.1　钢结构的发展及应用

“二战”时期，美国在制造钢船结构时用焊接大量代替了铆接，以至于“二战”结束后，美国海军部长接到的总结报告中说：“若没有焊接，就不可能在这样短的时间内建造这样一支为赢得这场战争起到重要作用的庞大舰队。”材料焊接的重要性还可以延伸到其他装备，如坦克、载货汽车和飞机等。

先进的工业化国家都非常重视钢铁材料的研究和开发。合金结构钢受到世界各国的普遍重视，并成为今后若干年材料发展的基本方向。国外近几年在不同结构上使用低合金钢的比例见表 1-1。

表 1-1　国外近几年在不同结构上使用低合金钢的比例

项　目	欧洲（%）	北美（%）	日本（%）
结构用型钢	30	20	10
船舶用型钢	15～30	20	10
钢板桩	20	15	100
结构用钢板	25	20	10～30
建筑用薄板（不含钢筋）	95	80	70
海洋工程用钢板	90	30	70
海洋工程用型钢	70	20	10

在大量的工程结构中，目前金属材料仍处于主导地位，而且一直在不断地发展和更新，如超高强度钢、双相不锈钢和耐热钢等。合金结构钢综合性能优异，经济效益显著，是焊接结构中用量最大的一类工程材料。钢结构的应用范围广泛，涉及国民经济和国防建设的各个领域。尽管一些发达国家钢铁材料的主导地位正在发生变化，但钢铁材料在今后很长一个历史时期内仍将作为一种主要的工程材料发挥其重要作用。

1. 低合金钢的发展

随着科学的发展和技术进步，焊接结构设计日趋向高参数、轻量化及大型化发展，对钢材的性能提出了越来越高的要求。低合金钢由于性能优异和经济效益显著，在焊接结构中得到越来越广泛的应用。

低合金钢的发展大体经历了三个阶段。20 世纪 20 年代以前，工程上钢结构的制造主要采用铆接，设计参数主要是抗拉强度。钢的强化主要靠碳以及单一合金元素，如 Mn、Si、Cr 等，总质量分数达到 2%～3%，甚至更高一些。20 世纪 20～60 年代，钢结构制造中逐步采用了焊接技术，设计参数要考虑材料的屈服强度、韧性和焊接性要求。为了防止焊接裂纹，钢的化学成分向低碳多元合金化方向发展，碳的质量分数一般在 0.2% 以下，含 2～4 个有利于焊接性的合金元素并辅以热处理强化等工艺措施。20 世纪 70 年代以后，低合金高强度钢得到快速发展，钢中碳的质量分数降到 0.1% 以下，有的钢向超低碳含量发展。Ti、V、Nb 等微合金元素逐步引起关注，而且向多元复合合金化方向发展。

在低合金钢发展的第二阶段，人们就已认识到，单靠合金化的作用改善低合金钢的性能是有限的。随着社会发展，低合金高强度钢的使用范围不断扩大，经济性问题也日益突出。采用新技术是提高低合金钢综合性能和改善性价比的有效途径。但是，技术进步的作用只有在低合金钢发展的第三阶段才比较明显地发挥出来。

我国低合金钢的开发起步于 20 世纪 50 年代末、60 年代初，正处于国际上低合金高强度钢的发展阶段。20 世纪 70 年代以后，发展的微合金控轧钢是钢铁业的重大技术进步之一，在世界范围受到广泛重视，对进一步提高焊接质量和扩大焊接结构的应用有重要的意义。

合金结构钢发展的另一个趋势是不断提高耐热性，在开发的 Cr-Mo 耐热钢中增加 Cr 含量并添加 V 和 W，使耐热性比 9Cr-1Mo 钢进一步提高。焊接性是影响合金结构钢推广应用的关键，因此在高强度结构用钢的发展中，除了要考虑高强度、高韧性及其他使用性能外，同时还必须考虑其焊接性。

在合金结构钢的发展中改善焊接性是一条主线，而含碳量的降低是一个重要标志。淬火-回火（QT）钢通过多元微合金化以及TMCP钢通过控轧、控冷使碳含量不断下降，目前钢中碳的质量分数有的已下降到0.03%左右，明显改善了钢的焊接性。

从20世纪60年代中期开发X52管线钢以来，已发展到X110钢。碳的质量分数由0.1%~0.14%下降到0.01%~0.04%，碳当量相应地由0.45%下降到0.35%以下。显微组织由铁素体+珠光体发展为极低碳的贝氏体，使管线钢抗氢致裂纹的能力有了很大的提高。缺口冲击韧性大幅度提高，在抗应力腐蚀的要求上也有明显改善。

钢的强化方式有多种，主要有固溶强化、沉淀强化、位错强化、热处理强化和细晶强化等。在这些强化方式中，除了细晶强化是同时提高强度和韧性的强化手段外，其他的强化方式都是强度提高到一定程度后，冲击韧性往往会下降。

Hall-Petch关系式是细晶强化的理论依据，即

$$R_{eL}=\sigma_0+Kd^{-1/2} \tag{1-1}$$

式中，σ_0为铁素体晶格摩擦力；K为常数；d为晶粒直径，此时晶粒直径是广义的，对铁素体是晶粒直径，对贝氏体和板条马氏体则是板条尺寸。

式（1-1）表明：随着晶粒细化，屈服强度R_{eL}提高；随着晶粒变细，钢材的屈服强度随其$-1/2$次方增加；同时，冲击韧性也明显增加。

控制轧制（简称控轧）后立即加速冷却生产的钢，称为TMCP钢（Thermo-Mechanical Control Process）。目前控轧低合金钢的晶粒直径已达到10~15μm。如果将晶粒直径减小到1μm，称为超细晶粒钢，即现在屈服强度为400MPa的钢，在成分基本不变的条件下屈服强度可增加到800MPa。钢的纯净化（$w_{P+S+O+N+H}<0.005\%$）、均匀化和晶粒超细化（约1μm），可使钢的强韧性获得大幅度提高。这种钢的成分与常用的C-Mn-Si钢接近，但C、S、P含量很低，为了防止晶粒长大一般均加入微量的Nb和Ti。

过去生产的低合金结构钢，着重于钢材本身的性能，偏重于脱氧提纯、加工成形和相变热处理。最近十几年来，国内外特别注重从冶金角度入手，从根本上解决钢的焊接性问题。通过冶金措施采用低碳微合金化及控轧、控冷等工艺措施生产强度高、韧性好、焊接性优良的管线钢、桥梁钢、压力容器钢等。

当前钢铁材料的发展已经达到相当高的水平，单纯采用传统的调整化学成分和改善热处理工艺来提高材料的性能和发展新型材料的潜力不大，必须依靠先进的工艺和制造技术，以达到大幅度提高材料性能的目的。这些先进的工艺和制造技术主要有：

1）采用控轧、控冷和控制杂质含量以及多元微合金化生产新型高强度钢。

2）采用定向结晶、微晶化控制凝固过程生产用于制造涡轮叶片的高温合金。

3）采用机械合金化生产具有优异性能的新型合金，如高熔点氧化物弥散强化的超级合金，寿命比同类高温合金延长10倍以上。

微合金钢可以最大限度地降低钢中S、P、O、N、H等杂质元素的含量，控制钢中夹杂物的数量、形态及分布。钢液的纯净化从普通钢的$w_{P+S+O+N+H}\leqslant0.025\%$降低到$w_{P+S+O+N+H}\leqslant0.012\%$，且有进一步降低的趋势。例如，目前生产的管线钢$w_S\leqslant0.002\%$，S的质量分数最低可达0.0005%。

钢的纯净化显著提高了钢的冲击韧性和焊接接头的抗裂性，焊接性得到明显的提高，相应地要求焊缝金属不仅要实现洁净化，而且也要实现细晶化。但焊缝的细晶化不像母材那样

可以通过控轧、控冷工艺实现，但是可通过合金化完成细化晶粒的目的，使焊缝中出现足够量的针状铁素体是提高焊缝金属强韧性的关键。焊缝中加入多种微合金元素可抑制高温奥氏体晶粒长大，促使针状铁素体的形成。

2. 合金结构钢的应用

钢铁材料的应用几乎涉及社会经济发展的各个领域，如机械、冶金、能源动力、工程机械、高层建筑、大跨度桥梁、车辆、舰船、锅炉及压力容器、石油化工、长输管线、高铁、精密仪器、航空航天、核能和军工等各个领域都需要综合性能优异、使用寿命长及成本低的钢铁材料。以下仅是合金结构钢应用领域的几个例子。

（1）在建筑、桥梁、工程机械等领域应用的低合金钢　当低合金钢用于桥梁、海上建筑和起重机械等重要焊接结构时，应根据结构的最低工作温度提出冲击韧性的要求。对于在大气温度环境下工作的低合金结构钢，冲击吸收能量（0℃、V 型缺口冲击试样）至少应达到 27J 的最低要求。

对于车辆、船舶、工程机械等运行结构，减轻自重可以节约能源、提高运载能力和工作效率。因此采用焊接性好的低碳调质钢可促进工程结构向大型化、轻量化和高效能方向发展。由于壁厚减薄、重量减轻，从而减少了焊接工作量，为野外施工、吊装创造了条件。这类钢强韧性和综合性能好，可以大大提高设备的耐用性，延长其使用寿命。焊接无裂纹钢在日本已普遍用于制造城市液化气的球罐，焊接这类钢时，采用超低氢焊材后，在板厚 50mm 以下或在 0℃时，可以焊前不预热。WCF-80 钢是我国继 WCF-62 之后开发的焊接裂纹敏感性小的高强度焊接结构钢，这种钢具有很高的抗冷裂性能和低温韧性，主要用于大型水电站、石油化工和露天煤矿等。

抗拉强度 700MPa 的低碳调质钢具有较好的缺口冲击韧性，可用于在低温下服役的焊接结构，如露天煤矿的大型挖掘机及电动轮自卸车等。抗拉强度 800MPa 的低碳调质钢主要应用于工程机械、矿山机械的制造中，如推土机、工程起重机、重型汽车和牙轮钻机等。抗拉强度 1000MPa 以上的低碳调质钢主要用于工程机械高强耐磨件、核动力装置及航海、航天装备上。

（2）锅炉和压力容器用钢　锅炉和压力容器因运行条件复杂，对钢材的性能提出了更高的要求。与普通结构钢相比，锅炉和压力容器用的低合金钢应具有较高的高温强度、常温和高温冲击性能、抗时效性、抗氢和硫化氢性能以及抗氧化性等。这类钢的合金系是以提高钢材高温性能的合金元素（如 Mn、Mo、Cr、V 等）为基础。

锅炉和压力容器用钢除了 C-Mn 钢之外，都是以强碳化物形成元素合金化的，以保证所要求的高温强度和抗氧化性。这些钢可以热轧、退火、正火、回火或调质状态供货。

各国锅炉和压力容器规程中对钢材的极限使用温度都有严格的规定。例如，工作温度在 450℃以上应采用 Mo 钢或 Cr-Mo 钢；工作温度超过 550℃，则应采用 2.25Cr-Mo 钢或 Cr-Mo-V钢；12Cr2MoWVTiB 等多元低合金热强钢的极限使用温度可达 600℃，在更高的工作温度下，就要使用中合金钢和高合金钢。

（3）船舶用低合金钢　“二战”期间，大量的焊接船舶在海上发生了灾难性的脆断事故，从而引起了人们对船舶用钢的焊接性和抗脆断性能的高度重视。此后，开发出了一系列焊接性良好的船舶用钢并得到了广泛的应用。

这些船舶用钢的共同特点是对 C、Mn 和其他合金元素的含量作了严格的控制。例如，对屈服强度低于250MPa的普通船舶用钢，提出了（w_C+w_{Mn}）/6≤0.40%的规定；对于低合金高强度钢，合金元素总的质量分数规定不超过2%，并且须采用Al或Nb、V联合细化晶粒；屈服强度大于300MPa的船舶用钢板必须进行正火处理，以提高钢材的低温冲击韧性；屈服强度450MPa的高强度船舶用钢，采取了热处理强化措施（即淬火+回火的调质处理方法）提高钢材的强度。

对船舶用钢低温冲击吸收能量的要求，世界各国基本统一分成三级，即0℃、-20℃和-40℃，最低冲击吸收能量分别为27J、31J和34J。船舶用钢的合金系统基本上为C-Mn和C-Mn-V-Nb合金钢。各国标准对各种船舶用钢的化学成分范围的规定大致相同，保证了焊接性的稳定。

(4) 低温钢 近年来，随着石油化学工业的迅速发展，各种液态烯烃低温贮存设备的需求量急剧上升，贮存液化天然气（LNC）和液化石油气（LPC）的低温贮罐也向大型化发展，因此，促使冶金部门相继开发各种低温用钢以满足不同低温工作条件的要求。目前，世界范围内已形成了较完整的低温钢系列。

工作温度在-46℃以上，可采用铝镇静的低合金钢；工作温度在-60～-170℃的温度范围应选用镍的质量分数为1.5%～8%的镍钢；工作温度达-170℃须选用镍的质量分数为9%Ni钢和奥氏体钢。对低温钢的性能要求比较高，要在保证良好焊接性的前提下，具有足够高的低温韧性。

对低温钢韧性的要求分为两种：一是在钢材标准中对每种强度级别钢规定最低温度下的最小冲击吸收能量；二是规定在最低工作温度下5个试样冲击吸收能量的平均值应大于最高冲击吸收能量的50%。最高冲击吸收能量是指冲击试样断口出现100%纤维断口时的平均吸收能量。最高冲击吸收能量的测定可在室温下进行。但如果在室温下任一试样断口达不到100%纤维断口时，应提高试验温度，直至所有试样断口达到100%的纤维断裂。

为了保证低温韧性的要求，几乎所有的低温钢都应细化晶粒处理，一般为正火状态或调质状态供货。低温钢应具有较好的焊接性，但是$w_{Ni}>3\%$的镍钢对多次重复的焊接热循环有一定的敏感性。

1.1.2 有色金属的发展及应用

有色金属的种类和品种很多，在制造业和经济建设中应用十分广泛。当前全世界金属材料的总产量约8亿t，其中有色金属材料约占5%，虽然处于补充地位，但有色金属的特殊作用却是钢铁材料所无法代替的。随着市场经济的发展，有色金属的应用从原来的航空航天部门逐渐扩展到电子、信息、汽车、交通、轻工等民用领域，其焊接结构也引起人们越来越多的关注。

地壳中含量较高的铝、镁均为有色金属，其他有色金属还有铜、钛、锌、锡、镍、钼等，涉及结构材料、功能材料、环境保护材料和生物材料等。

有色金属及合金的分类方法很多，按基体金属可分为铝合金、铜合金、钛合金、镍合金等；根据组成合金的元素数目，可分为二元合金、三元合金和多元合金。合金组分总的质量分数小于2.5%的为低合金，总质量分数为2.5%～10%的为中合金，总质量分数大于10%的为高合金。有色金属的应用几乎涉及国民经济和国防建设的所有领域。

1. 铝及铝合金

在过去的半个世纪中，铝由于重量轻、资源丰富和可循环使用等优点，在金属材料市场中保持着强劲的竞争力。目前，全世界电解铝的生产能力为每年2600多万t。我国的原铝产量逐年增加，已成为世界重要的铝出口国。从20世纪80年代开始，我国先后开发了一系列高强铝合金。

铝合金在国民经济及国防建设中占有很大的比重，占整个有色金属产量的1/3以上。铝合金具有密度低、强度高、耐腐蚀、导电导热性好、可焊接以及加工性能好等特点，应用范围之广仅次于钢铁，成为第二大合金。由于轻质的需要，铝合金一直是航空航天飞行器的主要结构材料，主要用于飞机蒙皮和舱体等部位，在军用飞机上，用量达50%；在民用飞机上最高达到80%。铝及其合金广泛应用于汽车、高速列车、地铁车辆、飞机、舰船等交通运载工具中，表现出安全、节能和减少废气排放量等多方面的优越性能，展现了十分广阔的应用前景。

2. 铜及铜合金

铜及铜合金具有较高的导电导热性、抗磁性、耐蚀性和良好的加工性，除用于一般电器产品外，也是高能物理、超导技术、低温工程等高科技发展中必不可少的材料。铜的资源稀缺，尽管人们正在寻求代用材料，但完全替代几乎是不可能的，人们对它的探索研究势头不减。更促进了铜及铜合金在工业及现代国防领域中的应用。

纯铜多用于电线、电缆、雷管、化工蒸发器、储藏器及各种管件中，特别是新开发的无氧铜（高纯铜)，在电真空器件及高科技发展中有着不可替代的作用。黄铜的价格比纯铜便宜，易于铸造和加工，在大气中具有足够的耐蚀性，在日常生活中得到广泛应用，如水箱带、供排水管、波纹管、冷凝管、弹壳及各种形状复杂的冲制品等。随着我国汽车工业的迅速发展，通过向铝黄铜中加入Mn、Si、Fe等元素，应用于汽车同步齿环和轴套的复合铝黄铜，价格相对低廉，耐磨和耐冲击性好。

青铜在世界文明史及现代工业中占有重要地位。其中锡青铜在大气及热气体中具有很好的耐蚀性和焊接性，无磁性，耐寒耐磨，用于制作航空、汽车、电器、机械制造中的各种弹性元件及耐抗磁零件。白铜（即铜镍合金）比其他铜合金具有更高的耐蚀性，力学性能和物理性能都非常良好，色泽美观（$W_{Ni}>20\%$即呈银白色）。在铜镍二元合金的基础上加入Fe、Mn和Zn等开发出的各种白铜，广泛应用于造船、石油、化工、电器仪表、医疗器械、装饰工艺品等，并且还是重要的电阻及热电偶合金。

3. 钛及钛合金

钛及钛合金是一种战略金属。钛及钛合金在车辆、航空航天工业中用量很大，目前全球钛轧材年供货量近50000t。日本神户制钢公司已经开发出轿车和运动摩托车排气系统用新型钛合金，最高温度可达800℃。美国某汽车公司在汽车弹簧、发动机连杆和阀门上也采用了钛合金材料。

近年来，在飞机机体制造方面，传统铝合金和钢材用量减少，树脂基复合材料和钛合金用量增加。因此，钛及其合金作为飞机机体的四大结构材料（铝合金、钢材、树脂基复合材料、钛合金）之一而倍受关注。钛合金由于具有轻质、高强、耐热、耐蚀等特点，在机体制造中的用量不断上升。例如，美国第四代战斗机F-22，钛合金用量约占结构质量的41%；俄罗斯第三代战斗机苏-27，钛合金约占18%。

我国已列入国家标准的钛及钛合金牌号有40余种。20世纪80年代以来，我国钛合金开始进入由仿制到独立研究与仿制相结合的阶段。我国已形成四大钛合金系列，即具有不同使用温度的高温钛合金、具有不同抗拉强度与塑韧性匹配的结构钛合金、具有不同屈服强度的舰用钛合金以及适用不同介质的耐蚀钛合金等。

在开发钛及钛合金的同时，我国也在钛加工技术方面，特别是钛合金的焊接性方面，开展了大量的工作。开发的中强 TC4、TA15 钛合金已应用于 J10、J11 飞机和人造卫星，TB8 超高强钛合金已用作 J11 系列飞机后机身，高强、高韧 TC21 钛合金已用于战斗机的重要承力件等。

1.1.3 先进材料的发展及应用

先进材料是指除常规钢铁材料和有色金属之外已经开发或正在开发的具有特殊性能和用途的材料，如先进陶瓷、高温合金、金属间化合物和复合材料等。先进材料的开发和应用是发展高新技术的重要物质基础，新材料和先进材料的研究开发是多学科相互渗透的结果，世界各发达国家都对先进材料的研究和开发应用非常重视。焊接技术对其推广应用起着至关重要的作用。

当前发展的先进材料根据其使用性能可分为结构材料和功能材料。许多高性能新型结构材料主要为开发能源、海洋，发展空间技术、交通运输以及冶金、电力、石化等工业所需而研制的，这些材料具有高强度、高韧性、耐高温、耐蚀等优点。

1. 高温合金

高温合金是指以 Fe、Ni 或 Co 为基，为在承受较大的机械应力和要求具有良好表面稳定性的环境下进行高温服役而研制的一类合金，一般要求能在大约 600 ~ 1200℃的高温下抗氧化或腐蚀，并能在一定应力作用下长期工作。这类合金的合金化程度很高，可使用温度和熔点差距小，在英、美等国称为超合金，是航空发动机热端部件使用的关键材料。

高温合金的性能主要是在室温和高温下的强度和塑性，以及工作高温下有很高的持久性能、蠕变和疲劳强度。高温合金制件通常有棒材、板材、盘材、丝材、环形件和精密铸件等品种，主要应用在航空航天、冶金、动力、汽车等工业部门。

从 20 世纪 30 年代后期起，英、德、美等国就开始研究高温合金。第二次世界大战期间，为了满足新型航空发动机的需要，高温合金的研究和使用进入了蓬勃发展时期。20 世纪 40 年代初，英国首先在 80Ni-20Cr 合金中加入少量铝和钛，研制成第一种具有较高的高温强度性能的镍基合金。同一时期，美国开始用钴基合金制作发动机叶片。美国还研制出 Inconel 镍基合金，用以制作喷气发动机的燃烧室。

在先进的航空发动机中，高温合金用量占发动机总重量的 60% 以上，已从常规镍基合金发展成定向凝固、单晶和氧化物弥散强化高温合金，高温性能大幅度提高。高温合金还在能源、医药、石油化工等工业部门中的高温耐蚀、耐磨等领域得到广泛应用，是国防和国民经济建设中必不可缺的一类重要材料。高温合金的研制、焊接和生产应用是工业现代化的重要标志之一。

2. 先进陶瓷

先进陶瓷在组成、性能、制造工艺和应用等方面都与传统陶瓷截然不同。组成已由原来的 SiO_2、Al_2O_3、MgO 等发展到了 Si_3N_4、SiC、ZrO_2 等。粉末的制备工艺已由简单的磨制发展到了物理、化学方法制备的超细粉末。烧结方法已由普通的大气烧结发展到在控制气氛（N_2）中的热压烧结、热等静压烧结和微波烧结等先进的烧结方法，使之具有特定的精细组织结构和性能。先进陶瓷是现代工程中不可缺少的重要材料，焊接技术对于推动先进陶瓷在工程中的应用起着极为重要的作用。

先进陶瓷突出的优点是能耐更高的温度，是一种非常好的高温材料。但由于其固有的脆性而使其应用受到很大的限制，焊接难度很大。目前，它已用于制作个别的机械零件和切削刀具，但其发展潜力很大，特别是在新能源、航天以及海洋开发等特殊领域具有广阔的应用前景。

3. 先进复合材料

复合材料的开发应用克服了单一材料所固有的局限性。自 20 世纪 40 年代玻璃纤维增强树脂的玻璃钢问世以来，复合材料的发展已经经历了三代。航空航天事业的迅速发展推动了高比强、高弹性模量、高韧性和耐高温的先进复合材料的发展。第三代先进复合材料除了高性能的树脂基复合材料外，还包括了金属基复合材料、陶瓷基复合材料和碳纤维增强的碳-碳复合材料等。

先进树脂复合材料的主要特点为：高比强，高弹性模量，低膨胀系数，优良的尺寸稳定性，以及优异的减振性和抗疲劳性能。主要问题是横向力学性能较差，层间抗剪强度低，使用温度不够高等。新开发的热塑性树脂比传统塑料的耐热性大为提高，形成的复合材料具有层间韧性高、抗冲击损伤性能好等优点。

金属基复合材料的发展比树脂基复合材料晚。金属基复合材料除了高强度、高弹性模量和低膨胀系数外，与树脂基复合材料相比，还具有优良的韧性和抗冲击能力，对表面缺陷没有树脂基复合材料敏感，具有耐热性高、不吸潮、导电和导热性好等优点。金属基复合材料目前存在的问题，除制造工艺较为复杂和成本较高外，主要是增强剂与基体之间的界面反应易形成低应力破坏的脆性界面。因此，纤维表面处理、基体合金化以及制造工艺的改善等，仍然是金属基复合材料研究的主要内容。

金属基复合材料目前正在逐步工业化生产和大规模应用。其中铝基复合材料发展较早，也较成熟，已成功应用于航空、航天和汽车制造业等领域。SiC 颗粒增强的铝基复合材料由于质量轻（仅为钢的 1/3），弹性模量比铝合金高很多，价格与铝合金相差不大（仅为钛合金的 1/5），因此，在金属基复合材料中发展最快，应用最广，如汽车工业和机械工业都已大规模应用。但铝基复合材料的焊接性和使用温度还难以满足高温结构和动力装置的要求。

发展陶瓷复合材料是解决陶瓷材料本身脆性的有效措施。在其他基体的复合材料中，纤维主要起提高强度和弹性模量的增强作用，而在陶瓷复合材料中纤维通过分散裂纹前端的应力集中，改变裂纹的走向和终止裂纹的扩展，起补强增韧作用。由于陶瓷复合材料要求能在更高的温度下使用，因此对增韧材料、成形工艺和界面设计等要求更高。

碳-碳复合材料发展到今天已不仅是一种很好的耐蚀防热材料和耐高温、抗磨损材料，而且经渗硅处理后的碳-碳复合材料已具有抗氧化能力，已成功用于航天飞机作为能重复使用的热结构材料。

现代科学技术的发展，对焊接接头质量及结构性能的要求越来越高，各种特殊材料的焊接结构近年来不断涌现。从当代科学技术的发展对工程材料提出的要求看，先进材料的开发正面临着一场重要的变革，焊接技术也必须满足高新技术领域新材料日益发展的需要。在不同条件下使用的焊接结构对材料有不同的要求，应从材料的焊接性特点、焊接结构载荷条件、工作环境、材料工艺性能以及制造的经济性等方面综合进行分析，这正是本课程所面临的问题。

1.2 本课程的任务、内容和特点

1.2.1 本课程的目的和任务

“焊接冶金学——材料焊接性”是材料成形及控制工程、焊接技术与工程专业教学体系中的主干课程，是一门重要的专业课。学生应在完成有关基础课和专业基础课的基础上，进行本课程的学习。本课程的目的是从工程应用角度培养学生掌握对材料进行焊接性分析的基本方法，为学生从事材料成形及控制工程、焊接技术与工程或其他相关学科的技术工作打下坚实的专业基础。

本课程的特点是以《材料科学基础》、《材料工程基础》及《焊接冶金学——基本原理》等课程为基础，从焊接性角度研究不同材料的基本特性（包括焊接性特点、焊接工艺、焊接材料等），阐述材料的焊接性和材料焊接的基本理论与概念，分析不同材料的焊接性特点和工艺要点。针对具体材料焊接结构的要求，掌握焊接材料选择和制订焊接工艺的基本原则及方法。通过本课程的学习，培养学生对专业基本概念的理解，通过理论联系实际的训练，启发学生思考，培养和加强学生独立归纳整理和分析的能力，使学生结合具体材料掌握一些基本的焊接性分析方法，初步具备分析和解决焊接工程问题的能力。

本书的特点是基本概念正确、思路清楚，所选内容技术成熟、规范，具有普遍性和代表性。每一章根据典型材料的焊接性特点独立编写，但章节内容和每一章的编写方式与思路统一，便于学生学习和阅读。本课程涉及的基础内容十分广泛，必须综合运用多方面的基础知识和工程经验才能解决问题。为了学好本课程，要求理论联系实际，善于在诸多因素中抓住主要矛盾。

1.2.2 本课程的内容和教学要求

从扩大学生的专业视野角度出发，本书由概述、焊接性及其试验评定、合金结构钢的焊接、不锈钢及耐热钢的焊接、有色金属的焊接、铸铁焊接、先进材料的焊接和异种材料的焊接等章节组成。各院校可根据自己的专业设置和教学安排选择有关内容重点讲述。本书是在原《焊接冶金（金属焊接性）》的基础上，通过更新技术内容和扩展新的内容，重新组织编写的。书中增加了先进材料（包括先进陶瓷、高温合金、复合材料等）的焊接和异种材料的焊接等内容。在合金结构钢的焊接章节中，补充了一些新钢种的焊接性特点，特别是近年来发展迅速的低碳调质高强度钢、微合金钢的焊接等内容。在异种材料的焊接章节中，增加了钢与有色金属的焊接、异种有色金属的焊接等内容。

本课程和教材的教学规范是按42学时制定的，其中课堂教学36学时，实验教学6学时。本课程实际执行过程中可根据各院校的具体情况，对教学内容进行适当增减或指导学生自学。每章应有明确的教学主题和讲述重点，各院校可根据各自的教学特点安排和分配学时。

本课程的实验教学可在下述实验中选做（任选两个），如：材料焊接性试验（斜Y坡口对接裂纹试验）；高强度钢焊接接头区金相试验；奥氏体钢焊接接头的晶间腐蚀试验；铸铁焊接试验（如何防止白口）；铝合金的TIG焊接试验等。

思考题

1. 根据本章所述内容，举例说明低合金钢焊接在工程结构中的重要作用。

2. 举例说明有色金属（特别是轻质合金）焊接在现代工程结构中的重要作用。

3. 先进材料的发展和应用在工程中越来越受到人们的重视，简述先进材料（如高温合金、陶瓷和复合材料等）与钢结构材料相比，在工程结构应用中的区别。

第2章 焊接性及其试验评定

工程实践表明，某些材料具有较高的强度、塑性和耐蚀性等，但使用这些材料时却发现，它们在焊接时可能出现裂纹、气孔、夹渣等缺陷，或者能得到完整的焊接接头而性能却达不到要求，从而限制了这些材料的使用范围。单从材料本身的化学成分、物理性能和力学性能，不足以判断它在焊接中可能出现的问题以及焊接后能否满足使用要求，这就要求从焊接性角度来研究材料的某些特定的性能，也就是材料的焊接性问题。

2.1 焊接性概念及影响因素

2.1.1 焊接性概念

焊接性是指同质材料或异质材料在制造工艺条件下，能够焊接形成完整接头并满足预期使用要求的能力。换句话说，焊接性是材料对焊接加工的适应性，指材料在一定的焊接工艺条件下（包括焊接方法、焊接材料、焊接参数和结构形式等），获得优质焊接接头的难易程度和该焊接接头能否在使用条件下可靠运行。材料焊接性的概念有两个方面的含义：一是材料在焊接加工中是否容易形成接头或产生缺陷；二是焊接完成的接头在一定的使用条件下可靠运行的能力。也就是说，焊接性不仅包括结合性能，而且包括结合后的使用性能。

对焊接工作者来说，充分理解“焊接”和“焊接性”的含义是十分重要的。“焊接性”是从英文“Weldability”得来的，它的深刻含义把焊接、结构材料本身的性能（力学、冶金、物理、化学等性能）以及材料的发展结合在一起。自20世纪40年代初（“二战”初期）从“焊接”派生出“焊接性”概念以来，“焊接性”的含义一直在不断发展，人们曾给它下了很多种定义，这是由于理解的角度不同、分析目的不同和由于焊接技术本身不断发展而引起的。

分析和研究焊接性的目的，在于查明一定的材料在指定的焊接工艺条件下可能出现的问题，以确定焊接工艺的合理性或材料的改进方向。因此，必须对整个焊接过程中的材料（母材、焊材）和焊接接头区（焊缝、熔合区和热影响区）的成分、组织和性能，包括工艺参数的影响和焊后接头区的使用性能等，进行系统地研究。

1. 工艺焊接性和使用焊接性

如前所述，焊接性包括两个含义：一是结合性能，就是一定的材料在给定的焊接工艺条件下对形成焊接缺陷的敏感性；二是使用性能，指一定的材料在规定的焊接工艺条件下所形成的焊接接头适应使用要求的能力。前者称为工艺焊接性，涉及焊接制造工艺过程中的焊接缺陷问题，如裂纹、气孔、断裂等；后者称为使用焊接性，涉及焊接接头的使用可靠性问题。

焊接过程是一个独特的“小冶金”过程，在熔焊的条件下，焊缝和热影响区经历了复杂但有规律的焊接热循环。在焊接接头这个很小的区域内，几乎所有的熔化结晶和物理冶金现象都可能出现，最终形成具有不同成分、组织和性能的接头区域，对焊接接头质量有直接影响。

从理论上分析，任何金属或合金，只要在熔化后能够互相形成固溶体或共晶，都可以经过熔焊形成接头。同种金属或合金之间可以形成焊接接头，一些异种金属或合金之间也可以形成焊接接头，但有时需要通过加中间过渡层的方式实现焊接。可以认为，上述几种情况都可以看作是“具有一定焊接性”，差别在于：有的工艺过程简单，有的工艺过程复杂；有的接头质量高、性能好，有的接头质量低、性能差。所以，焊接工艺过程简单而接头质量高、性能好的，就称为焊接性好；反之，就称为焊接性差。因此，必须联系工艺条件和使用性能来分析焊接性问题。

总之，工艺焊接性是指金属或材料在一定的焊接工艺条件下，能否获得优质致密、无缺陷和具有一定使用性能的焊接接头的能力。使用焊接性是指焊接接头或整体焊接结构满足技术条件所规定的各种性能的程度，包括常规的力学性能（强度、塑性、韧性等）或特定工作条件下的使用性能，如低温韧性、断裂韧性、高温蠕变强度、持久强度、疲劳性能以及耐蚀性、耐磨性等。

2. 冶金焊接性和热焊接性

对于熔焊来说，焊接过程一般包括冶金过程和热过程这两个必不可少的过程。在焊接接头区域，冶金过程主要影响焊缝金属的组织和性能，而热过程主要影响热影响区的组织和性能。由此提出了冶金焊接性和热焊接性的概念。

（1）冶金焊接性　冶金焊接性是指熔焊高温下的熔池金属与气相、熔渣等相之间发生化学冶金反应所引起的焊接性变化。这些冶金过程包括：合金元素的氧化、还原、蒸发，从而影响焊缝的化学成分和组织性能；氧、氢、氮等的溶解、析出对生成气孔或对焊缝性能的影响；在焊缝结晶及冷却过程中，由于焊接熔池的化学成分、凝固结晶条件以及接头区热胀冷缩和拘束应力等影响，有时产生热裂纹或冷裂纹。

除材料本身化学成分和组织性能对焊接性的影响之外，焊接材料、焊接方法、保护气体等对冶金焊接性也有重要的影响。除了利用研制新材料来改善冶金焊接性之外，还可以通过发展新焊接材料、新焊接工艺等途径来改善冶金焊接性。

（2）热焊接性　焊接过程中要向接头区域输入很多热量，对焊缝附近区域形成加热和冷却过程，这对靠近焊缝的热影响区的组织性能有很大影响，从而引起热影响区硬度、强度、韧性、耐蚀性等的变化。

与焊缝金属不同，焊接时热影响区是不熔化的，化学成分一般不会发生明显的变化，而且不能通过改变焊接材料来进行调整，即使有些元素可以由熔池向熔合区或热影响区粗晶区扩散，那也是很有限的。因此，母材本身的化学成分和物理性能对热焊接性具有十分重要的意义。工业上大量应用的金属或合金，对焊接热过程有反应，会发生组织和性能的变化。即使是一些不发生相变的纯铝、纯镍、纯钼等，经过焊接热过程的影响，也会由于晶粒长大或形变硬化消失而使其性能发生较大变化。

为了改善热焊接性，除了选择适当的母材之外，还要正确选定焊接方法和热输入。例如，在需要减少焊接热输入时，可以选用能量密度大、加热时间短的电子束焊、等离子弧焊等方法，并采用热输入小的焊接参数以改善热焊接性。此外，焊前预热、缓冷、水冷、加冷却垫板等工艺措施也都可以影响热焊接性。

2.1.2　影响焊接性的因素

影响焊接性的四大因素是材料、设计、工艺及服役环境。材料因素包括钢的化学成分、冶炼轧制状态、热处理、组织状态和力学性能等。设计因素是指焊接结构设计的安全性，它不但受到材料的影响，而且在很大程度上还受到结构形式的影响。工艺因素包括施工时所采用的焊接方法、焊接工艺规程（如焊接热输入、焊接材料、预热、焊接顺序等）和焊后热处理等。服役环境因素是指焊接结构的工作温度、负荷条件（动载、静载、冲击等）和工作环境（化工区、沿海及腐蚀介质等）。

1. 材料因素

材料因素包括母材本身和使用的焊接材料，如焊条电弧焊时的焊条、埋弧焊时的焊丝和焊剂、气体保护焊时的焊丝和保护气体等。母材和焊材在焊接过程中直接参与熔池或熔合区的冶金反应，对焊接性和焊接质量有重要影响。母材或焊接材料选用不当时，会造成焊缝成分不合格、力学性能和其他使用性能变差，甚至导致裂纹、气孔、夹渣等焊接缺陷，也就是使工艺焊接性变差。因此，正确选用母材和焊接材料是保证焊接性良好的重要因素。

2. 设计因素

焊接接头的结构设计会影响应力状态，从而对焊接性产生影响。设计结构时应使接头处的应力处于较小的状态，能够自由收缩，这样有利于减小应力集中和防止焊接裂纹产生。接头处的缺口、截面突变、堆高过大、交叉焊缝等都容易引起应力集中，要尽量避免。不必要的增大母材厚度或焊缝体积，会产生多向应力，也应避免。

3. 工艺因素

对于同一种母材，采用不同的焊接方法和工艺措施，所表现出来的焊接性有很大的差异。例如，铝及其合金用气焊较难进行焊接，但用氩弧焊就能取得良好的效果；钛合金对氧、氮、氢极为敏感，用气焊和焊条电弧焊不可能焊好，而用氩弧焊或电子束焊就比较容易焊接。所以，发展新的焊接方法和新的工艺措施是改善工艺焊接性的重要途径。

焊接方法对焊接性的影响首先表现在焊接热源能量密度、温度以及热量输入上，其次表现在保护熔池及接头附近区域的方式，如渣保护、气体保护、渣-气联合保护以及在真空中焊接等。对于有过热敏感性的高强度钢，从防止过热出发，可选用窄间隙气体保护焊、脉冲电弧焊、等离子弧焊等，有利于改善其焊接性。

工艺措施对防止焊接缺陷、提高接头使用性能有重要的作用。最常见的工艺措施是焊前预热、缓冷和焊后热处理，这些工艺措施对防止热影响区淬硬变脆、减小焊接应力、避免氢致冷裂纹等是较有效的措施。合理安排焊接顺序也能减小应力和变形，原则上应使被焊工件在整个焊接过程中尽量处于无拘束而自由膨胀和收缩的状态。焊后热处理可以消除残余应力，也可以使氢逸出而防止延迟裂纹。

焊前对钢板的气割、冷加工（如弯曲）、装配等工序应符合材料特点，以免造成局部硬化、脆化或应力集中，从而引起裂纹等缺陷。

4. 服役环境

焊接结构的服役环境多种多样，如工作温度高低、工作介质种类、载荷性质等都属于使用条件。工作温度高时，可能产生蠕变；工作温度低或载荷为冲击载荷时，容易发生脆性破坏；工作介质有腐蚀性时，接头要求具有耐腐蚀性。使用条件越不利，焊接性就越不易保证。

焊接性与材料、设计、工艺和服役环境等因素有密切关系，人们不可能脱离这些因素而简单地认为某种材料的焊接性好或不好，也不能只用某一种指标来概括某种材料的焊接性。

常用金属材料焊接中的问题见表2-1。为了分析和解决焊接性问题，必须根据焊接结构使用条件的要求，正确选择母材、焊接方法和焊接材料，采取适当的工艺措施，避免各种焊接缺陷产生。

表2-1　常用金属材料焊接中的问题

材　　料	可能出现的问题	
	工 艺 方 面	使 用 方 面
低碳钢	1）厚板的刚性拘束裂纹（热应力裂纹） 2）硫带裂纹、层状撕裂	1）板厚方向塑性降低 2）板厚方向缺口韧性低
中、高碳钢	1）焊道下裂纹 2）热影响区硬化	疲劳极限降低
低合金钢 （热轧及正火钢）	1）焊道下裂纹 2）热影响区硬化	1）焊缝区塑性低 2）抗拉强度低、疲劳极限低 3）容易引起脆性破坏 4）钢板的异向性大 5）引起 H_2S 应力腐蚀裂纹
低合金高强度钢 （调质钢）	1）焊缝金属冷裂纹 2）热影响区软化 3）厚板焊道下裂纹 4）热影响区硬化裂纹	1）焊缝区塑性低 2）抗拉强度低、疲劳极限低 3）容易引起脆性破坏 4）板的异向性大 5）引起 H_2S 应力腐蚀裂纹
低、中合金 Cr-Mo 钢	1）焊缝金属冷裂纹 2）热影响区硬化裂纹	1）焊缝区塑性低 2）高温、高压氢脆
Cr13 系马氏体钢	焊缝金属、热影响区冷裂纹	1）焊缝塑性低 2）有时引起应力腐蚀
Cr18 系铁素体钢	1）常温脆性裂纹 2）热影响区晶粒粗化	1）热影响区韧性低 2）475℃脆化 3）σ 相脆化

（续）

材　料	可能出现的问题	
	工 艺 方 面	使 用 方 面
低温用低碳钢	1）焊缝金属晶粒粗化 2）高温加热引起的脆化	1）热影响区冲击韧性低 2）缺口韧性低
3.5Ni 钢	1）焊缝金属冷裂纹 2）高温加热引起脆化（580℃以下）	1）冲击吸收能量分散 2）缺口韧性低
奥氏体不锈钢	1）焊缝热裂纹 2）由于高温加热碳化物脆化 3）焊接变形大	1）高温使用时 σ 相脆化 2）焊接热影响区耐腐蚀性下降（晶间腐蚀） 3）氯离子引起的应力腐蚀裂纹 4）焊缝低温冲击韧性下降
镍、铬、铁基耐热、耐蚀合金	1）因熔合区塑性下降引起裂纹 2）热影响区过热、热裂纹 3）高温加热引起过热脆化	1）热应变脆化 2）蠕变极限下降 3）热影响区耐蚀性下降
高镍合金	1）焊缝金属的热裂纹 2）因大电流引起过热脆化	1）焊缝金属塑性下降 2）热影响区耐蚀性下降
铝及其合金	1）高温塑性下降，脆性裂纹 2）焊缝收缩裂纹、时效裂纹 3）气孔	1）焊缝金属化学成分不一致 2）焊缝金属强度不稳定 3）接头区软化
铜及其合金	1）高温塑性下降、脆化裂纹、不熔合 2）焊缝收缩裂纹 3）气孔	1）热影响区软化 2）焊缝金属化学成分不一致 3）热影响区脆化

2.2　焊接性试验的内容及评定原则

2.2.1　焊接性试验的内容

从获得完整的和具有一定使用性能的焊接接头出发，针对材料的不同性能特点和不同的使用要求，焊接性试验的内容有以下几种。

1. 焊缝金属抵抗热裂纹产生的能力

热裂纹是一种经常发生又危害严重的焊接缺陷，其产生与母材和焊接材料有关。焊缝熔池金属在结晶时，由于存在 S、P 等有害元素（如形成低熔点的共晶物）并受到较大热应力作用，可能在结晶末期产生热裂纹，这是焊接中必须避免的一种缺陷。焊缝金属抵抗产生热裂纹的能力常被作为衡量金属焊接性的一项重要内容。通常通过热裂纹敏感指数和热裂纹试验来评定焊缝的热裂纹敏感性。

2. 焊缝及热影响区抵抗冷裂纹产生的能力

冷裂纹在合金结构钢焊接中是最为常见的缺陷，这种缺陷的发生往往具有延迟性并且危害很大。在焊接热循环作用下，焊缝及热影响区由于组织、性能发生变化，加之受焊接应力作用以及扩散氢的影响，可能产生冷裂纹（或延迟裂纹），这也是焊接中必须避免的严重缺陷，常被作为衡量金属焊接性的重要内容。一般通过间接计算和焊接性试验来评定材料对冷裂纹的敏感性。

3. 焊接接头抗脆性断裂的能力

由于受焊接冶金反应、热循环、结晶过程的影响，可能使焊接接头的某一部分或整体发生脆化（韧性急剧下降），尤其对在低温条件下使用的焊接结构影响更大。对于在低温下工作的焊接结构和承受冲击载荷的焊接结构，经冶金反应、结晶、固态相变等过程，焊接接头由于受脆性组织、硬脆的非金属夹杂物、热应变时效脆化、冷作硬化等作用的影响，发生所谓的焊接接头脆性转变。所以焊接接头抗脆性断裂（或抗脆性转变）的能力也是焊接性试验的一项内容。

4. 焊接接头的使用性能

根据焊接结构使用条件对焊接性提出的性能要求来确定试验内容，包括力学性能和产品要求的其他使用性能，如不锈钢的耐蚀性、低温钢的低温冲击韧度、耐热钢的高温蠕变强度或持久强度等。此外，厚板钢结构要求抗层状撕裂性能，就须做 Z 向拉伸或 Z 向窗口试验，以测定钢材抗层状撕裂的能力；某些低合金钢需要做消除应力裂纹试验、应力腐蚀试验等。

合金结构钢焊接性分析时应考虑的问题见表2-2。

表2-2　合金结构钢焊接性分析时应考虑的问题

金属材料		焊接性重点分析的内容
合金结构钢	热轧及正火钢	冷裂纹、热裂纹、消除应力裂纹、层状撕裂（厚大件）、热影响区脆化（正火钢）
	低碳调质钢	冷裂纹、根部裂纹、热裂纹（含 Ni 钢）、热影响区脆化、热影响区软化
	中碳调质钢	热裂纹、冷裂纹、热影响区脆化、热影响区回火软化
	珠光体耐热钢	冷裂纹、热影响区硬化、消除应力裂纹、蠕变强度、持久强度
	低温钢	低温缺口韧性、冷裂纹

2.2.2　评定焊接性的原则

评定焊接性的原则主要包括：一是评定焊接接头产生工艺缺陷的倾向，为制订合理的焊接工艺提供依据；二是评定焊接接头能否满足结构使用性能的要求。对于评定焊接接头工艺缺陷的敏感性，在一般情况下，主要是进行抗裂性试验，其中包括热裂纹试验、冷裂纹试验、消除应力裂纹试验和层状撕裂试验等。

国内外现有的焊接性试验方法已经有许多种，随着技术的发展及要求的提高，焊接性试验方法还会不断地增加。选择已有的或设计新的焊接性试验方法应符合下述原则：

（1）可比性　焊接性试验条件应尽可能接近实际焊接时的条件，只有在这样有可比性的情况下，才有可能使试验结果比较确切地反映实际焊接结构的焊接性本质。试验条件相同时，试验结果才有可比性。

（2）针对性　所选择或自行设计的试验方法，应针对具体的焊接结构制定试验方案，其中包括母材、焊接材料、接头形式、接头应力状态、焊接参数等。同时，试验条件还应考虑产品的使用条件。国家或国际上已经颁布的标准试验方法应优先选择，并严格按标准的规定进行试验。还没有建立相应标准的，应选择国内外同行中较为通用的或公认的试验方法。这样才能使焊接性试验具有良好的针对性，试验结果才能比较确切地反映出实际生产中可能出现的问题。

（3）再现性　焊接性试验的结果要稳定可靠，具有较好的再现性。试验数据不可过于分散，否则难以找出变化规律和导出正确的结论。应尽量减少或避免人为因素对试验结果的影响，多采用自动化及机械化的操作方法。如果试验结果很不稳定，数据很分散，就很难找到规律性，更不可能用于指导生产。应严格试验程序，防止随意性。

（4）经济性　在符合上述原则并可获得可靠的试验结果的前提下，应力求做到消耗材料少、加工容易、试验周期短，以节省试验费用。此外，在考虑试验成本的同时，还应考虑材料加工、焊接难易程度不同对产品整体制造费用的影响。

需要评定焊接接头或结构的使用性能时，试验的内容更为复杂，具体项目取决于结构的工作条件和设计上提出的技术要求，通常有力学性能（拉伸、弯曲、冲击等）试验。对于在高温、深冷、腐蚀、磨损和动载疲劳等环境中工作的结构，应根据不同要求分别进行相应的高温性能、低温性能、脆断、抗腐蚀性、耐磨性和动载疲劳等试验。有时效敏感性的母材，还需要进行焊接接头的热应变时效脆化试验。

2.2.3　焊接性评定方法分类

1. 模拟类方法

这类焊接性评定方法一般不需要进行实际焊接，只是利用焊接热模拟装置，模拟焊接热循环，人为制造缺口或电解充氢等，评估材料焊接过程中焊缝或热影响区可能发生的组织性能变化和出现的问题，为制订合理的焊接工艺提供依据。这类方法的优点是节省材料和加工费用，试验周期也比较短，而且可以将接头内某一区域局部放大，使有些因素独立出来，便于分析研究和寻求改善焊接性的途径。这类方法得出的结果与实际焊接相比有一些出入，因为很多条件被简化了。

属于这一类方法的主要有：热模拟法、焊接热-应力模拟法等。

焊接热模拟技术是材料焊接性研究的重要手段之一，特别是在测定焊接热影响区连续冷却组织转变图（SHCCT 图）和研究焊接冷裂纹倾向、脆化倾向等方面具有十分重要的作用。焊接热模拟技术可以把焊接接头上某一区段（如熔合区、热影响区中的过热区等）的组织或应力、应变过程进行模拟，使之再现或使几何尺寸放大，可以方便定量地研究接头上任一区段的组织和性能。

热模拟试验机能够模拟不同焊接方法和焊接参数下的主要热循环参数，如加热速度（v_H）或加热时间（t'）、最高温度（T_p）、高温停留时间（t_H）、冷却速度（v_c）或冷却时间（$t_{8/5}$）等。还能模拟焊接条件下的应力应变循环，而且控制精确。利用热模拟试验机可以开展下列研究工作：

1）建立模拟焊接热影响区的连续冷却组织转变图（SHCCT 图）。

2）研究焊接热影响区不同区段（尤其是过热区）的组织与性能。

3）定量研究冷裂纹、热裂纹、消除应力裂纹和层状撕裂的形成条件及机理。

4）模拟应力应变对组织转变及裂纹形成影响的规律。

例如，对低合金高强度钢采用带缺口的试样做焊接热裂纹模拟试验。先进行峰值温度为

1350℃的焊接热循环（包括给定的冷却时间 $t_{8/5}$），当试样冷却到一定温度（如1100℃）时，使试样卡盘距离保持不变，在达到规定的负载值后转换成定应变控制。然后在试样温度达到室温时，将试样在30min内升高到焊后热处理温度，保持一定时间不变，此时转为定应变控制。对卸载后的试样用显微镜检查，观察有无裂纹发生。

2. 实焊类方法

这类方法是比较直观地将施焊的接头甚至产品在使用条件下进行各种性能试验，以实际试验结果来评定其焊接性。这类方法的特点在于要在一定条件下进行焊接，通过实焊过程来评价焊接性。试验方法主要有：裂纹敏感性试验、焊接接头的力学性能试验、低温脆性试验、断裂韧性试验、高温蠕变及持久强度试验等。

较小的焊件可以直接用产品做试验，在生产条件下进行焊接，然后检查焊接接头是否产生裂纹等缺陷，进行力学性能或其他使用要求的试验。大型焊件只能对“焊接试样”进行试验，即使用一定形状、尺寸的试板在规定的条件下进行试验，然后再做各种检测项目。属于这类评定方法的焊接性试验很多，一般都规定了严格的试验条件，可针对不同的材料和产品类型进行选择，例如：

（1）焊接冷裂纹试验　常用的有斜Y形坡口对接裂纹试验、插销试验、拉伸拘束裂纹试验（TRC）、刚性拘束裂纹试验（RRC）等。

（2）焊接热裂纹试验　常用的有可调拘束裂纹试验、压板对接（FISCO）焊接裂纹试验等。

（3）消除应力裂纹试验　常用的有斜Y形坡口消除应力裂纹试验、H形拘束试验、插销式消除应力裂纹试验法等。

（4）层状撕裂试验　常用的有 Z 向拉伸试验、Z 向窗口试验等。

（5）应力腐蚀裂纹试验　有U型弯曲试验、缺口试验等。

3. 理论分析和计算类方法

（1）利用物理性能分析　材料的熔点、热导率、线膨胀系数、密度和热容量等，都会对焊接热循环、熔池结晶、相变等产生影响，从而影响焊接性。例如，铜、铝等热导率高的材料，熔池结晶快，易于产生气孔；而热导率低的材料（如钛、不锈钢等），焊接时温度梯度陡，应力大，易导致变形，特别是线膨胀系数大的材料，接头的应力增大且变形将更加严重。

（2）利用化学性能分析　与氧亲和力强的材料（如铝、镁、钛等）在高温下焊接极易氧化，需要采取较可靠的保护方法，如采用惰性气体保护焊或真空中焊接等，有时焊缝背面也需要保护。例如，钛的化学活性很强，对氧、氮、氢等气体很敏感，吸收这些气体后，力学性能显著降低，特别是韧性急剧降低，因此要严格控制氧、氮、氢对焊缝及热影响区的污染。

（3）利用相图或SHCCT图分析　合金状态图和焊接连续冷却组织转变图（SHCCT图）反映了焊接热影响区从高温连续冷却时，热影响区显微组织、室温硬度与冷却速度的关系。利用相图和热影响区SHCCT图可以方便预测热影响区组织、性能和硬度变化，预测某种钢焊接热影响区的淬硬倾向和产生冷裂纹的可能性。同时也可作为调整焊接热输入、改进焊接工艺（包括焊前预热和焊后热处理等）的依据。

成分相当于Q295（12Mn）钢的焊接热影响区SHCCT图如图2-1所示。图中纵坐标以

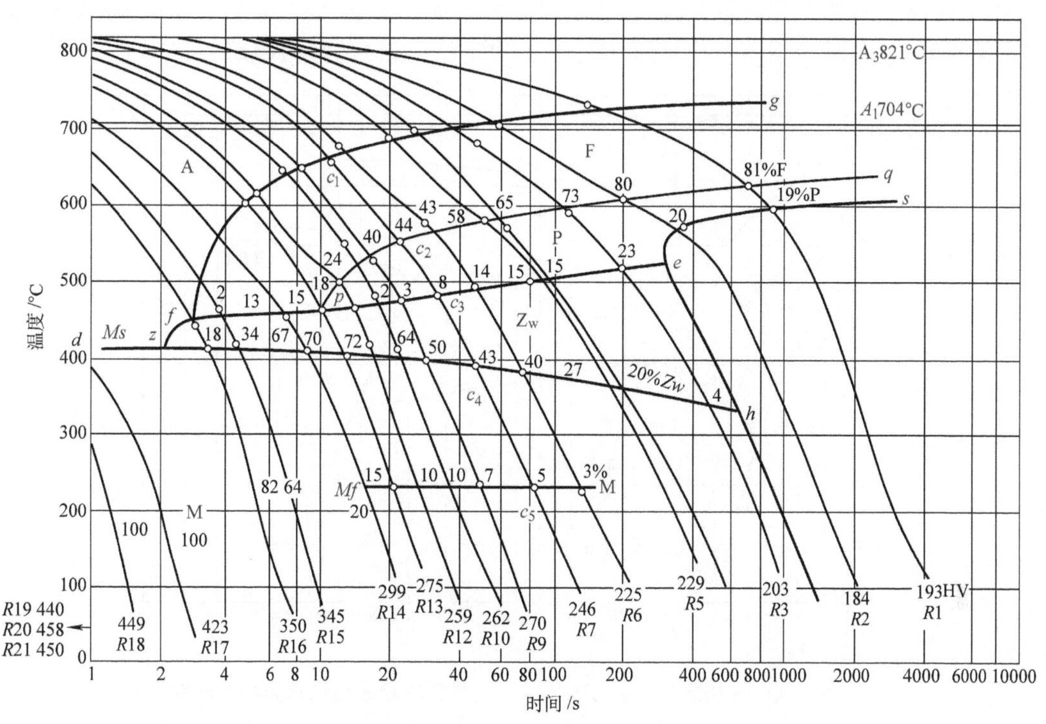

图 2-1　成分相当于 Q295 钢的焊接热影响区 SHCCT 图（$T_m=1350℃$）

正常刻度表示温度，横坐标以对数刻度表示时间。A 表示奥氏体组织区域，F 表示铁素体组织转变区域，P 表示珠光体组织转变区域，Z_w 表示中间组织（即各种贝氏体类组织）转变区域，M 表示马氏体组织转变区域。曲线 f—g 为从奥氏体开始析出铁素体的曲线；p—q 为从奥氏体开始析出珠光体的曲线，同时也是铁素体析出结束曲线；e—s 为从奥氏体析出珠光体的结束曲线；z—f—p—e 为从奥氏体析出中间组织的曲线，其中 f—p 也是铁素体析出结束曲线，p—e 也是珠光体析出结束曲线；d—z—h 为马氏体开始转变曲线，其中 z—h 也是中间组织转变结束曲线；Mf 线为马氏体转变结束曲线。

曲线 $R1\sim R21$ 是连续冷却曲线，分别表示以 A_3 作为时间计算起点的不同冷却过程。在每条连续冷却曲线和组织转变终了线相交的地方标注了一些数字，这些数字分别表示在该冷却曲线的冷却条件下形成的这种组织在金属中所占的百分比。每条连续冷却曲线的末端还标注了在该冷却条件下金属在室温时的平均维氏硬度值。

根据以上曲线和数据可以判断在一定的焊接条件下，焊接热影响区某部位金属经历了哪些组织转变、转变温度以及在室温下转变产物的相对比例和平均硬度等。作为判断焊接热影响区组织和性能的临界冷却条件指标，一般是用热影响区金属从 A_3（或 Ac_3）冷却到 500℃时所需要的临界冷却时间或经过 550℃时的临界冷却速度来表示。

图 2-2 给出的是成分相当于 Q295 钢热影响区 SHCCT 图的临界冷却曲线和临界冷却时间 C'_z、C'_f、C'_p、C'_e。图中的 C'_z、C'_f、C'_p、C'_e分别表示从 A_3 冷却到 500℃开始出现中间组织（即各种贝氏体类组织）、铁素体、珠光体，以及仅得到铁素体和珠光体组织的临界冷却时间（s）。C'_z、C'_f、C'_p、C'_e分别是由通过 z、f、p、e 点的临界冷却曲线与 500℃等温线的交点 C_z、C_f、C_p、C_e 向时间坐标轴投影得到的时间值。这些特征值对分析焊接热影响区的

组织很有意义，只要知道在实际焊接过程中热影响区所要研究部位的金属从800℃冷却到500℃的时间 $t_{8/5}$，对照临界冷却时间，就可以判断热影响区的显微组织。

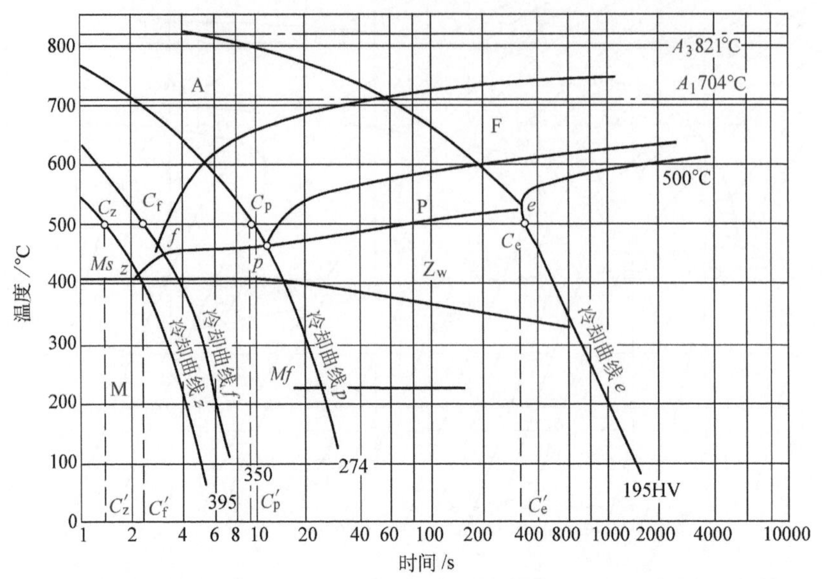

图2-2　Q295钢热影响区SHCCT图的临界冷却曲线和临界冷却时间

（4）利用经验公式　这是一类在生产实践和科学研究的基础上归纳总结出来的理论计算方法。这类评定方法一般不需要焊出焊缝，主要是根据材料或焊缝的化学成分、金相组织、力学性能之间的关系，联系焊接热循环过程，加上考虑其他条件（如接头拘束度、焊缝扩散氢含量等），然后通过一定的经验公式进行计算，评估冷裂纹、热裂纹、消除应力裂纹的倾向，确定焊接性优劣以及所需要的焊接条件。由于是经验公式，这些方法的应用是有条件限制的，而且大多是间接、粗略地估计焊接性问题。属于这一类的方法主要有：碳当量法、焊接裂纹敏感指数法、热影响区最高硬度法等。

2.3　焊接性的评定及试验方法

评定焊接性的方法分为间接法和直接试验法两类。间接法是以化学成分、热模拟组织和性能、焊接连续冷却转变图（CCT图）以及焊接热影响区的最高硬度等来判断焊接性，各种碳当量公式和裂纹敏感指数经验公式等也都属于焊接性的间接评定方法。直接试验法主要是指各种抗裂性试验以及对实际焊接结构焊缝和接头的各种性能试验等。

评价材料焊接性的试验方法很多，但每一种试验方法都是从某一特定的角度来考核或阐明焊接性的某一方面，往往需要进行一系列的试验才可能较全面地阐明焊接性，从而为确定焊接方法、焊接材料、焊接工艺等提供试验和理论依据。

2.3.1　焊接性的间接评定

1. 碳当量法

由于焊接热影响区的淬硬及冷裂纹倾向与钢种的化学成分有密切关系，因此可以用化学成分间接地评估钢材冷裂纹的敏感性。各种元素中，碳对冷裂纹敏感性的影响最显著。可以把钢中合金元素的含量按相当于若干碳含量折算并叠加起来，作为粗略评定钢材冷裂纹倾向的参数指标，即所谓碳当量（CE 或 C_{eq}）。

由于世界各国和各研究单位所采用的试验方法和钢材的合金体系不同，各自建立了有一定适用范围的碳当量计算公式，见表 2-3。

表 2-3　常用合金结构钢碳当量公式

序号	碳当量公式	适 用 钢 种
1	国际焊接学会（IIW）推荐： $CE(IIW)=C+\frac{Mn}{6}+\frac{Cr+Mo+V}{5}+\frac{Cu+Ni}{15}$ ① （%）	含碳量较高（$w_C \geqslant 0.18\%$）、强度级别中等（$R_m=500\sim900MPa$）的非调质低合金高强度钢
2	日本 JIS 标准规定： $C_{eq}(JIS)=C+\frac{Mn}{6}+\frac{Si}{24}+\frac{Ni}{40}+\frac{Cr}{5}+\frac{Mo}{4}+\frac{V}{14}$ ① （%）	低合金高强度钢（$R_m=500\sim1000MPa$），化学成分：$w_C \leqslant 0.2\%$、$w_{Si} \leqslant 0.55\%$、$w_{Mn} \leqslant 1.5\%$、$w_{Cu} \leqslant 0.5\%$、$w_{Ni} \leqslant 2.5\%$、$w_{Cr} \leqslant 1.25\%$、$w_{Mo} \leqslant 0.7\%$、$w_V \leqslant 0.1\%$、$w_B \leqslant 0.006\%$
3	美国焊接学会（AWS）推荐： $C_{eq}(AWS)=C+\frac{Mn}{6}+\frac{Si}{24}+\frac{Ni}{15}+\frac{Cr}{5}+\frac{Mo}{4}+\left(\frac{Cu}{13}+\frac{P}{2}\right)$ ① （%）	碳钢和低合金高强度钢，化学成分：$w_C<0.6\%$、$w_{Mn}<1.6\%$、$w_{Ni}<3.3\%$、$w_{Mo}<0.6\%$、$w_{Cr}<1.0\%$、$w_{Cu}=0.5\%\sim1\%$、$w_P=0.05\%\sim0.15\%$

① 公式中的元素符号即表示该元素的质量分数（后同）。

表 2-3 各公式中，碳当量的数值越大，被焊钢材的淬硬倾向越大，焊接区越容易产生冷裂纹。因此可以用碳当量的大小来评定钢材焊接性的优劣，并按焊接性的优劣提出防止产生焊接裂纹的工艺措施。应指出，用碳当量法估计焊接性是比较粗略的，因为公式中只包括了几种元素，实际钢材中还有其他元素，而且元素之间的相互作用也不能用简单的公式反映，特别是碳当量法中没有考虑板厚和焊接条件的影响，所以，碳当量法只能用于对钢材焊接性的初步分析。

此外，用碳当量法评定焊接性时还应注意以下的问题。

1）使用国际焊接学会（IIW）推荐的碳当量公式时，对于板厚 $\delta<20mm$ 的钢材，当 $CE<0.4\%$ 时，淬硬倾向不大，焊接性良好，焊前无须预热；$CE=0.4\%\sim0.6\%$ 时，尤其是 $CE>0.5\%$ 时，钢材易淬硬，表明焊接性已变差，焊接时需预热才能防止裂纹，随板厚增大预热温度要相应提高。

2）使用日本工业标准（JIS）的碳当量公式时，当钢板厚度 $\delta<25mm$ 和采用焊条电弧焊时（焊接热输入为 17kJ/cm），对于不同强度级别的钢材规定了不产生裂纹的碳当量界限和相应的预热措施，见表 2-4。

3）使用美国焊接学会（AWS）推荐的碳当量公式时，应根据计算出来的某钢种的碳当量再结合焊件的厚度，先从图 2-3 中查出该钢材焊接性的优劣等级，再从表 2-5 中确定出不同焊接性等级钢材的最佳焊接工艺措施。

表 2-4　根据钢材强度和碳当量确定预热温度

钢材强度级别 R_m/MPa	碳当量界限 C_{eq}（JIS）（%）	工艺措施
500	0.46	焊接时不需预热
600	0.52	焊前预热 75℃
700	0.52	焊前预热 100℃
800	0.62	焊前预热 150℃

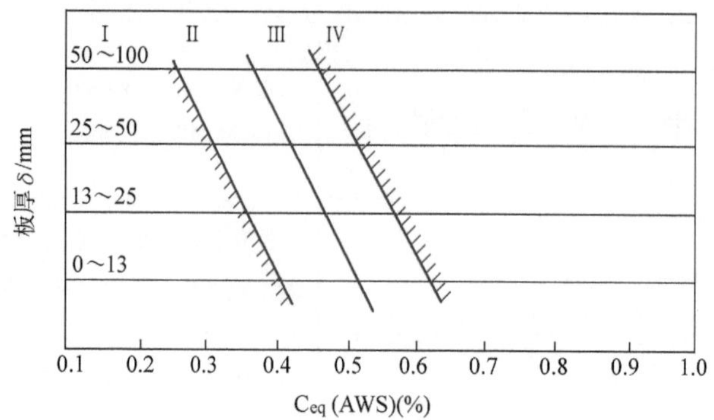

图 2-3　碳当量 C_{eq} 与板厚 δ 的关系

Ⅰ—优良　Ⅱ—较好　Ⅲ—尚好　Ⅳ—尚可

表 2-5　不同焊接性等级钢材的最佳焊接工艺措施

焊接性等级	酸性焊条	碱性低氢型焊条	消除应力	敲击焊缝
Ⅰ（优良）	不需预热	不需预热	不需	不需
Ⅱ（较好）	预热 40～100℃	-10℃以上不预热	任意	任意
Ⅲ（尚好）	预热 150℃	预热 40～100℃	希望	希望
Ⅳ（尚可）	预热 150～200℃	预热 100℃	希望	希望

2. 焊接冷裂纹敏感指数法

合金结构钢焊接时产生冷裂纹除化学成分的原因外，还与焊缝组织、扩散氢含量、接头拘束度等密切相关。采用斜 Y 形坡口“铁研试验”对 200 多种不同成分的钢材、不同厚度及不同含氢量的焊缝进行试验，提出了与化学成分、扩散氢和拘束度（或板厚）相联系的冷裂纹敏感性指数等公式，并可用冷裂纹敏感性指数确定防止冷裂纹所需的焊前预热温度。表 2-6 列出了这些冷裂纹敏感性公式、应用条件及确定焊前预热温度的计算公式。

表 2-6　冷裂纹敏感性公式及焊前预热温度的确定

冷裂纹敏感性公式（%）	预热温度/℃	应用条件
$P_C = P_{cm} + \frac{[H]}{60} + \frac{\delta}{600}$	$T_0 = 1440P_C - 392$	斜 Y 形坡口试件，适用于 $w_C \leq 0.17\%$ 的低合金钢，[H] = 1～5mL/100g，δ = 19～50mm
$P_W = P_{cm} + \frac{[H]}{60} + \frac{R}{400000}$		

（续）

冷裂纹敏感性公式（%）	预热温度/℃	应用条件
$P_H = P_{cm} + 0.075\lg[H] + \frac{R}{400000}$	$T_0 = 1600P_H - 408$	斜 Y 形坡口试件，适用于 $w_C \leqslant 0.17\%$ 的低合金钢，$[H] > 5mL/100g$，$R = 500 \sim 33000MPa$
$P_{HT} = P_{cm} + 0.088\lg[\lambda H'_D] + \frac{R}{400000}$	$T_0 = 1400P_{HT} - 330$	斜 Y 形坡口试件，P_{HT}考虑了氢在熔合区附近的聚集

表中 P_{cm} 为冷裂纹敏感系数，即

$$P_{cm} = C + \frac{Si}{30} + \frac{Mn + Cu + Cr}{20} + \frac{Ni}{60} + \frac{Mo}{15} + \frac{V}{10} + 5B\ (\%) \tag{2-1}$$

式（2-1）适用的成分范围为：$w_C = 0.07\% \sim 0.22\%$、$w_{Si} \leqslant 0.60\%$、$w_{Mn} = 0.40\% \sim 1.40\%$、$w_{Cu} \leqslant 0.50\%$、$w_{Ni} \leqslant 1.20\%$、$w_{Cr} \leqslant 1.20\%$、$w_{Mo} \leqslant 0.70\%$、$w_V \leqslant 0.12\%$、$w_{Nb} \leqslant 0.04\%$、$w_{Ti} \leqslant 0.50\%$、$w_B \leqslant 0.005\%$。板厚 $\delta = 19 \sim 50mm$；扩散氢含量 $[H] = 1 \sim 5mL/100g$。

[H] 为熔敷金属中的扩散氢含量（mL/100g）；δ 为被焊金属板厚（mm）；R 为拘束度（MPa）；$[H'_D]$ 为熔敷金属中的有效扩散氢含量（mL/100g）；λ 为有效系数（低氢型焊条 $\lambda = 0.6$，$[H'_D] = [H]$；酸性焊条 $\lambda = 0.48$，$[H'_D] = [H]/2$）。

3. 热裂纹敏感性指数法

考虑化学成分对焊接热裂纹敏感性的影响，在试验研究的基础上提出可预测或评估合金结构钢热裂纹敏感性指数的方法。

（1）热裂纹敏感系数（简称 HCS）　其计算公式为

$$HCS = \frac{C\left(S + P + \frac{Si}{25} + \frac{Ni}{100}\right)}{3Mn + Cr + Mo + V} \times 10^3 \tag{2-2}$$

当 HCS≤4 时，一般不会产生热裂纹。HCS 越大的金属材料，其热裂纹敏感性越高。该式适用于一般低合金高强度钢，包括低温钢和珠光体耐热钢。

（2）临界应变增长率（简称 CST）　其计算公式为

$$CST = (-19.2C - 97.2S - 0.8Cu - 1.0Ni + 3.9Mn + 65.7Nb - 618.5B + 7.0) \times 10^{-4} \tag{2-3}$$

当 $CST \geqslant 6.5 \times 10^{-4}$ 时，可以防止热裂纹产生，但这仅是按化学成分来考虑的。

4. 再热裂纹敏感性指数法

预测低合金结构钢焊接性时，根据合金元素对再热裂纹敏感性的影响，可采用再热裂纹敏感性指数法进行评定。再热裂纹敏感性指数一般有两种评定方法。

（1）ΔG 法　其计算公式为

$$\Delta G = Cr + 3.3Mo + 8.1V - 2\ (\%) \tag{2-4}$$

当 $\Delta G < 0$ 时，不产生再热裂纹；$\Delta G \geqslant 0$ 时，对产生再热裂纹较敏感。对于 $w_C > 0.1\%$ 的低合金钢，式（2-4）可修正为

$$\Delta G' = \Delta G + 10C = Cr + 3.3Mo + 8.1V - 2 + 10C\ (\%) \tag{2-5}$$

当 $\Delta G' \geqslant 2$ 时，对再热裂纹敏感；$1.5 \leqslant \Delta G' < 2$ 时，对再热裂纹敏感性中等；$\Delta G' < 1.5$

时，对再热裂纹不敏感。

（2）P_{SR}法　此法主要用于考虑合金结构钢焊接时 Cu、Nb、Ti 等元素对再热裂纹的影响，计算公式为

$$P_{SR}=Cr+Cu+2Mo+5Ti+7Nb+10V-2(\%) \tag{2-6}$$

此公式适用范围为：$w_{Cr}\leqslant1.5\%$、$w_{Mo}\leqslant2.0\%$、$w_{Cu}\leqslant1.0\%$、$0.10\%\leqslant w_C\leqslant0.25\%$、$w_{V+Nb+Ti}\leqslant0.15\%$。当 $P_{SR}\geqslant0$ 时，对产生再热裂纹较敏感。

5. 层状撕裂敏感性指数法

层状撕裂属于低温开裂，主要与钢中夹杂物的数量、种类和分布等有关。

在对抗拉强度 500～800MPa 低合金结构钢的插销试验（沿板厚方向截取试棒）和窗形拘束裂纹试验的基础上，提出下述计算层状撕裂敏感性指数的公式，即

$$P_L=P_{cm}+\frac{[H]}{60}+6S \tag{2-7}$$

式中，P_{cm}为冷裂纹敏感指数，$P_{cm}=C+\frac{Si}{30}+\frac{Mn+Cu+Cr}{20}+\frac{Ni}{60}+\frac{Mo}{15}+\frac{V}{10}+5B$（%）；[H] 为熔敷金属中的扩散氢含量（用日本 JIS 法测定）（mL/100g）。

上述公式适用于低合金结构钢焊接热影响区附近产生的层状撕裂。根据层状撕裂敏感性指数 P_L 可以在图 2-4 上查出插销试验 Z 向不产生层状撕裂的临界应力值 $(\sigma_Z)_{cr}$。

6. 焊接热影响区最高硬度法

根据焊接热影响区的最高硬度可以相对评价被焊钢材的淬硬倾向和冷裂纹敏感性。由于硬度测定方法简单易行，已被国际焊接学会（IIW）推荐采用。我国也相应制定了适用于焊条电弧焊的国家标准。

（1）试件制备　热影响区硬度试样的标准厚度为 20mm，试板长度 $L=200$mm，宽度 $B=150$mm，如图 2-5 所示。若实际板厚超过 20mm，则用机械加工成 20mm 厚度，并保留一个轧制表面。若板厚小于 20mm，则不需机械加工。

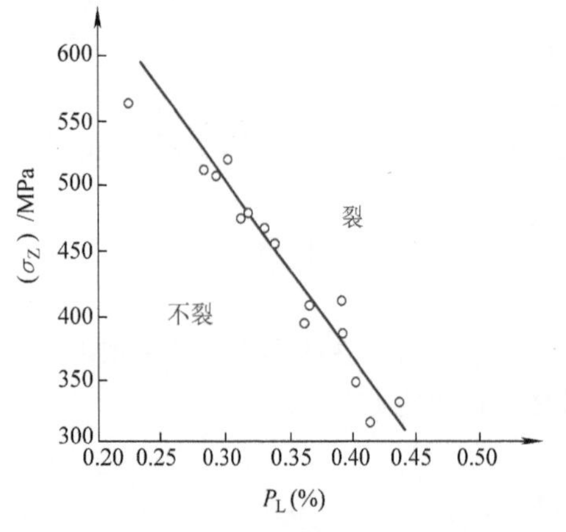

图 2-4　层状撕裂敏感性指数 P_L 与 $(\sigma_Z)_{cr}$的关系

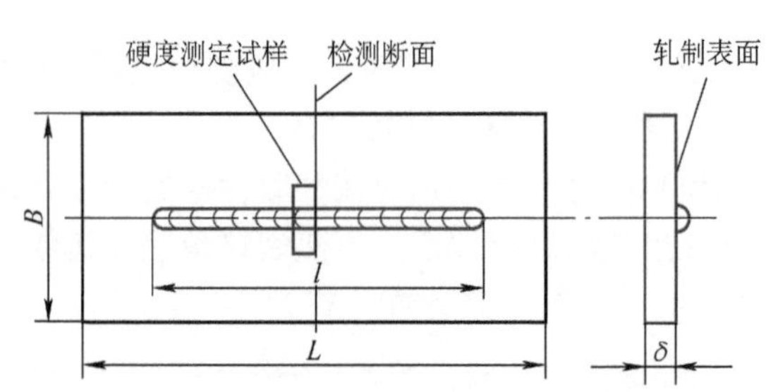

图 2-5　热影响区最高硬度法试件的形状

（2）试验条件　焊前清除试件表面的水、油、铁锈及氧化皮等。焊接时试件两端要支

撑架空，试件下面留有足够空间。在室温和预热温度下采用平焊位置进行焊接，沿试件轧制表面的中心线焊长度 $l=(125\pm10)$ mm 的焊缝，焊条直径为 4mm，焊接电流为（170 ± 10）A，焊接速度为（0.25 ± 0.02）cm/s。焊后试件在空气中自然冷却，不进行任何焊后热处理。

（3）硬度的测定　焊后自然冷却经过 12h 后，垂直切割焊缝中部，在此断面上截取硬度测量试样。试样的检测面经金相磨制后，腐蚀出熔合线。然后按图 2-6 所示，画一条既切于熔合线底部切点 O，又平行于试样轧制表面的直线作为硬度测定线。沿直线上每隔 0.5mm 测定一个点，用维氏硬度计测定。以切点 O 及其两侧各 7 个以上的点作为硬度测定点。

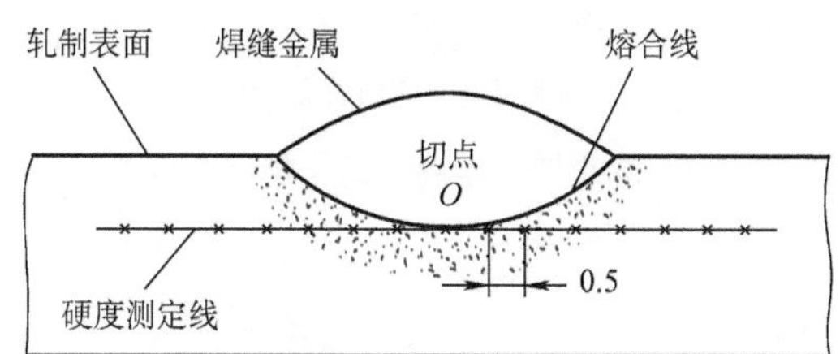

图 2-6　测定硬度的位置

一般用于焊接结构的钢材都应提供其最高硬度值，常用的低合金结构钢允许的热影响区最高硬度值列于表 2-7 中。

表 2-7　常用低合金钢的碳当量及允许的热影响区最高硬度值

钢种	相当国产钢种	P_{cm}(%)		CE(IIW)（%）		最高硬度 HV	
		非调质	调质	非调质	调质	非调质	调质
HW36	Q345	0.2485	—	0.4150	—	390	—
HW40	Q390	0.2413	—	0.3993	—	400	—
HW45	Q420	0.3091	—	0.4943	—	410	380（正火）
HW50	14MnMoV	0.2850	—	0.5117	—	420	390（正火）
HW56	18MnMoNb	0.3356	—	0.5782	—	—	420（正火）
HW63	12Ni3CrMoV	—	0.2787	—	0.6693	—	435
HW70	14MnMoNbB	—	0.2658	—	0.4593	—	450
HW80	14Ni2CrMnMoVCuB	—	0.3346	—	0.6794	—	470
HW90	14Ni2CrMnMoVCuN	—	0.3246	—	0.6794	—	480

热影响区最高硬度是评定钢材淬硬倾向和冷裂纹敏感性的一个简便方法。最高硬度允许值就是一个不出现冷裂纹的临界硬度值。热影响区最高硬度与裂纹率的关系如图 2-7 所示。最高硬度值不仅与钢材的强度级别有关，还与其成分及焊接条件有关。

当碳当量增大时，热影响区淬硬倾向随之提高，但并非始终保持线性关系。碳当量与热影响区最高硬度的关系如图 2-8 所示。减小碳当量并降低冷却速度利于减小热影响区淬硬和冷裂纹倾向。

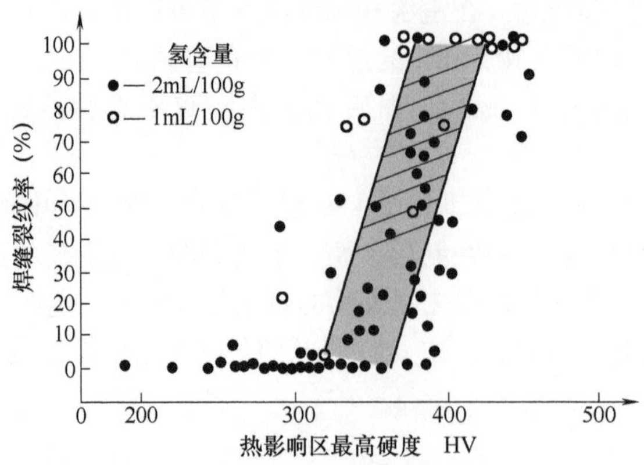

图 2-7 热影响区最高硬度与裂纹率的关系

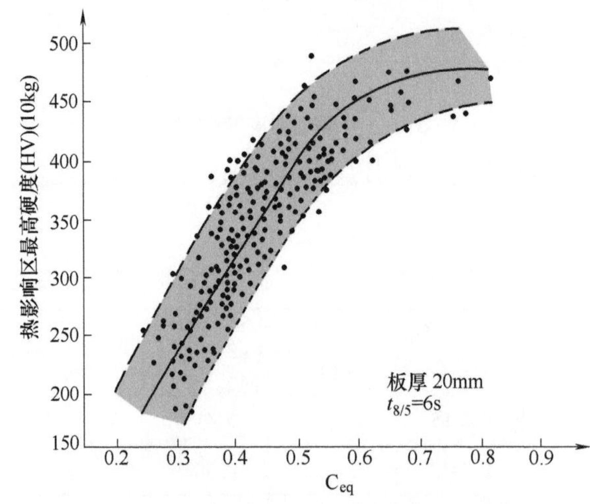

图 2-8 碳当量与热影响区最高硬度的关系

$$C_{eq} = C + (Mn/6) + (Si/24) + (Cr/5) + (Mo/4) + (V/14) + (Ni/40)$$

2.3.2 焊接性的直接试验方法

焊接性的直接试验方法大多是针对钢材在焊接过程中出现的裂纹而设计的，因为裂纹是焊接中最常见且危害性最大的缺陷。采用焊接性的直接试验方法，可以通过在焊接过程中观察是否发生某种焊接缺陷或发生缺陷的程度，直观评价焊接性的优劣。例如，可以定性或定量地评定被焊金属产生某种裂纹的倾向，揭示产生裂纹的原因和影响因素。由此确定防止裂纹等焊接缺陷必要的焊接工艺措施，包括焊接方法、焊接材料、焊接参数、预热和焊后热处理等。各种金属材料可能产生的焊接裂纹类型见表 2-8。

1. 焊接冷裂纹试验方法

焊接冷裂纹是在焊后冷却至较低温度下产生的一种常见裂纹，主要发生在低中合金结构钢的焊接热影响区或熔合区。焊接超高强度钢或某些钛合金时，冷裂纹有时也出现在焊缝金属中。表 2-9 列出了常用的低合金钢焊接冷裂纹试验方法及主要特点。

表 2-8　各种金属材料可能产生的焊接裂纹类型

金属材料		热裂纹	冷裂纹	层状撕裂	消除应力裂纹
低碳钢	$w_S<0.01\%$	—	△	△	—
	$w_S>0.01\%$	△	△	▲	—
中碳钢、中碳低合金钢		▲	▲	—	▲
高碳钢		▲	▲	—	—
低合金高强度钢		—	▲	—	▲
中合金高强度钢		△	▲	—	△
高合金钢		▲	—	—	△
Cr-Mo 钢		—	▲	—	▲
Ni 基、Fe 基、Co 基耐热合金		▲	—	—	△
不锈钢	马氏体钢	▲	▲	—	—
	铁素体钢	▲	—	—	—
	奥氏体钢	▲	—	—	△
铝及铝合金		—或▲	—	—	—
铜及铜合金		▲	—	—	△
镍及镍合金		▲	—	—	△

注：▲——常发生，△——有时发生，— ——不发生。

表 2-9　常用的低合金钢焊接冷裂纹试验方法及主要特点

试验方法名称	焊接方法	焊接层数	裂纹部位	拘束形式	特　点
斜 Y 形坡口对接裂纹试验	焊条电弧焊 CO_2 焊	单道	焊缝 热影响区	拉伸自拘束	用于评定高强度钢第一层焊缝及热影响区的裂纹倾向，试验方法简便，是国际上采用较多的抗裂性试验方法之一，也称“小铁研”试验
刚性固定对接裂纹试验	焊条电弧焊 CO_2 焊 SAW 焊	单道或多道	焊缝 热影响区		此法拘束度很大，容易产生裂纹，往往在试验中发生裂纹而在实际生产中不出现裂纹，多用于大厚焊件
窗形拘束裂纹试验	焊条电弧焊 CO_2 焊	单道或多道	焊缝		主要用于考察多层焊时焊缝的横向裂纹敏感性
十字接头裂纹试验	焊条电弧焊 MIG 焊	单道	热影响区	自拘束	主要用于测定热影响区的冷裂纹倾向
插销试验	焊条电弧焊 CO_2 焊	单道	热影响区	可变拘束	需专用设备，评定高强度钢热影响区冷裂倾向，简便、省材
刚性拘束裂纹试验（RRC 试验）	焊条电弧焊 CO_2 焊	单道	焊缝 热影响区		需专用设备，可用于研究冷裂机理，如临界拘束应力、热输入、扩散氢含量、预热温度等对冷裂倾向的影响
拉伸拘束裂纹试验（TRC 试验）	焊条电弧焊 CO_2 焊	单道	焊缝 热影响区		需专用设备，可定量分析产生裂纹的各种因素，如成分、含氢量、拘束应力

冷裂纹可以在焊后立即出现，有时却要经过一段时间，如几小时、几天甚至更长时间才出现。开始时是少量出现，随时间增长裂纹逐渐增多和扩展。这类不是在焊后立即出现的冷裂纹称为延迟裂纹，它是冷裂纹中较为常见的一种形态。延迟裂纹对焊接结构安全的影响很大，更值得关注。

(1) 斜Y形坡口对接裂纹试验（Y-slit Type Cracking Test） 主要用于评定低合金结构钢焊缝及热影响区的冷裂纹敏感性，在实际生产中应用很广泛，通常称为“小铁研”试验。

1）试件制备。试件形状及尺寸如图2-9所示。被焊钢材板厚 $\delta=9\sim38$mm。对接接头坡口用机械方法加工。试板两端各在60mm范围内施焊拘束焊缝，采用双面焊，注意防止角变形和未焊透。保证中间待焊试样焊缝处有2mm间隙。

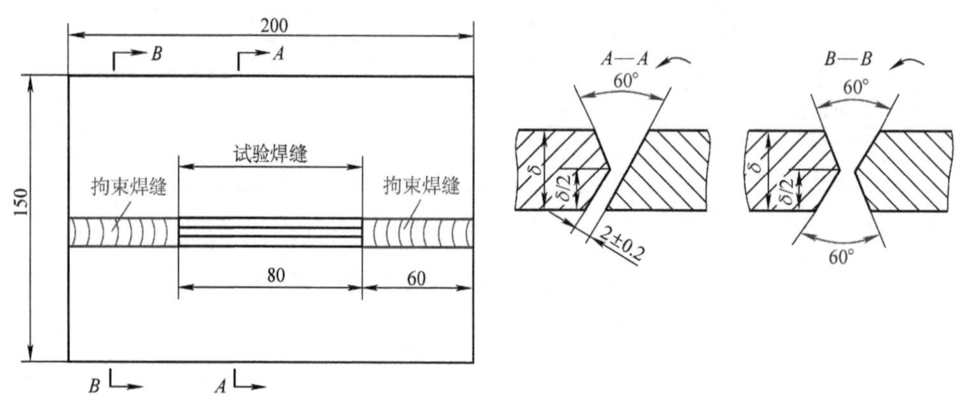

图2-9 斜Y形坡口对接试件的形状及尺寸

2）试验条件。试验焊缝选用的焊条应与母材相匹配，所用焊条应严格烘干。推荐采用下列焊接参数：焊条直径4mm，焊接电流（170±10）A，电弧电压（24±2）V，焊接速度（150±10）mm/min。用焊条电弧焊施焊的试验焊缝如图2-10a所示，用自动送进装置施焊的试验焊缝如图2-10b所示。试验焊缝可在各种不同温度下施焊，试验焊缝只焊一道，不填满坡口。焊后静置和自然冷却24h后截取试样并进行裂纹检测。

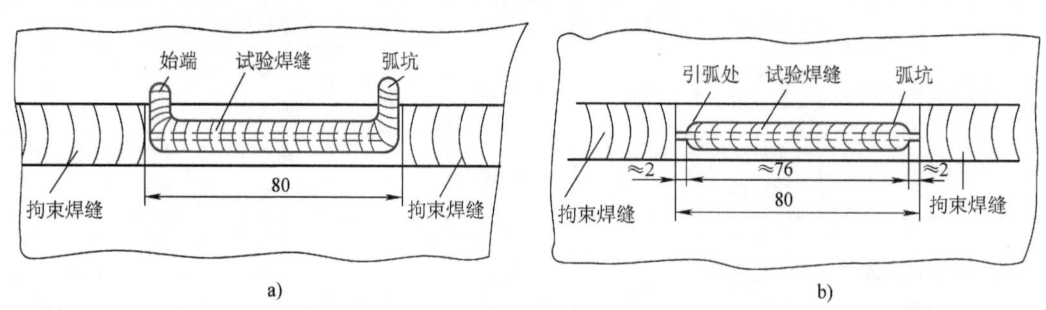

图2-10 施焊时的试验焊缝

a）焊条电弧焊试验焊缝 b）焊丝自动送进的试验焊缝

3）检测与裂纹率计算。用肉眼或手持5～10倍放大镜来检测焊缝和热影响区的表面和断面是否有裂纹。按下列方法分别计算试样的表面裂纹率、根部裂纹率和断面裂纹率。

① 表面裂纹率 C_f。表面裂纹率根据图 2-11a 所示按式（2-8）计算，即

$$C_f = \frac{\sum l_f}{L} \times 100\% \tag{2-8}$$

式中，$\sum l_f$ 为表面裂纹长度之和（mm）；L 为试验焊缝长度（mm）。

② 根部裂纹率 C_r。试样先经着色检验，然后将其拉断，根据图 2-11b 所示计算根部裂纹长度，然后按式（2-9）计算根部裂纹率 C_r，即

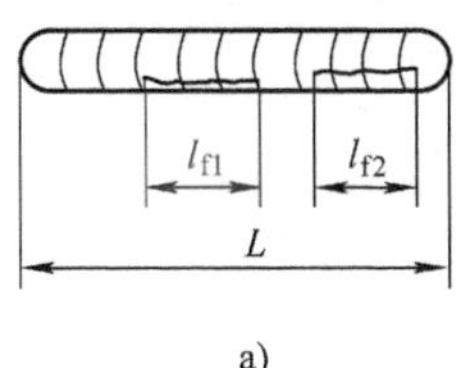

a)

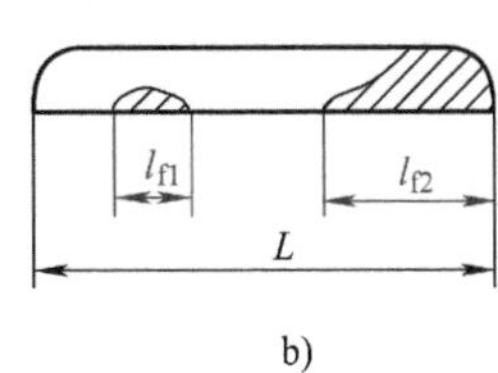

b)

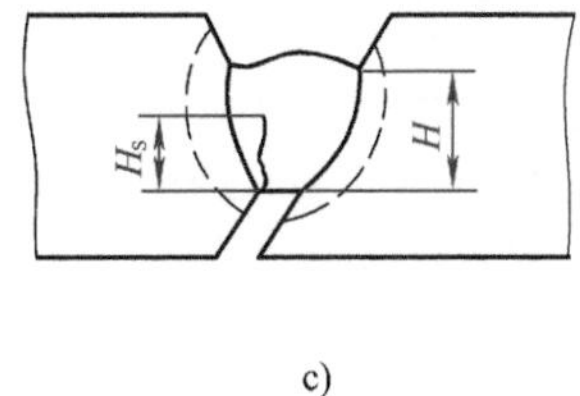

c)

图 2-11 试样裂纹长度计算

a）表面裂纹 b）根部裂纹 c）断面裂纹

$$C_r = \frac{\sum l_r}{L} \times 100\% \tag{2-9}$$

式中，$\sum l_r$ 为根部裂纹长度之和（mm）。

③ 断面裂纹率 C_s。用机械加工方法在试验焊缝上等分截取出 4 ~6 块试样，检查 5 个横断面上的裂纹深度 H_s，如图 2-11c 所示，按式（2-10）计算断面裂纹率 C_s，即

$$C_s = \frac{\sum H_s}{\sum H} \times 100\% \tag{2-10}$$

式中，$\sum H_s$ 为 5 个断面裂纹深度的总和（mm）；$\sum H$ 为 5 个断面焊缝最小厚度的总和（mm）。

斜 Y 形坡口“小铁研”试验焊接接头的拘束度大，根据计算和实际测定达 700MPa 以上，大大超过实际对接接头的拘束度。而且焊缝根部应力集中大，根部又有尖角，焊缝受力条件较苛刻，冷裂纹敏感性很大。目前国内外没有评定“小铁研”试验裂纹敏感性的统一标准，但可以根据裂纹率进行相对评定。一般认为低合金钢“小铁研”试验表面裂纹率小于 20% 时，用于一般焊接结构生产是安全的。

如果试验用的焊接参数不变，用不同预热温度进行试验，就可以测定出防止冷裂纹产生的临界预热温度，作为评定钢材冷裂纹敏感性的指标。这种试验方法用料省、试件易加工、不需特殊试验装置、试验结果可靠，生产中多采用这种方法评定低合金钢的抗冷裂性能。

（2）TRC 试验和 RRC 试验

1）拉伸拘束裂纹试验（Tensile Restraint Cracking Test，即 TRC 试验）。TRC 试验的基本原理是模拟焊接接头承受的平均拘束应力，在一定坡口形状和一定尺寸的试板间施焊，待冷却到规定温度时在焊缝横向施加一拉伸载荷并保持恒定，直到产生裂纹或断裂。通过调整载荷，可以求得加载 24h 而不发生开裂的临界应力。根据临界应力的大小，即可评定材料冷裂纹敏感性。这种试验可以定量地分析低合金钢产生冷裂纹的各种因素，如化学成分、焊缝含氢量、拘束应力、工艺参数及焊后热处理等。这种试验方法适用于大型试板定量评定冷裂纹敏感性，试验结果常与插销试验一致。TRC 试件形状如图 2-12 所示。

试验中推荐采用的焊接参数为：焊接电流 170A，电弧电压 24V，焊接速度 0.25cm/s。

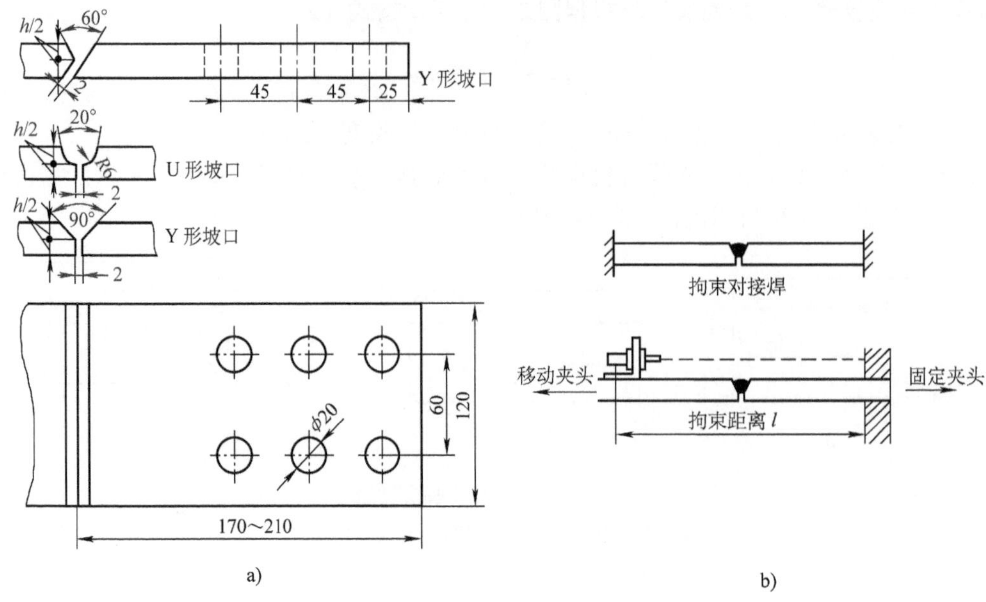

图 2-12 TRC 试件形状和 RRC 试验

a）TRC 试件形状 b）RRC 试验原理

焊后冷却至 100～150℃时施加拉伸载荷，试验过程保持恒定直至发生裂纹或断裂。当拉伸载荷等于或小于某一数值时不再产生裂纹或断裂，此时的应力即为“临界应力”，可用于评价该钢材的冷裂纹倾向大小。TRC 试验方法的设备较大较复杂，所需试板的尺寸也很大。

2）刚性拘束裂纹试验（Rigid Restraint Cracking Test，即 RRC 试验）。RRC 试验的基本原理是在焊接接头冷却过程中靠自收缩所产生的应力模拟焊接接头承受的外部拘束条件。简化的 RRC 试验原理如图 2-12b 所示，右端为固定夹头，左端为移动夹头。在试验过程中始终保持固定的拘束距离不变（即所谓刚性拘束）。拘束距离 l 增大时，拘束度就减小，焊缝处的拘束应力降低，产生裂纹所需时间也延长。当拘束距离 l 增大到一定数值后接头处便不再产生裂纹，此时的拘束应力便是临界拘束应力，可以用作评价冷裂纹敏感性的尺度。

RRC 试验比 TRC 试验的恒载拉伸更接近实际焊接情况，但也需要较大型的试验设备。

（3）刚性固定对接裂纹试验（Restrained Butt Joint Cracking Test） 这种试验方法主要用于测定焊缝的冷裂纹和热裂纹倾向，也可以测定热影响区的冷裂纹倾向，适用于低合金钢焊条电弧焊、埋弧焊、气体保护焊等。

1）试件制备。试件的形状、尺寸如图 2-13 所示。试板长度 $l \geqslant 300$mm，试板厚度 δ_1 应与待焊产品厚度相同，但试板厚度 $\delta_1 \geqslant 25$mm 时，其适用厚度不限。刚性底板长度 $L = l + 100$mm，宽度 $B = 2b + 100$mm，刚性底板厚度 δ_2（焊条电弧焊和气体保护焊）$\geqslant 40$mm；埋弧焊时厚度 $\delta_2 \geqslant 60$mm。用于焊接性对比试验时，试板厚度 $\delta_1 \leqslant 10$mm 时用 I 形坡口，试板厚度 $\delta_1 > 10$mm 时用 Y 形坡口。钝边厚度应使试验焊缝保留未焊透，钝边间隙（2±0.2）mm，坡口角 $\alpha = 60°$。

2）试验焊缝的焊接。将试板点固在刚性底板上，然后焊接拘束焊缝。四周固定焊缝的焊脚 $K = 12$mm，若板厚 $\delta_1 < 12$mm，则 $K = \delta_1$。拘束焊缝焊脚应与试板厚度等齐。评定抗裂性能时，只需焊一道试验焊缝，按实际生产时的焊接参数施焊；做工艺适应性试验时，工艺

参数以不出现裂纹为目的进行调整；做裂纹倾向性对比试验时，应选定基本参数，再做裂纹率对比，或做零裂纹率的预热温度及热输入量的对比，焊后按预定工艺冷却。

3）取样与检验。试验焊缝焊后在室温下放置 24h 后，先检查焊缝表面有无裂纹，再横向切取焊缝，取 2 块试样磨片检查有无裂纹，一般以有无裂纹为评定标准。焊缝正面的表面裂纹可在切取拘束焊缝前进行检测，焊缝背面裂纹在切取试件后进行检测。将试件按试验焊缝长度方向做 6 等分切取试样，检测其断面裂纹，计算出表面裂纹率和断面裂纹率。

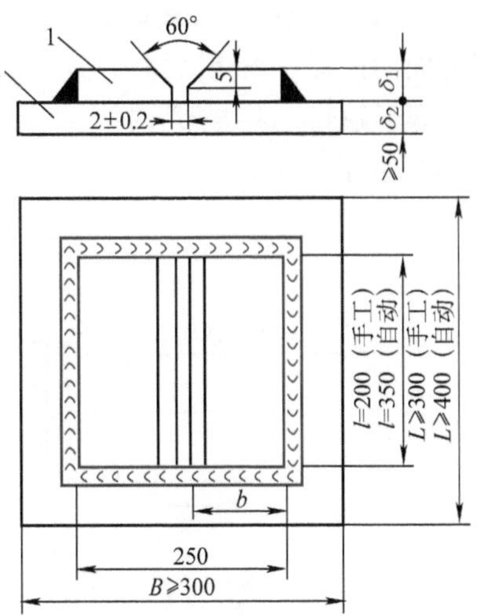

图 2-13　刚性固定对接裂纹试验试件
1—试板　2—刚性底板

（4）窗形拘束裂纹试验（Window Type Restraint Cracking Test）　这种方法主要用于测定低合金钢多层焊时焊缝横向冷裂纹及热裂纹的敏感性，为选择焊接材料和确定工艺条件提供试验依据。

图 2-14a 所示为试验用的框架，它由 1200mm × 1200mm × 50mm 的低碳钢板组成，立板中央开有 320mm × 470mm 的窗口。试件为两块 500mm × 180mm 的被焊钢板，开 X 形坡口，如图 2-14b 所示。

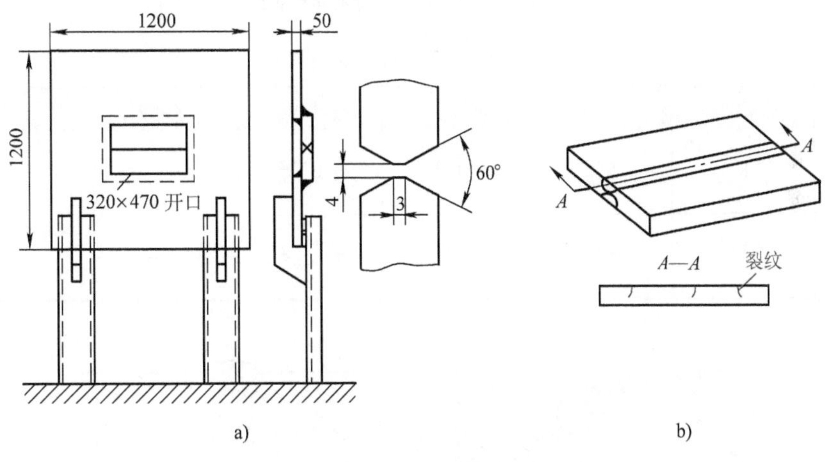

图 2-14　窗形拘束裂纹试验
a）框架　b）试件形状

先将试板焊在窗口部位，然后采用实际选定的工艺参数进行试验焊缝的焊接，用多层焊从 X 形坡口两面填满坡口完成试验焊缝。焊后放置 24h 再进行检查，先对试板进行 X 射线检测，然后将试板沿焊缝纵向剖开，磨片后在纵断面上检查裂纹，如图 2-14b 所示。

评定方法是以断面上有无裂纹为依据，也可对断面裂纹率进行计算做相对比较。

（5）插销试验方法（Implant Test）　这是测定低合金钢焊接热影响区冷裂纹敏感性的一种定量试验方法。插销试验的设备附加其他装置，也可用于测定消除应力裂纹敏感性和层状撕裂敏感性。这种方法因消耗材料少、试验结果稳定，所以应用较广泛。

1）试样制备。将被焊钢材加工成圆柱形的插销试棒，沿轧制方向取样并注明插销在厚度方向的位置。插销试棒的形状如图 2-15 所示，各部位尺寸见表 2-10。试棒上端附近有环形或螺形缺口。将插销试棒插入底板相应的孔中，使带缺口一端与底板表面平齐，如图 2-16所示。

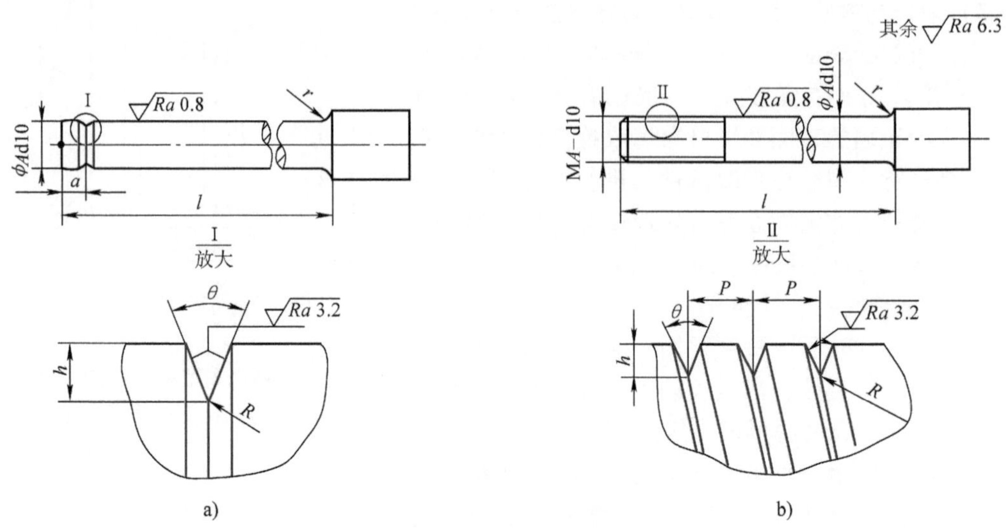

图 2-15　插销试棒的形状

a）环形缺口插销　b）螺形缺口插销

表 2-10　插销试棒的尺寸

<table>
<tr><th>缺口类别</th><th>φA/mm</th><th>h/mm</th><th>θ/(°)</th><th>R/mm</th><th>P/mm</th><th>l/mm</th></tr>
<tr><td>环形</td><td rowspan="2">8</td><td rowspan="2">$0.5^{+0.05}_{-0.05}$</td><td rowspan="2">40^{+2}_{-2}</td><td rowspan="2">$0.1^{+0.2}_{-0.2}$</td><td>—</td><td rowspan="4">大于底板的厚度，一般约为 30 ~ 150</td></tr>
<tr><td>螺形</td><td>1</td></tr>
<tr><td>环形</td><td rowspan="2">6</td><td rowspan="2">$0.5^{+0.05}_{-0.05}$</td><td rowspan="2">40^{+2}_{-2}</td><td rowspan="2">$0.1^{+0.2}_{-0.2}$</td><td>—</td></tr>
<tr><td>螺形</td><td>1</td></tr>
</table>

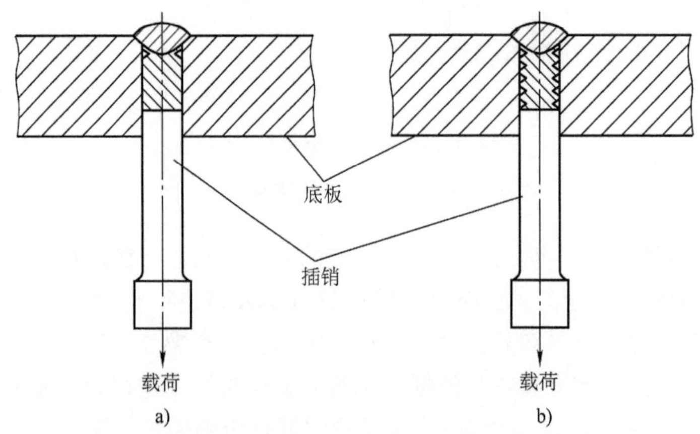

图 2-16　插销试棒、底板及熔敷焊道

a）环形缺口插销　b）螺形缺口插销

对于环形缺口的插销试棒，缺口与端面的距离 a 应使焊道熔深与缺口根部所截平面相切或相交，但缺口根部圆周被熔透的部分（熔透比）不得超过20%，如图2-17所示。对于低合金钢，a 值在焊接热输入 $E=15\text{kJ/cm}$ 时为2mm。根据焊接热输入的变化，缺口与端面的距离 a 可按表2-11作适当调整。

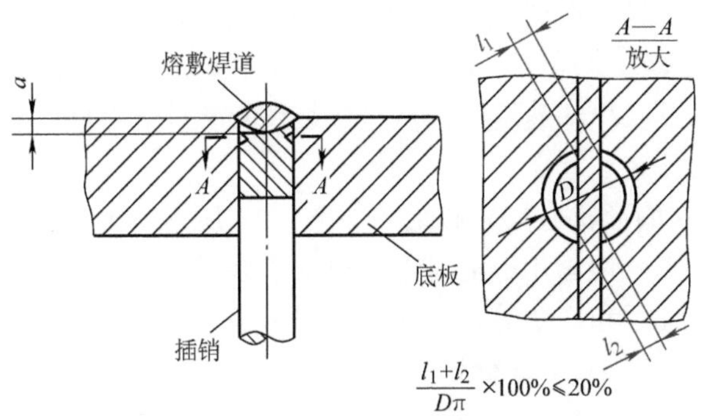

图 2-17　熔透比的计算

表 2-11　缺口与端面的距离 a 与焊接热输入 E 的关系

$E/\text{kJ}\cdot\text{cm}^{-1}$	9	10	13	15	16	20
a/mm	1.35	1.45	1.85	2.0	2.1	2.4

底板材料应与被焊钢材相同或热物理常数基本一致。底板厚度为20mm，形状和尺寸如图2-18所示。底板钻孔数应小于或等于4个，位于底板纵向中心线上，孔间距为33mm。

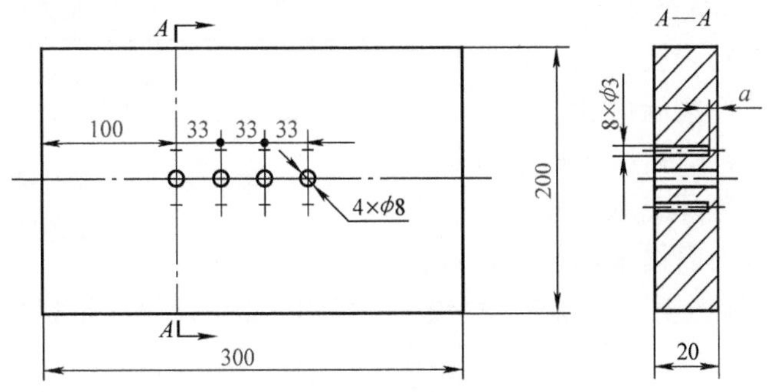

图 2-18　底板的形状及尺寸

2）试验过程。按选定的焊接方法并严格控制的工艺参数，在底板上熔敷一层堆焊焊道，焊道中心线通过试棒的中心，其熔深应使缺口尖端位于热影响区的粗晶区。焊道长度 L 约100～150mm。

施焊时应测定800～500℃的冷却时间 $t_{8/5}$ 值。不预热焊接时，焊后冷却至100～150℃时加载；焊前预热时，应在高于预热温度50～70℃时加载。载荷应在1min之内且在冷却至100℃或高于预热温度50～70℃之前施加完毕。若有后热，应在后热之前加载。

为了获得焊接热循环的有关参数（$t_{8/5}$、t_{100} 等），可将热电偶焊在底板焊道下的不通孔中（图2-18），不通孔直径3mm，深度与插销试棒的缺口处一致。测点的最高温度应不低于1100℃。

当试棒加载时，插销可能在载荷持续时间内发生断裂，记下承载时间。在不预热条件下，载荷保持16h而试棒未断裂即可卸载。预热条件下，载荷保持至少24h才可卸载。可用金相或氧化等方法检测缺口根部是否存在断裂。多次改变载荷后，可求出在试验条件下不出现断裂的临界应力 σ_{cr}。临界应力 σ_{cr} 可以用启裂准则，也可以用断裂准则，但应注明。根据临界应力 σ_{cr} 的大小可相对比较材料抵抗产生冷裂纹的能力。

（6）搭接接头焊接裂纹试验（Controlled Thermal Severity，即CTS试验） 这种试验是通过热拘束指数的变化来反映冷却速度对焊接接头裂纹敏感性的影响，主要适用于低合金钢热影响区的冷裂纹敏感性评定。

1）试件制备。试件的形状、尺寸和组装如图2-19所示。上板试验焊缝的两个端面需进行机械加工（气割下料时，应留10mm以上的机加工余量）。上、下板接触面以及下板的试验焊缝附近的氧化皮、油污和铁锈等，焊前要打磨干净。其他端面可以气割下料。

2）试验过程。先按图2-19进行试件组装，用M12螺栓把上、下板固定，然后用试验焊条焊接两侧的拘束焊缝，每侧焊两道。待试件完全冷至室温后，将试件放在隔热平台上焊接试验焊缝。为了比较不同钢种的冷裂纹倾向，推荐采用的焊接参数为：焊条直径4mm，焊接电流160～180A，电弧电压22～26V，焊接速度140～160mm/min。试验时先焊试验焊缝1，待试件冷至室温后，再用相同的焊接参数焊试验焊缝2。

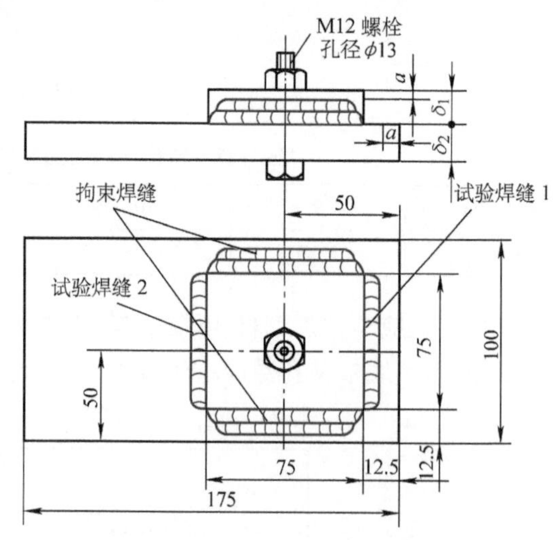

图2-19 搭接接头焊接裂纹试验的试件形状及尺寸

$a>1.5$mm δ_1—上板厚度 δ_2—下板厚度

一般在室温下进行焊接，也可以在预热条件下焊接。焊后试件室温放置48h后进行解剖。按图2-20a中点画线所示的尺寸进行机加工切割，每条试验焊缝取3块试片，共切取6块。对试样检测面作金相研磨和腐蚀处理，在10～100倍显微镜下检测有无裂纹，并按图2-20b所示测量裂纹长度。

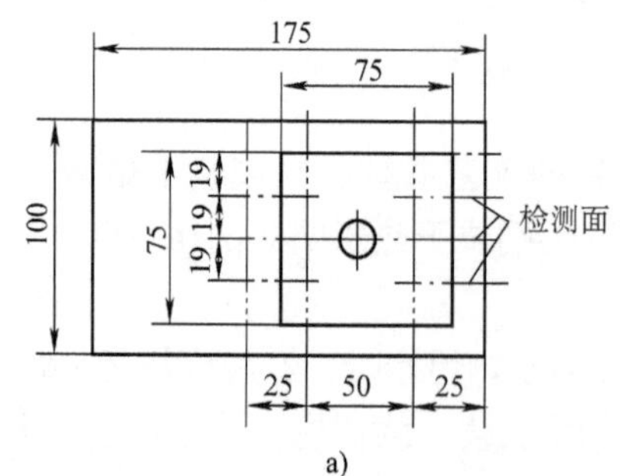

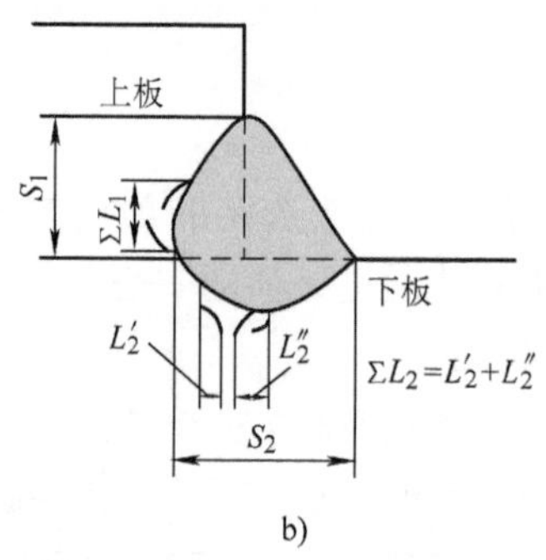

图2-20 试件解剖尺寸和裂纹测量

a）试样解剖尺寸 b）测量裂纹长度

3）计算方法。按图 2-20b 所示对测得的裂纹长度用式（2-11）、（2-12）分别算出上、下板的裂纹率，即

$$C_1 = \frac{\sum L_1}{S_1} \times 100\% \tag{2-11}$$

$$C_2 = \frac{\sum L_2}{S_2} \times 100\% \tag{2-12}$$

式中，C_1 为上板裂纹率（%）；C_2 为下板裂纹率（%）；$\sum L_1$ 为上板试样裂纹长度之和（mm）；$\sum L_2$ 为下板试样裂纹长度之和（mm）。

2. 焊接热裂纹试验方法

焊接热裂纹是在焊接过程处在高温下产生的一种裂纹，其特征大多数是沿原奥氏体晶界扩展和开裂。表 2-12 列出了几种常用的低合金钢焊接热裂纹试验方法。

表 2-12　常用的低合金钢焊接热裂纹试验方法

试验方法名称	用　途	焊接方法	拘束形式
可变刚性裂纹试验	测定低合金钢对接焊缝产生裂纹的倾向性	焊条电弧焊 CO_2 焊	可变拘束
压板对接（FISCO）焊接裂纹试验	评定低合金钢的热裂纹敏感性	焊条电弧焊	固定拘束
可调拘束裂纹试验	测定低合金钢的热裂纹敏感性	焊条电弧焊 CO_2 焊	可变拘束

（1）压板对接（FISCO）焊接裂纹试验　这种试验方法主要用于评定低合金钢焊缝金属的热裂纹敏感性，也可以做钢材与焊条匹配的性能试验。试验装置如图 2-21 所示。在 C 形夹具中，垂直方向用 14 个紧固螺栓以 3×10^5N 的力压紧试板，横向用 4 个螺栓以 6×10^4N 的力定位，把试板牢牢固定在试验装置内。

1）试件制备。试件的形状与尺寸如图 2-22a 所示。坡口形状为 I 形，厚板时可用 Y 形坡口，采用机械加工，坡口附近表面要打磨干净。

2）试验步骤。将试件安装在试验装置内，在试件坡口的两端按试验要求装入相应尺寸的定位塞片，以保证坡口间隙（变化范围 0～6mm）。先将横向螺栓紧固，再将垂直方向的螺栓用指针式扭力扳手紧固。按生产上使用的工艺参数按图 2-22a 所示顺序焊接 4 条长度约 40mm 的试验焊缝，焊缝间距约 10mm，弧坑不必填满。焊后经过 10min 后将试件从装置上取出，待试件冷却至室温后，将试板沿焊缝纵向弯断，观察断面有无裂纹并测量裂纹长度，如图 2-22b 所示。

3）裂纹率计算方法。对 4 条焊缝断面上测得的裂纹长度按式（2-13）计算其裂纹率，即

$$C_f = \frac{\sum l_i}{\sum L_i} \times 100\% \tag{2-13}$$

式中，C_f 为压板对接（FISCO）试验的裂纹率（%）；$\sum l_i$ 为 4 条试验焊缝的裂纹长度之和（mm）；$\sum L_i$ 为 4 条试验焊缝的长度之和（mm）。

（2）可调拘束裂纹试验（Varestraint Test）　这种试验方法主要用于评定低合金钢各种

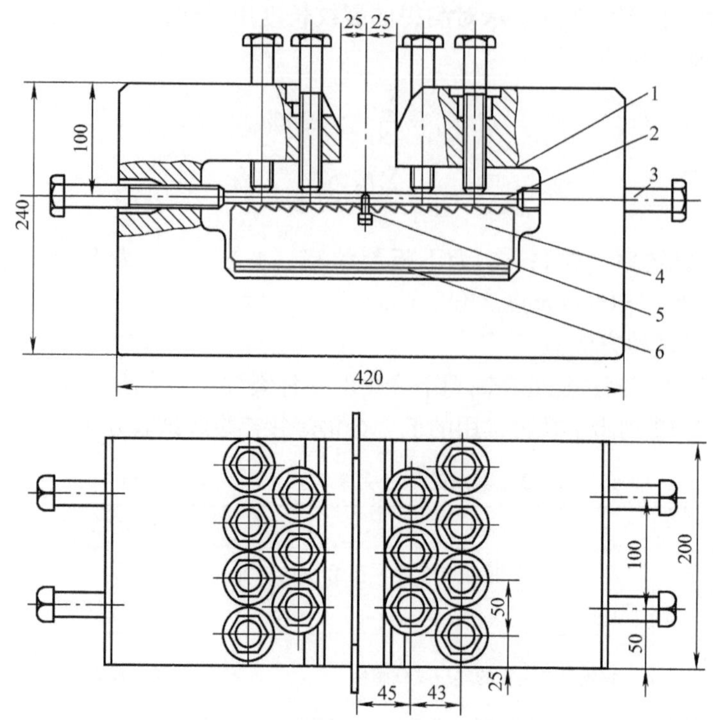

图 2-21　压板对接（FISCO）试验装置

1—C 形拘束框架　2—试板　3—紧固螺栓　4—齿形底座　5—定位塞片　6—调节板

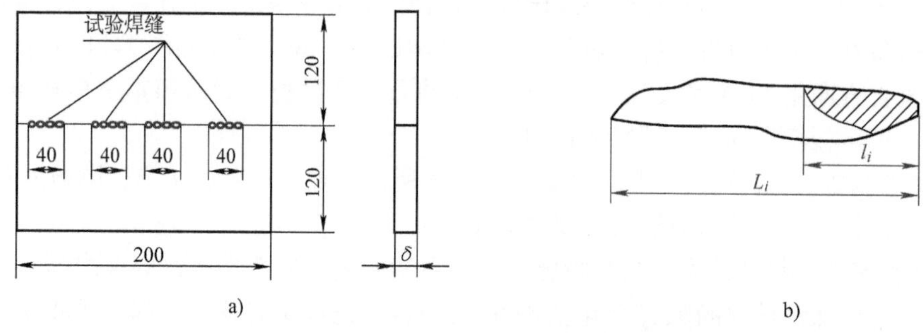

图 2-22　压板对接（FISCO）试板尺寸及裂纹计算

a）试板尺寸　b）焊缝裂纹长度计算

热裂纹（结晶裂纹、液化裂纹等）敏感性。这种方法的原理是在焊缝凝固后期施加一定的应变来研究产生裂纹的规律。当外加应变值在某一温度区间超过焊缝或热影响区金属的塑性变形能力时，就会出现热裂纹，以此来评定产生焊接热裂纹的敏感性。

根据试验目的的不同，可分为纵向和横向两种试验方法，如图 2-23 所示，两者可在同一试验机上进行。试验过程基本相同，仅焊缝所承受的应变方向不同。试验时只需将焊接方向扭转 90°。用工具显微镜检测裂纹的总长度和裂纹数量。

可调拘束裂纹试验时，加载变形有快速和慢速两种形式。慢速变形时，采用支点弯曲的方式，应变量由压头下降弧形距离 S 控制，应变速度为每秒 0.3%～7.0%。

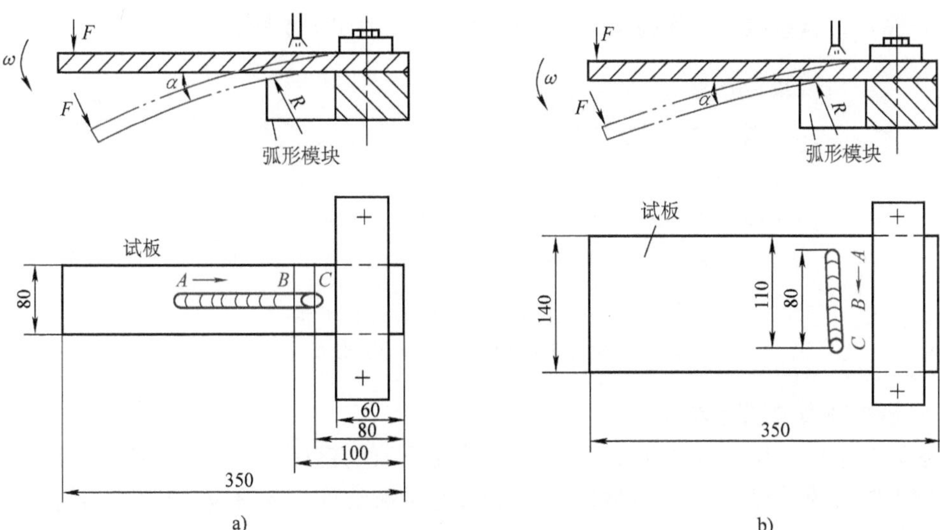

图 2-23　可调拘束裂纹试验示意图

a）纵向试验法　b）横向试验法

$$S = R_0 \alpha \frac{\pi}{180} \tag{2-14}$$

式中，S 为加载压头下降的弧形位移（mm）；R_0 为加载压头的旋转半径（mm）；α 为试板的弯曲度（rad）。

快速变形时，应变量由可更换的弧形模块的曲率半径控制，该应变量 ε 可用式（2-15）计算，即

$$\varepsilon = \frac{\delta}{2R} \times 100\% \tag{2-15}$$

式中，δ 为试板厚度（mm）；R 为弧形模块曲率半径（mm）。

所用试板尺寸为：(5～16)mm×(50～80)mm×(300～350)mm。试验焊条按规定烘干。焊接参数为：焊条直径 4mm，焊接电流 170A，电弧电压 24～26V，焊接速度 150mm/min。试验过程如图 2-23 所示，由 A 点焊接至 C 点后熄弧，当焊接到 B 点（50mm 处）时，加载压头突然加力 F 下压，使试板发生强制变形而与模块贴紧。变更模块的 R 即可变更应变量 ε，而 ε 达到一定数值时就会在焊缝或热影响区产生热裂纹。随着 ε 的增大，裂纹的数目及长度总和也都增加，从而可以获得一定的规律。

横向可调拘束裂纹试验主要用于测试焊缝中的结晶裂纹和高温失塑裂纹，如图 2-24a 所示。直接可测得：①材料不产生结晶裂纹所能承受的最大应变量（临界应变量）ε_{cr}；②某应变下的最大裂纹长度 L_{max}；③某应变下的裂纹总长度 L_t；④某应变下的裂纹总条数 N_t。这些数据可作为结晶裂纹的评定指标。

纵向可调拘束裂纹试验主要用于测试结晶裂纹和液化裂纹，如图 2-24b 所示。可直接测得：①不产生结晶（或液化）裂纹的最大应变量 ε_{cr}；②某应变下结晶（或液化）的最大裂

纹长度 L_{max}；③某应变下结晶（或液化）裂纹的总长度 L_t；④某应变下结晶（或液化）裂纹的总条数 N_t。这些数据可作为结晶（或液化）裂纹的评定指标。

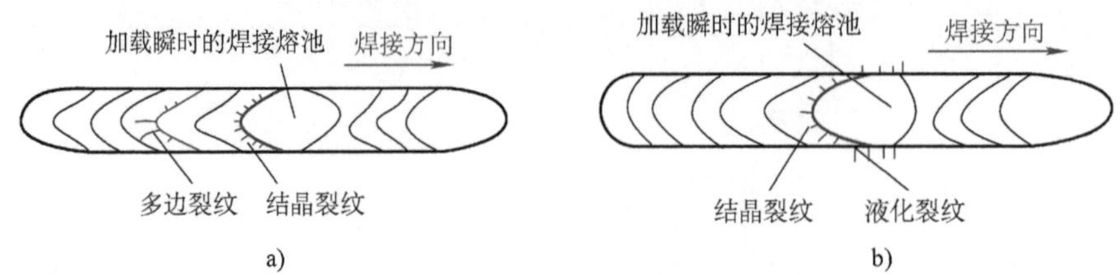

图 2-24　可调拘束试验的裂纹分布

a）横向裂纹分布　b）纵向裂纹分布

3. 焊接再热裂纹试验方法

厚板焊接结构，并采用含有某些沉淀强化合金元素的钢材，在进行消除应力热处理或在一定温度下服役的过程中，焊接热影响区部位发生的裂纹称为消除应力裂纹。由于这种裂纹是在再次加热过程中产生的，故又称为再热裂纹，简称 SR 裂纹。

再热裂纹多发生在低合金高强度钢、珠光体耐热钢、奥氏体不锈钢和某些镍基合金的焊接热影响区粗晶部位。再热裂纹的敏感温度，按其钢种的不同为 550～650℃。这种裂纹具有沿晶开裂的特点，但本质上与结晶裂纹不同。再热裂纹可采用如下几种试验方法进行评定。

（1）插销式再热裂纹试验法　试验所用试件的形状和尺寸以及试验装置，与冷裂纹的插销试验一样，只是在焊接插销部位安装一台加热用的电炉。

试验时将插销试棒装在底板上。焊条直径 4mm，在 400℃ ×2h 下烘干，焊接电流 160A，电弧电压 22V，焊接速度 0.25cm/s。为了保证插销缺口部位不产生冷裂纹，焊接时应适当预热。焊后在室温下放置 24h，经检查无裂纹后进行下一步再热裂纹试验。试验时，将焊好的插销试棒安装在试验机带水冷的夹头上，留一定间隙，以保证插销在升温时能自由伸缩，处于无载荷状态。然后接通电炉，加热至消除应力的热处理温度，保温 15min 使温度均匀，然后按式（2-16）进行加载，即

$$\sigma_0 = 0.8 R_{eL} \frac{E_T}{E} \tag{2-16}$$

式中，σ_0 为在 T 温度下所加的初始应力（MPa）；R_{eL} 为室温下插销试棒的屈服强度（MPa）；E_T 为温度 T 时的弹性模量（MPa）；E 为室温时的弹性模量（MPa）。

当加载达到 σ_0 后立即恒载。在高温恒载过程中，由于蠕变的发展，施加在插销上的初始应力将逐渐下降，直至断裂。由于再热裂纹试验是一种应力松弛试验，当在消除应力热处理温度范围保持载荷时间超过 120min 而不发生断裂者，就认为没有再热裂纹倾向。根据不同温度下施加初始应力后直至断裂所需时间可以做出再热裂纹 SR 温度（℃）—断裂时间（s）的“C”曲线，用以评定再热裂纹倾向。

（2）H 形拘束试验　H 形拘束试验的试件形状及尺寸如图 2-25 所示。试板厚度 δ = 35mm，焊前预热及层间温度为 150～200℃，采用直径 4mm 焊条，焊接电流 150～180A，直流反接。焊后进行无损检测，确定无裂纹后再进行（500～700℃）×2h 回火处理。然后检查焊接热影响区是否出现再热裂纹。

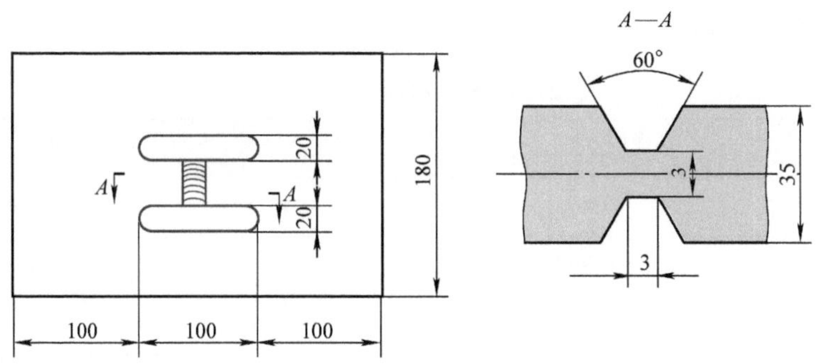

图 2-25　H 形拘束试验的试件形状及尺寸

（3）斜 Y 形坡口再热裂纹试验　这种试验方法采用与斜 Y 形坡口冷裂纹试验方法完全相同的试件形状及尺寸，试验过程及要求也基本一致。为了防止焊接冷裂纹产生，焊前应适当预热，焊后检验无裂纹后再进行消除应力热处理。热处理的工艺参数一般为（500 ~ 700℃）×2h。然后进行再热裂纹检测。

4. 层状撕裂试验方法

当焊接大型厚壁结构时，如果在钢板厚度方向受到较大的拉伸应力，就可能在钢板内部出现沿钢板轧制方向发展的阶梯状的裂纹，这种裂纹称为层状撕裂。低合金钢层状撕裂的温度不超过 400℃，是在较低温度下的开裂。主要影响因素是轧制钢材内部存在不同程度的分层夹杂物（硫化物和氧化物），在焊接时产生垂直于钢板表面的拉应力，致使热影响区附近或稍远的部位，产生呈“台阶”形的层状开裂，并可穿晶扩展。

（1）Z 向拉伸试验（A-direction Tensile Test）　Z 向拉伸试验是利用钢板厚度方向（即 Z 向）的断面收缩率来测定钢材的层状撕裂敏感性的。对于板厚 $\delta>25$mm 的材料，可直接沿板厚方向（Z 向）截取小型拉伸试棒，试件的制取及其形状尺寸如图 2-26a 所示。若板厚 $\delta<25$mm 或需制备常规拉伸试棒时，应按图 2-26b 所示加工试棒。

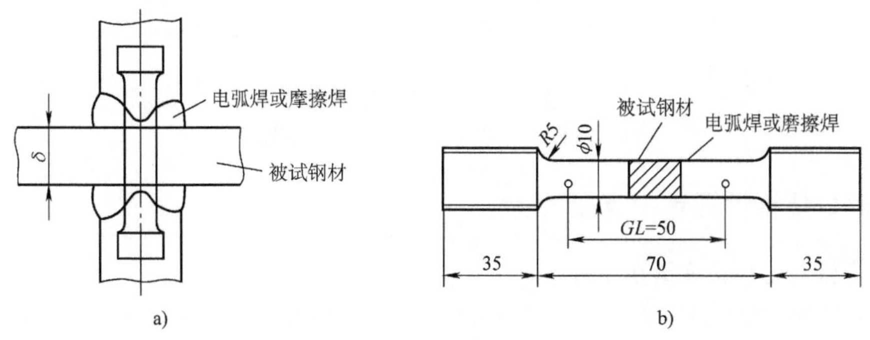

图 2-26　Z 向拉伸试验
a）小型试样的截取部位　b）试件尺寸形状

同常规拉伸试验一样，对试件进行拉伸试验。试棒拉伸破坏后，以 Z 向断面收缩率 $Z(\%)$ 作为层状撕裂敏感性的评定指标。目前国内尚没有层状撕裂试验统一标准，一般参考日本对低合金钢抗层状撕裂的标准，见表 2-13。当 $Z<5\%$ 时，层状撕裂敏感性就很严重；$Z>25\%$ 时，可以较好地抵抗层状撕裂。

表 2-13 抗层状撕裂标准分类

级 别	硫的质量分数（%）	Z 向断面收缩率 Z(%)	备 注
ZA 级	≤0.01	未规定	一般应≥15%
ZB 级	≤0.008	≥15~20	一般
ZC 级	≤0.006	≥25	良好
ZD 级	≤0.004	≥30	优异

（2）*Z* 向窗口试验（Z-direction Window Type Test） *Z* 向窗口试验也是一种测试层状撕裂敏感性的试验方法，试件的形状及尺寸如图 2-27 所示。在大拘束板（300mm×350mm×30mm）的中心开一“窗口”（图 2-27a），将试验板插入此窗口（图 2-27b），按图 2-27c 所示的顺序焊 4 条角焊缝，其中 1、2 为拘束焊缝，3、4 为试验焊缝。装配时应将未加工的表面放在试验焊缝一侧，焊后在室温下放置 24h 后再切取试样检查裂纹率。裂纹率 C_R 按式（2-17）计算，即

$$C_R=\frac{\sum l}{\sum L}\times 100\% \tag{2-17}$$

式中，$\sum l$ 为各截面上撕裂长度总和（mm）；$\sum L$ 为各截面上焊缝厚度总和（mm）。

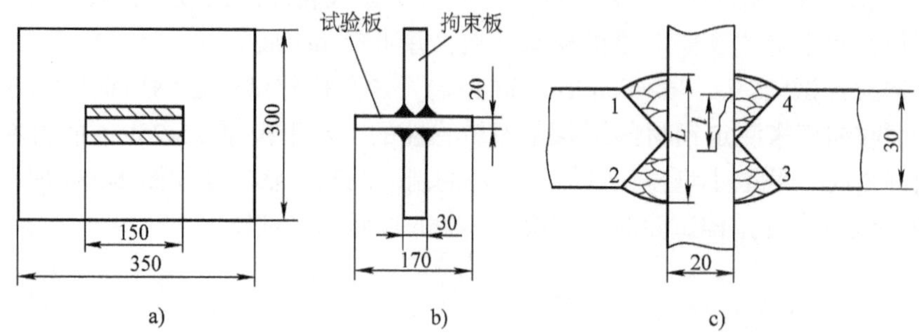

图 2-27 Z 向窗口试验

a）拘束板 b）试验板的位置 c）焊接顺序

2.3.3 钢材焊接性评定中存在的问题

1. 提高低合金高强度钢性能的途径

为了减轻钢结构自身重量，所使用的钢材不断向高强化发展。钢结构发展初期，由于不考虑焊接性，提高钢材强度最经济的方法是提高钢材的含碳量。20 世纪以后，为防止桥梁跨距不断增大而导致过大的部件截面，以及为了防止船舶大型化后造成钢材重量与最大排水量之比的上升，低合金高强度钢因具有高的许用应力而受到重视并得以应用。

提高低合金高强度钢性能的途径包括：合金强化、组织强化（如淬火+回火）、控轧控冷（TMCP）、淬火+自回火控制轧制（QST）。新的冶炼技术的进步，促进了新一代钢种的

诞生。

① 合金强化。合金强化是指通过在钢种中加入合金元素的固溶强化、析出强化、细晶强化，提高钢板的强度和韧性；通过正火细化晶粒、均匀化组织，进一步提高钢板的塑性和韧性。

② 组织强化（如淬火 + 回火）。轧制后加热温度超过相变温度 30 ~ 50℃，经水冷后生成的淬火饱和固溶体为不稳定组织，强度和硬度都很高。随后进行回火可使淬火固溶体分解软化，达到对钢材塑性和韧性的要求。工艺上称该工序为“调质处理”。

③ 控轧控冷工艺（TMCP）。严格控制钢板的冷却过程，在接近或低于铁素体开始生成的温度（Ar_3，910℃）下完成终轧。控轧是指在更低的温度下停轧，抑制高温奥氏体晶粒长大；控冷即轧后立即加快冷却速度，既避免晶粒长大，又提高形核率，产生强韧性更高的细小贝氏体或针状铁素体，通过细化晶粒显著改善钢的强度和韧性。

传统的细晶粒钢，其晶粒直径 < 100μm，而 TMCP 钢的晶粒可达到 10 ~ 50μm，超细晶粒钢的晶粒直径可达 0.1 ~ 10μm，其显微组织和力学性能不能通过热处理获得。超均匀性是指成分、组织、性能的均匀一致，并强调组织均匀的主导作用。这种轧制工艺可以使钢材在较低的碳当量下获得较高的强度，且焊接性好。

新一代钢铁材料的特色是：超洁净度、超均匀性、超细晶粒。在不增加甚至在降低碳及合金元素含量的条件下，强度和寿命提高 1 倍（超洁净度是指钢中 S + P + O + N + H 总的质量分数 < 0.01%）。

④ 淬火 + 自回火控制轧制（QST）。淬火后利用钢截面中部的温度散热进行回火，实质是控轧控冷工艺（TMCP）的特殊应用。经过这种工艺处理的钢材，其强度高而且焊接性好。

2. 冶金技术进步对焊接冶金的影响

（1）冶金技术的进步　近几十年来，钢铁的冶炼、轧制及热处理技术有了重大突破和明显进步，主要包括炉外精炼、铁液预处理、热控轧制（TMCP）、两相区淬火和微合金化技术等。这些技术可使钢中的硫磷杂质、有害气体及其他杂质等的含量降到很低的水平，使钢的纯净度明显提高，通过调整钢的组织类型和各种组织比例，细化钢的晶粒，使钢的强度、塑性、韧性及屈强比等综合性能得到显著提高。

热处理技术以往常采用正火（N）、正火 + 回火（NT）、淬火 + 回火（QT）等方法，后来又开发了两次正火 + 回火（NN’T）、两次淬火 + 回火（QQ’T）等新工艺。两次淬火 + 回火处理可提高钢的低温韧性并降低钢的屈强比（R_{eL}/R_m）。就降低钢的韧性而言，第一次淬火与通常的淬火相同，是在 Ac_3 温度以上淬火；第二次淬火则是从 Ac_3 点以下的（$\gamma+\alpha$）两相区淬火，可得到细化的合金成分富集的 α′相组织，在回火过程中 α′相生成逆转奥氏体，吸收钢中的 C、N 等有害元素，使铁素体净化，显著提高钢的低温韧性。

就降低钢的屈强比而言，主要用于建筑行业使用的高强度钢，即通过在两相温度区间进行热处理研制出了低屈强比的调质钢。这类钢中 Ni 的质量分数很低（< 0.5%），其屈强比约为 0.7；而相近成分的调质钢屈强比大于 0.8。选择不同的两相区温度淬火后，可得到不同比例的混合组织，从而得到不同的屈强比。

总之，通过改变热处理方式、加热温度、保温时间和冷却条件等可以调整钢的组织类型和各种组织比例，进而改变钢的力学性能，以满足对强度、塑性、韧性及屈强比等多方面的要求。

除了精炼净化、晶粒细化和调控组织外，微细析出物对改善钢的性能，特别是对满足大热量输入焊接的要求具有重要的作用。这些微细析出物包括 TiN、AlN、BN、Ti_2O_3、稀土硫化物等。它们的作用一是抑制粗大奥氏体形成，相变后形成细小的变态组织，避免魏氏组织的生成，TiN、AlN 等具有这种作用；二是抑制晶界上 α 相形核，从而避免或减少魏氏组织或侧板条铁素体的生成，B 的析出物具有这种作用，它易于析集于 γ 晶界；三是在 γ 晶粒内部促使 α 相生核最终得到细小的组织，各种氮化物、氧化物或稀土硫化物等都具有这种作用。

虽然人们早已了解钢中的非金属夹杂物或析出物能促使 γ→α 相变时 α 相形核，但是很晚才认识到它对细化焊接热影响区组织所起的促进作用。非金属夹杂物或析出物的概念不同，只有超细颗粒（如 $<0.05\mu m$）才能起到抑制 γ 晶粒长大的作用。TiN 可以抑制超厚锅炉钢电渣焊热影响区 γ 晶粒的长大，TiN 的形态和尺寸对 γ 晶粒尺寸有很大的影响，即 γ 晶粒直径和 TiN 尺寸成正比。研究表明，添加质量分数 0.02% ~ 0.04% RE 和 0.002% ~ 0.0035% B，可显著提高大热输入焊接时熔合区韧性。添加微量 Ti 和 B 也可以促使大热输入焊接热影响区形成铁素体 + 珠光体组织。

在大热输入焊接的熔合区附近，冷却过程中具有促使 α 相形核特性的微细颗粒有稀土的超细氧化物颗粒、钛的微小氧化物颗粒（主要指凝固过程中形成的直径小于 3μm 的氧化物），还有 TiN 以及复合析出的 BN、MnS 等颗粒。这些复合或非复合存在的微细的析出物或夹杂物，可以细化大热输入焊接时（热输入达 100 ~ 200kJ/cm）热影响区的组织，确保其具有较高的韧性。

（2）对焊接冶金的影响　钢铁工业新技术（如精炼净化、晶粒细化、组织调控和微合金化等）提高了钢材的焊接性能，随着碳当量的降低，钢材抗冷裂纹能力得到改善；硫、磷等杂质元素的净化，显著提高了钢材的抗裂纹能力，也改善了钢的耐蚀性能和抗蠕变脆化性能。尤其是提高了钢材的力学性能，特别是韧性，使其在高强度下仍保持优良的韧性。这对焊接结构的安全性提供了更有力的保证。但在焊接结构中却进一步拉大了焊缝与母材之间的性能差距，对焊接冶金和焊材研发提出了更高的要求。

如何使焊缝更加纯净，如何使焊缝力学性能与母材相当或相近，如何使整个焊接接头满足结构的使用要求等，都是焊材研发的着眼点。尽管已有措施解决了一些问题，如“低强匹配”，采用 590MPa 级的焊材焊接 780MPa 级的钢材；异质焊材匹配，焊接 9Ni 钢时选用镍基合金焊接材料；在韧性指标上有些焊材的指标远远低于等强的母材指标；在对杂质元素的控制上，焊缝中允许的杂质含量也明显高于母材的要求。这些不对等的指标或要求，主要源自焊材本身的性能难以达到母材的相应要求。

1）焊接熔池净化。研究结果表明，焊缝中的氧含量越低其韧性越高，特别是氧的质量分数低于 0.02% 时，对韧性的改善效果更明显。焊条电弧焊和埋弧焊等熔渣保护的焊接方法，焊缝中氧的质量分数偏高，多在 0.03% 以上。气体保护焊时，保护气体的成分与焊缝含氧量有直接关系，强氧化性的 CO_2 气体保护焊时，焊缝中氧的质量分数达 0.05%；弱氧化性的 Ar + 20% CO_2 气体保护焊时，焊缝中氧的质量分数为 0.03%；加入 5% 体积分数的 CO_2 的富氩保护焊，氧的质量分数为 0.02%。纯氩气保护的 GTAW 焊接时，焊缝金属中氧的质量分数可降低到 0.001% 左右。可见控制好保护气体的量就可以控制住焊缝含氧量。

抗拉强度达到 1000MPa 的钨极氩弧焊（GTAW）焊缝金属，-50℃时的冲击吸收能量能达到 100J 以上。在熔渣保护的情况下，包括焊条电弧焊、埋弧焊和药芯焊丝气体保护焊等，为降低焊缝含氧量，通常采用高碱度渣系。随着碱度的提高，焊缝中氧、硫等有害杂质的含量逐渐下降，使焊缝韧性得到提高。有人认为，焊缝中含有微量的氧是有利的，它可以形成弥散的夹杂物（如 TiO），成为针状铁素体的新相核心，促使焊缝中有更多的对提高韧性有利的针状铁素体组织。Ti-B 复合韧化是行之有效的提高焊缝韧性的措施之一。向焊缝中过渡微量 Ti，既可以脱氧又可脱氮，还能起到新相生核核心作用，细化焊缝组织。

向焊缝中过渡极微量 B 可抑制先共析铁素体等晶界粗大组织的形成，对提高焊缝韧性也起到重要作用。Ti-B 复合可以使晶界先共析铁素体组织降低并使晶内针状铁素体组织增加，获得最为有利的焊缝组织。为了使焊缝更有效地脱除气体和其他有害杂质，可加入复合合金，也称中间合金，如 Al-Mg-RE、Al-Ti-B 等，以发挥其组合作用。

在碱性渣中，加强脱硫措施可以降低焊缝的含硫量；但是要使焊缝脱磷是很难实现的，脱磷主要应着眼于采用低磷焊丝和控制造渣原材料中的磷含量，以减少磷的过渡。这就造成了焊缝与母材之间的性能差距。尽管如此，在精炼净化焊接熔池上仍是有潜力的，焊接过程的熔池净化、组织调控和微合金化等方面有待进行更深入的研究。

2）焊缝金属晶粒细化。与轧制状态的钢材组织不同，铸态的焊缝金属凝固后形成柱状晶组织，所以细化焊缝应从细化柱状晶入手。一方面是尽量减小柱状晶区的范围，改变柱状晶自身的尺寸和形态，为此应采用较低的热输入，也应尽可能降低焊接电流，还可向熔池中加入某些合金元素，如 V、Nb、Ti、Al 等，起到变质处理的作用，细化一次结晶组织。另一方面是采用多道焊技术，使柱状晶区的一部分发生重结晶，从而减少柱状晶区的比例。多道焊接时，后续焊道对先焊焊道中未熔化部分进行热处理，加热到相变点以上的部分发生重结晶，使其组织细化。如果焊接参数选择得当，包括热输入、焊接电流、焊条直径、施焊时适当摆动等，可以使重结晶区的范围进一步扩大，剩余的柱状晶区范围进一步减小，使整个焊缝区的晶粒尺寸达到细化的目的。应注意，如果后续焊道的高温作用时间过长，重结晶区的晶粒也变得粗大化，导致韧性下降，应尽量避免。

3. 对焊接性评定的影响

低合金结构钢的发展中改善焊接性是一条主线，而含碳量的降低是一个重要标志。淬火-回火（QT）钢通过多元微合金化以及 TMCP 钢通过控轧控冷使碳含量不断下降，改善钢的焊接性，目前钢中碳的质量分数已下降到 0.05% 左右。

新发展的微合金控轧控冷钢是通过精炼在保持低碳或超低碳、不加或少加合金元素的条件下采用微合金化和 TMCP 工艺实现细晶化、洁净化、均匀化以提高钢的强度和韧性，并已研制了新一代超细晶粒钢。新钢种的焊接性得到了明显改善，但也出现了一些新的焊接性问题，特别是关于新钢种的焊接性评定，推动着焊接工作者在焊接方法、工艺、材料等方面发展新技术，解决新问题，不断推动焊接技术的向前发展。

目前常用的钢材焊接性评定方法，基本上是 20 世纪 60～80 年代时各国焊接工作者根据当时的钢材品种和品质，通过大量试验后制订的。随着钢材质量的提高，焊接工艺方法的进步，对钢材焊接性的试验方法及评定标准也需重新研究并制订新的标准。

例如，碳当量公式是按照 20 世纪 60～70 年代开发的含碳较高的低合金高强度钢建立的，如国际焊接学会（IIW）推荐的碳当量公式 CE，日本 JIS 标准规定的碳当量公式 C_{eq}，主要适合于 $w_C > 0.18\%$ 的钢种。而现在大多数低合金高强度钢中碳的质量分数已远小于 0.18%，甚至向小于 0.05% 的方向发展。因此，在有关设计规范中，规定按上述碳当量公式作为钢材焊接性评定和选材时的判据是否适用是值得研究的。

20 世纪 60 年代由日本学者提出的焊接冷裂纹敏感指数 P_{cm} 在工程上得到广泛应用，但该公式仅适用钢材碳的质量分数范围为 0.07% ~0.22%，试验时低碳范围的取样数量太少，应该说对碳的质量分数小于 0.07% 的低碳微合金钢和超低碳贝氏体钢引用该公式来评定焊接性的优劣，也是较为勉强的。

现在常用的一些焊接冷裂纹敏感性试验方法，也基本上是在 20 世纪 80 年代以前形成的。原国家标准中的焊接性试验方法，如斜 Y 形坡口对接裂纹试验方法、搭接接头（CTS）焊接裂纹试验方法、T 形接头焊接裂纹试验方法、压板对接（FISCO）焊接裂纹试验方法、插销冷裂纹试验方法等，已在 2005 年由国家标准化管理委员会明令废止。这些方法仍可参照使用，但已不具有国家标准试验方法的权威性。

因此，随着钢材品种的更新换代和品质的大幅度提高，如何合理评定各种强度级别的微合金控轧控冷钢、低碳或超低碳贝氏体钢、大热输入焊接用钢、新一代耐热钢和低温钢、超细晶粒钢等的焊接性，有待于引入新的思路和新的评定标准。

思考题

1. 了解焊接性的基本概念。什么是工艺焊接性？什么是使用焊接性？影响工艺焊接性和使用焊接性的主要因素有哪些？
2. 什么是热焊接性和冶金焊接性，各涉及焊接中的什么问题？
3. 举例说明有时工艺焊接性好的金属材料使用焊接性不一定好。
4. 碳当量公式和冷裂纹敏感性指数有什么意义？是根据什么原理建立起来的，各适用于何种材料？在应用中应注意什么问题？
5. 简述焊接性试验的内容和选择焊接性试验的原则。
6. “小铁研”试验的目的是什么，适用于何种场合？了解其主要的试验步骤，分析影响试验结果稳定性的因素有哪些？
7. 为什么可以用热影响区最高硬度来评价钢铁材料的焊接冷裂纹敏感性？焊接工艺条件对热影响区最高硬度有什么影响？
8. 分析如何利用插销试验来确定某种低合金高强度钢所需要的预热温度。
9. 试对比压板对接焊接裂纹试验和可调拘束裂纹试验的优缺点。

第3章 合金结构钢的焊接

在碳素钢基础上加入一定量的合金元素即构成合金结构钢。合金结构钢具有优良的综合性能，经济效益显著，应用范围涉及国民经济和国防建设的各个领域，是焊接结构中用量最大的一类工程材料。合金结构钢的主要特点是强度高，韧性、塑性和焊接性也较好，广泛用于压力容器、工程机械、石油化工、桥梁、船舶制造和其他钢结构，在经济建设和社会发展中发挥着重要的作用。

3.1 合金结构钢的分类和性能

用于机械零件和各种工程结构的钢材统称为结构钢，最早使用的结构钢是碳素结构钢。随着社会和科学技术的发展，对结构用钢的性能提出了越来越高的要求。对一些特定条件下应用的钢材，还要求具有更高的使用性能，这就促进了合金结构钢的产生和发展。合金结构钢是在碳素结构钢基础上添加一定量的合金元素达到所需性能要求的钢材。

3.1.1 合金结构钢的分类

合金结构钢的应用领域广泛，种类繁多，分类的方法也很多。有根据用途来进行分类的，也有根据化学成分、合金系统或组织状态等进行分类的。低合金结构钢中合金元素总的质量分数一般不超过5%，以提高钢的强度并保证其具有一定的塑性和韧性。合金元素总的质量分数为5%～10%的称为中合金钢，大于10%的称为高合金钢。对于焊接生产中常用的一些合金结构钢，综合考虑了它们的性能和用途后，大致可以分为强度用钢和低中合金特殊用钢两大类。

1. 强度用钢

这类钢材即通常所说的高强度钢（屈服强度 $R_{eL} \geqslant 295\text{MPa}$ 的强度用钢均可称为高强度钢），主要应用于要求常规条件下能承受静载和动载的机械零件和工程结构，要求具有良好的力学性能。合金元素的加入是为了在保证足够的塑性和韧性的条件下获得不同的强度等级，同时也可改善焊接性能。

合金结构钢可以分为非调质钢和经过淬火-回火的调质钢。非调质钢又可分为热轧钢、正火钢和控轧钢等。非调质钢的常温抗拉强度一般在600MPa以下，调质钢的抗拉强度在600MPa以上。根据调质、非调质钢强度级别的差别，这两类钢材的焊接性、焊接工艺和接头性能有很大的不同。

按钢的屈服强度级别及热处理状态，合金结构钢分为：热轧及控轧正火钢、低碳调质钢、中碳调质钢。把钢锭加热到1300℃左右，经热轧成板材，然后空冷后即成为热轧钢；钢板轧制和冷却后，再加热到900℃附近，然后在大气中冷却称为正火钢。此外，900℃附近加热后放入淬火设备中水淬，然后在600℃左右回火处理，称为调质钢（QT）。采用控制钢板温度和轧制工艺得到高强度高韧性钢的方法已达到实用化阶段，这种方法称为控轧。

近年来这类钢又开发出具有很大发展前途的新分支，如微合金化控轧钢、焊接无裂纹钢（简称CF钢）、抗层状撕裂钢（*Z*向钢）等。这些钢种的出现对进一步提高焊接质量和扩大焊接结构的应用具有重要的意义。

国内外常见的合金结构钢的牌号见表3-1。在合金结构钢的制造过程中，为了综合保证强度、韧性和焊接性，可调整添加的合金元素和对制造工艺实施有效控制。

表3-1 国内外常见的合金结构钢牌号

类型	类别	屈服强度/MPa	国内外常用钢牌号
强度用钢	热轧、正火及控轧钢	295~490	Q295（Cu）、09Mn2Si、Q345（Cu）、Q345、Q390、Q390（Cu）、Q420、18MnMoNb、14MnMoV
	低碳调质钢	490~980	14MnMoVN、14MnMoNbB、T-1、HT-80、WEL-TEN80C、HY-80、HY110、NS-63、HY-130、HP9-4-20、HQ70、HQ80、HQ100、HQ130
	中碳调质钢	880~1176	35CrMoA、35CrMoVA、30CrMnSiA、30CrMnSiNi2A、40CrMnSiMoA、40CrNiMoA、34CrNi3MoA、4340、H-11
特殊用钢	珠光体耐热钢	265~640	12CrMo、15CrMo、2.25Cr1Mo、12Cr1MoV、15Cr1Mo1V、12Cr5Mo、12Cr9Mo1、12Cr2MoWVB、12Cr3MoVSiTiB
	低温钢	343~585	09Mn2V、06AlCuNbN、2.5Ni、3.5Ni、5Ni、9Ni
	低合金耐蚀钢	—	12MnCuCr、09MnCuPTi、09CuPCrNi、12AlMoV、12Cr2AlMoV、12AlMo、15Al3MoWTi

（1）热轧及控轧、正火及控轧钢　这类钢的屈服强度为295~490MPa，在热轧、正火或控轧控冷状态下使用，属于非热处理强化钢，包括微合金化控轧钢、抗层状撕裂的*Z*向钢等。这类钢广泛应用于常温下工作的一些受力结构，如压力容器、动力设备、工程机械、桥梁、建筑结构和管线等。

（2）低碳调质钢　这类钢的屈服强度为490~980MPa，在淬火-回火的调质状态下供货使用，属于热处理强化钢。这类钢的特点是含碳量较低（一般碳的质量分数为0.22%以下），既有高的强度，又兼有良好的塑性和韧性，可以直接在调质状态下进行焊接，焊后不需进行调质处理。这类钢在焊接结构中得到了越来越广泛的应用，可用于大型工程机械、压力容器及舰船制造等。

（3）中碳调质钢 这类钢的屈服强度一般在880～1176MPa以上，钢中含碳量较高（碳的质量分数为0.25%～0.5%），也属于热处理强化钢。它的淬硬性比低碳调质钢高得多，具有很高的硬度和强度，但韧性相对较低，给焊接带来了很大的困难。这类钢常用于强度要求很高的产品或部件，如火箭发动机壳体、飞机起落架等。

2. 低中合金特殊用钢

低中合金特殊用钢主要用于一些特定条件下工作的机械零件和工程结构。因此，除了要满足通常的力学性能外，还必须能适应特殊环境下工作的要求。根据对不同使用性能的要求，低中合金特殊用钢分为珠光体耐热钢、低温钢和低合金耐蚀钢等。

（1）珠光体耐热钢 珠光体耐热钢是以Cr、Mo为基础的低中合金钢，随着工作温度的提高，还可加入V、W、Nb、B等合金元素，具有较好的高温强度和高温抗氧化性，主要用于工作温度在500～600℃的高温设备，如热动力设备和化工设备等。

（2）低温钢 低温钢大部分是一些含Ni或无Ni的低合金钢，一般在正火或调质状态使用，主要用于各种低温装置（-40～-196℃）和在严寒地区的一些工程结构，如液化石油气、天然气的储存容器等。与普通低合金钢相比，低温钢必须保证在相应的低温下具有足够高的低温韧性，对强度无特殊要求。

（3）低合金耐蚀钢 低合金耐蚀钢除具有一般的力学性能外，必须具有耐腐蚀性能这一特殊要求。这类钢主要用于在大气、海水、石油化工等腐蚀介质中工作的各种机械设备和焊接结构。由于所处的介质不同，耐蚀钢的类型和成分也不同。耐蚀钢中应用最广泛的是耐大气和耐海水腐蚀用钢。

3.1.2 合金结构钢的基本性能

1. 化学成分

低合金结构钢是在低碳钢基础上（低碳钢的化学成分为：$w_C=0.10\%\sim0.25\%$、$w_{Si}\leqslant0.3\%$、$w_{Mn}=0.5\%\sim0.8\%$）添加一定量的合金元素构成的。碳是最能提高钢材强度的元素，但易于引起焊接淬硬及焊接裂纹，所以在保证强度的条件下，碳的加入量越少越好。低合金钢加入的元素有Mn、Si、Cr、Ni、Mo、V、Nb、B、Cu等，杂质元素P、S的含量要限制在较低的程度。

用于焊接结构的低中合金钢合金元素总的质量分数一般不超过10%。各种合金元素对合金结构钢组织和性能的影响是很复杂的，全面了解其中的规律性是研究、分析和预测各种合金结构钢及其焊接接头性能的依据。某些元素促使相变点降低并扩大γ区，而另一些元素则缩小γ区。各种元素对合金结构钢下临界点温度A_1(℃)的综合影响可用式（3-1）表示，即

$$A_1=720+28w_{Si}+5w_{Cr}+6w_{Co}+3w_{Ti}-5w_{Mn}-10w_{Ni}-3w_V \tag{3-1}$$

由上述公式可见，Si、Cr、Co和Ti等元素能提高下临界点A_1的温度，而Mn、Ni和V则降低A_1点温度。根据合金元素对组织转变的影响可将其分成两组：一组以Ni元素为代表，称为Ni组元素（Ni、Mn、Co）；另一组以Cr元素为代表，称为Cr组元素（Cr、Si、P、Al、Ti、V、Mo、W）。在α-Fe中具有较大溶解度的元素促使γ区缩小，而在γ-Fe中具有较大溶解度的元素则扩大γ区。各种合金元素对钢材质量的影响程度不仅取决于它的含量，还取决于同时存在的其他合金元素的性质和含量。

加入合金元素能细化晶粒，而且各种合金元素在不同程度上改变了钢的奥氏体转变动力

学，直接影响钢的淬硬倾向。例如，C、Mn、Cr、Mo、V、W、Ni 和 Si 等元素能提高钢的淬硬倾向，而 Ti、Nb、Ta 等碳化物形成元素则降低钢的淬硬倾向。

各种合金元素对结构钢的抗拉强度和屈服强度的影响如图 3-1 所示。合金元素对低合金钢屈服强度 R_{eL}(MPa) 和抗拉强度 R_m(MPa) 的综合影响，可按经验公式（3-2）进行计算，即

$$R_{eL}=122+274w_C+82w_{Mn}+55w_{Si}+54w_{Cr}+44w_{Ni}+78w_{Cu}+353w_V+755w_{Ti}+540w_P+[30-2(h-5)] \tag{3-2}$$

$$R_m=230+686w_C+78w_{Mn}+90w_{Si}+73w_{Cr}+33w_{Ni}+56w_{Cu}+314w_V+529w_{Ti}+450w_P+[21-1.4(h-5)] \tag{3-3}$$

式中，h 为板厚（mm）。

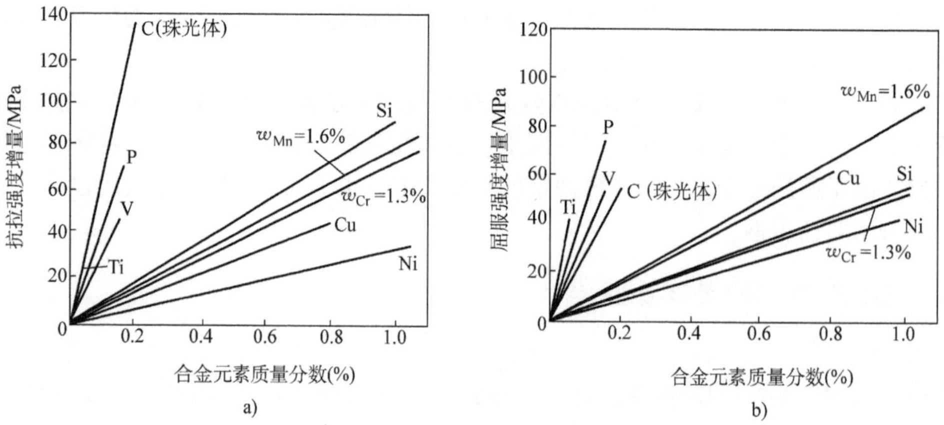

图 3-1 各种合金元素对钢材强度性能的影响

a）对抗拉强度的影响 b）对屈服强度的影响

合金结构钢中，氮作为一种合金元素被广泛采用。氮在钢中的作用与碳相似，当它溶解在铁中时，将扩大 γ 区。氮能与钢中的其他合金元素形成稳定的氮化物，这些氮化物往往以弥散的微粒分布，从而细化晶粒，提高钢的屈服点和抗脆断能力。氮的影响既取决于其含量，也取决于在钢中存在的其他合金元素的种类和数量。Al、Ti 和 V 等合金元素对氮具有较高的亲和力，并能形成较稳定的氮化物。因此，为了充分发挥氮作为合金元素的作用，钢中必须同时加入 Al、V 和 Ti 等氮化物形成元素。

这些合金元素或者与 Fe 形成固溶体，或者形成碳化物（除 Ti、Nb 和 Ta 外），都产生了延迟奥氏体分解的作用并由此提高了钢的淬硬倾向。各种元素对钢的力学性能和工艺性能的影响，取决于它的含量和同时存在的其他合金元素。

热轧及正火条件下，合金元素对塑性和韧性的影响与其强化作用相反，即强化效果越大，塑性和韧性的降低越多，当钢中合金元素的含量超出一定范围后会出现韧性的大幅度下降。因此，抗拉强度大于 600MPa 的高强度钢一般都需进行调质处理。我国低碳调质钢的抗

拉强度一般为 600～1300MPa，为了保证良好的综合性能和焊接性，要求钢中碳的质量分数不大于 0.22%（实际上碳的质量分数都在 0.18% 以下）。

此外，添加一些合金元素，如 Mn、Cr、Ni、Mo、V、Nb、B、Cu 等，主要是为了提高钢的淬透性和马氏体的回火稳定性。这些元素可以推迟珠光体和贝氏体的转变，使产生马氏体转变的临界冷却速率降低。低合金调质高强度钢由于含碳量低，所以淬火后得到低碳马氏体，而且发生“自回火”现象，脆性小，具有良好的焊接性。

国外研制的低碳调质钢一般含有较高的合金元素 Ni 和 Cr，钢材强度级别越高，Ni、Cr 含量也越高。例如，美国用于工程机械、压力容器的 T-1 钢，用于海军舰艇外壳的 HY-80，以及用于潜艇、宇航业的 HY100、HY-130 等。我国 20 世纪六七十年代发展了无 Ni、Cr 的低碳调质钢，用于工程机械、高压容器和水轮机壳体等。低碳调质钢的综合性能除了取决于化学成分外，主要是通过热处理保证具有良好的组织和力学性能。

2. 力学性能

合金结构钢的强度越高，屈服强度与抗拉强度之差也越小。屈服强度与抗拉强度之比称为屈强比（R_{eL}/R_m）。钢材的强度越高，屈强比增大。低碳钢的屈强比约为 0.7，控轧钢板的屈强比为 0.70～0.85，800MPa 级高强度钢的屈强比约为 0.95。

低合金高强度钢的低温拉伸性能如图 3-2a 所示。温度下降时，钢材的抗拉强度升高，但韧性下降。一般 -100℃ 以上时钢材强度变化较小，温度再低时，抗拉强度和屈服强度急剧升高，韧性急剧下降，当在液氮温度（-196℃）附近时，延伸率很小。低合金高强度钢的使用温度多在 -50℃ 以上，在此温度范围内高强度钢的强度性能变化不大。

低合金高强度钢高温时强度性能的变化如图 3-2b 所示。200℃ 以前强度缓慢下降；温度进一步升高时，强度开始上升；300℃ 附近达到最大值，350℃ 以上逐渐下降。钢材高温时的强度性能仍保持室温强度的顺序，基本上不发生倒位现象。

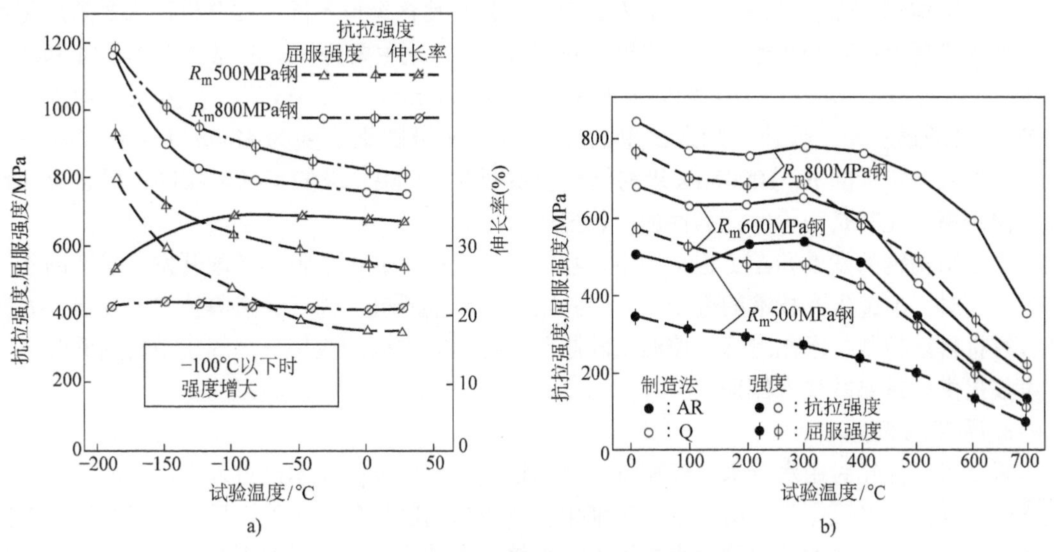

图 3-2　低合金高强度钢的低温和高温拉伸性能

a）低温拉伸性能　b）高温拉伸性能

缺口韧性是用于表示材料抵抗脆性破坏的一项指标。脆性破坏是在低应力条件下（一般是在屈服强度以下）发生的，多为瞬时破坏，是低合金钢焊接结构安全方面最值得注意的破坏现象。世界各国多采用却贝冲击吸收能量作为缺口韧性的评价方法，采用10mm×10mm×55mm的长方形试样，在试样中央开深度2mm的V型缺口，尖端半径为0.25mm。逐渐改变试验温度做冲击试验，用试样破断时所需的能量（称为吸收能）及断口形貌（塑性断口和脆性断口）来评价钢材的缺口韧性。

吸收能可以反映出某一温度范围韧性急剧变化的转变现象。当吸收能变小时，由塑性断口转变为脆性断口。脆性断口率为零时的吸收能称为“上平台能”，上平台能一半时的温度称为韧脆转变温度（用${}_{V}T_{rs}$表示）。钢材的韧脆转变温度越低，韧性越好。根据大量的脆性破坏事故案例调查的结果，许多国家建议采用冲击吸收能量21J或48J时的温度作为V型缺口却贝韧性试验的特性值。

合金结构钢具有较高的强度和良好的塑性和韧性，采用不同的合金成分和热处理工艺，可以获得具有不同综合性能的低中合金结构钢。Mn的固溶强化作用很显著，$w_{Mn}\leqslant1.7\%$时可提高韧性、降低脆性转变温度，屈服强度提高约50%，而脆性转变温度下降约20℃，如Q345（16Mn）为典型的固溶强化钢，屈服强度为345MPa、脆性转变温度低于-40℃；Si虽然固溶强化显著，但会降低塑性、韧性，一般$w_{Si}\leqslant0.6\%$；Ni是唯一既固溶强化又同时提高韧性且大幅度降低脆性转变温度的元素，常用于低温钢。

V、Ti、Nb强烈形成碳化物，Al、V、Ti、Nb还形成氮化物，析出的微小VC、TiC、NbC及AlN、VN、TiN、Nb（C、N）产生明显的沉淀强化作用，在固溶强化的基础上屈服强度提高50~100MPa，并保持了韧性。上述元素均是微量加入，故称为微合金化。微合金化元素还有B，主要作用是在晶界上阻止先共析铁素体生成及长大，从而改善韧性。

合金结构钢的强度级别不同，加入的合金元素及其含量也不同，成分设计既要满足使用性能要求又要考虑其经济性。抗拉强度为600MPa级的钢主要为Mn-Si系和在Mn-Si基础上加少量的Cr、Ni、Mo、V；700MPa级的钢主要为Mn-Si-Cr-Ni-Mo系，合金元素加入量较600MPa级的钢多些，另外还加入少量的V；800MPa级的钢主要为Mn-Si-Cr-Ni-Mo-Cu-V系，并加入一定量的B；1000MPa级的钢合金系列与800MPa级的钢基本相同，但合金元素加入量较高，尤其是为了保证韧性加入较多的Ni。

合金结构钢的发展和在工程结构中日益广泛的应用，促进了世界各国开发与研究的不断深入。同时，冶金生产技术的进步，如炉外精炼、真空脱气、连续铸造等技术的发展，尤其是计算机自动控制技术在冶炼、控温、轧制和热处理等方面的应用，为焊接结构用低合金钢的发展提供了重要的技术保证。

3. 显微组织

近年来，控轧后用水或水、气喷淋，提高钢板冷却速度的技术已进入实用化的阶段。提高冷却速度会使奥氏体相变组织进一步细化。当冷却速度达到一定值以后，会引起奥氏体向马氏体的转变，这样的处理称为直接淬火。直接淬火技术适用于抗拉强度600MPa以上的高强度钢，基体组织为马氏体。

低合金结构钢为了获得满意的强度和韧性的组合，晶粒尺寸必须细小、均匀，而且应是等轴晶。经调质处理后的钢材具有较高的强度、韧性和良好的焊接性，裂纹敏感性小，热影响区组织性能稳定。

此外，还通过控制钢中杂质（O + S + P + N + H）之和，使杂质质量分数之和由原来的 0.010%降至现在的 0.006%，其中：w_O < 0.001%、w_N < 0.001%、w_S < 0.001%。钢的晶粒度可以控制在 3μm 以下。经淬火 + 回火处理获得板条低碳马氏体组织的低合金调质钢，以其高强度、高韧性和低的缺口（裂纹）敏感性得到了广泛的应用。

合金结构钢焊接热影响区中的不同部位经历了不同的焊接热循环，距熔合区越近，加热的峰值温度越高，加热速度和冷却速度越快，焊后的组织性能变化也越大。低合金钢焊接热影响区的组织分布与母材焊前的热处理状态有关。焊接不均匀加热和冷却引起热影响区（特别是高强度钢热影响区）显微组织和性能的变化对接头性能影响很大。因此，控制焊接参数以获得满足使用要求的热影响区组织性能受到人们的普遍关注。

根据热影响区组织特征的不同，具有非淬硬倾向的低合金钢焊接热影响区划分为熔合区、粗晶区（过热区）、细晶区、不完全重结晶区和回火区。具有淬硬倾向的低合金钢热影响区的粗晶区、细晶区和不完全重结晶区将形成淬硬组织而成为淬火区。因此，淬火 + 回火钢热影响区可划分为完全淬火区（包括淬火粗晶区和细晶区）、不完全淬火区（部分相变区）和回火区。

低合金钢热影响区中的显微组织主要是低碳马氏体、贝氏体、M-A 组元和珠光体类组织，导致具有不同的硬度、强度性能、塑性和韧性。几种典型组织（特别是贝氏体组织）对低合金钢强度和韧性的影响如图 3-3 所示。

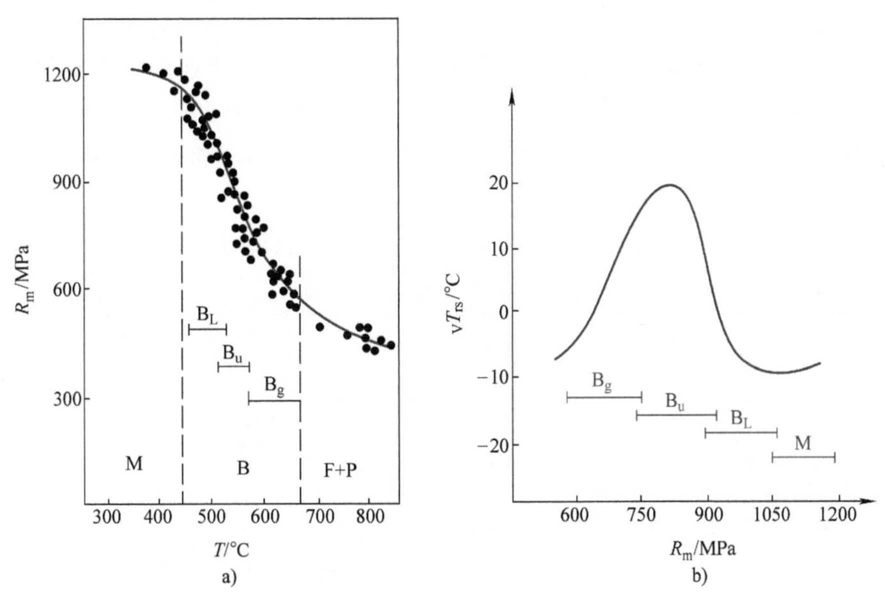

图 3-3　几种典型组织对低碳合金钢强度和韧性的影响（w_C = 0.09% ~ 0.1%低合金钢）

a）对强度的影响　b）对韧性的影响

低合金高强度钢不同比例混合组织的维氏硬度和相应金相组织的显微硬度见表 3-2。应指出，即使是同样的显微组织，也具有不同的硬度，这与钢的含碳量、合金含量及晶粒度有关。高碳马氏体的硬度可达 600HV，而低碳马氏体的硬度只有 350 ~ 390HV。同时二者在性能上也有很大不同，前者是针状马氏体（孪晶马氏体），属脆硬相；后者是低碳板条马氏体（位错马氏体），硬度虽高，但仍有较好的韧性。

表 3-2　常见金相组织及不同混合组织的硬度

金相组织百分比（%）				维氏硬度 HV	显微硬度 HM			
铁素体	珠光体	贝氏体	马氏体		铁素体	珠光体	贝氏体	马氏体
10	7	83	0	212	202 ~ 246	232 ~ 249	240 ~ 285	—
1	0	70	29	298	216 ~ 258	—	273 ~ 336	245 ~ 283
0	0	19	81	384	—	—	293 ~ 323	446 ~ 470
0	0	0	100	393	—	—	—	454 ~ 508

3.2　热轧、正火钢及控轧钢的焊接

3.2.1　热轧、正火及控轧钢的成分和性能

屈服强度为 295 ~ 490MPa 的低合金高强度钢，一般是在热轧、正火或控轧控冷状态下供货使用，故称为热轧及正火钢或控轧钢，属于非热处理强化钢。这类钢价格便宜，具有良好的综合力学性能和加工工艺性能，在世界各国都得到了广泛的应用。

合金元素的加入是为了保证在足够的塑性和韧性条件下获得不同的强度等级，同时也可改善焊接性能。我国钢材国家标准中，对于低合金结构钢，基本上按钢的强度等级分类。例如 GB/T 1591—2008《低合金高强度结构钢》，按其屈服强度的高低分为 Q345、Q390、Q420、Q460、Q500、Q550、Q620、Q690 共 8 个等级。低合金高强度结构钢新旧牌号对照见表 3-3。

表 3-3　低合金高强度结构钢新旧牌号对照表

<table>
<tr><th>项目</th><th>GB/T 1591—2008</th><th>GB/T 1591—1994</th><th>GB/T 1591—1988</th></tr>
<tr><td rowspan="9">牌号</td><td>—</td><td>Q295（A，B）</td><td>09MnV，09MnNb，09Mn2，12Mn</td></tr>
<tr><td>Q345（A，B，C，D，E）</td><td>Q345（A，B，C，D，E）</td><td>12MnV，14MnNb，16Mn，16MnRE，18Nb，14MnV，10MnSiCu</td></tr>
<tr><td>Q390（A，B，C，D，E）</td><td>Q390（A，B，C，D，E）</td><td>15MnV，15MnTi，15MnVRE，16MnNb</td></tr>
<tr><td>Q420（A，B，C，D，E）</td><td>Q420（A，B，C，D，E）</td><td>15MnVN（Cu），14MnVTiRE（Cu），15MnVNb（RE）</td></tr>
<tr><td>Q460（C，D，E）</td><td>Q460（C，D，E）</td><td rowspan="5">—</td></tr>
<tr><td>Q500（C，D，E）</td><td rowspan="4">—</td></tr>
<tr><td>Q550（C，D，E）</td></tr>
<tr><td>Q620（C，D，E）</td></tr>
<tr><td>Q690（C，D，E）</td></tr>
</table>

（续）

项目	GB/T 1591—2008	GB/T 1591—1994	GB/T 1591—1988
冲击吸收能量/J	A　无冲击吸收能量要求	A　无冲击吸收能量要求	—
	B　20℃冲击吸收能量 KV_2≥34J	B　20℃冲击吸收能量 KV_2≥34J	
	C　0℃冲击吸收能量 KV_2≥34J（Q345～Q460） KV_2≥55J（Q500～Q690）	C　0℃冲击吸收能量 KV_2≥34J	
	D　-20℃冲击吸收能量 KV_2≥34J（Q345～Q460） KV_2≥47J（Q550～Q690）	D　-20℃冲击吸收能量 KV_2≥34J	
	E　-40℃冲击吸收能量 KV_2≥34J（Q345～Q460） KV_2≥31J（Q550～Q690）	E　-40℃冲击吸收能量 KV_2≥27J	

低合金钢中，除了碳含量外，还有少量其他元素，如 Mn、Si、V、Mo、Ti、Al、Nb、Cu、B、RE 等，使钢的性能发生变化，得到一般碳钢所没有的特殊性能，适于制造各种工程结构。由于加入的合金元素总的质量分数不大（一般不超过 5%），故称为低合金钢。

采用控制钢板温度和轧制工艺得到高强度高韧性钢的方法已达到实用化阶段，这种方法称为控轧。这类钢又开发出具有很大发展前途的新分支，如微合金控轧钢、焊接无裂纹钢（简称 CF 钢）、抗层状撕裂钢（*Z* 向钢）等。这些钢种的出现对进一步提高焊接质量和扩大焊接结构的应用具有重要的意义。

我国低合金高强度结构钢的化学成分和力学性能见表 3-4 和表 3-5。

表 3-4　低合金高强度结构钢的化学成分（GB/T 1591—2008）

牌号	质量等级	化学成分（质量分数）（%）													
		C	Si	Mn	P	S	Nb	V	Ti	Cr	Ni	Cu	N	Mo	其他
		不大于													
Q345	A	0.20	0.50	1.70	0.035	0.035	0.07	0.15	0.20	0.30	0.50	0.30	0.012	0.10	—
	B				0.035	0.035									—
	C				0.030	0.030									Al 0.015
	D	0.18			0.030	0.025									
	E				0.025	0.020									
Q390	A	0.20	0.50	1.70	0.035	0.035	0.07	0.20	0.20	0.30	0.50	0.30	0.015	0.10	—
	B				0.035	0.035									—
	C				0.030	0.030									Al 0.015
	D				0.030	0.025									
	E				0.025	0.020									

（续）

牌号	质量等级	化学成分（质量分数）（%）													
		C	Si	Mn	P	S	Nb	V	Ti	Cr	Ni	Cu	N	Mo	其他
		不大于													
Q420	A	0.20	0.50	1.70	0.035	0.035	0.07	0.20	0.20	0.30	0.80	0.30	0.015	0.20	—
	B				0.035	0.035									—
	C				0.030	0.030									Al 0.015
	D				0.030	0.025									
	E				0.025	0.020									
Q460	C	0.20	0.60	1.80	0.030	0.030	0.11	0.20	0.20	0.30	0.80	0.55	0.015	0.20	B 0.004 Al 0.015
	D				0.030	0.025									
	E				0.025	0.020									
Q500	C	0.18	0.60	1.80	0.030	0.030	0.11	0.12	0.20	0.60	0.80	0.55	0.015	0.20	B 0.004 Al 0.015
	D				0.030	0.025									
	E				0.025	0.020									
Q550	C	0.18	0.60	2.00	0.030	0.030	0.11	0.12	0.20	0.80	0.80	0.80	0.015	0.30	B 0.004 Al 0.015
	D				0.030	0.025									
	E				0.025	0.020									
Q620	C	0.18	0.60	2.00	0.030	0.030	0.11	0.12	0.20	1.00	0.80	0.80	0.015	0.30	B 0.004 Al 0.015
	D				0.030	0.025									
	E				0.025	0.020									
Q690	C	0.18	0.60	2.00	0.030	0.030	0.11	0.12	0.20	1.00	0.80	0.80	0.015	0.30	B 0.004 Al 0.015
	D				0.030	0.025									
	E				0.025	0.020									

注：1. 型材及棒材 P、S 的质量分数可提高 0.005%，其中 A 级钢上限可为 0.045%。

2. 当细化晶粒元素组合加入时，$20w$（Nb + V + Ti）≤0.22%，$20w$（Mo + Cr）≤0.30%。

表 3-5　低合金高强度结构钢的力学性能（GB/T 1591—2008）

牌号	屈服强度 R_{eL}/MPa	抗拉强度 R_m/MPa	断后伸长率 A（%）	180°弯曲试验 α = 试样厚度（直径）		冲击吸收能量（纵向）KV_2/J			
						试验温度（质量等级）			
						20℃(B)	0℃(C)	-20℃(D)	-40℃(E)
	公称厚度（直径，边长）/mm								
	≤16	≤40	≤40	≤16	16 ~ 100	12 ~ 150mm			
Q345	≥345	470 ~ 630	≥20	2α	3α	≥34	≥34	≥34	≥34
Q390	≥390	490 ~ 650	≥20	2α	3α	≥34	≥34	≥34	≥34
Q420	≥420	520 ~ 680	≥19	2α	3α	≥34	≥34	≥34	≥34
Q460	≥460	550 ~ 720	≥17	2α	3α	—	≥34	≥34	≥34
Q500	≥500	610 ~ 770	≥17	—	—	—	≥55	≥47	≥31

（续）

牌号	屈服强度 R_{eL}/MPa	抗拉强度 R_m/MPa	断后伸长率 A（%）	180°弯曲试验 α=试样厚度（直径）		冲击吸收能量（纵向）KV_2/J 试验温度（质量等级）			
						20℃(B)	0℃(C)	-20℃(D)	-40℃(E)
	公称厚度（直径，边长）/mm								
	≤16	≤40	≤40	≤16	16～100	12～150mm			
Q550	≥550	670～830	≥16	—	—	—	≥55	≥47	≥31
Q620	≥620	710～880	≥15	—	—	—	≥55	≥47	≥31
Q690	≥690	770～940	≥14	—	—	—	≥55	≥47	≥31

注：1. 当屈服强度不明显时，可测量 R_{eL} 代替下屈服强度。

2. 宽度不小于 600mm 扁平材，拉伸试验取横向试样；宽度小于 600mm 的扁平材、型材及棒材取纵向试样，断后伸长率最小值相应提高 1%（绝对值）。

3. 对于 Q345 C（D、E）钢断后伸长率≥21%。

4. 冲击试验取纵向试样。

5. 20℃（B）——B 级钢在 20℃条件下进行冲击试验。

6. 夏比（Charpy）摆锤冲击吸收能量，按一组三个试样算术平均值计算，允许其中一个试样单个值低于规定值，但不得低于规定值的 70%。

我国低合金钢标准进行了几次重大的修订，形成了 GB/T 1591—2008（原 1994、1988）《低合金高强度结构钢》。新旧标准对比，有如下一些重要的变化。

① 标准名称。参照国际上通用的叫法，改名为《低合金高强度结构钢》，反映了这类钢的共同特点，即合金含量低、强度性能高，适用于工程结构。

② 牌号表示方法。采用 ISO 标准和 GB/T 700—2006 的牌号命名方法，由屈服强度汉语拼音首字母、屈服强度数值和质量等级 3 部分代号组成。例如，质量等级为 A 级的 16Mn 钢牌号为 Q345A。

③ 强度等级系列与牌号。新标准由原来的 5 个强度等级系列和牌号增加到 8 个强度等级系列和牌号。

④ 质量等级。按强度等级和用途对钢材韧性的要求不同，分为不同的质量等级。工程结构用低合金钢质量共分为 5 个等级：A、B、C、D、E。A 级不做冲击试验，后 4 个等级分别做 20℃、0℃、-20℃、-40℃冲击试验。

⑤ 化学成分。新标准按不同质量等级规定不同的化学成分，特别是对 S、P 的要求不同。另一个特点是规定了添加 V、Nb、Ti、Al 等细化晶粒元素。为了利用国内资源和改善钢的性能，标准中规定可以加入稀土元素，加入量为质量分数 0.02%～0.20%。

1. 热轧钢

屈服强度为 295～390MPa 的普通低合金钢都属于热轧钢，这类钢是在 w_C≤0.2% 的基础上通过 Mn、Si 等合金元素的固溶强化作用来保证钢的强度，属于 C-Mn 或 Mn-Si 系钢种。也可再加入 V、Nb 以达到细化晶粒和沉淀强化的作用。

热轧钢主要是用 Mn 进行合金化以达到所要求的性能，这类钢的基本成分为：w_C≤0.2%、w_{Si}≤0.55%、w_{Mn}≤1.5%。Si 的质量分数超过 0.6% 后对韧性不利，使韧脆转变温度提高。C 的质量分数超过 0.3% 和 Mn 的质量分数超过 1.6% 后，焊接时易出现裂纹，在热轧钢焊接区还会出现脆性的淬硬组织。

Q345（16Mn）是我国于20世纪50年代（1957年）研制生产和应用最广泛的热轧钢（在此之前，一些大型钢结构多采用铆接，用于焊接施工的大型结构用钢主要依靠进口），用于南京长江大桥和我国第一艘万吨远洋货轮。我国低合金钢系列中的许多钢种是在Q345（16Mn）的基础上发展起来的。在Q345基础上加入少量V（w_V = 0.03% ~ 0.20%）、Nb（w_{Nb} = 0.01% ~ 0.05%）、Ti（w_{Ti} = 0.10% ~ 0.20%）等，利用V、Nb、Ti的碳化物和氮化物的析出可进一步提高钢的强度，细化晶粒，如Q345、Q390等。

热轧钢通常为铝镇静的细晶粒铁素体 + 珠光体组织的钢，一般在热轧状态下使用。在特殊情况下，如要求提高冲击韧性以及板厚时，也可在正火状态下使用。例如，Q345在个别情况下，为了改善综合性能，特别是厚板的冲击韧性，可进行900 ~ 920℃正火处理，正火后强度略有降低，但塑性、韧性（特别是低温冲击韧性）有所提高。

2. 正火钢

当要求钢的屈服强度 R_{eL} ≥390MPa后，在固溶强化的同时，必须加强合金元素的沉淀强化。正火钢是在固溶强化的基础上，加入一些碳、氮化合物形成元素（如V、Nb、Ti和Mo等），通过沉淀强化和细化晶粒进一步提高钢材的强度和保证韧性。正火处理的目的是为了使这些合金元素形成的碳、氮化合物以细小的化合物质点从固溶体中沉淀析出，弥散分布在晶内和晶界，起细化晶粒的作用。固溶 + 沉淀强化可以在提高钢材强度的同时，改善钢材的塑性和韧性，避免过分固溶强化而造成脆性。

这类钢实际上是在Q345（16Mn）的基础上加入一些沉淀强化的合金元素，如V、Nb、Ti、Mo等强碳化物、氮化物形成元素。利用这些元素形成的碳、氮化物弥散质点所起的沉淀强化和细化晶粒的作用来获得良好的综合性能，使屈服强度由Mn-V钢的390MPa提高到440MPa，同时降低回火脆性。

对于含Mo钢来说，正火后还必须进行回火才能保证良好的塑性和韧性。因此，正火钢又可分为：

1）正火状态下使用的钢，主要是含V、Nb、Ti的钢，如Q390、Q345等，主要特点是屈强比较高。

2）正火 + 回火状态使用的含Mo钢，如14MnMoV、18MnMoNb等。低合金钢中加入一定量的Mo，可细化晶粒，提高强度，还可以提高钢材的中温性能。含Mo的低合金正火钢适于制造中温厚壁压力容器。含Mo钢在较高的正火温度或较快速度的连续冷却下，得到的组织为上贝氏体和少量的铁素体，因此正火钢必须回火后才能保证获得良好的塑性和韧性。

属于正火钢的还包括抗层状撕裂的 Z 向钢，屈服强度 R_{eL} ≥343MPa。由于冶炼中采用了钙或稀土处理和真空除气等特殊的工艺措施，使 Z 向钢具有S含量低（w_S ≤0.005%）、气体含量低和 Z 向断面收缩率高（Z ≥35%）等特点。

3. 微合金控轧钢

加入质量分数为0.1%左右对钢的组织性能有显著或特殊影响的微量合金元素的钢，称为微合金钢。多种微合金元素（如Nb、Ti、Mo、V、B、RE）的共同作用称为多元微合金化，微合金钢单一微合金元素的质量分数通常低于0.25%。通过细晶强化可进一步降低低合金高强度钢的碳含量，减少固溶的合金元素，使其韧性得到进一步提高。

微合金控轧钢是热轧及正火钢中的一个重要的分支，是近年来发展起来的一类新钢种。它采用微合金化（加入微量 Nb、V、Ti）和控轧等技术，达到细化晶粒和沉淀强化相结合的效果。在冶炼工艺上采取降 C、降 S、改变夹杂物形态、提高钢的纯净度等措施，使钢材具有均匀的细晶粒等轴晶铁素体基体。微合金化钢就其本质来讲与正火钢类似，它是在低碳的 C-Mn 钢基础上通过 V、Nb、Ti 微合金化及炉外精炼、控轧、控冷等工艺，获得细化晶粒和综合力学性能良好的微合金钢。

控轧钢具有高强度、高韧性和良好的焊接性等优点。控轧钢的晶粒比一般正火钢的晶粒细，强度和韧性也高一些，因为正火钢的奥氏体化温度一般为 900℃，而控轧时的终轧温度约为 850℃。但控轧钢的板厚受到一定限制，因为板厚增加时晶粒细化和沉淀强化的效果会受到影响。

钢的晶粒尺寸在 50μm 以下的钢种称为细晶粒钢，细化晶粒可使钢获得强韧性匹配良好的综合力学性能。细化晶粒所采取的主要工艺为控轧或控冷。控轧主要是控制钢材的变形温度和变形量，利用位错强化来韧化钢材；控冷主要是控制钢材的开始形变温度和终了形变温度，以及随后的冷却速度。与控轧相比，控冷对钢材晶粒细化的效果更显著。控轧后立即加速冷却所制造的钢，称为 TMCP（Thermo-Mechanical Control Process）钢。

TMCP 钢通过控轧控冷技术的应用，晶粒尺寸可小于 50μm，最小可达到 10μm。超细晶粒钢可使晶粒尺寸达到 0.1～10μm。TMCP 钢具有良好的加工性和焊接性，满足了石油和天然气等工业的需要，这类钢还将在更多的钢结构中得到应用。

控轧钢可用于制造石油、天然气的输送管线，如 X60、X65 和 X70 等管线钢为低碳 Nb 微合金控轧钢，钢中加入微量 Nb 后，固溶于钢中的 Nb 使奥氏体再结晶高温转变延迟到低温，形成细小弥散分布的 Nb（C、N）化合物，具有沉淀强化以及阻碍轧制过程中再结晶的作用。通过微合金化及控轧作用，获得强度和韧性良好的细晶组织。X60、X65 钢中加入适量稀土（$w_{RE}/w_S=2.0\sim2.5$）的目的是提高钢的韧性，改善各向异性。X70 钢中除含 Nb、V、Ti 外，还加入了少量的 Ni、Cr 和 Cu，特别是 Mo，使铁素体的形成推迟到更低的温度，并有利于低温下的贝氏体转变，是一种高韧性、高强度的管线钢。

控轧管线钢焊接的主要问题是过热区晶粒粗大使抗冲击性能下降，改善措施是在钢中加入沉淀强化元素（形成 TiO_2、TiN）防止晶粒长大，优化焊接工艺及规范。

3.2.2　热轧、正火及控轧钢的焊接性

低合金钢的焊接性主要取决于它的化学成分和轧制工艺。随着钢材强度级别的提高和合金元素含量的增加，焊接性也随之发生变化。

1. 冷裂纹及影响因素

热轧钢含有少量的合金元素，碳当量比较低，一般情况下（除环境温度很低或钢板厚度很大时）冷裂倾向不大。正火钢由于含合金元素较多，淬硬倾向有所增加。强度级别及碳当量较低的正火钢，冷裂纹倾向不大；但随着正火钢碳当量及板厚的增加，淬硬性及冷裂倾向随之增大，需要采取控制焊接热输入、降低扩散氢含量、预热和及时焊后热处理等措施，以防止焊接冷裂纹的产生。

微合金控轧钢的碳含量和碳当量都很低，冷裂纹敏感性较低。除超厚焊接结构外，490MPa 级的微合金控轧钢焊接一般不需要预热。

(1) 碳当量(C_{eq}) 淬硬倾向主要取决于钢的化学成分，其中以碳的作用最明显。可以通过碳当量公式来大致估算不同钢种的冷裂纹敏感性。通常碳当量越高，冷裂纹敏感性越大。国际焊接学会(IIW)推荐的碳当量公式为

$$CE = C + \frac{Mn}{6} + \frac{Cr + Mo + V}{5} + \frac{Cu + Ni}{15}(\%) \tag{3-4}$$

上述碳当量公式用得相当普遍，一般认为 CE≤0.4%时，钢材在焊接过程中基本无淬硬倾向，冷裂敏感性小。屈服强度为294～392MPa热轧钢的碳当量一般都小于0.4%，焊接性良好，除钢板厚度很大和环境温度很低等情况外，一般不需要预热和严格控制焊接热输入。

碳当量 CE=0.4%～0.6%时钢的淬硬倾向逐渐增加，属于有淬硬倾向的钢。屈服强度为440～490MPa的正火钢基本上处于这一范围，其中碳当量不超过0.5%时，淬硬倾向不算严重，焊接性尚好，但随着板厚的增加需要采取一定的预热措施，如Q420就是这样。18MnMoNb的碳当量在0.5%以上，它的冷裂纹敏感性较大，焊接时为避免冷裂纹的产生，需要采取较严格的工艺措施，如严格控制热输入、预热和焊后热处理等。

(2) 淬硬倾向 焊接热影响区产生淬硬的马氏体或M+B+F混合组织时，对氢致裂纹敏感；而产生B或B+F组织时，对氢致裂纹不敏感。淬硬倾向可以通过焊接热影响区连续冷却组织转变图(SHCCT)或钢材的连续冷却组织转变图(CCT)来进行分析。凡是淬硬倾向大的钢材，连续冷却转变曲线都是往右移。但由于冷却条件不同，不同曲线的右移程度不同。例如，CCT曲线右移的程度比等温转变图TTT曲线大1.5倍以上，而SHCCT曲线右移就更多。因此，在比较两种钢材的淬硬倾向时，必须注意采用同一种曲线。

1) 热轧钢的淬硬倾向。与低碳钢相比，Q345在连续冷却时，珠光体转变右移较多，使快冷过程中，如图3-4a上的c点以左，铁素体析出后剩下的富碳奥氏体来不及转变为珠光体，而是转变为含碳较高的贝氏体和马氏体，具有淬硬倾向。由图3-4a可以看到Q345焊条电弧焊冷速快时，热影响区会出现少量铁素体、贝氏体和大量马氏体。而低碳钢焊条电弧焊时(图3-4b)，则出现大量铁素体、少量珠光体和部分贝氏体。因此，Q345热轧钢与低碳钢的焊接性有一定差别。但当冷却速度不大时，两者很相近。

2) 正火钢的淬硬倾向。随着合金元素和强度级别的提高而增大，如Q420和18MnMoNb相比(图3-5a、图3-5b)，两者的差别较大。18MnMoNb的过冷奥氏体比15MnVN稳定得多，特别是在高温转变区。因此，18MnMoNb冷却下来很容易得到贝氏体和马氏体，它的整个转变曲线比Q420靠右，淬硬性高于Q420，故冷裂敏感性也比较大。

(3) 热影响区最高硬度 焊接热输入E或冷却时间$t_{8/5}$对热影响区淬硬倾向影响很大。冷却时间$t_{8/5}$对热影响区最高硬度的影响如图3-6所示。

因此，要比较焊接热影响区最高硬度，必须规定试验条件，如采用国际焊接学会(IIW)推荐的热影响区最高硬度法。降低冷却速度有利于减小热影响区淬硬性和热影响区最高硬度，可减小冷裂纹倾向。

低合金钢焊接热影响区最高硬度与焊道下裂纹几率的关系见表3-6。从表中可以看出，热影响区最高硬度与焊道下裂纹几率存在正比关系。

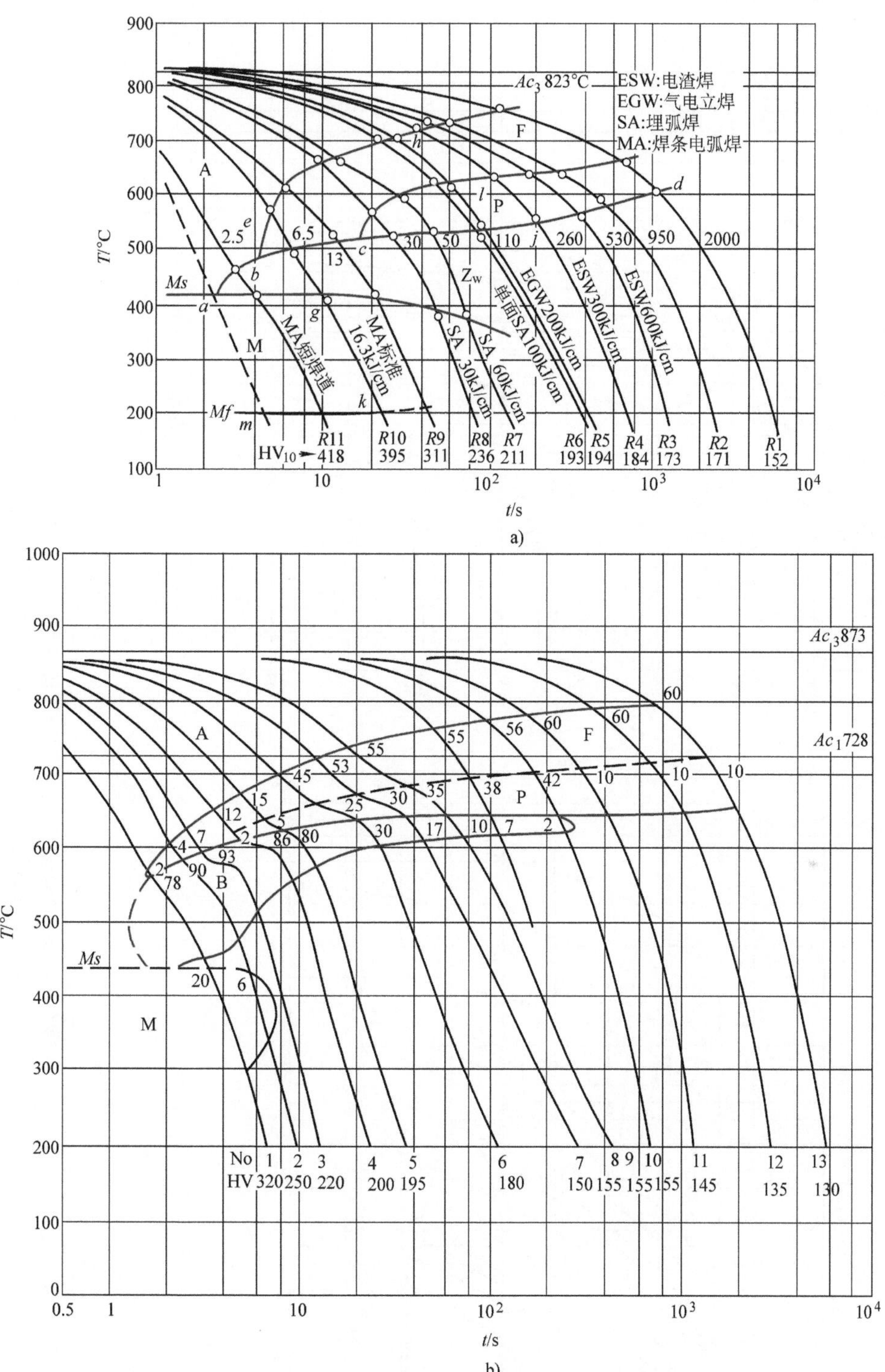

图 3-4　热轧钢（Q345）和低碳钢的焊接连续冷却组织转变图（SHCCT）

a）Q345（$w_C=0.15\%$、$w_{Si}=0.37\%$、$w_{Mn}=1.32\%$、$w_P=0.012\%$、$w_S=0.009\%$、$w_{Cu}=0.03\%$、$T_m=1350℃$）

b）低碳钢（$w_C=0.18\%$、$w_{Si}=0.25\%$、$w_{Mn}=0.50\%$、$w_P=0.018\%$、$w_S=0.022\%$、$T_m=1300℃$）

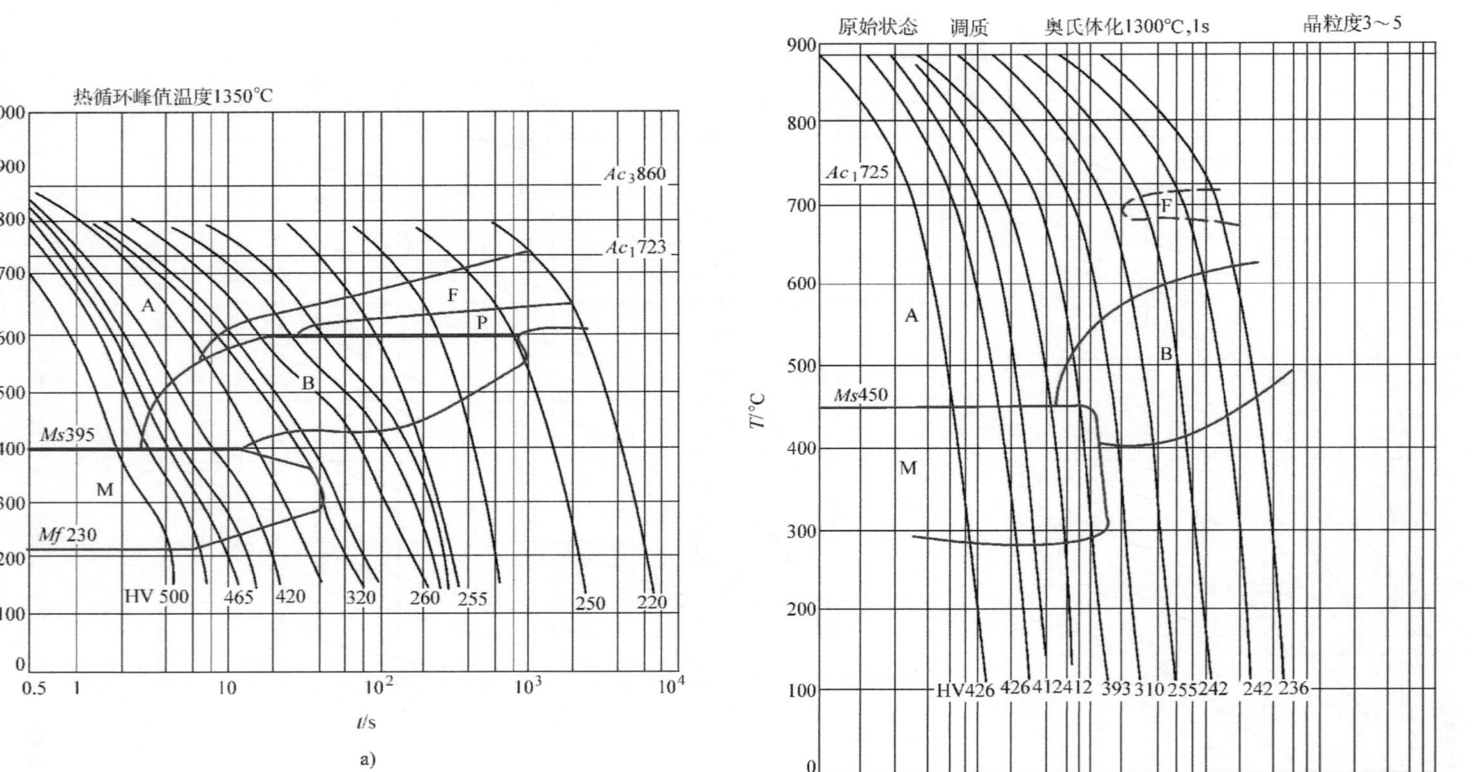

图 3-5　正火钢的焊接连续冷却组织转变图（SHCCT）

a）Q420（w_C = 0.20%、w_{Si} = 0.32%、w_{Mn} = 1.64%、w_P = 0.013%、w_S = 0.016%、w_V = 0.16%、w_N = 0.016、T_m = 1350℃）

b）18MnMoNb（w_C = 0.21%、w_{Si} = 0.32%、w_{Mn} = 1.55%、w_P = 0.014%、w_S = 0.017%、w_{Mo} = 0.55、w_{Nb} = 0.036、T_m = 1300℃）

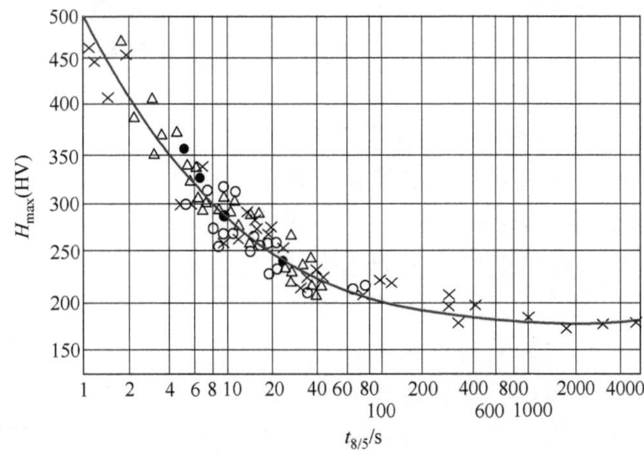

图 3-6　冷却时间 $t_{8/5}$ 对热影响区最高硬度的影响

（钢材成分：w_C = 0.12%，w_{Mn} = 1.40%，w_{Si} = 0.48%，w_{Cu} = 0.15%，板厚 h = 20mm）

●—电弧焊的 H_{max}　○—埋弧焊的 H_{max}　△—CO_2 气保焊的 H_{max}

+—T_m = 1400℃时的平均硬度　×—T_m = 1300℃时的平均硬度

表 3-6　低合金钢焊接热影响区最高硬度与焊道下裂纹几率的关系

裂纹几率	热影响区最高硬度		相应的抗拉强度 /MPa	马氏体组分比例（体积分数,%）
	HV	HRC		
容易出现裂纹	>400	>41	>1340	>70
可能出现裂纹	400 ~ 350	40 ~ 36	1340 ~ 1110	70 ~ 60
不容易出现裂纹	<350	<36	<1110	<60
不出现裂纹	<280	<28	<890	<30

2. 热裂纹和消除应力裂纹

（1）焊缝热裂纹　热轧及正火钢一般碳含量较低、而 Mn 含量较高，因此这类钢的 w_{Mn}/w_S 能达到要求，具有较好的抗热裂性能，焊接过程中的热裂纹倾向较小，正常情况下焊缝中不会出现热裂纹，但个别情况下也会在焊缝中出现热裂纹，这主要与热轧及正火钢中 C、S、P 等元素含量偏高或严重偏析有关。

例如，某厂有一批 Q345 钢板，由于碳元素严重偏析，钢板不同部位碳的质量分数相差很大，从 0.16% 一直到 0.24%，因此在角焊缝施焊时出现了大量的热裂纹。在这种情况下，要从工艺上设法减小母材在焊缝中的熔合比，增大焊缝成形系数（即焊缝宽度与厚度之比），有利于防止焊缝金属的热裂纹。也可以通过焊接材料来调整焊缝金属的成分，降低焊缝中的碳含量和提高焊缝中的 Mn 含量。

焊缝中的碳含量越高，为了防止硫的有害作用，所需的 Mn 含量也要求越高；随着碳含量的增加，要求 w_{Mn}/w_S 也提高。当 w_C = 0.12% 时，w_{Mn}/w_S 不应低于 10；而 w_C = 0.16% 时，w_{Mn}/w_S 就应大于 40 才能不出现热裂纹。Si 的有害作用也与促使 S 的偏析有关，因此 Si 含量高时，热裂纹倾向也增加。

（2）再热裂纹　含 Mo 正火钢厚壁压力容器之类的焊接结构，进行焊后消除应力热处理或焊后再次高温加热（包括长期高温使用）的过程中，可能出现另一种形式的裂纹，即再热裂纹。其他有沉淀强化的钢或合金（如珠光体耐热钢、奥氏体不锈钢等）的焊接接头中，也可能产生再热裂纹。

钢中的 Cr、Mo 元素及含量对再热裂纹的产生影响很大。元素之间的相互作用对再热裂纹敏感性的影响更复杂（主要与形成的碳化物形态有关）。不同 Cr、Mo 含量低合金钢的再热裂纹敏感区如图 3-7 所示。

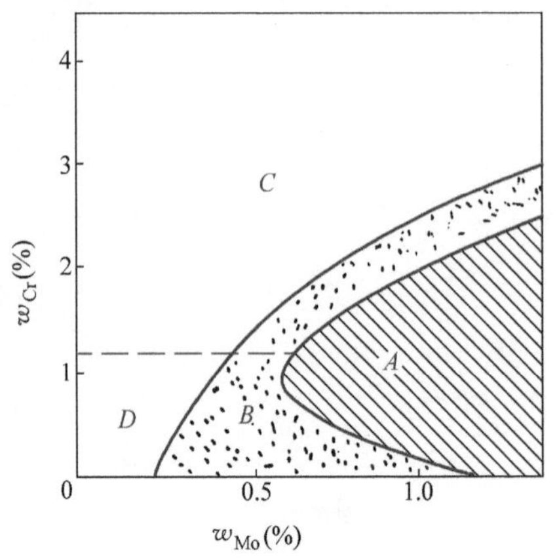

图 3-7　再热裂纹敏感性与 Cr、Mo 含量的关系

A—SR 裂纹敏感区　*B*—随 Cr、Mo 含量增加，SR 裂纹增加　*C*—随 Cr、Mo 含量增加，SR 裂纹下降　*D*—SR 裂纹敏感性降低区

再热裂纹一般产生在热影响区的粗晶区，裂纹沿熔合区方向在粗晶区的奥氏体晶界断续发展，产生原因与杂质元素在奥氏体晶界偏聚及碳化物析出“二次硬化”导致的晶界脆化有关。再热裂纹的产生一般须有较大的焊接残余应力，因此在拘束度大的厚大工件中或应力集中部位更易于出现再热裂纹。

Mn-Mo-Nb 和 Mn-Mo-V 系低合金钢对再热裂纹的产生有一定的敏感性。正火钢中的 18MnMoNb 和 14MnMoV 有轻微的再热裂纹倾向，可采取提高预热温度或焊后立即后热等措施来防止再热裂纹的产生。例如，18MnMoNb 只要将预热温度中消除冷裂纹需要的 180℃（板厚 60mm）提高到 220℃后就能防止再热裂纹。如果提高预热温度有困难，可在 180℃预热条件下焊后立即进行 180℃ ×2h 的后热也能有效地防止再热裂纹的产生。

3. 非调质钢焊缝的组织和韧性

韧性是表征金属对脆性裂纹产生和扩展难易程度的性能。低合金钢组织对韧性的影响受多种因素的控制，如显微组织、夹杂和析出物等。即使是相同的组织，其数量、晶粒尺寸、形态等不同，韧性也不一样。尽管影响焊缝金属韧性的因素很复杂，但起决定作用的是显微组织。低合金高强度钢焊缝金属组织主要包括：先共析铁素体 PF（也叫晶界铁素体 GBF）、侧板条铁素体 FSP、针状铁素体 AF、上贝氏体 B_u、珠光体 P 等，马氏体较少。

焊缝韧性取决于针状铁素体（AF）和先共析铁素体（PF）组织所占的比例。焊缝中存在较高比例的针状铁素体组织时，韧性显著升高，韧脆转变温度（$_{V}T_{rs}$）降低，如图 3-8a 所示；焊缝中先共析铁素体组织比例增多则韧性下降，韧脆转变温度上升，如图 3-8b 所示。针状铁素体晶粒细小，晶粒边界交角大且相互交叉，每个晶界都对裂纹的扩展起阻碍作用；而先共析铁素体沿晶界分布，裂纹易于萌生，也易于扩展，导致韧性较差。

进一步研究表明，以针状铁素体组织为主的焊缝金属，屈强比一般大于 0.8；以先共析铁素体组织为主的焊缝金属，屈强比多在 0.8 以下；焊缝金属中有上贝氏体存在时，屈强比小于 0.7。

焊缝中 AF 增多，利于改善韧性，但随着合金化程度的提高，焊缝组织可能出现上贝氏体和马氏体，在强度提高的同时会抵消 AF 的有利作用，焊缝韧性反而会恶化。如图 3-9 所示，高强度钢焊缝中 AF 由 100% 减少到 20% 左右，焊缝韧性急剧降低。

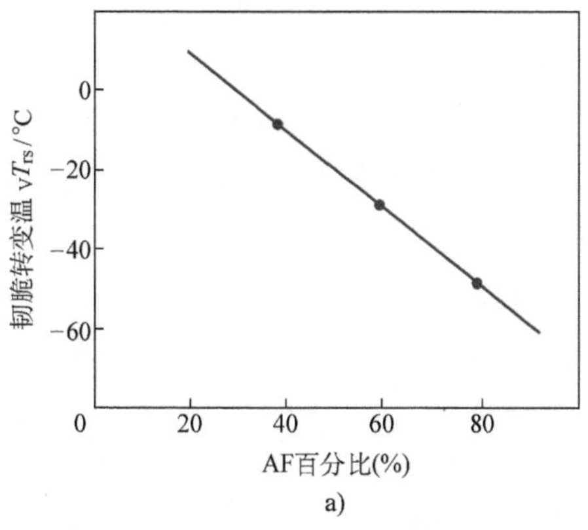

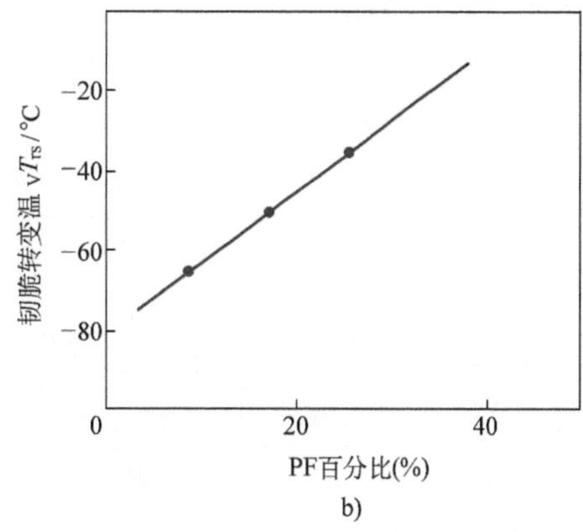

图 3-8 不同铁素体形态对高强度钢焊缝韧性的影响

a）AF 对 $_{V}T_{rs}$ 的影响 b）PF 对 $_{V}T_{rs}$ 的影响

在热轧及正火钢中，Mn、Si 在焊接中既是脱氧元素，又是合金元素，对焊缝金属的组织和韧性有直接影响。Mn 和 Si 对低合金钢焊缝韧性的影响如图 3-10 所示。

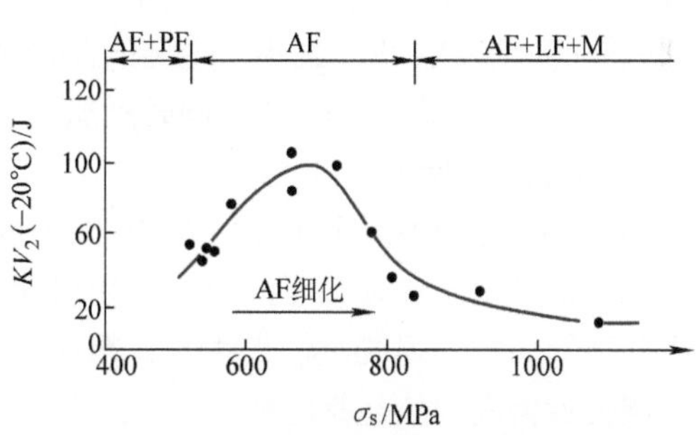

图 3-9 高强度钢焊缝韧性与强度的关系

低合金钢焊缝韧性在很大程度上依赖于 Si、Mn 含量。Si 是铁素体形成元素，焊缝中 Si 含量增加，将使晶界铁素体增加。Mn 是扩大奥氏体区的元素，推迟 γ→α 转变，所以增加焊缝中的 Mn 含量，将减少先共析铁素体的比例。但 Si、Mn 含量的增加，都将使焊缝金属的晶粒粗大。试验研究表明，当 Si、Mn 含量较少时，γ→α 转变形成粗大的先共析铁素体组织，焊缝韧性较低，因为微裂纹扩展的阻力较小。当 Mn、Si 含量过高时，形成大量平行束状排列的板条状铁素体，这些晶粒的结晶位

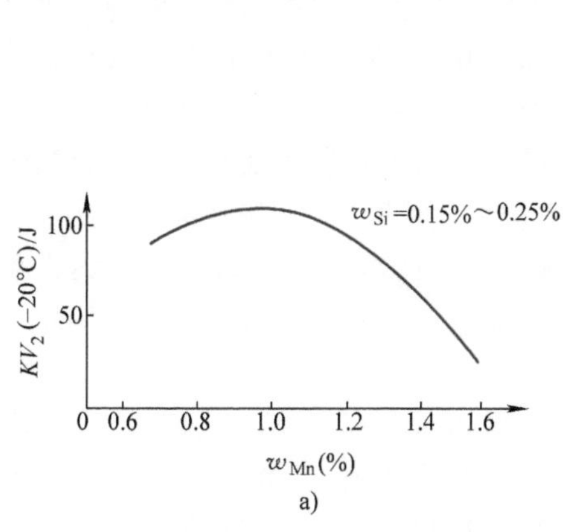

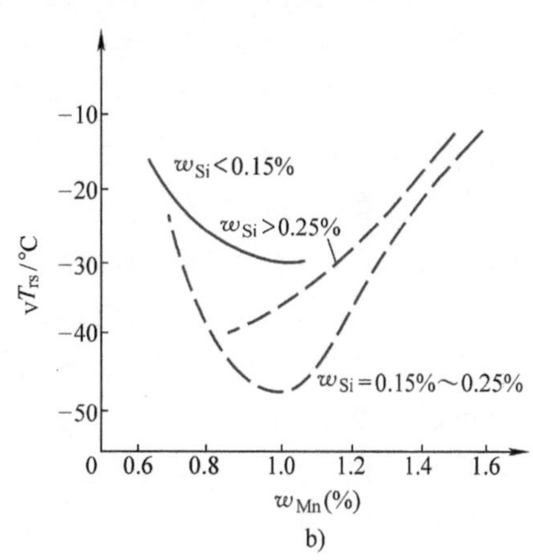

图 3-10 Mn、Si 含量对焊缝韧性的影响

a）对冲击吸收能量的影响 b）对韧脆转变温度的影响

向很相似，扩展裂纹与这些晶粒边界相遇不会有多大的阻碍，这也使焊缝金属韧性较低。因此，Mn 和 Si 含量过多或过少都使韧性下降。

Mn-Si 系焊缝组织与韧性的关系见表 3-7。由表可见，中等程度的 Mn、Si 含量，例如 $w_{Mn}=0.8\%\sim1.0\%$、$w_{Si}=0.15\%\sim0.25\%$、$w_{Mn}/w_{Si}\approx4\sim7$ 的情况下，可得到针状铁素体 + 细晶粒铁素体的混合组织，对裂纹扩展的阻力大，焊缝韧性高。

表 3-7　Mn-Si 系焊缝组织与韧性的关系

化学成分（质量分数）				
	Si	低（<0.10%）	中等（0.15%~0.25%）	高（>0.25%）
	Mn	低（<0.80%）	中等（0.80%~1.00%）	高（>1.00%）
主要组织形态		粗晶铁素体	针状铁素体 + 细晶粒铁素体	板条状铁素体
γ→α 转变温度/℃		高（800~700）	中等（750~600）	低（≤650）
裂纹扩展途径		穿晶扩展	沿晶和穿晶扩展	穿晶扩展
冲击吸收能量 KV_2（-20℃）/J		低（<100）	高（>100）	低（<100）

在 Mn-Si 系的基础上加入适量的 Ti 和 B 或 Ti 和 Mo 均能改善 γ→α 的相变特性，使对韧性不利的铁素体组织减少，细小、均匀的针状铁素体增多。近些年来，国内外都在探索向低合金钢焊缝金属中同时添加 Ti、B 或同时添加 Ti、Mo 来提高焊缝的韧性并取得了良好的效果。

4. 热影响区脆化

（1）粗晶区脆化　加热到 1200℃以上的热影响区过热区可能产生粗晶区脆化，韧性明显降低。这是由于热轧钢焊接时，采用过大的焊接热输入，粗晶区将因晶粒长大或出现魏氏组织而降低韧性；焊接热输入过小，粗晶区中马氏体组织所占的比例增大而降低韧性，这在焊接碳含量偏高的热轧钢时较明显。

含有碳、氮化物形成元素的正火钢（如 Q420 等）采用过大的焊接热输入时，粗晶区的 V（C、N）析出相基本固溶，这时 V（C、N）化合物抑制奥氏体晶粒长大及组织细化作用被削弱，粗晶区易出现粗大晶粒及上贝氏体、M-A 组元等，导致粗晶区韧性降低和时效敏感性的增大。

采用小焊接热输入是避免这类钢过热区脆化的一个有效措施。对含碳量偏高的热轧钢，焊接热输入要适中；对于含有碳、氮化物形成元素的正火钢，应选用较小的焊接热输入。如果为了提高生产率而采用大热输入时，焊后应采用 800~1050℃正火处理来改善韧性。但正火温度超过 1100℃，晶粒会迅速长大，将导致焊接接头和母材的韧性急剧下降。

在主要合金元素相同的条件下，钢中含有不同类型和不同数量杂质时，热影响区粗晶区的韧性也会显著降低。S 和 P 均降低热影响区的韧性（图 3-11），特别是大热输入焊接时，P 的影响较为严重。当 $w_P>0.013\%$ 时，韧性明显下降。N 对 Mn-Si 系低合金钢热影响区韧性的影响如图 3-12 所示。可以看到，通过降低 N 含量，即使焊接热输入在很大范围内变化，也仍然可以获得良好的韧性。

（2）热应变脆化　产生在焊接熔合区及最高加热温度低于 Ac_1 的亚临界热影响区。对于 C-Mn 系热轧钢及氮含量较高的钢，一般认为热应变脆化是由于氮、碳原子聚集在位错周围，对位错造成钉轧作用造成的。一般认为在 200~400℃时热应变脆化最为明显，当焊前已经存在缺口时，会使亚临界热影响区的热应变脆化更为严重。熔合区易于产生热应变脆化与此区域常存在缺口性质的缺陷和不利组织有关。

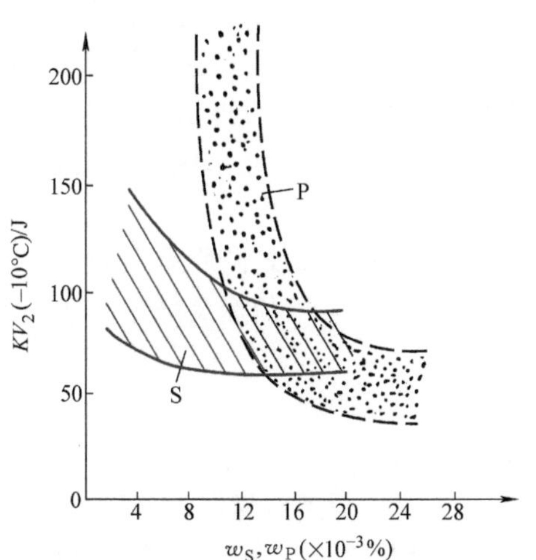

图 3-11　S、P 对热影响区韧性的影响
（低合金钢三丝埋弧焊）

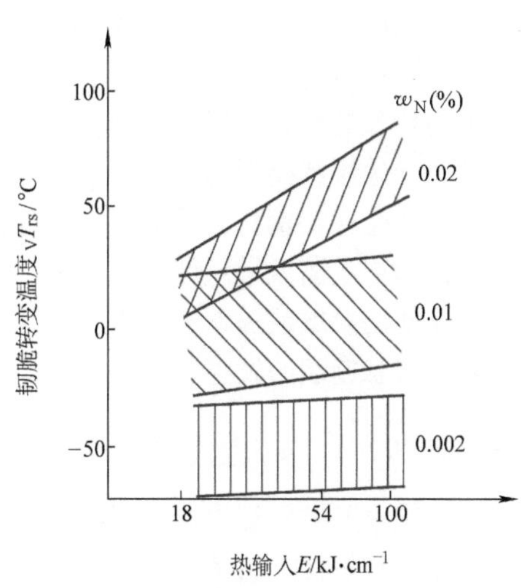

图 3-12　N 对热影响区韧性的影响
（Mn-Si 系低合金钢）

热应变脆化易于发生在一些固溶 N 含量较高而强度级别不高的低合金钢中，如抗拉强度 490MPa 级的 C-Mn 钢。在钢中加入足够量的氮化物形成元素（如 Al、Ti、V 等），可以降低热应变脆化倾向，如 Q420 比 Q345 的热应变脆化倾向小。退火处理也可大幅度恢复韧性，降低热应变脆化，如 Q345 经 600℃ ×1h 退火处理后，韧性大幅度提高，热应变脆化倾向明显减小。

5. 层状撕裂

层状撕裂是一种特殊形式的裂纹，它主要发生于要求熔透的角接接头或 T 形接头的厚板结构中，如图 3-13 所示。大型厚板焊接结构（如海洋工程、锅炉吊架、核反应堆及船舶等）焊接时，如果在钢材厚度方向承受较大的拉伸应力时，可能沿钢材轧制方向发生呈明显阶梯状的层状撕裂。

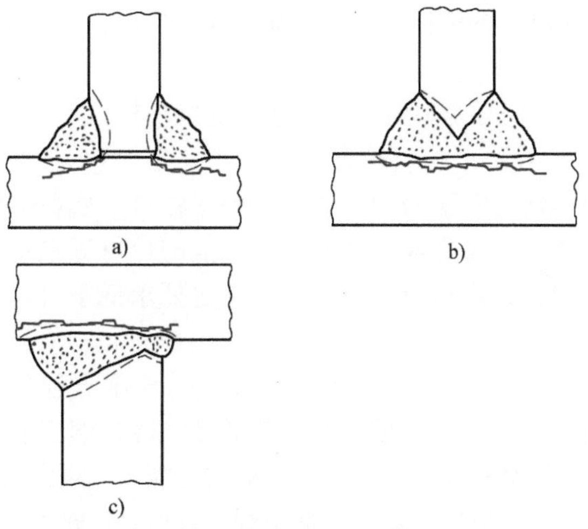

图 3-13　产生层状撕裂的一些典型接头形式
a）角接 T 形接头　b）对接 T 形接头　c）对接角接头

层状撕裂的产生不受钢材种类和强度级别的限制，从Z向拘束力考虑，层状撕裂与板厚有关，板厚在16mm以下一般不会产生层状撕裂。从钢材本质来说，主要取决于冶炼质量，钢中的片状硫化物与层状硅酸盐或大量成片密集于同一平面内的氧化物夹杂都使Z向塑性降低，导致层状撕裂的产生，其中层片状硫化物的影响最为严重。因此，硫含量和Z向断面收缩率是评定钢材层状撕裂敏感性的主要指标。

合理选择层状撕裂敏感性小的钢材、改善接头形式以减轻钢板Z向所承受的应力应变、在满足产品使用要求前提下选用强度级别较低的焊接材料以及采用预热及降氢等辅助措施，有利于防止层状撕裂的发生。

3.2.3 热轧、正火及控轧钢的焊接工艺

热轧、正火及控轧钢焊接对焊接方法的选择无特殊要求，焊条电弧焊、埋弧焊、气体保护焊、压力焊等焊接方法都可以采用。可根据材料厚度、产品结构、使用性能要求及生产条件等选择。其中焊条电弧焊、埋弧焊、CO_2气体保护焊是热轧、正火及控轧钢常用的焊接方法。

1. 坡口加工、装配及定位焊

坡口加工可采用机械加工，其加工精度较高，也可采用火焰切割或碳弧气刨。对强度级别较高、厚度较大的钢材，经过火焰切割和碳弧气刨的坡口应用砂轮仔细打磨，清除氧化皮及凹槽；在坡口两侧约50mm范围内，应去除水、油、锈及脏物等。

焊接件的装配间隙不应过大，尽量避免强力装配，减小焊接应力。为防止定位焊焊缝开裂，要求定位焊焊缝应有足够的长度（一般不小于50mm），对厚度较薄的板材不小于4倍板厚。定位焊应选用同类型的焊接材料，也可选用强度稍低的焊条或焊丝。定位焊的顺序应能防止过大的拘束、允许工件有适当的变形，定位焊焊缝应对称均匀分布。定位焊所用的焊接电流可稍大于焊接时的焊接电流。

2. 焊接材料的选择

低合金钢选择焊接材料时必须考虑两方面的问题：①不能有裂纹等焊接缺陷；②能满足使用性能要求。选择焊接材料的依据是保证焊缝金属的强度、塑性和韧性等力学性能与母材相匹配。

热轧及正火钢焊接一般是根据其强度级别选择焊接材料，而不要求与母材同成分，其选用要点如下：

（1）选择与母材力学性能匹配的相应级别的焊接材料　从焊接接头力学性能“等强匹配”的角度选择焊接材料，一般要求焊缝的强度性能与母材等强或稍低于母材。焊缝中碳的质量分数不应超过0.14%，焊缝中其他合金元素也要求低于母材中的含量，以防止裂纹及焊缝强度过高。

（2）同时考虑熔合比和冷却速度的影响　焊缝的化学成分和性能与母材的溶入量（熔合比）有很大关系，而母材溶入焊缝组织的过饱和度与冷却速度有很大关系。采用同样的焊接材料，由于熔合比或冷却速度不同，所得焊缝的性能会有很大差别。因此，焊条或焊丝成分的选择应考虑板厚和坡口形式的影响。薄板焊接时熔合比较大，应选用强度较低的焊接材料，厚板深坡口则相反。

（3）考虑焊后热处理对焊缝力学性能的影响　当焊缝强度余量不大时，焊后热处理

（如消除应力退火）后焊缝强度有可能低于要求。因此，对于焊后要进行正火处理的焊缝，应选择强度高一些的焊接材料。

热轧及正火钢焊接材料的选用见表 3-8。为保证焊接过程中的低氢条件，焊丝应严格去油，必要时应对焊丝进行真空除氢处理。保护气体水分含量较多时要进行干燥处理。刚性不大的焊接结构件，对焊前不预热、焊后不进行热处理的部位，在不要求母材与焊缝金属等强度的条件下，可采用奥氏体不锈钢焊条，如 E309-15、E310-15 等。

表 3-8　热轧及正火钢焊接用的焊接材料

牌　号	强度级别 R_{eL}/MPa	焊条电弧焊焊条	埋弧焊		电渣焊		CO_2 气体保护焊焊丝
			焊剂	焊丝	焊剂	焊丝	
Q295 09Mn2Si	295	E4301 E4303 E4315 E4316	HJ430 HJ431 SJ301	H08A H08MnA	—	—	H10MnSi H08Mn2Si H08Mn2SiA
Q345 Q345(Cu)	345	E5001 E5003 E5015 E5015-G E5016 E5016-G E5018 E5028	SJ501	薄板：H08A H08MnA	HJ431 HJ360	H08MnMoA	H08Mn2Si H08Mn2SiA YJ502-1 YJ502-3 YJ506-4
			HJ430 HJ431 SJ301	不开坡口对接 H08A 中板开坡口对接 H08MnA H10Mn2			
			HJ350	厚板深坡口 H10Mn2 H08MnMoA			
Q390 Q390(Cu)	390	E5001 E5003 E5015 E5015-G E5016 E5016-G E5018 E5028 E5515-G E5516-G	HJ430 HJ431	不开坡口对接 H08MnA 中板开坡口对接 H10Mn2 H10MnSi	HJ431 HJ360	H10MnMo H08Mn2MoVA	H08Mn2Si H08Mn2SiA
			HJ250 HJ350 SJ101	厚板深坡口 H08MnMoA			
Q420 15MnVTiRE 15MnVNCu	440	E5515-G E5516-G E6015-D1 E6015-G E6016-D	HJ431	H10Mn2	HJ431 HJ360	HH10MnMo H08Mn2MoVA	H08Mn2Si H08Mn2SiA
			HJ350 HJ250 SJ101	H08MnMoA H08Mn2MoA			

（续）

牌　　号	强度级别 R_{eL}/MPa	焊条电弧焊焊条	埋弧焊		电渣焊		CO_2 气体保护焊焊丝
			焊剂	焊丝	焊剂	焊丝	
18MnMoNb 14MnMoV 14MnMoVCu	490	E6015-D1 E6015-G E6016-D1 E7015-D2 E7015-G	HJ250 HJ350 SJ101	H08Mn2MoA H08Mn2MoVA H08Mn2NiMo	HJ431 HJ360 HJ250	H10Mn2MoA H10Mn2MoVA H10Mn2NiMoA	H08Mn2SiMoA
X60 X65	414 450	E4311 E5011 E5015	HJ431 SJ101	H08Mn2MoA H08MnMoA	—	—	—

3. 焊接参数的确定

（1）焊接热输入　焊接热输入取决于接头区是否出现冷裂纹和热影响区脆化。对于碳当量（C_{eq}）小于0.40%的热轧及正火钢，如Q295和Q345，焊接热输入的选择可适当放宽。碳当量大于0.40%的钢种，随其碳当量和强度级别的提高，所适用的焊接热输入的范围随之变窄。焊接碳当量为0.40%～0.60%的热轧及正火钢时，由于淬硬倾向加大，马氏体含量也增加，小热输入时冷裂倾向会增大，过热区的脆化也变得严重，在这种情况下热输入偏大一些比较好。但在加大热输入、降低冷速的同时，会引起接头区过热的加剧（增大热输入对冷速的降低效果有限，但对过热的影响较明显）。在这种情况下，采用大热输入的效果不如采用小热输入＋预热更有效。预热温度控制恰当时，既能避免产生裂纹，又能防止晶粒的过热。

焊接热输入对热轧及正火钢热影响区晶粒尺寸和冲击韧性的影响如图3-14所示。对于一些含Nb、V、Ti的正火钢，为了避免焊接中由于沉淀析出相的溶入以及晶粒过热引起的热影响区脆化，焊接热输入应偏小一些。焊接屈服强度440MPa以上的低合金钢或重要结构件，严禁在非焊接部位引弧。多层焊的第一道焊缝需用小直径的焊条及小热输入进行焊接，减小熔合比。

热轧及正火钢焊接的典型工艺参数如下：

1）焊条电弧焊。适用于各种不规则形状、各种焊接位置的焊缝。主要根据焊件厚度、坡口形式、焊缝位置等选择焊接参数。多层焊的第一层（打底层焊道）以及非平焊位置焊接时，焊条直径应小一些。热轧及正火钢的焊接性良好，在保证焊接质量的前提下，应尽可能采用大直径焊条和适当稍大的焊接电流，以提高生产率。热轧及正火钢焊条电弧焊的焊接参数见表3-9。

2）自动焊。热轧及正火钢常用的自动焊方法是埋弧焊、电渣焊、CO_2 气体保护焊等。埋弧焊由于具有熔敷率高、熔深大以及机械化操作的优点，特别适于大型焊接结构的制造，广泛用于船舶、管道和要求长直焊缝的结构制造，多用于平焊和平角焊。对于厚壁压力容器等大型厚板结构，电渣焊是常用的焊接方法，由于电渣焊焊缝及热影响区晶粒粗化，焊后需要进行正火处理。CO_2 气体保护焊具有操作方便、生产率高、焊接热输入小、热影响区窄等优点，适于不同位置焊缝的低合金钢焊接。

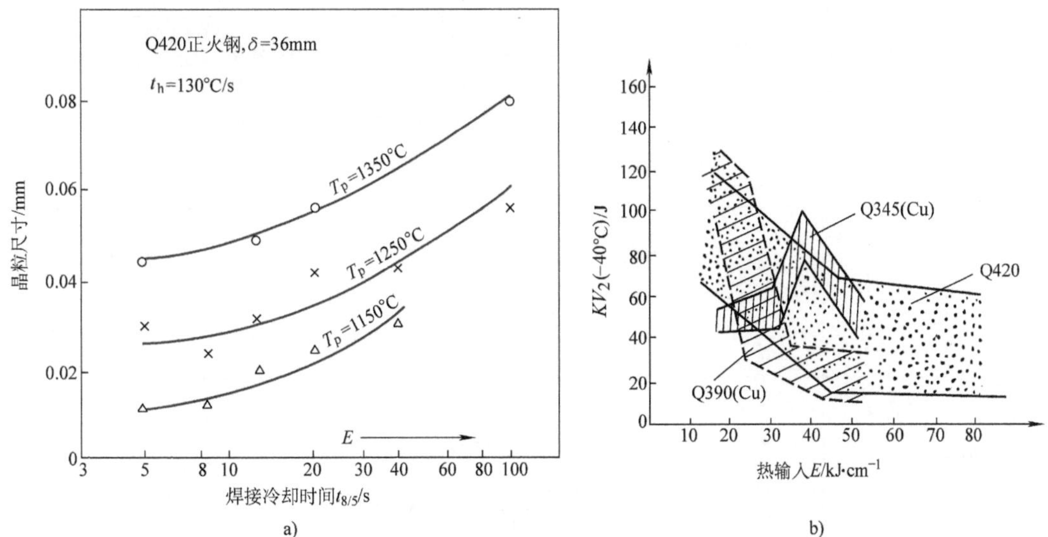

图 3-14 焊接热输入对热影响区晶粒尺寸和冲击韧性的影响

a）冷却时间 $t_{8/5}$ 与晶粒尺寸的关系 b）热输入对热影响区韧度的影响

表 3-9 热轧及正火钢焊条电弧焊的焊接参数

焊缝空间位置	坡口形式	焊件厚度或焊脚尺寸/mm	第一层焊缝		其他各层焊缝		封底焊缝	
			焊条直径/mm	焊接电流/A	焊条直径/mm	焊接电流/A	焊条直径/mm	焊接电流/A
平对接焊缝	I 形	2	2.5	50～60	—	—	2.5	55～60
		2.5～4	3.2	90～120	—	—	3.2	90～120
		4～5	3.2	100～130	—	—	3.2	100～130
			4	160～200	—	—	4	160～120
	V 形	5～6	3.2	100～130	—	—	3.2	100～130
			4	160～210	—	—	4	180～210
		≥6	3.2	100～130	4	160～210	4	180～210
			4	160～210	5	220～280	5	220～260
	X 形	≥12	4	160～210	4	160～210	—	—
					5	220～280	—	—

Q345 钢对接和角接埋弧焊的焊接参数见表 3-10。热轧及正火钢 CO_2 气体保护焊的焊接参数见表 3-11。

3）氩弧焊（TIG、MIG）。用于一些重要低合金钢多层焊缝的打底焊、管道打底焊或管-板焊接，以保证焊缝根部的焊接质量（焊缝根部往往是最容易产生裂纹的部位）。热轧及正火钢钨极氩弧焊的焊接参数见表 3-12，熔化极氩弧焊的焊接参数见表 3-13。

表 3-10　Q345 钢对接和角接埋弧焊的焊接参数

接头形式	焊件厚度 /mm	焊缝次序（层数）	焊丝直径 /mm	焊接电流 /A	电弧电压 /V	焊接速度 /m·h^{-1}	焊丝+焊剂
不开坡口（双面焊）	8	正 反	4.0	550～580 600～650	34～36	34.5	H08A+HJ431
	10～12	正 反	4.0	620～680 680～700	36～38	32	H08A+HJ431
V 形坡口（双面焊）α=60°～70°	14～16	正 反	4.0	600～640 620～680	34～36	29.5	H08A+HJ431
	18～20	正 反	4.0	680～700 700～720	36～38	27.5	H08MnA+HJ431
	22～25	正 反	4.0	700～720 720～740	36～38	21.5	H08MnA+HJ431
T 形接头不开坡口（双面焊）	16～18	(2)	4.0	600～650 680～720	32～34 36～38	34～38 24～29	H08A+HJ431
	20～25	(2)	4.0	600～700 720～760	32～34 36～38	30～36 21～26	H08A+HJ431

表 3-11　热轧及正火钢 CO_2 气体保护焊的焊接参数

焊　　接	焊丝直径 /mm	保护气体	气体流量 /L·min^{-1}	预热或层间温度 /℃	焊接参数		
					焊接电流 /A	电弧电压 /V	焊接速度 /cm·min^{-1}
单道焊	1.2	CO_2	8～15	不预热或≤100	100～150	21～24	12～18
多道焊			8～15		160～240	22～26	14～22
单道焊	1.6	CO_2	10～18		300～360	33～35	20～26
多道焊			10～18		280～340	30～32	18～24

表 3-12　热轧及正火钢钨极氩弧焊（TIG）的焊接参数

焊件厚度 /mm	钨棒直径 /mm	焊丝直径 /mm	焊接电流 /A	电弧电压 /V	气体流量 /L·min^{-1}
1.0～1.5	1.5	1.6	35～80	11～15	3～5
2.0	2.0	2.0	75～120	11～15	5～6
3.0	2.0～2.5	2.0	110～160	11～15	6～7

表 3-13　热轧及正火钢熔化极氩弧焊（MIG）的焊接参数

对接形式	焊件厚度 /mm	焊丝直径 /mm	焊接电流 /A	电弧电压 /V	焊接速度 /cm·min^{-1}	焊接层数	氩气流量 /L·min^{-1}
I 形坡口	2.5～3.0	1.6～2.0	190～300	20～30	30～60	1	6～8
	4.0	2.0～2.5	240～330	20～30	30～60	1	7～9
V 形坡口	6.0～8.0	2.0～3.0	300～430	20～30	25～50	1～2	9～15
	10	2.0～3.0	360～460	20～30	25～50	2	12～17

（2）预热和焊后热处理　预热和焊后热处理的目的主要是为了防止裂纹，也有一定的改善组织、性能的作用。强度级别较高或钢板厚度较大的结构件焊前应预热，焊后进行热处理。

1）预热。预热温度与钢材的淬硬性、板厚、拘束度和氢含量等因素有关，工程中必须结合具体情况经试验后才能确定，推荐的一些预热温度只能作为参考。多层焊时应保持层间温度不低于预热温度，但也要避免层间温度过高引起的不利影响，如韧性下降等。不同环境温度下焊接 Q345 钢的预热温度见表 3-14。

表 3-14　不同环境温度下焊接 Q345 钢的预热温度

板厚/mm	预 热 温 度
16 以下	不低于 -10℃不预热， -10℃以下预热 100 ~ 150℃
16 ~ 24	不低于 -5℃不预热， -5℃以下预热 100 ~ 150℃
25 ~ 40	不低于 0℃不预热，0℃以下预热 100 ~ 150℃
40 以上	均预热 100 ~ 150℃

2）焊后热处理。除了电渣焊由于接头区严重过热而需要进行正火处理外，其他焊接条件应根据使用要求来考虑是否需要焊后热处理。热轧及正火钢一般不需要焊后热处理，但对要求抗应力腐蚀的焊接结构、低温下使用的焊接结构和厚板结构等，焊后需进行消除应力的高温回火。确定焊后回火温度的原则是：

① 不要超过母材原来的回火温度，以免影响母材本身的性能。

② 对于有回火脆性的材料，要避开出现回火脆性的温度区间。例如，对含 V 或 V + Mo 的低合金钢，回火时应提高冷却速度，避免在 600℃左右的温度区间停留较长时间，以免因 V 的二次碳化物析出而造成脆化；Q420 的消除应力热处理的温度为（550 ± 25）℃。

若焊后不能及时进行热处理，应立即在 200 ~ 350℃保温 2 ~ 6h，以使焊接区的氢扩散逸出。为了消除焊接应力，焊后应立即轻轻锤击焊缝金属表面，但这不适用于塑性较差的钢件。强度级别较高或重要的焊接结构件，应用机械方法（砂轮等）修整焊缝外形，使其平滑过渡到母材，减小应力集中。热轧及正火钢的预热和焊后热处理的工艺参数见表 3-15。

表 3-15　热轧及正火钢预热和焊后热处理的工艺参数

强度级别 R_{eL}/MPa	典型钢种	预热温度/℃	焊后热处理工艺	
			电 弧 焊	电 渣 焊
295	Q295 09Mn2Si	不预热 （一般供应的板厚 $\delta\leqslant$16mm）	一般热处理	—
345	Q345	100 ~ 150℃ （$\delta\geqslant$16mm）	一般不进行， 或 600 ~ 650℃回火	900 ~ 930℃正火 600 ~ 650℃回火
390	Q390	100 ~ 150℃ （$\delta\geqslant$28mm）	560 ~ 590℃或 630 ~ 650℃回火	950 ~ 980℃正火 560 ~ 590℃或 630 ~ 650℃回火
440	Q420 15MnVTiRE	100 ~ 150℃ （$\delta\geqslant$25mm）	—	950℃正火 650℃回火
490	18MnMoNb 14MnMoV	≥200℃	600 ~ 650℃回火	950 ~ 980℃正火 600 ~ 650℃回火

4. 焊接接头的力学性能

焊缝金属和热影响区的力学性能是影响接头使用可靠性的基本性能，而其中强度与韧性又是关键的考核要素，特别是对合金结构钢接头更为重要。几种典型热轧及正火钢焊接接头的力学性能见表3-16。通过对这些试验数据的分析，可以使我们对使用焊接性有更深层次的理解。

表3-16　几种典型热轧及正火钢焊接接头的力学性能

钢　种	焊接工艺		焊缝金属性能						过热区 KV_2/J	
			R_m /MPa	$R_{p0.2}$ /MPa	A (%)	Z (%)	KV_2/J −20℃	KV_2/J −40℃	−20℃	−40℃
Q345	焊条电弧焊 E5015 焊态		550～560	410～420	29～30	76～78	200～210	—	—	—
Q345	焊条电弧焊 （δ<20mm）E5012 焊态		570～580	490～500	25～30	66～70	150～160	65～69	180～210	—
Q345	埋弧焊（δ=16mm，V形对接） H08MnA+HJ250 焊态		504	351	30.2	65.3	166	121	175	—
Q345	埋弧焊（δ=12mm，I形对接） H08MnA+HJ431 焊态		576	400	30.7	67	84	33	73	—
Q345	CO_2气体保护焊 H08Mn2SiA 焊态		540	390	24	61	78	—	—	—
Q390	焊条电弧焊 （δ=20mm，对接） E5016（或E5015）	焊态 600℃回火	590～650 560～580	490～550 440～450	23 27～30	74～76 76～77	320～360 240～290	160～190 170～180	—	—
Q390	埋弧焊 H10Mn2+HJ431	焊态 600℃回火	570 580	415 385	17.5 18	54.5 53	101 75	30 41	—	—
Q420	焊条电弧焊 E5015		620	530	21.5	72	164	58	—	—
Q420	埋弧焊（δ=15mm，对接） H08MnMoA+HJ431		710～750	600～630	23～24	52～53	110～120	80～90	120～170	60～100

（续）

钢种	焊接工艺		焊缝金属性能						过热区 KV_2/J	
			R_m /MPa	$R_{p0.2}$ /MPa	A (%)	Z (%)	KV_2/J -20℃	KV_2/J -40℃	-20℃	-40℃
18MnMoNb（δ=20mm，对接）	焊条电弧焊（E7015），热输入 11.5 ~ 20.5kJ/cm，预热温度大于 150℃	焊态	700 ~ 760	590 ~ 630	19 ~ 21	58 ~ 62	180 ~ 200	130 ~ 160	100 ~ 140	80 ~ 120
		600 ~ 650℃ 保温 4h，空冷	680 ~ 720	560 ~ 610	21 ~ 23	73 ~ 75	230 ~ 260	160 ~ 190	120 ~ 160	110 ~ 130
	埋弧焊 H08Mn2MoA + HJ250 热输入为 24.5 ~ 34.5kJ/cm，预热温度大于 150℃	焊态	700 ~ 780	580 ~ 690	19 ~ 20	51 ~ 54	150 ~ 180	120 ~ 140	100 ~ 140	80 ~ 120
		600 ~ 650℃ 保温 4h，空冷	680 ~ 760	550 ~ 620	21 ~ 25	58 ~ 68	210 ~ 220	160 ~ 180	150 ~ 170	110 ~ 130

3.3　低碳调质钢的焊接

热轧及正火钢依靠增添合金元素和通过固溶强化、沉淀强化的途径提高强度到一定程度之后，会导致塑性、韧性的下降。因此，抗拉强度 R_m ≥600MPa 的高强度钢都采用调质处理，通过组织强韧化获得很高的综合力学性能。低碳调质钢的抗拉强度一般为 600 ~ 1300MPa，属于热处理强化钢。这类钢既具有较高的强度，又有良好的塑性和韧性。随着科学技术的发展，低碳调质钢在工程焊接结构中的应用日益广泛，越来越受到工程界的重视。

3.3.1　低碳调质钢的种类、成分及性能

一般来说，合金元素对钢材塑性和韧性的影响与其强化的作用相反，即强化效果越大，塑性和韧性的降低越明显。在正火条件下，通过增加合金元素进一步提高强度时会引起韧性急剧下降（图 3-15）。为了进一步提高钢材的强度需要进行调质处理。金属学和热处理上把“淬火 + 高温回火”定义为调质处理，而焊接界则认为钢材淬火后不论经高温回火或低温回火均称为“调质”，经过“淬火 + 回火”热处理的钢称为“调质钢”（QT 钢）。

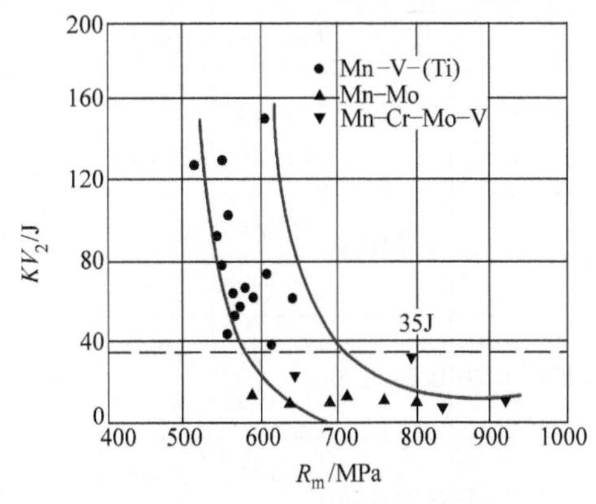

图 3-15　正火状态高强度钢的强度（R_m）与 0℃ 缺口冲击吸收能量的关系

为了保证良好的综合性能和焊接性，低碳调质钢要求钢中碳的质量分数不大于 0.22%（实际上 w_C≤0.18%）。此外，添加一些合金元素，如 Mn、Cr、Ni、Mo、V、Nb、B、Cu 等，添加这些合金元素主要是为了提高钢的淬透性和马氏体的回火稳定性。这类钢由于含碳量低，淬火后得到低碳马氏体，而且会发生“自回火”，脆性小，具有良好的焊接性。

20世纪50～80年代，美、英、德、日等先后开发出性能优异的低碳调质钢，用于重要焊接结构，取得了显著的经济效益。20世纪50年代初，美国研制出淬火＋回火处理的屈服强度 R_{eL}≥686MPa 的焊接结构用低碳调质钢（即T-1钢），并在此基础上开发了一系列低碳调质钢，主要用于压力容器、桥梁及工程机械等。美国T-1钢及压力淬火设备的研制成功，开辟了高强度钢生产的新途径，促进了各国低碳调质钢的发展。

低碳调质钢具有较高的强度和良好的塑性、韧性和耐磨性，特别是裂纹敏感性低，在工程结构制造中有广阔的应用前景。根据使用条件的不同，低碳调质钢又可分为以下几种：

（1）高强度结构钢（R_m = 600～800MPa） 如Q550、Q620、Q690、14MnMoNbB、15MnMoVNRE、HQ70、HQ80C等，这类钢主要用于工程焊接结构，焊缝及焊接区多承受拉伸载荷。

（2）高强度耐磨钢（R_m≥1000MPa） 如Q960、HQ100、HQ130等，主要用于工程结构高强度耐磨、要求承受冲击磨损的部位。

（3）高强高韧性钢（R_m≥700MPa） 如12Ni3CrMoV、10Ni5CrMoV以及美国的HY80、HY-130、HP-9-4-20等，这类钢要求在高强度的同时要具有高韧性，主要用于高强度高韧性焊接结构。

GB/T 16270—2009《高强度结构用调质钢板》规定了屈服强度460～960MPa的低碳调质钢的技术要求，产品交货状态保留淬火＋回火（调质），与标准名称一致。高强度结构用调质钢板的化学成分和力学性能见表3-17和表3-18。

表3-17 高强度结构用调质钢板的化学成分（GB/T 16270—2009）

牌号	化学成分（质量分数）（%）不大于															
	C	Si	Mn	P	S	Cu	Cr	Ni	Mo	B	V	Nb	Ti	碳当量（CEV） 产品厚度/mm		
														≤50	50～100	100～150
Q460	0.20	0.80	1.70	0.025 (0.020)	0.015 (0.010)	0.50	1.50	2.00	0.70	0.0050	0.12	0.06	0.05	0.47	0.48	0.50
Q500	0.20	0.80	1.70	0.025 (0.020)	0.015 (0.010)	0.50	1.50	2.00	0.70	0.0050	0.12	0.06	0.05	0.47	0.70	0.70
Q550	0.20	0.80	1.70	0.025 (0.020)	0.015 (0.010)	0.50	1.50	2.00	0.70	0.0050	0.12	0.06	0.05	0.65	0.77	0.83
Q620	0.20	0.80	1.70	0.025 (0.020)	0.015 (0.010)	0.50	1.50	2.00	0.70	0.0050	0.12	0.06	0.05	0.65	0.77	0.83
Q690	0.20	0.80	1.80	0.025 (0.020)	0.015 (0.010)	0.50	1.50	2.00	0.70	0.0050	0.12	0.06	0.05	0.65	0.77	0.83
Q800	0.20	0.80	2.00	0.025 (0.020)	0.015 (0.010)	0.50	1.50	2.00	0.70	0.0050	0.12	0.06	0.05	0.72	0.82	—

（续）

牌号	化学成分（质量分数）（%）不大于															
	C	Si	Mn	P	S	Cu	Cr	Ni	Mo	B	V	Nb	Ti	碳当量（CEV）		
														产品厚度/mm		
														≤50	50～100	100～150
Q890	0.20	0.80	2.00	0.025 (0.020)	0.015 (0.010)	0.50	1.50	2.00	0.70	0.0050	0.12	0.06	0.05	0.72	0.82	—
Q960	0.20	0.80	2.00	0.025 (0.020)	0.015 (0.010)	0.50	1.50	2.00	0.70	0.0050	0.12	0.06	0.05	0.82	—	—

注：1. 根据需要生产厂可添加其中一种或几种合金元素，最大值应符合表中规定，其含量应在质量证明书中报告。

2. 钢中至少应添加Nb、Ti、V、Al中的一种细化晶粒元素，其中至少一种元素的最小质量分数为0.015%；Al最小质量分数为0.018%。

3. CEV = C + Mn/6 + (Cr + Mo + V)/5 + (Ni + Cu)/15。

4. 关于P、S含量，各牌号的C、D级钢P、S上限取括号外值，E、F级钢取括号内值。

表3-18 高强度结构用调质钢板的力学性能及工艺性能（GB/T 16270—2009）

牌号	拉伸试验							冲击试验	
	屈服强度 /MPa，不小于			抗拉强度 /MPa			断后伸长率（%）	冲击吸收能量（纵向） KV_2/J	
	厚度/mm			厚度/mm				试验温度/℃	
	≤50	50～100	100～150	≤50	50～100	100～150		0　-20	-40　-60
Q460	460	440	400	550～720		500～670	17	C、D级：≥47	E、F级：≥34
Q500	500	480	440	590～770		540～720	17	C、D级：≥47	E、F级：≥34
Q550	550	530	490	640～820		590～770	16	C、D级：≥47	E、F级：≥34
Q620	620	580	560	700～890		650～830	15	C、D级：≥47	E、F级：≥34
Q690	690	650	630	770～940	760～930	710～900	14	C、D级：≥47	E、F级：≥34
Q800	800	740	—	840～1000	800～1000	—	13	C、D级：≥34	E、F级：≥27
Q890	890	830	—	940～1100	880～1100	—	11	C、D级：≥34	E、F级：≥27
Q960	960	—	—	980～1150	—	—	10	C、D级：≥34	E、F级：≥27

注：1. 拉伸试验适用于横向试样，冲击试验适用于纵向试样。

2. 当屈服现象不明显时，采用 $R_{p0.2}$。

3. V型缺口冲击试样为纵向试样，冲击吸收能量按一组三个试样的算术平均值计算，允许其中一个试样单值低于规定值，但不得低于规定值的70%。

新国标（GB/T 16270—2009）钢的牌号等级基本与国际先进标准接轨，Q500～Q690质量等级增加了C、F级，还新增了Q800、Q890、Q960三个强度级别。新国标各强度级别分别设立C、D、E、F四个质量等级，共计32个。钢的牌号由代表屈服强度的汉语拼音首位字母、规定最小屈服强度数值、质量等级符号（C、D、E、F）三部分按顺序排列。

部分低碳调质钢的化学成分和力学性能见表3-19和表3-20。抗拉强度600MPa、700MPa的低碳调质钢（HQ60、HQ70）主要用于工程机械、动力设备、交通运输机械和桥梁等。这类钢可在调质状态下焊接，焊后不再进行调质处理，必要时可进行消除应力处理。我国已先后开发出14MnMoNbB、HQ80和HQ80C等抗拉强度为800MPa的低碳调质钢，并在工程中获得广泛应用。HQ80钢含有Ni、Cr元素，HQ80C钢不含Ni只含有Cr元素，14MnMoNbB钢不含Ni、Cr但含有Nb元素。

表3-19　部分低碳调质钢的化学成分（质量分数）　(%)

钢号	C	Mn	Si	Ni	Cr	Mo	V	S	P	其他
14MnMoVN	0.14	1.41	0.30	—	—	0.47	0.13	0.025	0.012	N 0.015
14MnMoNbB	0.12～0.18	1.30～1.80	0.15～0.35	—	—	0.45～0.70	—	≤0.03	≤0.03	Nb 0.04 B 0.001
15MnMoVNRE	≤0.18	≤1.70	≤0.60	—	—	0.35～0.60	0.03～0.08	≤0.030	≤0.035	RE 0.10～0.20
HQ70	0.09～0.16	0.60～1.20	0.15～0.40	0.30～1.00	0.30～0.60	0.20～0.40	V+Nb ≤0.10	≤0.030	≤0.030	B 0.0005～0.0030
HQ80C	0.10～0.16	0.60～1.20	0.15～0.35	Cu0.15～0.5	0.60～1.20	0.20～0.40	0.03～0.08	≤0.015	≤0.025	B 0.0005～0.0050
HQ100	0.10～0.18	0.80～1.40	0.15～0.35	0.70～1.50	0.40～0.80	0.30～0.60	0.03～0.08	≤0.030	≤0.030	—
（美）T-1	0.12～0.21	0.60～1.0	0.15～0.35	0.70～1.0	0.40～0.65	0.40～0.6	0.03～0.08	≤0.035	≤0.04	Cu 0.30 B 0.004
（美）HY-80	0.12～0.18	0.10～0.40	0.15～0.35	2.0～3.25	1.0～1.80	0.20～0.60	≤0.03	≤0.025	≤0.025	Cu≤0.25 Ti≤0.02
（美）HY-100	0.12～0.20	0.10～0.40	0.15～0.35	2.25～3.50	1.00～1.80	0.20～0.60	～0.03	≤0.025	≤0.025	Cu≤0.25 Ti≤0.02
（美）HY-130	≤0.12	0.60～0.90	0.15～0.35	4.75～5.25	0.40～0.70	0.30～0.65	0.05～0.10	≤0.005	≤0.010	—
（日）WEL-TEN80	≤0.16	0.60～1.20	0.15～0.35	0.40～1.50	0.40～0.80	0.30～0.60	≤0.10	≤0.030	≤0 0.030	Cu 0.15～0.50
（日）NS80C	≤0.10	0.35～0.90	0.15～0.40	3.50～4.5	0.30～1.00	0.20～0.60	≤0.10	≤0.010	≤0.015	Cu≤0.15

表3-20　部分低碳调质钢的力学性能

钢号	板厚/mm	拉伸性能			冲击性能		
		抗拉强度 R_m/MPa	屈服强度 R_{eL}/MPa	断后伸长率 A(%)	试验温度/℃	缺口形式	冲击吸收能量/J
14MnMoVN	18～40	≥690	≥590	≥15	-40	U	≥27
14MnMoNbB	<8 10～50	≥755	≥686	≥12 ≥13	-40	U	≥31
15MnMoVNRE	≤16 17～30	—	≥686 ≥666	—	-40	U	≥27

（续）

钢号	板厚/mm	拉伸性能			冲击性能		
		抗拉强度 R_m/MPa	屈服强度 R_{eL}/MPa	断后伸长率 A(%)	试验温度 /℃	缺口形式	冲击吸收能量 /J
HQ70	—	≥680	≥590	≥17	-10℃ -40℃	V V	≥39 ≥29
HQ80	—	≥785	≥685	≥16	-10℃ -40℃	V V	≥47 ≥29
HQ100	—	≥950	≥880	≥10	-25℃	V	≥27
（美）T-1	5~64 65~150	794~931 725~951	686 617	18 16	-46	V	≥68
（美）HY-80	<16 16~51	—	540~686 540~656	≥19 ≥20	-85	V	≥81 ≥81
（美）HY-100	—	—	≥675	≥20	—	—	—
（美）HY-130	<16 16~100	882~1029	≥895	≥14 ≥15	-18	V	≥68
（日）WEL-TEN80	6~50	784~931	≥686	≥16	-18	V	≥35

Q960、HQ100 和 HQ130 主要用于高强度焊接结构要求承受冲击磨损的部位。HQ100 不仅强度高、低温缺口韧性好，而且具有优良的焊接性能。HQ130 是高强度工程机械用钢（R_m≥1300MPa），含有 Cr、Mo、B 等多种合金元素，具有高淬透性。这两种钢经淬火+回火的热处理后，可获得综合性能较好的低碳回火马氏体，具有高强度、高硬度以及较好的塑性和韧性。

美国 HY-80、HY-100 和 HY-130 是较早开发的含 Ni 低碳调质高强高韧性钢，在低温下具有高的缺口韧性和抗爆性能，主要用于海军舰船制造、海洋开发和宇航等重要结构上。我国开发的屈服强度 R_{eL}≥700MPa 的 12Ni3CrMoV 和 R_{eL}≥800MPa 的 10Ni5CrMoV 也属于低碳调质高强高韧性钢。当 R_{eL}≥882MPa 以后，一般要在钢中加入更多的 Ni，如屈服强度 R_{eL} > 1225MPa 的美国 HP-9-4-20 钢（合金系为 9Ni-4Co-Cr-Mo-V）等。

低碳调质钢碳的质量分数应限制在 0.18% 以下，为了保证较高的缺口韧性，一般含有较高的 Ni 和 Cr，具有高强度，特别是具有优异的低温缺口韧性。Ni 能提高钢的强度、塑性和韧性，降低钢的脆性转变温度。Ni 与 Cr 一起加入时可显著增加淬透性，得到较高的综合力学性能。Cr 元素在钢中的质量分数从提高淬透性出发，上限一般约为 1.6%，继续增加反而对韧性不利。

由于采用了先进的冶炼工艺，钢中气体含量及 S、P 等杂质明显降低，氧、氮、氢含量均较低。高纯洁度使这类钢母材和焊接热影响区具有优异的低温韧性。这类钢的热处理工艺一般为奥氏体化→淬火→回火，回火温度越低，强度级别越高，但塑性和韧性有所降低。经淬火+回火后的组织是回火低碳马氏体、下贝氏体或回火索氏体，这类组织可以保证得到高强度、高韧性和低的韧脆转变温度。

为了改善焊接施工条件和提高低温韧性发展起来的焊接无裂纹钢（简称 CF 钢），实际上是 C 含量降得很低（w_C <0.09%）的微合金化调质钢。几种焊接无裂纹钢（CF 钢）的化学成分和力学性能见表 3-21。

表 3-21 几种焊接无裂纹钢（CF 钢）的化学成分和力学性能

钢号	化学成分（质量分数）（%）									
	C	Mn	Si	Ni	Cr	Mo	V	S	P	其他
WEL-TEN62CF	≤0.09	1.0～1.60	0.15～0.30	≤0.60	≤0.30	≤0.30	≤0.10	≤0.03	≤0.03	—
WCF-60 WCF-62	≤0.09	1.10～1.50	0.15～0.35	≤0.50	≤0.30	≤0.30	0.02～0.06	≤0.02	≤0.03	B≤0.003
WCF-80	0.06～0.11	0.80～1.20	0.15～0.35	0.60～1.20	0.30～0.60	0.30～0.55	0.02～0.06	≤0.01	≤0.03	B≤0.003

钢号	力学性能				
	拉伸性能			冲击吸收能量 KV_2/J	
	抗拉强度 R_m/MPa	屈服强度 R_{eL}/MPa	断后伸长率 A（%）	-20℃	-40℃
WEL-TEN62CF	608～725	≥490	≥19	≥47	
WCF-60	590～720	≥455	≥17	≥47	—
WCF-62	610～740	≥495	≥17	≥47	—
WCF-80	785～930	≥685	≥15	≥35	≥29

为了提高钢材的抗冷裂性能和低温韧性，降低 C 含量是有效措施，但 C 含量过低会牺牲钢材的强度。通过加入多种微量元素（特别是像 B 等对淬透性有强烈影响的元素）提高淬透性，可弥补强度的损失。与同等强度级别的低合金高强度钢相比，焊接无裂纹钢具有碳当量低和裂纹敏感指数 P_{cm} 低的特点，其低温冲击韧度高。钢板厚度 50mm 以下或在 0℃ 环境下可不预热进行焊接，是很有发展前景的钢种。

3.3.2 低碳调质钢的焊接性分析

低碳调质钢主要是作为高强度的焊接结构用钢，因此碳含量限制得较低，在合金成分的设计上考虑了焊接性的要求。低碳调质钢碳的质量分数不超过 0.18%，焊接性能远优于中碳调质钢。由于这类钢焊接热影响区形成的是低碳马氏体，马氏体开始转变温度 *Ms* 较高，所形成的马氏体具有“自回火”特性，使得焊接冷裂纹倾向比中碳调质钢小。

1. 焊缝强韧性匹配

保证接头区的强度性能是低碳调质钢焊接性分析中首先要考虑的问题。屈服强度是工程设计中确定许用应力的主要依据，而抗拉强度是强度储备的重要指标。屈服强度与抗拉强度之比称为屈强比，是一个选择材料的重要参数，对不同用途的焊接结构有不同的要求。低的屈强比有利于加工成形，高的屈强比使钢材的强度潜力得以较大的发挥。

焊缝强度匹配系数 $S=(R_m)_w/(R_m)_b$，是表征接头力学非均质性的参数之一，$(R_m)_w$ 为焊缝强度，$(R_m)_b$ 为母材强度。当 $(R_m)_w/(R_m)_b>1$ 时，称为“超强匹配”；$(R_m)_w/(R_m)_b=1$

时，称为“等强匹配”；$(R_m)_w/(R_m)_b<1$ 时，称为“低强匹配”。

对于焊缝金属强度选择问题，传统上大多主张焊缝强度等于或大于母材的强度，即所谓等强匹配或超强匹配，认为焊缝强度高一些更为安全。但是，焊缝金属的强度越高，韧性往往越低，甚至低于母材的韧性水平。即使是低强度钢，采用大热输入的焊接方法（如埋弧焊、电渣焊等）时，焊缝金属的韧性也常常低于母材，要保持焊缝金属与母材的强韧性匹配，有时是比较困难的。随着高强度钢和超高强度钢的迅速发展，焊缝强韧性与母材的匹配问题，更显得越来越突出。

韧性是焊缝金属性能评定中的一个重要指标，特别是针对 800MPa 级以上低合金高强度钢的焊接，韧性下降是焊接中一个很突出的问题。W. S. Pellini 归纳的高强度钢焊缝金属与母材的强韧性匹配如图 3-16 所示。可见，焊缝金属总是未能达到母材的韧性水平；与氩弧焊相比，焊条电弧焊更为逊色。而且，随着屈服强度 R_{eL} 的提高，要求钢材安全工作的断裂韧度 K_{IC} 也要相应提高，而钢材实际具有的韧性水平却随着 R_{eL} 提高而降低。这是现实存在的矛盾。

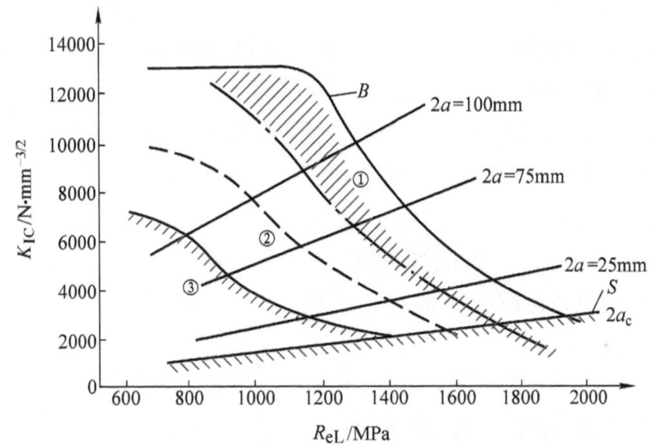

图 3-16　焊缝金属与母材在强度和韧性上的匹配水平

B—母材韧性水平　*S*—安全工作限　2*a*—裂纹长度　a_c—临界裂纹尺寸

①—TIG 焊缝韧性水平　②—MIG 焊缝韧性水平　③—SMAW 焊缝韧性水平

对于较低强度的钢，无论是母材或焊缝都有较高的韧性储备（图 3-16），所以按等强匹配选用焊接材料，既可保证接头区具有较高的强度，也不会损害焊缝的韧性。但对于高强度钢，特别是超高强度钢（图 3-16），焊缝韧性储备是不高的。

因此，对于抗拉强度 $R_m \geqslant 800$MPa 高强度钢，除考虑强度外，还必须考虑焊接区韧性和裂纹敏感性。就焊缝金属而言，强度越高，可达到的韧性水平越低。抗拉强度大于 800MPa 的高强度钢，如果要求焊缝金属与母材等强，焊缝的韧性储备不够；若为超强的情况，韧性储备更低，甚至可能低到安全限以下。例如，工程中一些高强度钢焊接结构脆性破坏时，强度及伸长率都是合格的，这主要是由于韧性不足而引起脆断。

所以，即使焊缝与母材等强，但韧性低于安全限以下，却是极不安全的因素。此时，牺牲少许焊缝强度而使韧性储备提高，对接头综合性能有利。特别是承受动载荷、重载荷和低温工作条件的高强度钢焊接接头，除强度性能外，还要求有较高的韧性。

“低强匹配”焊材并不意味着接头强度一定低于母材。生产中通常是按产品样本规定的熔敷金属名义值（或标称强度）选择焊材，但是，焊缝金属实际强度往往超出熔敷金属名义保证值。按名义强度选用的低强焊接材料，实际施焊所得的焊缝强度未必低强。再考虑冶金因素、熔合比和力学上的拘束强化效果，实际焊缝的强度可能远远高出熔敷金属的名义保证值。因此，选用“低强匹配”的焊材，焊接接头实际强度未必低强，可能等强，甚至还稍许超强；而按“等强匹配”选择焊材则可能造成超强的效果，造成焊缝金属塑韧性和抗裂性的下降。

近年来采用“低强匹配”使焊接裂纹显著减少的经验在美国、日本受到关注。“低强匹配”在工程结构中被大量采用。例如，日本学者认为，“低强匹配”焊缝若要求其强度能达到母材的95%，其匹配系数下限为0.86。美国海军研究实验室（NRL）提出：高强度钢焊接可采用在强度方面与母材相匹配或比母材低140MPa的焊缝，有利于防止脆断。

实践表明，对于承受压应力的焊缝“低强匹配”焊材可以满足使用要求。但对于承受拉应力的焊缝，这方面的研究结果分歧还很大。分歧焦点主要集中于：不同强度级别和不同使用要求的钢材，“低强匹配”焊缝金属的强度、韧性界限值究竟多大才能满足工程要求？

图3-17所示是采用等强匹配、低强匹配和低氢抗潮型焊条等不同匹配焊条为防止焊接冷裂纹所需的预热温度。可以看出，采用“等强匹配”焊条（E11016-G）时，含氢量为2.9mL/100g，为防止裂纹的预热温度为125℃。而在相同含氢量条件下采用“低强匹配”焊条（E9016-G）只需预热100℃。若采用“低强匹配”更低氢的抗潮型焊条（含氢量1.7mL/100g），预热温度仅70℃即可防止裂纹。降低预热温度，能明显改善生产条件，同时也降低了能耗，有良好的经济效益。

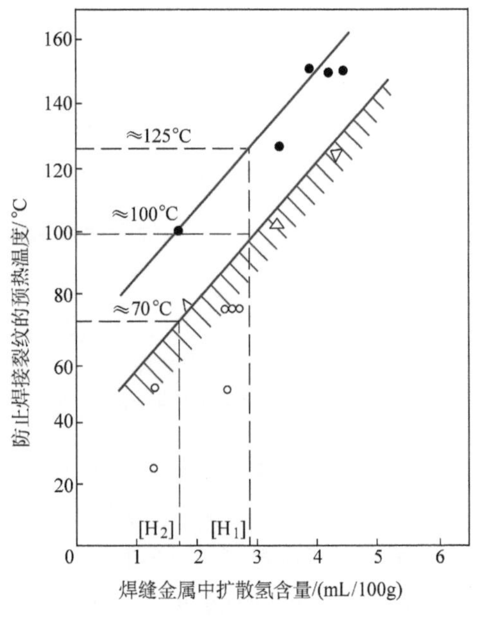

图3-17　不同匹配焊条为防止焊接冷裂纹所需的预热温度

●—等强匹配焊条（E11016-G）

△—低强匹配焊条（E9016-G）

○—抗潮低强匹配焊条

$[H_1]$—含氢量2.9mL/100g

$[H_2]$—含氢量1.7mL/100g

高强度钢焊接采用“低强匹配”能提高焊接区的抗裂性。特别是对于抗拉强度 $R_m \geqslant$ 800MPa的高强度钢，以采用低强匹配为宜，因为它能有效地防止裂纹。但焊缝强度与母材强度不能相差太大。实践经验表明，抗拉强度 R_m = 800～900MPa的高强度钢，“低强匹配”焊缝金属的抗拉强度不应低于650MPa（韧性明显提高）。也就是说，只要焊缝金属的强度不低于母材强度的80%，仍可保证焊接接头的强度性能。实际上，即使是低强度钢，提高焊缝金属的韧性储备也比过分提高强度更为有利。

2. 冷裂纹

低碳调质钢的合金化原则是在低碳基础上通过加入多种提高淬透性的合金元素，来保证获得强度高、韧性好的低碳“自回火”马氏体和部分下贝氏体的混合组织。这类钢由于淬硬性大，在焊接热影响区粗晶区有产生冷裂纹和韧性下降的倾向。但热影响区淬硬组织为 *Ms* 点较高的低碳马氏体，具有一定韧性，裂纹敏感性小。对于 $w_C<0.12\%$ 的低合金钢，热影响区最高硬度可修正为400HV。

HQ60（Q550）和HQ70（Q620）低碳调质钢TRC试验的应力与时间关系如图3-18所示，采用的是80% Ar + 20% CO_2（体积分数）混合气体保护焊。图中HQ60钢 *A* 组试样不发生断裂所承受的临界应力值 $\sigma_{cr}=570\text{MPa}$，*B* 组试样不发生断裂的临界应力值 $\sigma_{cr}=355\text{MPa}$。HQ70钢 *A* 组试样不发生断裂的临界应力值 $\sigma_{cr}=590\text{MPa}$，*B* 组试样不发生断裂的临界应力值 $\sigma_{cr}=265\text{MPa}$。

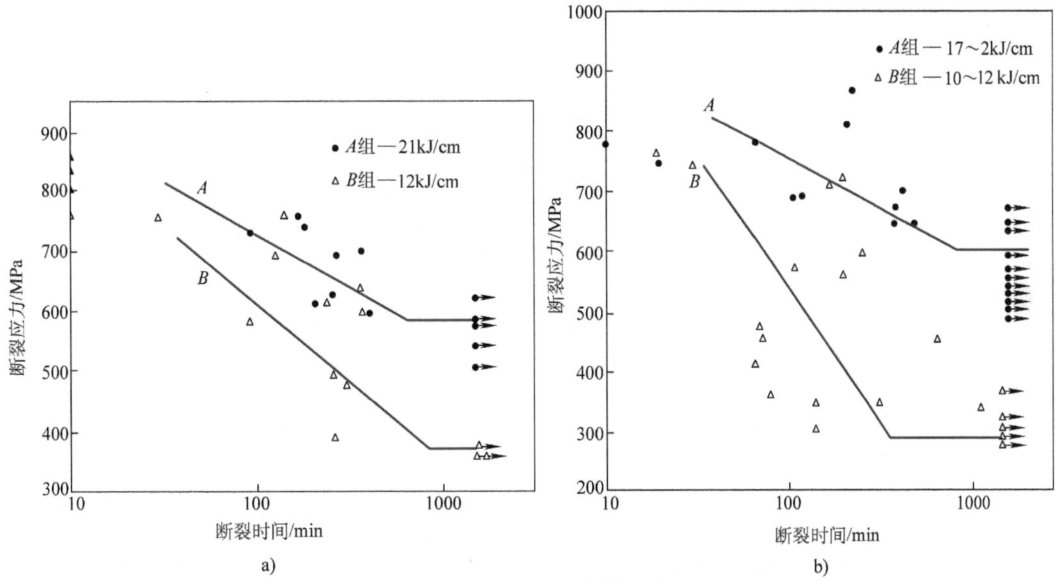

图3-18　低碳调质钢TRC试验的应力与时间关系（体积分数为80% Ar + 20% CO_2，MAG焊）

a）HQ60（Q550）　b）HQ70（Q620）

预热温度和 $t_{8/5}$ 对HQ80C钢（Q690）焊接裂纹的影响如图3-19a所示，从HQ80C的焊接连续冷却转变图（图3-19b）可以看到，它的过冷奥氏体的稳定性很高，尤其是在高温转变区，使曲线大大地向右移。这类钢的淬硬倾向相当大，本应有很大的冷裂纹倾向，但由于这类钢的特点是马氏体中的碳含量很低，所以它的开始转变温度 *Ms* 点较高。如果在该温度下冷却较慢，生成的马氏体来得及进行一次“自回火”处理，因而实际冷裂纹倾向并不大。也就是说，在马氏体形成后如果能从工艺上提供一个“自回火”处理的条件，即保证马氏体转变时的冷却速度较慢，得到强度和韧性都较高的回火马氏体和回火贝氏体，焊接冷裂纹是可以避免的；如果马氏体转变时的冷却速度很快，得不到“自回火”效果，冷裂纹倾向就会增大。

此外，限制焊缝含氢量在超低氢水平对于防止低碳调质钢焊接冷裂纹十分重要。钢材强度级别越高，冷裂纹倾向越大，对低氢焊接条件的要求越严格。

3. 热裂纹及再热裂纹

低碳调质钢C含量较低、Mn含量较高，而且对S、P的控制也较严格，因此热裂纹倾向较小。但对高Ni低Mn类型的钢种有一定的热裂纹敏感性，主要产生于热影响区过热区（称为液化裂纹）。

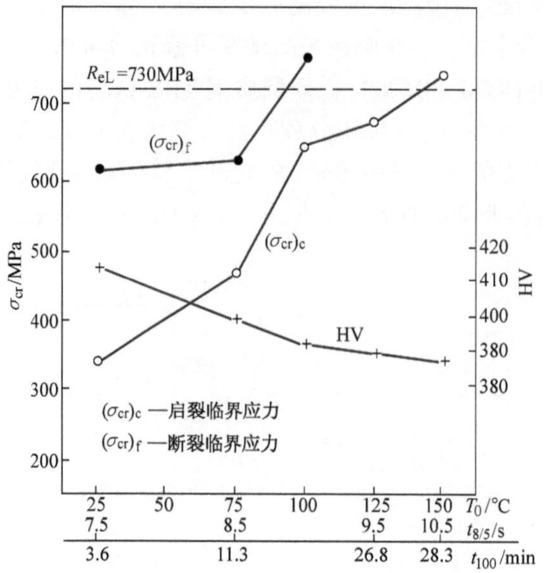

(插销试验,E=17.5kJ/cm,扩散氢含量为3.6mL/100g)

a)

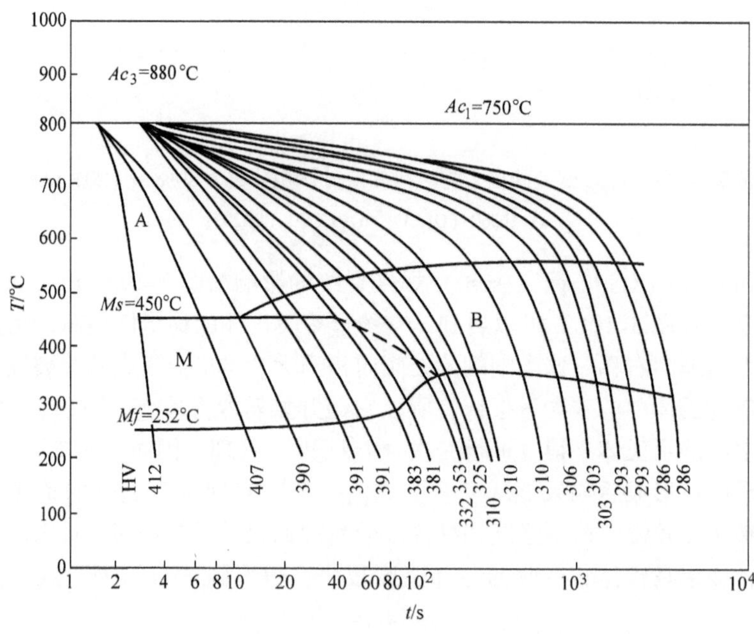

(原始状态为调质;奥氏体晶粒度为8级;峰值温度为1320°C)

b)

图 3-19 HQ80C 钢（Q690）的冷裂倾向及焊接连续冷却转变图（SHCCT）

a）HQ80C 钢（Q690）的冷裂倾向 b）HQ80C 钢（Q690）焊接连续冷却转变图（SHCCT）

液化裂纹的产生也和 w_{Mn}/w_S 有关。碳含量越高，要求的 w_{Mn}/w_S 也越高。当碳的质量分数超过 0.2%，但 $w_{Mn}/w_S>30$ 时，液化裂纹敏感性较小；w_{Mn}/w_S 超过 50 后，液化裂纹的敏感性更低。此外，Ni 对液化裂纹的产生起着明显的有害作用。对于 HY-80 钢，由于 w_{Mn}/w_S 较低，Ni 含量又较高，所以对液化裂纹也较敏感。相反，HY-130 钢的 Ni 含量比 HY-80 更高，但由于碳含量很低（$w_C\leqslant0.12\%$），S 含量也很低（$w_S\leqslant0.01\%$），w_{Mn}/w_S 高达 60 ~ 90，因此它对热影响区的液化裂纹并不敏感。

总之，避免热裂纹或液化裂纹的关键在于控制 C 和 S 的含量，保证高的 Mn、S 比，尤其是当 Ni 含量高时，要求更为严格。

工艺因素对焊接区液化裂纹的形成也有很大的影响。焊接热输入越大，热影响区晶粒越粗大，晶界熔化越严重，晶粒之间的液态晶间层存在的时间也越长，液化裂纹产生的倾向就越大。因此，为了防止液化裂纹的产生，从工艺上应采用小热输入的焊接方法，并注意控制熔池形状、减小熔合区凹度等。

V 对再热裂纹的影响最大，Mo 次之，而当 V 和 Mo 同时加入时就更为敏感。在 Cr-Mo 和 Cr-Mo-V 钢中，当 $w_{Cr}<1\%$ 时，随着 Cr 含量的增加再热裂纹的倾向加大；当 $w_{Cr}>1\%$ 后，继续增加 Cr 含量时再热裂纹倾向减小。一般认为 Mo-V 钢，特别是 Cr-Mo-V 钢对再热裂纹较敏感，Mo-B 钢也有一定的再热裂纹倾向。含 Nb 的 14MnMoNiB 对再热裂纹较敏感。此外，焊接 Cr-Ni-Mo、Cr-Ni-Mo-V 和 Ni-Mo-V 等类型钢时，都要注意再热裂纹的问题。

4. 热影响区性能变化

低碳调质钢热影响区是组织性能不均匀的部位，突出的特点是同时存在脆化（即韧性下降）和软化现象。即使低碳调质钢母材本身具有较高的韧性，结构运行中微裂纹也易在热影响区脆化部位产生和发展，存在接头区域出现脆性断裂的可能性。受焊接热循环影响，低碳调质钢热影响区可能存在强化效果的损失现象（称为软化或失强），焊前母材强化程度越大，焊后热影响区的软化程度越大。

（1）调质钢热影响区组织特征　低碳调质钢热影响区由于经历了焊接热循环作用，不可避免地会发生复杂的二次组织转变。而且，调质钢热影响区组织是一个连续变化并具有陡峭组织梯度的区域，这种显微组织不均匀性将导致力学性能的不均匀，使接头区的强韧性下降。

抗拉强度 800MPa 低碳调质钢热影响区连续冷却转变组织对韧性（以韧脆转变温度 ${}_{V}T_{rs}$ 表示）的影响如图 3-20 所示。焊接过程中，低碳调质钢热影响区从快冷时的低碳马氏体（ML）组织向慢冷时的铁素体（F）+上贝氏体（B_u）组织变化时，因有效晶粒直径 d_c 变化引起 V 型缺口韧脆转变温度 ${}_{V}T_{rs}$ 变化。韧脆转变温度 ${}_{V}T_{rs}$ 与有效晶粒尺寸 $d_c^{-1/2}$ 呈线性关系，晶粒直径 d_c 越小，韧脆转变温度 ${}_{V}T_{rs}$ 越低。

图 3-20 中以 $R_m=980\text{MPa}$ 为分界，可连成两条直线：下方的直线对应于快冷时（小热输入）近缝区附近强度较高的低温转变组织（ML 或 ML+B_L）；上方的直线对应于慢冷时（大热输入）形成的强度较低的高温转变组织（B_u 或 F+B_u）。两直线之间 ${}_{V}T_{rs}$ 的差值表明，B_u 组织所表现的脆化不单纯是由于有效晶粒尺寸的粗化，还与上贝氏体组织的结构因素有关。

低碳调质钢中，ML 板条束宽度对韧性的影响与非调质钢中晶粒大小的作用相似。单一

ML组织中板条束的交界属于大角度晶界，阻碍解理裂纹的扩展。但是，调质钢中存在复相组织时，晶粒尺寸对韧性的影响就变得复杂了。低合金高强度钢焊接热影响区的主要组织类型有：马氏体（ML、M）、贝氏体（B_L、B_g、B_u）、铁素体（F）和珠光体(P)，不同组织对低合金高强度钢强韧性的影响如图3-3所示。

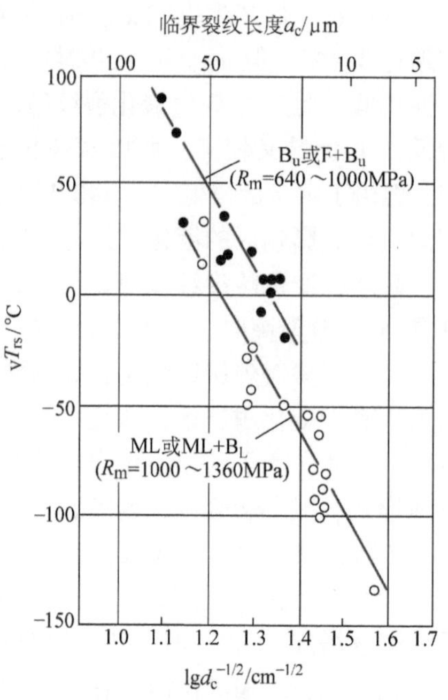

图3-20 热影响区连续冷却转变组织对韧性的影响

（抗拉强度为800MPa的低碳调质钢）

研究表明，低碳调质钢热影响区获得较细小的低碳马氏体（ML）组织或下贝氏体（B_L）组织时，韧性良好，而韧性最佳的组织为ML与低温转变贝氏体（B_L）的混合组织；随着上贝氏体组织的增加韧性急剧下降。其原因是：板条马氏体转变时，10个以上相邻板条大致具有同一结晶方位，形成一束板条，有效晶粒直径较大。下贝氏体（B_L）的板条间结晶位向差较大，有效晶粒直径取决于其板条宽度，比较微细，韧性良好。当ML与B_L混合生成时，原奥氏体晶粒被先析出的B_L有效地分割，促使ML有更多的形核位置，且限制了ML的生长，因此ML+B_L混合组织的有效晶粒最为细小。

与单一低碳马氏体组织相比，混合组织中有更多的大角度晶界，裂纹扩展在ML板条束界或ML与B_L边界处受阻而转向，如图3-21所示。由于单位裂纹扩展的长度（L_c）变短，韧性明显提高。相反，上贝氏体由于板条宽度大，且板条间结晶位相差很小，板条几乎平行生长贯穿原奥氏体晶粒，形成粗大的B_u板条束。解理裂纹在B_u组织中可连续贯穿一束板条，对应着较低的解理断裂应力，因而韧性较低。

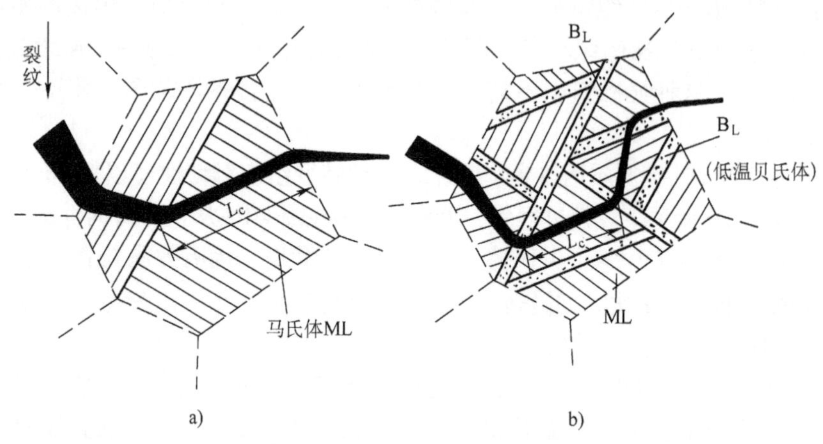

图3-21 裂纹在低碳马氏体和ML+B_L混合组织中扩展的示意图

a）低碳马氏体组织 b）ML+B_L混合组织

表3-22为几种低碳调质钢在不同$t_{8/5}$（或$t_{8/3}$）时模拟热影响区粗晶区的硬度和组织组

成。分析表中的数据可以了解工艺参数（$t_{8/5}$或焊接热输入 E）对热影响区粗晶区组织与性能的影响。

表 3-22　几种低碳调质钢在不同 $t_{8/5}$（或 $t_{8/3}$）时模拟热影响区粗晶区的硬度和组织组成

钢　号	冷却时间 $t_{8/5}$/s	硬度　HV5	组织组成（体积分数,%）
HQ60	4	350	ML75 + B_L25
	13	250	ML5 + B_L93 + F2
	36	230	B_L93 + F7
HQ70	5	425	ML100
	13	395	ML98 + B_L2
	32	350	ML8 + B_L92
HQ80C	5.3	420	ML100
	11	400	ML100
	30	340	ML10 + B_L90
14MnMoNbB	5.8*	475	ML100
	17*	455	ML100
	33*	440	ML100
12Ni3CrMoV	5.6	437	ML98 + B_L2
	9	425	ML96 + B_L4
	30	312	ML56 + B_L44

注：* 为 $t_{8/3}$冷却时间。

低碳调质钢热影响区韧性的变化还与贝氏体（也称为中间组织，包括 B_L、B_g、B_u）板条宽度、板条界碳化物析出形态以及岛状 M-A 组元的生成等有关。由于 B_u 和 B_g 组织对高强度钢热影响区韧性影响很大，又是高强度钢焊接中经常遇到的问题，故深入分析由贝氏体组织引起的脆化现象十分重要。

（2）热影响区脆化　在焊接热循环作用下，$t_{8/5}$继续增加时低碳调质钢热影响区过热区易发生脆化，即冲击韧度明显降低。热影响区脆化的原因除了奥氏体晶粒粗化的原因外，更主要的是由于上贝氏体和 M-A 组元的形成。

M-A 组元一般在中等冷速下形成，是奥氏体中碳含量升高的结果。在 γ→α 相变过程中，碳原子不断向未转变的奥氏体扩散，在 α/γ 界面形成峰值，如图 3-22 所示。相变温度较高（不低于 600℃）和冷速缓慢时，碳的扩散速度快，有充足的时间扩散，α/γ 界面积累不起碳的含量峰值，如图 3-22 曲线 1 所示。在相变温度低和冷速较大时，α/γ 界面形成局部高碳区（图 3-22曲线 3 所示），界面处析出碳化物，也不会形成较大的富碳奥氏体区。但

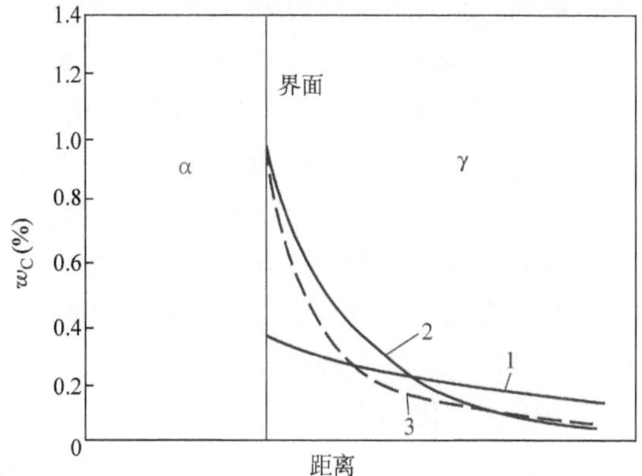

图 3-22　不同相变温度下 α/γ 界面碳含量的分布
1—相变温度高，冷速小时　2—中温相变，冷速中等时　3—相变温度低，冷速大时

在相变温度和冷速适中时，α/γ 界面形成碳含量较高的区域，如图 3-22 曲线 2 所示，碳的质量分数峰值为 0.8%～1.0%，有利于形成 M-A 组元。一旦出现 M-A 组元，脆性倾向显著增加，如图 3-23 所示。

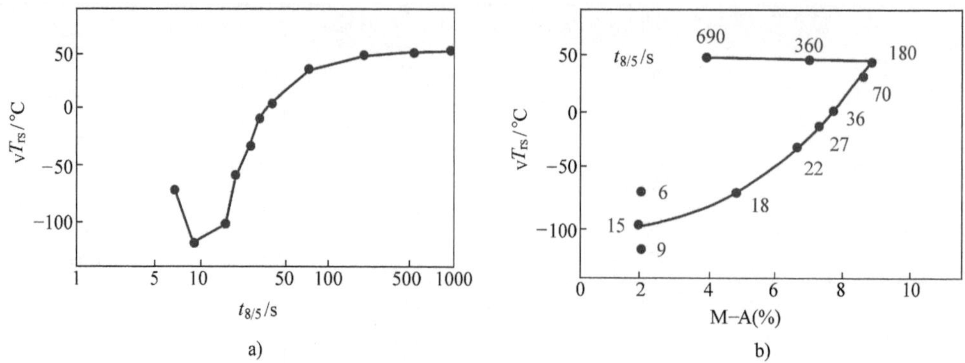

图 3-23　热影响区粗晶区 M-A 组元和冷却时间 $t_{8/5}$ 对韧性的影响

a）冷却时间对 $_VT_{rs}$ 的影响　b）M-A 组元数量对 $_VT_{rs}$ 的影响

M-A 组元形成条件与上贝氏体（B_u）相似，故 B_u 形成常伴随 M-A 组元。上贝氏体在 500～450℃温度范围形成，长大速度很快，而碳的扩散较慢，由条状铁素体包围着的岛状富碳奥氏体区一部分转变为马氏体，另一部分保留下来成为残留奥氏体，即形成 M-A 组元。M-A 组元的韧性低是由于残留奥氏体增碳后易于形成孪晶马氏体，夹杂于贝氏体与铁素体板条之间，在界面上产生微裂纹并沿 M-A 组元的边界扩展。因此，M-A 组元的存在导致脆化，M-A 组元数量越多脆化越严重。M-A 组元实质上成为潜在的裂纹源，起了应力集中的作用。因此 M-A 组元的产生，对低碳调质钢热影响区韧性有不利的影响。

冷却时间 $t_{8/5}$ 对 M-A 组元数量的影响如图 3-24 所示。可见，M-A 组元一般只在一定的冷却速度时形成，调整工艺参数可以控制热影响区 M-A 组元的产生。控制焊接热输入和采用多层多道焊工艺，使低碳调质钢热影响区避免出现高硬度的马氏体或 M-A 混合组织，可改善抗脆能力，对提高热影响区韧性有利。

（3）热影响区软化　低碳调质钢热影响区峰值温度高于母材回火温度至 Ac_1 的区域会出现软化（强度、硬度降低）。热影响区峰值温度 T_p 直接影响奥氏体晶粒度、碳化物溶解以及冷却时的组织转变。低碳调质钢热影响区软化最明显的部位是峰值温度接近 Ac_1 的区域，这与该区域组织转变及碳化物的沉淀和聚集长大有关。

从强度考虑，热影响区软化区是焊接接头中的一个薄弱环节，对焊后不再进行调质处理的调质钢来说尤为重要。焊前母材强化程度越高（母材调质处理的回火温度越低），焊后热影响区的软化（或称失强率）就越严重，如图 3-25 所示。

热影响区软化必然引起强度降低，失强率（D）可表述为

$$D=\frac{(R_m)_b-(R_m)_h}{(R_m)_b}\times 100\% \tag{3-5}$$

式中，D 为失强率；$(R_m)_b$ 为母材的抗拉强度（MPa）；$(R_m)_h$ 为热影响软化区的抗拉强度（MPa）。

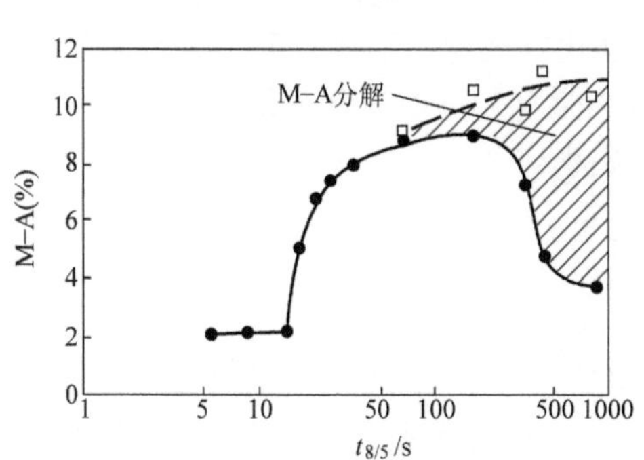

图 3-24　冷却时间 $t_{8/5}$ 对 M-A 组元数量的影响

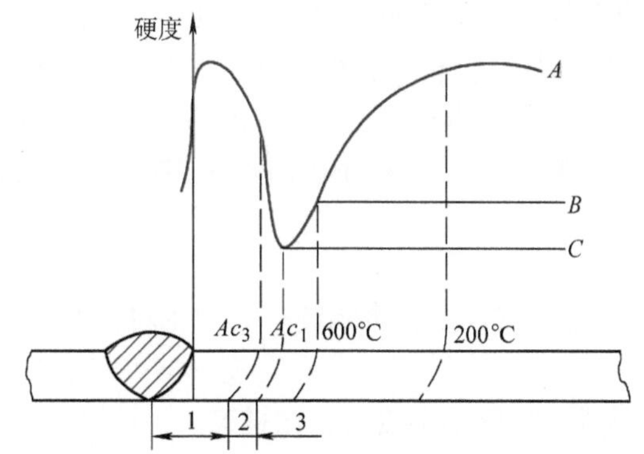

图 3-25　调质钢焊接热影响区的硬度分布

A—焊前淬火＋低温回火　B—焊前淬火＋高温回火　C—焊前退火

1—淬火区　2—部分淬火区　3—回火区

经过调质处理的淬火＋回火钢（20CrMnSi）热影响区的硬度分布如图 3-26 所示，硬度降低的程度与母材组织状态有关。热影响区软化区的显微组织包括铁素体和低碳奥氏体的分解产物，这种组织对塑性变形的抗力小，造成该区的强度和硬度较低。母材原始组织中碳化物弥散度越大，促使热影响区软化的临界温度越高。

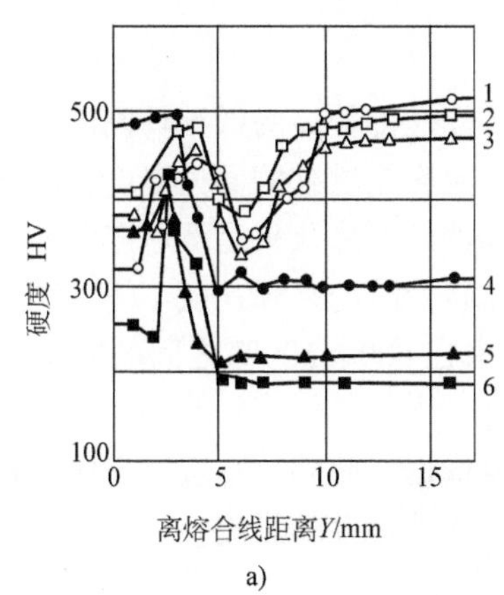

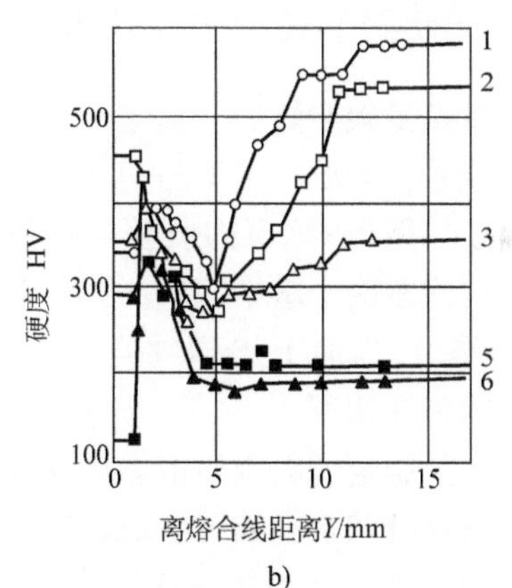

图 3-26　淬火＋回火钢热影响区的硬度分布

a）20CrMnSi　b）45 钢

焊前热处理：1—淬火；2—淬火＋200℃回火；3—淬火＋400℃回火；4—淬火＋600℃回火；

5—退火（粒状珠光体）；6—退火（片状珠光体）。

焊接条件：板厚 $h=3$mm，焊接热输入 $E=2.48$kJ/cm。

低碳调质钢热影响区软化的实质是母材的强化特性，只能通过一定的工艺手段防止软化。减小焊接热输入有利于缩小软化区宽度，软化程度也有所降低。低碳调质钢的强度级别越高，母材焊前调质处理的回火温度越低（即强化程度越大），热影响区软化区的范围越宽，焊后热影响区的软化问题越突出。软化区的宽度与软化程度与焊接方法和热输入有很大关系，减小焊接热输入可使其热影响区软化区宽度减小。

热影响区软化区宽度（b）与板厚（h）之比 m，对软化程度影响很大。软化区是一种“硬夹软”状态，软夹层小到一定程度后可产生“约束强化”效应，即软夹层的塑性应变受相邻强硬部分约束产生应变强化效果。软夹层越窄，约束强化越显著，失强率越小。

带热影响区软化区的焊接接头屈服强度 $(R_{eL})_J$ 可表述为

$$(R_{eL})_J = K\sigma_{SR}\left(\frac{1}{m}+\pi\right) \tag{3-6}$$

式中，σ_{SR}为软化区屈服强度；m 为相对宽度，$m=b/h$；K 为常数。

由式（3-6）可知，相对宽度（m）减小，即软化区宽度（b）减小，接头强度可提高。也就是说，板厚越小接头软化越突出，因而更需要限制焊接热输入和预热温度；板厚增大，软化的影响将减弱。

利用焊接传热学公式可计算出位于 Ac_1 至峰值温度 T_p 之间的热影响区软化区宽度，即

$$b = \frac{E/h}{\sqrt{2\pi e}c\rho}\left[\frac{1}{(Ac_1-T_0)}-\frac{1}{(T_p-T_0)}\right] \tag{3-7}$$

软化区宽度一定时，板厚（h）越大，焊接热输入（E）越小，初始预热温度（T_0）越低，焊接接头的强度就可以越高一些，也即失强率越小。焊接中只要设法减小软化区的宽度（b），即可将焊接热影响区软化的危害降到最低程度。因此，低碳调质钢焊接时不宜采用大的焊接热输入或较高的预热温度（T_0），特别是薄板，采用大热输入或预热是不适宜的。

3.3.3 低碳调质钢的焊接工艺特点

这类钢的特点是碳含量低，基体组织是强度和韧性都较高的低碳马氏体＋下贝氏体，这对焊接有利。但是，调质状态下的钢材，只要加热温度超过它的回火温度，性能就会发生变化。焊接时由于热循环的作用使热影响区强度和韧性的下降几乎是不可避免的。因此，低碳调质钢焊接时要注意两个基本问题：①要求马氏体转变时的冷却速度不能太快，使马氏体有一“自回火”作用，以防止冷裂纹的产生。②要求在 800～500℃之间的冷却速度大于产生脆性混合组织的临界速度。

这两个问题是制定低碳调质钢焊接参数的主要依据。此外，在选择焊接材料和制订焊接参数时，应考虑焊缝及热影响区组织状态对焊接接头强韧性的影响。

1. 焊接方法和焊接材料的选择

低碳调质钢焊接要解决的问题：一是防止裂纹；二是在保证满足高强度要求的同时，提高焊缝金属及热影响区的韧性。为了消除裂纹和提高焊接效率，一般采用熔化极气体保护焊（MIG）或活性气体保护焊（MAG）等自动化或半自动机械化焊接方法。

对于调质钢焊后热影响区强度和韧性下降的问题，可以焊后重新调质处理。对于焊后不能再进行调质处理的，要限制焊接过程中热量对母材的作用。低碳调质钢常用的焊接方法有焊条电弧焊、CO_2 焊和 $Ar+CO_2$ 混合气体保护焊等。

焊接屈服强度 $R_{eL}\geq$980MPa 的低碳调质钢，如 10Ni-Cr-Mo-Co 等，采用钨极氩弧焊、电子束焊等焊接方法可以获得最好的焊接质量；对于屈服强度 $R_{eL}\leq$980MPa 的低碳调质钢，焊条电弧焊、埋弧焊、熔化极气体保护焊和钨极氩弧焊等都能采用；但对于屈服强度 $R_{eL}\geq$686MPa 的低碳调质钢，熔化极气体保护焊（如 $Ar+CO_2$ 混合气体保护焊）是最合适的工艺方法。如果采用多丝埋弧焊和电渣焊等热量输入大、冷却速度慢的焊接方法时，焊后必须重

新进行调质处理。

低碳调质钢焊后一般不再进行热处理，在选择焊接材料时要求焊缝金属在焊态下应接近母材的力学性能。特殊条件下，如结构的刚度很大，冷裂纹很难避免时，应选择比母材强度稍低一些的材料作为填充金属。不同强度级别低碳调质钢焊接材料的选用见表 3-23。

表 3-23　不同强度级别低碳调质钢焊接材料的选用

钢　号	强度级别 R_m/MPa	焊　条	气体保护焊	
			焊　丝	保护气体
Q500 14MnMoVN	700MPa	E6015、E7015	H08Mn2SiA H08Mn2MoA	CO_2 或 Ar + CO_2 混合气体
Q550、Q620 14MnMoNbB 15MnMoVNRE	750MPa	E7015、E7515	H08Mn2MoA H08MnNi2Mo	CO_2 或 Ar + CO_2 混合气体
Q620 HQ70	700MPa	E7015G	GHS-70	CO_2 或 Ar + CO_2 混合气体
Q690、Q800 HQ80	800MPa	E7515、E8015	H08Mn2Ni3CrMo (ER100S)	CO_2 或 Ar + CO_2 混合气体
Q890 HQ100	1000MPa	E9015、E10015	H08Mn2Ni3SiCrMo	Ar + CO_2 混合气体
12Ni3CrMoV	≥590	专用焊条	H08Mn2Ni2CrMo	Ar + CO_2 混合气体
10Ni5CrMoV	≥785	专用焊条	H08Mn2Ni3SiCrMoA	Ar + CO_2 混合气体
（美）HY-80	≥540	E11018、E9018	Mn-Ni-Cr-Mo 专用焊丝	Ar + 2% CO_2 混合气体
（美）HY-130	≥880	E14018	Mn-Ni-Cr-Mo 专用焊丝	Ar + 2% CO_2 混合气体

高强高韧性钢用于重要的焊接结构，包括低温和承受动载荷的结构，对焊接热影响区韧性要求较高。不宜采用大热输入的焊接方法，应尽可能采用热量集中的气体保护焊或焊条电弧焊进行焊接。采用焊条电弧焊时要使用超低氢焊条。这类钢母材中 Ni 含量较高，配套焊材也应选择 Ni 含量较高的焊条或焊丝，保证高强度和良好的塑性、韧性，包括较高的低温韧性、较低的脆性转变温度。

强度级别不同的两种低碳调质钢焊接时的淬硬性很大，有产生焊接裂纹的倾向。采用“低强匹配”焊材和 CO_2 或 Ar + CO_2 气体保护焊，控制焊缝扩散氢含量在超低氢水平（不超过 5mL/100g），可实现在不预热条件下的焊接。

2. 焊接参数的选择

不预热条件下焊接低碳调质钢，焊接工艺对热影响区组织性能影响很大，其中控制焊接热输入是保证焊接质量的关键，应给予足够的重视。

（1）焊接热输入的确定　焊接热输入对热影响区组织变化和韧性的影响如图 3-27 所示。热输入增大使热影响区晶粒粗化，同时也促使形成上贝氏体，甚至形成 M-A 组元，使韧性降低。当热输入过小时，热影响区的淬硬性明显增强，也使韧性下降。

焊接热输入 E 的确定以抗裂性和对热影响区韧性要求为依据。从防止冷裂纹出发，要求冷却速度慢为佳，但对防止脆化来说，却要求冷却快较好，因此应兼顾两者的冷却速度范围。这个范围的上限取决于不产生冷裂纹，下限取决于热影响区不出现脆化的混合组织。因此，所选的焊接热输入应保证热影响区过热区的冷却速度刚好在该区域内。对于低合金高强度钢，一般认为 $w_C=0.18\%$ 是形成低碳马氏体的界限，$w_C>0.18\%$ 时将出现高碳马氏体，对韧性不利。因此，$w_C>0.18\%$ 时不应提高冷却速度，$w_C<0.18\%$ 时可以提高冷却速度。也就是说，对于含碳量低的低合金钢，提高冷却速度（减小热输入）以形成低碳马氏体，对保证韧性有利。换句话说，焊接热输入适当小时，得到 B_L+ML 混合组织时，可以获得最佳的韧性效果。

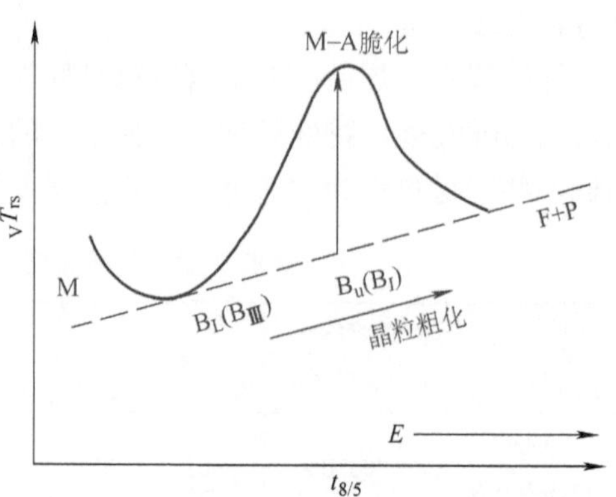

图 3-27 焊接热输入对热影响区组织变化和韧性的影响

但是在焊接厚板时，即使采用了大的热输入，冷却速度还是超过了它的上限，这就必须通过预热来使冷却速度降到低于不出现裂纹的极限值。

在保证不出现裂纹和满足热影响区韧性的条件下，热输入应尽可能选择得大一些。通过试验确定每种钢的焊接热输入的最大允许值，然后根据最大热输入时的冷裂纹倾向再来考虑是否需要采取预热和预热温度的大小。HQ70（Q620）和 HQ80（Q690）低碳调质钢焊接一般要求低温预热，预热温度和最大焊接热输入见表 3-24。

表 3-24 两种低碳调质钢的预热温度和最大热输入

钢种	板厚/mm	预热温度/℃			层间温度/℃	焊接热输入/kJ·cm^{-1}
		焊条电弧焊	气体保护焊	埋弧焊		
HQ70 Q620	6~13	50	25	50	≤150	≤25
	13~26	75~100	50	50~75	≤200	≤45
	26~50	125	75	100	≤220	≤48
HQ80C Q690	6~13	50	50	50	≤150	≤25
	13~26	75~100	50~75	75~100	≤200	≤45
	26~50	125	100	125	≤220	≤48

为了限制过大的焊接热输入，低碳调质钢不宜采用大直径的焊条或焊丝施焊，应尽量采用多层多道焊工艺，采用窄焊道而不用横向摆动的运条技术。这样不仅使热影响区和焊缝金属有较好的韧性，还可以减小焊接变形。双面施焊的焊缝，背面焊道应采用碳弧气刨清理焊根并打磨气刨表面后再进行焊接。

低碳调质高强高韧性钢对接头区强韧性要求较高，这类钢对焊接热输入、预热温度、层间温度的控制更为严格，应采用较小焊接热输入的多层多道焊工艺。

（2）预热温度和焊后热处理　当低碳调质钢板厚不大，接头拘束度较小时，可以采用不预热焊接工艺。例如，焊接板厚小于 10mm 的 Q500、Q550 和 Q620 钢，采用低氢型焊条电弧焊、CO_2 焊或 $Ar+CO_2$ 混合气体保护焊，可以进行不预热焊接。

当焊接热输入提高到最大允许值裂纹还不能避免时，就必须采取预热措施。对低碳调质钢来说，预热的目的主要是为了防止裂纹，对于改善热影响区的组织性能影响不大。相反，从它对 800～500℃的冷却速度的影响看，对热影响区韧性还可能有不利的影响，因此在焊接低碳调质钢时都采用较低的预热温度（T_0≤200℃）。

预热的目的是希望能降低马氏体转变时的冷却速度，通过马氏体的"自回火"作用来提高抗裂性能。当预热温度过高时，不仅对防止冷裂纹没有必要，反而会使 800～500℃的冷却速度低于出现脆性混合组织（如 B_u、M-A 组元等）的临界冷却速度，使热影响区韧性下降。所以要避免不必要的提高预热温度，也包括层间温度。几种低碳调质钢的最低预热温度和层间温度见表3-25。

表 3-25　几种低碳调质钢的最低预热温度和层间温度　　　　（单位：℃）

板厚/mm	（美）T-1①	（美）HY-80①	（美）HY-130①②	14MnMoVN（Q500）	14MnMoNbB（Q620）
<13	10	24	24	—	—
13～16	10	52	24	50～100	100～150
16～19	10	52	52	100～150	150～200
19～22	10	52	52	100～150	150～200
22～25	10	52	93	150～200	200～250
25～35	66	93	93	150～200	200～250
35～38	66	93	107	—	—
38～51	66	93	107	—	—
>51	93	93	107	—	—

① 最高预热温度不得高于表中温度 65℃。

② HY-130 的最高预热温度建议：16mm 65℃，16～22mm 93℃，22～35mm 135℃，>35mm 149℃。

HQ100 钢（Q960）采用焊条电弧焊时层间温度应控制在 100℃左右，焊接热输入为15～17kJ/cm；采用气体保护焊时层间温度应控制在 100～130℃，焊接热输入为 10～20kJ/cm。HQ100 钢采用焊条电弧焊和 Ar + CO_2 混合气体保护焊的焊接参数见表 3-26。

表 3-26　HQ100 钢（Q960）的焊接参数

焊接方法	焊接材料	预热及层间温度/℃	焊接电流/A	电弧电压/V	焊接速度/$cm\cdot s^{-1}$	焊接热输入/$kJ\cdot cm^{-1}$
焊条电弧焊	E10015(ϕ4mm)400℃ ×1h 烘干	100～130	170～180	24～26	0.27～0.28	15～17
气体保护焊	GHQ-100 焊丝（ϕ1.2mm）80% Ar + 20% CO_2	100～130	300	30	0.45～0.90	10～20

低碳调质钢焊接结构一般是在焊态下使用，正常情况下不进行焊后热处理。除非焊后接头区强度和韧性过低、焊接结构受力大或承受应力腐蚀以及焊后需要进行高精度加工以保证结构尺寸等，才进行焊后热处理。为了保证材料的强度性能，焊后热处理温度必须比母材原调质处理的回火温度低 30℃左右。

3. 低碳调质钢焊接接头的力学性能

焊条电弧焊和气体保护焊条件下，HQ60、HQ70、14MnMoNbB 和 HQ100 钢焊缝金属和焊接接头的力学性能见表3-27。焊后状态的热影响区冲击试样缺口开在熔合区外0.5mm处。

表3-27　低碳调质钢焊缝金属和焊接接头的力学性能

钢材	状态	焊接工艺	焊接材料	拉伸性能			冲击吸收能量 KV_2/J			
				屈服强度 R_{eL}/MPa	抗拉强度 R_m/MPa	断后伸长率 A(%)	焊缝		热影响区	
							室温	-40℃	室温	-40℃
HQ60 (Q500)	焊缝金属	焊条电弧焊	E6015H，ϕ4mm	570	675	19	142	56	—	—
		气体保护焊	GHS-60N，ϕ1.6mm	545	655	21	150	57	—	—
	焊接接头	焊条电弧焊	E6015H，ϕ4mm	—	650	—	142	56	85	44
		气体保护焊	GHS-60N，ϕ1.6mm	—	650	—	134	48	102	44
HQ70 (Q550)	焊缝金属	焊条电弧焊	E7015G，ϕ4mm	630	750	21	113	60	—	—
		气体保护焊	GHS-70，ϕ1.6mm	615	725	22	144	72	—	—
	焊接接头	焊条电弧焊	E7015G，ϕ4mm	—	785	—	—	—	90	47
		气体保护焊	GHS-70，ϕ1.6mm	—	720	—	—	—	124	78
14MnMo-NbB (Q620)	焊缝金属	焊条电弧焊	E8015G，ϕ4mm	760	865	21	181	—	—	—
		气体保护焊	GHQ-80，ϕ1.6mm	745	790	20	104	72	—	—
	焊接接头	焊条电弧焊	E8015G，ϕ4mm	—	850	—	—	—	105	81
		气体保护焊	GHQ-80，ϕ1.6mm	—	770	—	—	—	112	49
HQ100 (Q890)	焊缝金属	焊条电弧焊	E10015，ϕ4mm	910	970	18	—	40	—	—
		气体保护焊	GHQ-100，ϕ1.2mm	895	975	17	—	49	—	—
	焊接接头	焊条电弧焊	E10015，ϕ4mm	—	975	—	—	—	—	62
		气体保护焊	GHQ-100，ϕ1.2mm	—	986	—	—	—	—	44

注：气体保护焊采用80% Ar+20% CO_2（体积分数）混合气体，表中数据为焊后状态的试验平均值。

对低碳调质钢焊缝金属有害的脆化元素是S、P、N、O、H，必须加以限制。强度级别越高的焊缝，对这些杂质的限制越要严格。铁素体化元素对焊缝韧性有不利影响，除了Mo在很窄的含量范围内（w_{Mo}=0.3%~0.5%）有较好的作用外，其余铁素体化元素均在强化焊缝的同时恶化韧性，V、Ti、Nb的作用最明显。奥氏体化元素中C对韧性最为不利，Mn、Ni则在相当大的含量范围内有利于改善焊缝韧性。

3.4　中碳调质钢的焊接

中碳调质钢中的碳和其他合金元素含量较高，通过调质处理（淬火+回火）可获得较高的强度性能。中碳调质钢合金元素的加入主要是起保证淬透性和提高回火稳定性的作用，而其强度性能主要还是取决于含碳量。但随着碳含量的提高，钢的焊接性明显变差，焊接难度增大。

3.4.1　中碳调质钢的成分和性能

中碳调质钢的屈服强度达880～1176MPa以上。钢中的含碳量（w_C=0.25%～0.50%）较高，并加入合金元素（如Mn、Si、Cr、Ni、B及Mo、W、V、Ti等），以保证钢的淬透性，消除回火脆性，再通过调质处理获得综合性能较好的高强度钢。中碳调质钢的主要特点是高的比强度和高硬度（如可用作火箭外壳和装甲钢等），中碳调质钢的淬硬性比低碳调质钢高很多，热处理后达到很高的强度和硬度，但韧性相对较低，给焊接带来了很大的困难。常用的中碳调质钢的化学成分和力学性能分别见表3-28和表3-29。

表3-28　中碳调质钢的化学成分（质量分数）　　（%）

钢　号	C	Mn	Si	Cr	Ni	Mo	V	S	P
30CrMnSiA	0.28～0.35	0.8～1.1	0.9～1.2	0.8～1.1	≤0.30	—	—	≤0.030	≤0.035
30CrMnSiNi2A	0.27～0.34	1.0～1.3	0.9～1.2	0.9～1.2	1.4～1.8	—	—	≤0.025	≤0.025
40CrMnSiMoVA	0.37～0.42	0.8～1.2	1.2～1.6	1.2～1.5	≤0.25	0.45～0.60	0.07～0.12	≤0.025	≤0.025
35CrMoA	0.30～0.40	0.4～0.7	0.17～0.35	0.9～1.3	—	0.2～0.3	—	≤0.030	≤0.035
35CrMoVA	0.30～0.38	0.4～0.7	0.2～0.4	1.0～1.3	—	0.2～0.3	0.1～0.2	≤0.030	≤0.035
34CrNi3MoA	0.30～0.40	0.5～0.8	0.27～0.37	0.7～1.1	2.75～3.25	0.25～0.4	—	≤0.030	≤0.035
40CrNiMoA	0.36～0.44	0.5～0.8	0.17～0.37	0.6～0.9	1.25～1.75	0.15～0.25	—	≤0.030	≤0.030
（美）4340	0.38～0.40	0.6～0.8	0.2～0.35	0.7～0.9	1.62～2.00	0.2～0.3	—	≤0.025	≤0.025
（美）H-11	0.30～0.40	0.2～0.4	0.8～1.2	4.75～5.5	—	1.25～1.75	0.3～0.5	≤0.01	≤0.01
30Cr3SiNiMoVA	0.32	0.70	0.96	3.10	0.91	0.70	0.11	0.003	0.019

表3-29　中碳调质钢的力学性能

钢　号	热处理规范	屈服强度 R_{eL}/MPa	抗拉强度 R_m/MPa	断后伸长率 A(%)	断面收缩率 Z(%)	冲击吸收能量 KV_2/J	硬度 HBW
30CrMnSiA	870～890℃油淬 510～550℃回火	≥833	≥1078	≥10	≥40	≥49	346～363
	870～890℃油淬 200～260℃回火	—	≥1568	≥5	—	≥25	≥444

（续）

钢　　号	热处理规范	屈服强度 R_{eL}/MPa	抗拉强度 R_m/MPa	断后伸长率 A(%)	断面收缩率 Z(%)	冲击吸收能量 KV_2/J	硬度 HBW
30CrMnSiNi2A	890～910℃油淬 200～300℃回火	≥1372	≥1568	≥9	≥45	≥59	≥444
40Cr	850℃油淬 520℃回火（水或油）	≥785	≥980	≥9	≥45	≥47	≥207
40CrMnSiMoVA	890～970℃油淬 250～270℃回火，空冷	—	≥1862	≥8	≥35	≥49	≥52HRC
35CrMoA	860～880℃油淬 560～580℃回火	≥490	≥657	≥15	≥35	≥49	197～241
35CrMoVA	880～900℃油淬 640～660℃回火	≥686	≥814	≥13	≥35	≥39	255～302
34CrNi3MoA	850～870℃油淬 580～670℃回火	≥833	≥931	≥12	≥35	≥39	285～341
40CrNiMoA	840～860℃油淬 550～650℃回火水冷或空冷	833	980	12	55	78	269
（美）4340	约870℃油淬 约425℃回火	1305	1480	14	50	25	435
（美）H-11	980～1040℃空淬 540℃回火 480℃回火	—	1725 2070	—	—	—	—
30Cr3SiNiMoVA	910℃油淬 280℃回火	—	≥1666	≥9	—	—	—

中碳调质钢的合金系统可以归纳为以下几种类型：

（1）40Cr　40Cr是一种广泛应用的含Cr中碳调质钢，钢中加入$w_{Cr}<1.5\%$时能有效地提高钢的淬透性，继续增加Cr含量无实际意义。$w_{Cr}\approx1\%$时对钢的塑性、韧性略有提高，超过2%时对塑性影响不大，但略使冲击韧度下降。Cr能增加低温或高温的回火稳定性，但Cr钢有回火脆性。40Cr钢具有良好的综合力学性能、较高的淬透性和较高的疲劳强度，可用于制造较重要的在交变载荷下工作的机器零件，如用于制造齿轮和轴类等。

（2）35CrMoA和35CrMoVA　35CrMoA和35CrMoVA属于Cr-Mo系统，是在Cr钢基础上发展起来的中碳调质钢。加入少量Mo（$w_{Mo}=0.15\%\sim0.25\%$）可以消除Cr钢的回火脆性，提高淬透性并使钢具有较好的强度与韧性匹配，同时Mo还能提高钢的高温强度。V可以细化晶粒，提高强度、塑性和韧性，增加高温回火稳定性。这类钢一般在动力设备中用于制造一些承受较高负荷、截面较大的重要零部件，如汽轮机叶轮、主轴和发电机转子等。这类钢的含碳量较高，淬透性较大，因此焊接性较差，一般要求焊前预热、焊后热处理等。

（3）30CrMnSiA、30CrMnSiNi2A和40CrMnSiMoVA　这几种钢属于Cr-Mn-Si系统，以及在该基础上发展起来的含Ni钢。30CrMnSiA是一种典型的Cr-Mn-Si系的中碳调质钢，是苏联的主要合金钢种，不含贵重的Ni元素，在我国得到了较为广泛的应用。这种钢退火状态下的组织是铁素体和珠光体，调质状态下的组织为回火索氏体。Cr-Mn-Si钢具有回火脆性的缺点，在300～450℃出现第一类回火脆性，因此回火时必须避开该温度范围。这类钢还具有第二类回火脆性，因此高温回火时必须采取快冷的办法，否则韧性会显著降低。

这类钢除了在调质状态下应用外，有时在损失一定韧性的情况下，为了提高钢的强度，减轻结构重量，采用 200～250℃ 的回火，以便得到具有很高强度的回火马氏体组织。当工件厚度小于 25mm 时，可采用等温淬火，得到下贝氏体组织，此时强度与塑性、韧性得到良好的配合。这种钢在飞机制造中用得较为普遍。30CrMnSiNi2A 钢是在 Cr-Mn-Si 系基础上发展起来的，其特点主要是增加 Ni，大大提高了钢的淬透性。与 30CrMnSiA 相比，调质后的强度有较大提高，并保持了良好的韧性，但它的焊接性较差，具有较大的冷裂倾向。40CrMnSiMoVA 属于低 Cr 无 Ni 中碳调质高强度钢，其中加入了淬透性强的 Mo 元素，与 30CrMnSiNi2A 相比，因含碳量高且不含 Ni，焊接性要差一些，可用来代替 30CrMnSiNi2A 制造飞机上的一些构件。

（4）40CrNiMoA 和 34CrNi3MoA　这两种钢属于 Cr-Ni-Mo 系的调质钢，由于加入了质量分数为 3% 的 Ni 和 Mo，显著地提高了淬透性和回火稳定性的能力，对改善钢的韧性也有好处，具有良好的综合性能，如强度高、韧性好、淬透性大等优点。这几种钢主要用于高负荷、大截面的轴类以及承受冲击载荷的构件，如汽轮机、喷气涡轮机轴以及喷气式客机的起落架和火箭发动机外壳等。

3.4.2　中碳调质钢的焊接性分析

1. 焊缝中的热裂纹

中碳调质钢含碳量及合金元素含量较高，焊缝凝固结晶时，固-液相温度区间大，结晶偏析倾向严重，焊接时易产生结晶裂纹，具有较大的热裂纹敏感性。例如，30CrMnSi 由于 C、Si 含量较高，因此热裂倾向较大。为了防止产生热裂纹，要求采用低碳低硅焊丝（焊丝中碳的质量分数限制在 0.15% 以下，最高不超过 0.25%），严格限制母材及焊丝中的 S、P 含量（$w_{S+P}<0.030\%\sim0.035\%$），对于重要产品的钢材和焊丝，要求采用真空熔炼或电渣精炼，将 S 和 P 总的质量分数限制在 0.025% 以下。

焊接中碳调质钢时，应考虑到可能出现热裂纹问题，尽可能选用碳含量低以及含 S、P 杂质少的焊接材料。在焊接工艺上应注意填满弧坑和保证良好的焊缝成形。因为热裂纹容易出现在未填满的弧坑处，特别是在多层焊时第一层焊道的弧坑中以及焊缝的凹陷部位。

2. 淬硬性和冷裂纹

中碳调质钢的淬硬倾向十分明显，焊接热影响区容易出现硬脆的马氏体组织，增大了焊接接头区的冷裂纹倾向。母材含碳量越高，淬硬性越大，焊接冷裂纹倾向也越大。中碳调质钢对冷裂纹的敏感性之所以比低碳调质钢大，除了淬硬倾向大外，还由于 *Ms* 点较低，在低温下形成的马氏体难以产生“自回火”效应。由于马氏体中的碳含量较高，有很大的过饱和度，点阵畸变更严重，因而硬度和脆性更大，冷裂纹敏感性也更突出。

屈服强度 590～980MPa 的低、中碳调质钢的碳当量（C_{eq}）一般都超过了 0.5%，多数超过了 0.6%，属于高淬硬倾向的钢。从碳当量来看，中碳调质钢与低碳调质钢的差别不很显著。二者的焊接性却差别很大。因此，中碳调质钢的冷裂倾向比低碳调质钢更为严重的原因主要在马氏体的类型和性能上。低碳马氏体有“自回火”作用，所以冷裂纹倾向较小。分析各种钢的冷裂敏感性时，不仅要看焊接区的马氏体形成的倾向，还必须考虑到马氏体的类型和性能。

焊接中碳调质钢时，为了防止冷裂纹，应尽量降低焊接接头的含氢量，除了采取焊前预热措施外，焊后须及时进行回火处理。此外，中碳调质超高强度钢还具有应力腐蚀开裂敏感性。这种应力腐蚀开裂常发生在水或高湿度空气等弱腐蚀性介质中。为了降低焊接接头的应力腐蚀开裂倾向，应采用热量集中的焊接方法和较小的焊接热输入，避免焊件表面的焊接缺陷和划伤。

3. 热影响区的脆化和软化

（1）热影响区脆化　中碳调质钢由于碳含量较高（一般 $w_C = 0.25\% \sim 0.45\%$），合金元素较多，有相当大的淬硬倾向，马氏体转变温度（*Ms*）低（一般低于 400℃），无“自回火”过程，因而在焊接热影响区容易产生大量脆硬的马氏体组织（尤其是高碳、粗大的马氏体），导致热影响区脆化。生成的高碳马氏体越多，脆化越严重。

图 3-28a 所示为 40CrNi2Mo 钢模拟焊接热影响区粗晶区的连续冷却转变图。图 3-28b 和图 3-28c 分别为不同 $t_{8/3}$ 的组织图及硬度变化图。表 3-30 是几种常用中碳调质钢模拟热影响区的连续冷却组织转变的特征参数。从这些图表可以看出，马氏体起始转变温度 *Ms* 点一般低于 400℃，马氏体的硬度≥500HV，这样高硬度的马氏体组织必然导致较低的韧性。

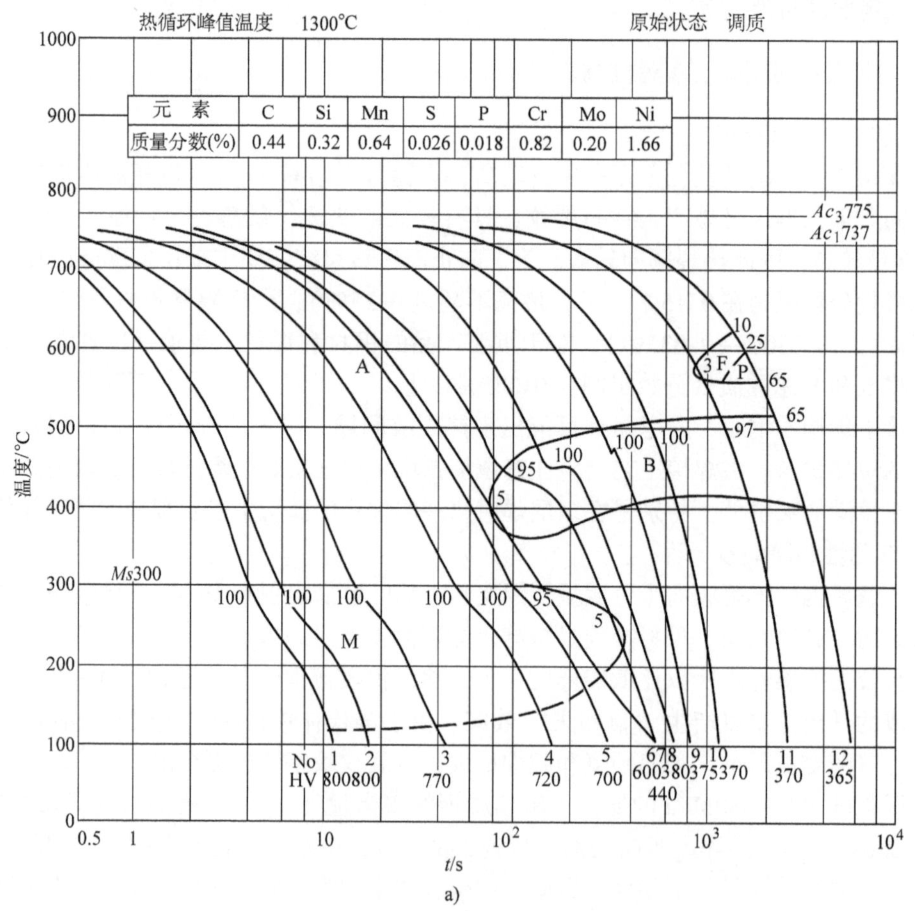

图 3-28　40CrNi2Mo 钢模拟热影响区粗晶区的连续冷却转变图及不同 $t_{8/3}$ 的组织图及硬度变化

a）40CrNi2Mo 钢模拟热影响区粗晶区的 CCT 图

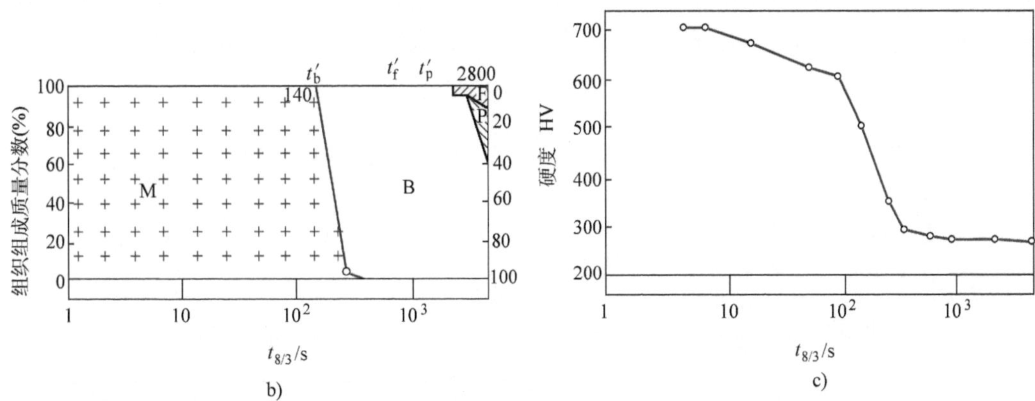

图 3-28　40CrNi2Mo 钢模拟热影响区粗晶区的连续冷却转变图及不同 $t_{8/3}$ 的组织图及硬度变化（续）

b）不同 $t_{8/3}$ 的组织图　c）不同 $t_{8/3}$ 的硬度变化

表 3-30　几种常用中碳调质钢模拟热影响区的连续冷却组织转变的特征参数

钢　种	Ms/℃	Mf/℃	t'_b/s	t'_m/s	t'_f/s	t'_p/s	最高硬度 HV
30CrMo	370	≈220	8①	45①	240①	460①	600
40CrMnMo	320	≈140	95	300	1800	2300	675
40CrNi2Mo	300	≈120	140	320	2000	2800	800

①　为 $t_{8/5}$，其他为 $t_{8/3}$。

为了减少热影响区脆化，从减小淬硬倾向出发，本应采用大热输入才有利，但由于这种钢的淬硬性强，仅通过增大热输入还难以避免马氏体的形成，相反却增大了奥氏体的过热，促使形成粗大的马氏体，反而使热影响区过热区的脆化更为严重。因此，防止热影响区脆化的工艺措施主要是采用小热输入，同时采取预热、缓冷和后热等措施。因为采用小热输入减少了高温停留时间，避免奥氏体晶粒的过热，同时采取预热和缓冷等措施来降低冷却速度，这对改善热影响区的性能是有利的。

（2）热影响区软化　焊前为调质状态的钢材焊接时，被加热到该钢调质处理的回火温度以上时，焊接热影响区将出现强度、硬度低于母材的软化区。如果焊后不再进行调质处理，该软化区可能成为降低接头区强度的薄弱区。中碳调质钢的强度级别越高时，软化问题越突出。因此，在调质状态下焊接时应考虑热影响区的软化问题。

母材焊前所处的热处理状态不同，软化区的温度范围和软化程度有很大差别。低温回火的钢材，热影响区软化区的温度范围越大，相对于母材的软化程度也越大。从韧性方面出发，过热区是接头中最薄弱的环节；而从强度方面考虑，软化区是接头中最薄弱的环节。

中碳调质钢热影响区软化最明显的部位，是温度处于 Ac_1 ~ Ac_3 之间的区段，这与该区段的不完全淬火过程有密切关系。因为不完全淬火区的奥氏体成分远未达到平衡浓度，铁素体和碳化物均未充分溶解，冷却时奥氏体易发生分解，造成这个区段的组织强度和硬度都较低。图 3-29 是30CrMnSi 调质钢焊接热影响区的强度分布，其中在 Ac_1 附近失强最大。

热影响区软化程度和软化区的宽度与焊接热输入、焊接方法等有很大关系。焊接热输入越小，加热和冷却速度越快，软化程度越小，软化区的宽度越窄。30CrMnSi 钢经气焊后，热影响区软化区的抗拉强度降为590~685MPa；而采用焊条电弧焊时，软化区的抗拉强度为880~1030MPa。气焊时的热影响区软化区比电弧焊时宽得多（图3-29b），因此焊接热源越集中，对减少软化越有利。

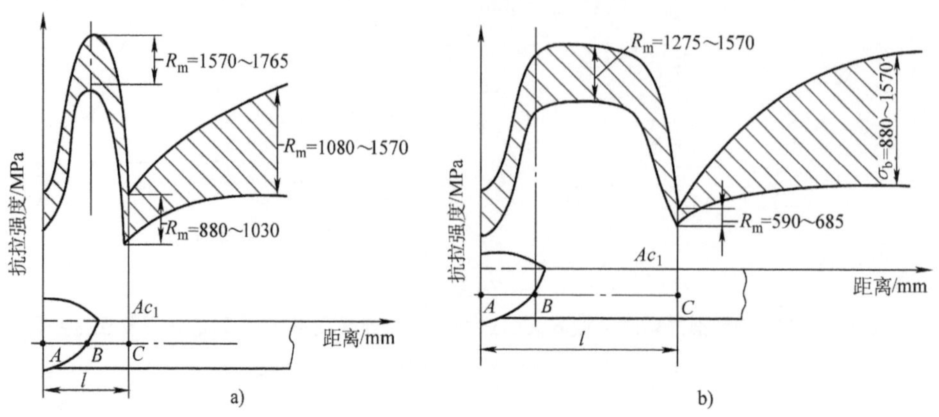

图3-29　30CrMnSi调质钢焊接热影响区的强度分布

a）焊条电弧焊　b）气焊

3.4.3　中碳调质钢的焊接工艺特点

中碳调质钢的淬透性很大，因此焊接性较差，焊后的淬火组织是硬脆的高碳马氏体，不仅冷裂纹敏感性大，而且焊后若不经热处理时，热影响区性能达不到原来基体金属的性能。中碳调质钢焊前母材所处的状态非常重要，它决定了焊接时出现的问题性质和应采取的工艺措施，而且对焊接工艺的要求和工艺参数的控制非常严格。

1. 退火或正火状态下焊接

中碳调质钢最好在退火（或正火）状态下焊接，焊后通过整体调质处理获得性能满足要求的焊接接头，这是焊接中碳调质钢的一种比较合理的工艺方案。这时焊接中所要解决的主要是裂纹问题，热影响区和焊缝的性能通过焊后的调质处理来保证。选择焊接材料的要求是不产生冷、热裂纹，而且要求焊缝金属与母材在同一热处理工艺下调质处理，能获得相同性能的焊接接头。

这种情况下对选择焊接方法几乎没有限制，常用的一些焊接方法（焊条电弧焊、埋弧焊、TIG和MIG、等离子弧焊等）都能采用。在选择焊接材料时，除了要求保证不产生冷、热裂纹外，还有一些特殊要求，即焊缝金属的调质处理规范应与母材的一致，以保证调质后的接头性能也与母材相同。因此，焊缝金属的主要合金组成应与母材相似，对能引起焊缝热裂倾向和促使金属脆化的元素（如C、Si、S、P等）应加以严格控制。

在焊后调质的情况下，焊接参数的确定主要是保证在调质处理之前不出现裂纹，接头性能由焊后热处理来保证。因此可采用很高的预热温度（200~350℃）和层间温度。另外，在很多情况下焊后往往来不及立即进行调质处理，为了保证焊接接头冷却到室温后在调质处理前不致产生延迟裂纹，还须在焊后及时进行一次中间热处理。

这种热处理一般是在焊后等于或高于预热温度下保持一段时间，目的是为了从两方面来防止延迟裂纹：一是起到扩散除氢的作用；二是使组织转变为对冷裂纹敏感性低的组织。当焊后处理温度高时，还有消除应力的作用。例如，在退火状态下焊接厚度 30mm 的 30CrMnSiA 时，为了防止冷裂纹应将工件预热到 250～350℃，并在整个焊接过程中保持该温度。

采用局部预热时，预热的温度范围离焊缝两侧应不小于 100mm，焊后若不能及时调质处理应进行 680℃回火处理。产品结构复杂和有许多条焊缝时，焊完一定数量的焊缝后应及时进行中间回火处理，这样就能避免等到最后处理时，先焊接的部位已经出现延迟裂纹的问题。中间回火的次数，要根据焊缝的多少和产品结构的复杂程度来决定。对于淬硬倾向更大的 30CrMnSiNi2A 来说，为了防止冷裂纹的产生，焊后须立即（焊缝处的金属不能冷到低于 250℃）将工件入炉加热到（650±10）℃或 680℃回火，然后按规定进行调质处理。

2. 调质状态下焊接

如果必须在调质状态下焊接，而且焊后不能再进行调质处理的焊接结构件，这时的主要问题是防止焊接裂纹和避免热影响区软化。除了裂纹外，热影响区的主要问题是：高碳马氏体引起的硬化和脆化，以及高温回火区软化引起的强度降低。高碳马氏体引起的硬化和脆化可以通过焊后的回火处理来解决。但高温回火区软化引起的强度下降，在焊后不能调质处理的情况下是无法弥补的。由于焊后不再进行调质处理，焊缝金属成分可与母材有差别。为了防止焊接冷裂纹，也可以选用塑韧性好的奥氏体焊条。

为了消除热影响区的淬硬组织和防止延迟裂纹的产生，必须适当采用预热、层间温度控制、中间热处理，并应焊后及时进行回火处理。上述工艺过程的温度控制应比母材淬火后的回火温度至少低 50℃。

为了减少热影响区的软化，从焊接方法考虑，应该是采用热量越集中、能量密度越大的方法越有利，而且焊接热输入越小越好。这一点与低碳调质钢的焊接是一致的。因此气焊在这种情况下是最不合适的，气体保护焊比较好，特别是钨极氩弧焊，它的热输入比较容易控制，焊接质量容易保证，因此常用它来焊接一些焊接性很差的高强度钢。另外，脉冲氩弧焊、等离子弧焊和电子束焊等工艺方法，用于这类钢的焊接是很有前途的。从经济性和方便性考虑，目前在焊接这类钢时，焊条电弧焊还是用得最为普遍。

对于必须在调质状态下焊接，而且焊后不能再进行调质处理的焊接结构件，这时热影响区性能的下降是很难解决的。因此，应采用尽可能小的焊接热输入。

由于焊后不再进行调质处理，选择焊接材料时没有必要考虑成分和热处理规范与母材相匹配的问题。从防止焊接冷裂纹的要求出发，可以采用塑韧性较好的奥氏体铬镍钢焊条或镍基焊条。这时在工艺上应注意到异种钢焊接时的一些特点。例如，在调质状态下焊接 30CrMnSiA 和 30CrMnSiNi2A 时采用镍基奥氏体焊条，焊后采用 250℃×2h 或更长时间的低温回火处理。在焊接像 30CrMnSiNi2A 淬硬倾向很大的钢材时，除了焊后低温回火外，还要采取一定的预热措施，预热温度应低于母材淬火后的回火温度，一般采用的预热和层间温度为 200～250℃。

3. 焊接方法及焊接材料

（1）焊接方法　中碳调质钢常用的焊接方法有焊条电弧焊、气体保护焊、埋弧焊等。采用热量集中的脉冲氩弧焊、等离子弧焊及电子束焊等方法，有利于减小焊接热影响区宽度，获得细晶组织，提高焊接接头的力学性能。一些薄板焊接多采用气体保护焊、钨极氩弧焊和微束等离子弧焊等。

中碳调质钢应采用尽可能小的焊接热输入，这样可以降低热影响区淬火区的脆化，同时采用预热、后热等措施，还能提高抗冷裂性能，改善淬火区的组织性能。采用小热输入还有利于减小软化区，降低软化程度。

常用的中碳调质钢的焊接参数见表3-31。在确定中碳调质钢的焊接参数时，主要应从防止冷裂纹和避免热影响区软化出发。采用较高的预热温度（200～350℃）和层间温度、焊后立即进行热处理等，以达到防止裂纹的目的。

表3-31 常用的中碳调质钢的焊接参数

焊接方法	钢号	板材厚度/mm	焊丝或焊条直径/mm	焊接参数					说明
				电弧电压/V	焊接电流/A	焊接速度/$m \cdot h^{-1}$	送丝速度/$m \cdot h^{-1}$	焊剂或保护气流量/$L \cdot min^{-1}$	
焊条电弧焊	30CrMnSiA	4	3.2	20～25	90～110	—	—	—	—
	30CrMnSiNi2A	10	3.2	21～32	130～140	—	—	—	预热350℃，焊后680℃回火
			4.0		200～220				
埋弧焊	30CrMnSiA	8	2.5	21～38	290～400	27	—	HJ431	焊接3层
	30CrMnSiNi2A	26	3.0	30～35	280～450	—	—	HJ350	焊接13层
			4.0						
CO_2气体保护焊	30CrMnSiA	2	0.8	17～19	75～85	—	120～150	CO_2 7～8	短路过渡
		4			85～110	—	150～180	CO_2 10～14	
钨极氩弧焊	45CrNiMoV	4	1.6	9～12	100～200	6.75	30～52.5	Ar 10～20	预热260℃，焊后650℃回火
		23		12～14	250～300	4.5	30～57	Ar 14；He 5	预热300℃，焊后670℃回火

（2）焊接材料 中碳调质钢焊接材料应采用低碳合金系，降低焊缝金属的S、P杂质含量，以确保焊缝金属的韧性、塑性和强度，提高焊缝金属的抗裂性。对于焊后需要热处理的构件，焊缝金属的化学成分应与基体金属相近。应根据焊缝受力条件、性能要求及焊后热处理情况选择焊接材料。中碳调质钢焊接材料的选用见表3-32。

表3-32 中碳调质钢焊接材料的选用

钢号	焊条电弧焊		气体保护焊		埋弧焊	
	焊条型号	焊条牌号	保护气体	焊丝	焊丝	焊剂
30CrMnSiA	E8515-G E10015-G	J857Cr J107Cr	CO_2	H08Mn2SiMoA H08Mn2SiA	H20CrMoA H18CrMoA	HJ431 HJ431 HJ260
		HT-1（H08CrMoA焊芯） HT-3（H08A焊芯） HT-3（H08CrMoA焊芯）	Ar	H18CrMoA		
30CrMnSiNi2A	—	HT-3（H08CrMoA焊芯）	Ar	H18CrMoA	H18CrMoA	HJ350 HJ260
35CrMoA	E10015-G	J107Cr	Ar	H20CrMoA	H20CrMoA	HJ260

（续）

钢　号	焊条电弧焊		气体保护焊		埋弧焊	
	焊条型号	焊条牌号	保护气体	焊丝	焊丝	焊剂
35CrMoVA	E8515-G E10015-G	J857Cr J107Cr	Ar	H20CrMoA	—	—
34CrNi3MoA	E8515-G	J857Cr	Ar	H20Cr3MoNiA	—	—
40Cr	E8515-G E9015-G E10015-G	J857Cr J907Cr J107Cr	—	—	—	—

（3）预热和焊后热处理　预热和焊后热处理是中碳调质钢的重要工艺措施，是否预热以及预热温度的高低根据焊件结构和生产条件而定。除了拘束度小，构造简单的薄壁壳体或焊件不用预热外，一般情况下，中碳调质钢焊接时都要采取预热或及时后热的措施，预热温度一般为200～350℃。表3-33为常用中碳调质钢焊接的预热温度。

表3-33　常用中碳调质钢焊接的预热温度

钢　号	预热温度/℃	说　明
30CrMnSiA	200～300	薄板可不预热
40Cr	200～300	—
30CrMnSiNi2A	300～350	预热温度应一直保持到焊后热处理

如果焊接结构件焊后不能及时进行调质处理，须焊后及时进行中间热处理，即在等于或高于预热温度下保温一定时间的热处理，如低温回火或650～680℃高温回火。若焊件焊前为调质状态时，预热温度、层间温度及热处理温度应比母材淬火后的回火温度低50℃。进行局部预热时，应在焊缝两侧100mm内均匀加热。常见中碳调质钢的焊后热处理见表3-34。

表3-34　常用中碳调质钢的焊后热处理

钢　号	焊后热处理/℃	说　明
30CrMnSiA	淬火+回火：480～700	使焊缝金属组织均匀化，焊接接头获得最佳性能
30CrMnSiNi2A	淬火+回火：200～300	
30CrMnSiA	回火：500～700	消除焊接应力，以便于冷加工
30CrMnSiNi2A		

3.5　珠光体耐热钢的焊接

珠光体耐热钢以Cr-Mo以及Cr-Mo基多元合金钢为主，加入合金元素Cr、Mo、V，有时还加入少量W、Ti、Nb、B等，合金元素总的质量分数小于10%。低、中合金珠光体耐热钢具有很好的抗氧化性和热强性，工作温度可高达600℃，广泛用于制造蒸汽动力发电设备。这类钢还具有良好的抗硫和氢腐蚀的能力，在石油、化工、电力和其他工业部门也得到了广泛的应用。

3.5.1 珠光体耐热钢的成分及性能

珠光体耐热钢 Cr 的质量分数一般为 0.5%~9%，Mo 的质量分数一般为 0.5% 或 1%。随着 Cr、Mo 含量的增加，钢的抗氧化性、高温强度和抗硫化物腐蚀性能也都增加。在 Cr-Mo 钢中加入少量的 V、W、Nb、Ti 等元素后，可进一步提高钢的热强性。珠光体耐热钢的合金系基本上是：Cr-Mo、Cr-Mo-V、Cr-Mo-W-V、Cr-Mo-W-V-B、Cr-Mo-V-Ti-B 等。表 3-35 为常用珠光体耐热钢的化学成分，表 3-36 为常用珠光体耐热钢的室温力学性能。

表 3-35 常用珠光体耐热钢的化学成分（质量分数） （%）

钢号	C	Si	Mn	Cr	Mo	V	W	Ti	S	P	B	其他
12CrMo	≤0.15	0.20~0.40	0.40~0.70	0.40~0.70	0.40~0.55	—	—	—	≤0.04	≤0.04	—	Cu≤0.30
15CrMo	0.12~0.18	0.17~0.37	0.40~0.70	0.80~1.10	0.40~0.55	—	—	—	≤0.04	≤0.04	—	—
20CrMo	0.17~0.24	0.20~0.40	0.40~0.70	0.80~1.10	0.15~0.25	—	—	—	≤0.04	≤0.04	—	—
12CrMoV	0.08~0.15	0.17~0.37	0.40~0.70	0.90~1.20	0.25~0.35	0.15~0.30	—	—	≤0.04	≤0.04	—	—
12Cr3MoVSiTiB	0.09~0.15	0.60~0.90	0.50~0.80	2.50~3.00	1.00~1.20	0.25~0.35	—	0.22~0.38	≤0.035	≤0.035	0.005~0.011	—
12Cr2MoWVB	0.08~0.15	0.45~0.70	0.45~0.65	1.60~2.10	0.50~0.65	0.28~0.42	0.30~042	0.30~0.55	≤0.035	≤0.035	<0.008	—
13CrMo44	0.10~0.18	0.15~0.35	0.40~0.70	0.70~1.00	0.40~0.50	—	—	—	≤0.04	≤0.04	—	—
14CrV63	0.10~0.18	0.15~0.35	0.30~0.60	0.30~0.60	0.50~0.65	0.25~0.35	—	—	≤0.04	≤0.04	—	—
10CrMo910	≤0.15	0.15~0.50	0.40~0.60	2.00~2.50	0.90~1.10	—	—	—	≤0.04	≤0.04	—	—
10CrSiMoV7	≤0.12	0.90~1.20	0.35~0.75	1.60~2.0	0.25~0.35	0.25~0.35	—	—	≤0.04	≤0.04	—	—
WB36（15NiCuMoNb5）	0.10~0.17	0.25~0.50	0.80~1.20	≤0.30	0.25~0.50	Ni 1.00~1.30	Cu 0.50~0.80	Nb 0.015~0.045	≤0.03	≤0.03	N≤0.02	Al≤0.05

表 3-36 常用珠光体耐热钢的室温力学性能

钢号	热处理状态	取样位置	力学性能			
			屈服强度 R_{eL}/MPa	抗拉强度 R_m/MPa	断后伸长率 A（%）	冲击吸收能量 KV_2/J·cm^{-2}
12CrMo	900~930℃正火+680~730℃回火	—	210	420	21	68
15CrMo	930~960℃正火+680~730℃回火	纵向	240	450	21	59
		横向	230	450	20	49
20CrMo	880~900℃淬水，水或油冷+580~600℃回火	—	550	700	16	78
12Cr1MoV	980~1020℃正火+720~760℃回火	纵向	260	480	21	59
		横向	260	450	19	49

（续）

钢　　号	热处理状态	取样位置	力学性能			
			屈服强度 R_{eL}/MPa	抗拉强度 R_m/MPa	断后伸长率 A（%）	冲击吸收能量 KV_2/J·cm^{-2}
12Cr3MoVSiTiB	1040～1090℃正火+720～770℃回火	—	450	640	18	—
12Cr2MoWVB	1000～1035℃正火+760～780℃回火	—	350	550	18	—
13CrMo44	910～940℃正火+650～720℃回火	—	300	450～580	22	—
14MoV63	950～980℃正火+690～720℃回火	—	370	500～700	20	—
10CrMo910	900～960℃正火+680～780℃回火	—	270	450～600	20	—
10CrSiMoV7	970～1000℃正火+730～780℃回火	—	300	500～650	20	—
WB36（15NiCuMoNb5）	900～980℃正火+580～660℃回火	纵向	449	622～775	19	—
		横向	—	—	17	—

合金元素Cr能形成致密的氧化膜，提高钢的抗氧化性能。当钢中$w_{Cr}<1.5\%$时，随Cr含量的增加钢的蠕变强度也增加；$w_{Cr}\geq1.5\%$后，钢的蠕变强度随含铬量的增加而降低。Mo是耐热钢中的强化元素，形成碳化物的能力比Cr弱，Mo优先溶入固溶体，强化固溶体。Mo的熔点高达2625℃，固溶后可提高钢的再结晶温度，有效地提高钢的高温强度和抗蠕变能力。Mo可以减小钢材的热脆性，还可以提高钢材的抗腐蚀能力。

钢中的V能形成细小弥散的碳化物和氮化物，分布在晶内和晶界，阻碍碳化物聚集长大，提高蠕变强度。V与C的亲和力比Cr和Mo大，可阻碍Cr和Mo形成碳化物，促进Cr和Mo的固溶强化作用。钢中的V含量不宜过高，否则V的碳化物高温下会聚集长大，造成钢的热强性下降，或使钢材脆化。钢中W的作用和Mo相似，能强化固溶体，提高再结晶温度，增加回火稳定性，提高蠕变强度。钢中Nb和Ti都是碳化物形成元素，可以析出细小弥散的金属间化合物，提高钢材的高温强度、抗晶间腐蚀能力和抗氧化能力，并可显著提高蠕变强度，改善钢的焊接性。钢中加入B和稀土元素，可净化晶界，提高晶界强度，阻止晶粒长大，提高钢的蠕变强度。

珠光体耐热钢的室温强度并不太高，通常是在退火状态或正火+回火状态供货，在正火+回火或淬火+回火状态下使用。

合金元素的质量分数小于2.5%时，钢的组织为珠光体+铁素体；合金元素的质量分数大于3%时，为贝氏体+铁素体（即贝氏体耐热钢）。这类钢在500～600℃具有良好的耐热性，工艺性能好，又比较经济，是电力、石油和化工部门用于高温条件下的主要结构材料，如用于加氢、裂解氢和煤液化的高压容器等。但这类钢在高温长期运行中会出现碳化物球化及碳化物聚集长大等现象。

厚度不超过30mm的Mo钢和Mn-Mo钢可以在热轧状态供货或使用，其他的耐热钢应以热处理状态供货。热处理的目的是使钢材获得所要求的组织、晶粒尺寸和力学性能。常见珠光体耐热钢的热处理制度见表3-37。

在电站、核动力装置、石化加氢裂化装置、合成化工容器及其他高温加工设备中，耐热钢的应用相当普遍。耐热钢对保证高温高压设备长期工作的可靠性有重要的意义。要求抗氧化和高温强度的运行条件下，各种耐热钢的极限工作温度如图3-30所示。在不同的运行条件下，各种耐热钢允许的最高工作温度见表3-38。在高压氢介质中，各种Cr-Mo钢的适用温度范围如图3-31所示。

表 3-37 常见珠光体耐热钢的热处理制度

钢种	规格要求的热处理	正火温度/℃	退火温度/℃	回火温度/℃
15Mo3	退火处理	—	650~700	620~650
12CrMo	正火+回火处理或正火处理	900~930	—	650~680
15CrMo	正火处理或正火+回火处理	900~920	—	630~650
12Cr1MoV	正火+回火处理	960~980	—	740~760
10CrMo910	退火，正火+回火处理或完全退火处理	920~940	670~690	680~700
12Cr2MoWVTiB	正火+回火处理	1000~1035	740~780	760~790
14MnMoV 18MnMoNb	正火+回火处理	930~960	600~640	650~680
13MnNiMoNb	正火+回火处理	890~950	530~600	580~690

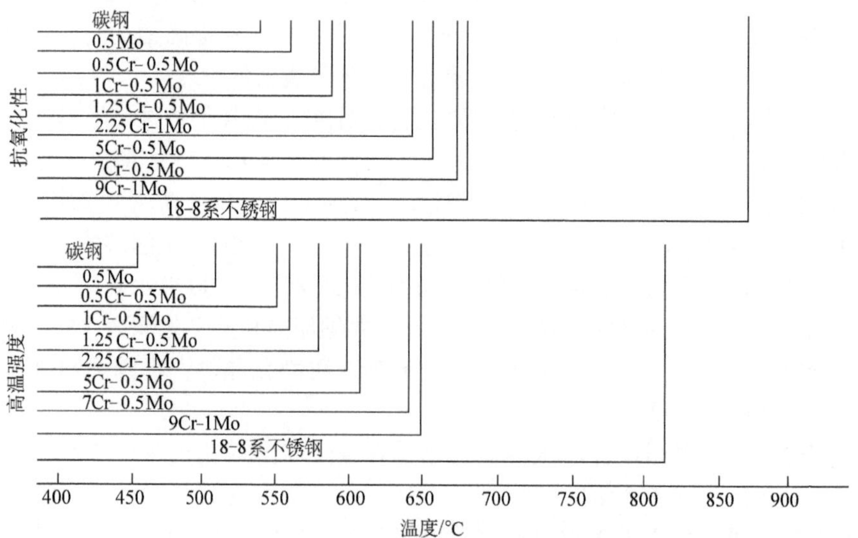

图 3-30 各种耐热钢的极限工作温度

表 3-38 不同的运行条件下各种耐热钢允许的最高工作温度

钢种	最高工作温度/℃						
	0.5Mo	1.25Cr-0.5Mo 1Cr-0.5Mo	2.25Cr-1Mo 1CrMoV	2CrMoWVTi 5Cr-0.5Mo	9Cr-1Mo 9CrMoV 9CrMoWVNb	12Cr-MoV	18-8CrNi (Nb)
高温高压蒸汽	500	550	570	600	620	680	760
常规炼油工艺	450	530	560	600	650	—	750
合成化工工艺	410	520	560	600	650	—	800
高压加氢裂化	300	340	400	550	—	—	750

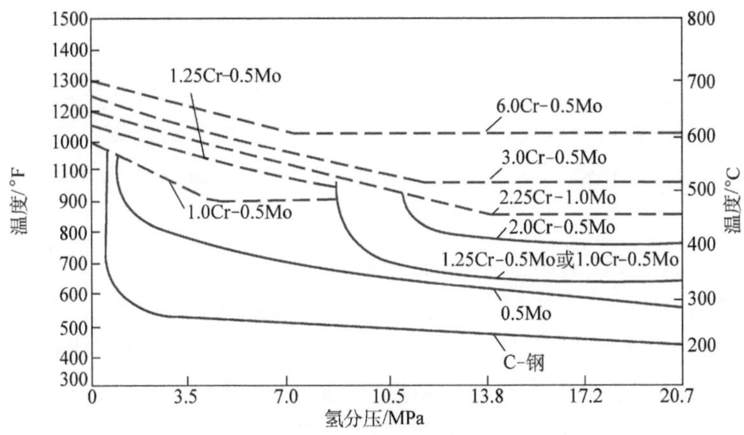

图 3-31　高压氢介质中各种 Cr-Mo 钢的适用温度范围

为了提高耐热钢的热强性，可通过以下三种合金化方式实现强化：

(1) 基体固溶强化　加入合金元素强化铁素体基体，常用的 Cr、Mo、W、Nb 元素能显著提高热强性。其中，Mo、W 的固溶强化作用最显著；Cr 在 $w_{Cr}=1\%$ 左右的强化作用已很显著，继续增加 Cr 含量的强化效果不显著，但可提高持久强度。

(2) 第二相沉淀强化　在铁素体为基体的耐热钢中，强化相主要是合金碳化物（V_4C_3 或 VC、NbC、TiC 等）。沉淀强化作用可维持到 $0.7T_M$（T_M 为熔点），固溶强化效果在 $0.6T_M$ 以上显著减弱。但碳化物种类、形态及其弥散度对热强性影响很大，其中体心立方晶系的碳化物 V_4C_3、NbC、TiC 等最为有效；Mo_2C 在温度低于 520℃时有一定沉淀强化作用；Cr_7C_3 及 $Cr_{23}C_6$ 在 540℃左右已极不稳定而且易于聚集。

(3) 晶界强化　加入微量元素（RE、B、Ti + B 等）能吸附于晶界，延缓合金元素沿晶界的扩散，从而强化晶界。

在能形成稳定合金碳化物的前提下，提高含碳量对热强性是有利的。在 Cr-Mo-V 或 Cr-Mo-W-V 低合金钢中，当 $w_V/w_C=4$ 时，V 与 C 可全部结合成 V_4C_3，且呈细小弥散分布，蠕变抗力和持久强度最高。如果钢中同时存在 V 与 Ti，当 $w_{V+Ti}/w_C=4.5\sim6$ 时具有最高的热强性。显然，碳和强碳化物形成元素的含量要有适宜的配合。若钢中不存在强碳化物形成元素时，例如，Mo 钢或低 Cr-Mo 钢，提高含碳量不利于提高热强性。因为这时形成的碳化物 Mo_2C 或 Cr_7C_3 不稳定而易于聚集长大，同时还减少 Mo、Cr 的固溶强化作用，所以热强性反而降低。这种情况下，含碳量偏低一些有好处。

在低合金耐热钢中，Cr 对热强性的影响比较复杂。最佳 Cr 含量同钢中其他成分有关，也与试验温度有关。例如，Cr-0.5% Mo 钢在 595℃时，$w_{Cr}=5\%$ 左右具有最大的抗蠕变能力。而 Cr-1% Mo 钢在 595℃时，$w_{Cr}=7.5\%$ 左右具有最大的抗蠕变能力。Cr-Mo-V 钢在 600℃时，$w_{Cr}=1\%\sim2\%$ 即可得到最大的持久强度。

3.5.2　珠光体耐热钢的焊接性分析

珠光体耐热钢的焊接性与低碳调质钢相近，焊接中存在的主要问题是冷裂纹、热影响区的硬化、软化，以及焊后热处理或高温长期使用中的再热裂纹（SR 裂纹）。如果焊接材料选择不当，焊缝中还有可能产生热裂纹。

1. 热影响区硬化及冷裂纹

珠光体耐热钢中的Cr、Mo元素能显著提高钢的淬硬性，这些合金元素推迟了冷却过程中的组织转变，提高了过冷奥氏体的稳定性。对于成分一定的耐热钢，最高硬度取决于奥氏体相的冷却速度。在焊接热输入过小时，热影响区易出现淬硬组织；焊接热输入过大时，热影响区晶粒明显粗化。

淬硬性大的珠光体耐热钢焊接中可能出现冷裂纹，裂纹倾向一般随着钢材中Cr、Mo含量的提高而增大。当焊缝中扩散氢含量过高、焊接热输入较小时，由于淬硬组织和扩散氢的作用，常在珠光体耐热钢的焊接接头中出现冷裂纹。影响耐热钢焊接产生冷裂纹的因素有钢材的淬硬性（组织因素）、焊缝扩散氢含量和接头的拘束度（应力状态）。可采用低氢焊条和控制焊接热输入在合适的范围，加上适当的预热、后热措施，来避免产生焊接冷裂纹。实际焊接生产中，正确选定预热温度和焊后回火温度对防止冷裂纹是非常重要的。

几种耐热钢的斜Y坡口对接裂纹试验结果的比较如图3-32所示。

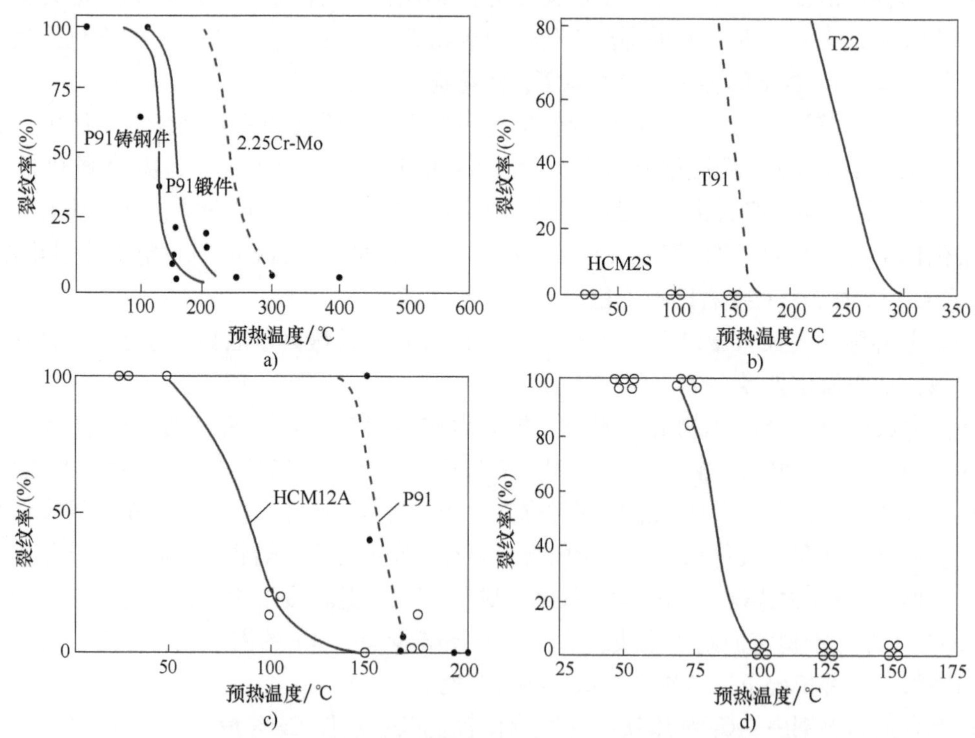

图3-32 几种耐热钢的斜Y坡口对接裂纹试验结果的比较

a）P91铸钢件、P91钢管和P22钢的比较 b）T23、T91、T22钢的比较

c）Cr的质量分数为12%的HCM12A和P91钢的比较 d）含较多W元素的NF616钢的试验结果

试验结果表明，对于P91钢铸件，预热温度达到200℃就可以防止裂纹；对于P91钢管，需要预热到250℃；对于P22钢（2.25Cr-1Mo），则需要预热到300℃以上才能防止焊接冷裂纹，说明P91钢的冷裂纹倾向比P22钢小。

MCM2S（2.25Cr-1.6WVNb）钢在常温下焊接可以不预热，P92钢只需要预热到100℃，

HCM12A（12Cr-0.4Mo-2WCuVNb）钢需要预热到 150℃，P91 钢需要预热到 180～250℃。实际施工时，预热温度可以在此基础上适当提高 50℃左右，但不应把预热温度提得过高。过高的预热温度对接头区的组织性能是不利的。

目前，发展趋势是提高焊缝的塑性和韧性，而稍降低其强度，这对于避免冷裂纹的产生、保障装备安全运行是一种有效的措施。

2. 再热裂纹（SR 裂纹）

珠光体耐热钢再热裂纹出现在焊接热影响区粗晶区，与焊接工艺及焊接残余应力有关。这种裂纹一般在 500～700℃的敏感温度范围形成，裂纹倾向还取决于热处理制度。采用大热输入的焊接方法时，如多丝埋弧焊或带极埋弧焊，在接头处高拘束应力作用下，焊层间或堆焊层下的过热区易出现再热裂纹。

再热裂纹是对焊接接头进行热处理或设备高温运行中在焊接区产生的晶界裂纹，不仅在热影响区过热区产生，也可能在焊缝金属中产生。珠光体耐热钢再热裂纹的产生取决于钢中碳化物形成元素（Cr、Mo、V、Nb、Ti 等）的特性及其含量。图 3-33 所示为再热裂纹与焊后热处理的关系。

焊接中靠近熔合区的热影响区被加热到 1300℃以上，钢中 Cr、Mo、V、Nb、Ti 等的碳化物溶入固溶体。在随后冷却过程中，由于冷速较快，碳化物来不及析出，过饱和地留在固溶体中。当对焊接接头进行焊后热处理或设备高温运行中，上述碳化物从固溶体中析出，引起晶粒内部强化，导致晶内强度升高，不易变形。消除应力是高温下材料的屈服强度下降、应力松弛和发生蠕变的过程。由于热影响区过热区金属晶粒内部因碳化物析出已经强化，蠕变的发生只能集中在比较薄弱的晶界处。而晶界往往显示出很差的变形能力，从而导致晶界再热裂纹的产生。

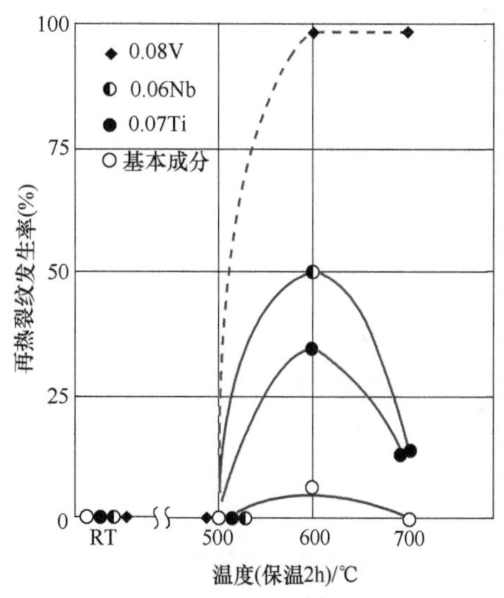

图 3-33　再热裂纹与焊后热处理的关系

基本成分：0.16C-0.99Cr-0.46Mo-0.6Mn-0.3Si，斜 Y 坡口小铁研试验）

珠光体耐热钢中的 Mo 含量增多时，Cr 对再热裂纹的影响也增大，如图 3-34 所示。Mo 的质量分数从 0.5% 增加至 1.0% 时，再热裂纹敏感性最大的 Cr 的质量分数从 1.0% 降低至 0.5%。但钢中若有质量分数为 0.1% 的 V 元素时，即使 w_{Mo} = 0.5%，再热裂纹倾向也很大。

碳元素在 1Cr-0.5Mo 钢中对再热裂纹敏感性的影响如图 3-35 所示。可以看出，随着钢中 V 含量增加，碳的影响也加剧。图 3-36 是 V、Nb、Ti 对再热裂纹敏感性的影响，其中 V 的影响最显著。

防止再热裂纹的措施如下：

1）采用高温塑性高于母材的焊接材料，限制母材和焊接材料的合金成分，特别是要严格限制 V、Ti、Nb 等合金元素的含量到最低的程度。

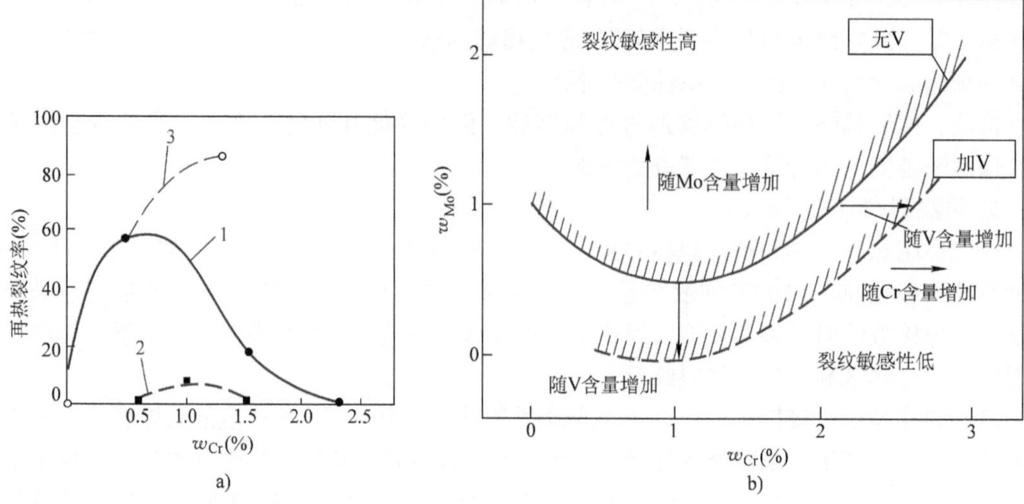

图 3-34　合金元素对钢材再热裂纹敏感性的影响

a）Cr 含量对再热裂纹的影响（600℃ ×2h）　b）Cr、Mo、V 对再热裂纹的影响

1—1Mo　2—0.5Mo　3—0.5Mo-0.1V

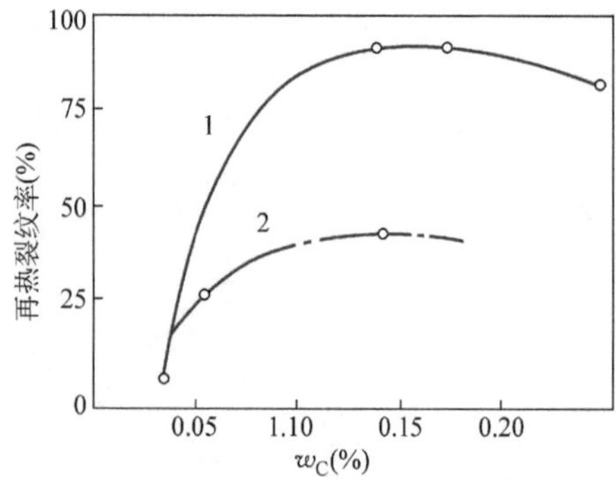

图 3-35　碳元素对再热裂纹敏感性的影响

（600℃ ×2h，炉冷）

1—1Cr-0.5Mo-(0.08～0.09)V

2—1Cr-0.5Mo-(0.04～0.05)V

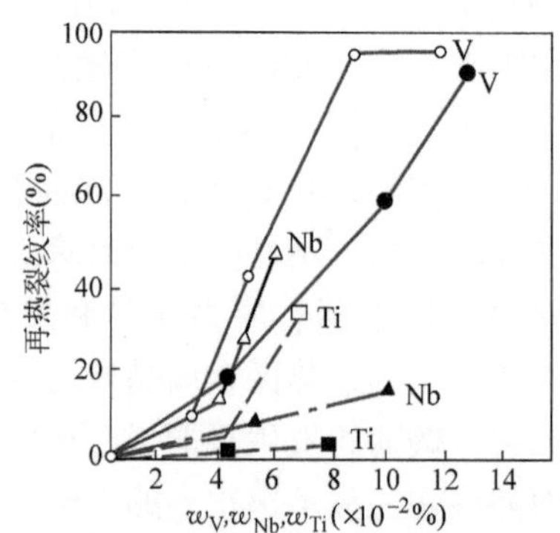

图 3-36　V、Nb、Ti 对再热裂纹敏感性的影响

（600℃ ×2h，炉冷）

●▲■—0.6Cr-0.5Mo-V、Nb、Ti

○△□—1Cr-0.5Mo-V、Nb、Ti

2）将预热温度提高到 250℃以上，层间温度控制在 300℃左右。

3）采用小热输入的焊接工艺，减小焊接过热区宽度，细化晶粒。

4）选择合适的热处理制度、避免在敏感温度区间停留较长时间。

3. 热影响区回火脆性

铬钼耐热钢及其焊接接头在 350～500℃温度区间长期运行过程中发生脆变的现象称为回火脆性。产生回火脆性的主要原因，是由于在回火脆化温度范围内长期加热后，P、As、Sb、Sn 等杂质元素在奥氏体晶界偏析而引起的晶界脆化；此外，与促进回火脆化的元素 Mn、Si 也有关。因此，对于基体金属来说，严格控制有害杂质元素的含量，获得低回火脆性的焊缝金属须严格控制 P 和 Si 含量，同时降低 Si、Mn 含量是解决回火脆性的有效措施。

2.25Cr-1Mo 耐热钢是在电力、石油化工行业广泛应用的钢种。这种钢具有良好的抗氢腐蚀、抗回火脆化、抗再热脆化等性能。2.25Cr-1Mo 钢抗回火脆性的特点如下：

1）是否脆化，可用回火前后冲击试验韧脆转变温度的变化加以比较。

2）含有 P、Sb、Sn、As 等杂质元素的低合金钢，在 375 ~ 575℃温度区间长时间加热易发生脆化。脆化试样的冲击断口是从原奥氏体晶界起裂的。发生脆化的钢加热到某一温度以上，韧性可得到恢复。

3）除上述杂质元素外，Mn、Si、Cr、Ni 也加剧脆化，而 Mo、W 可推迟脆化过程。

4）化学成分相同的钢，其脆化程度随着组织不同依如下顺序减小：马氏体、贝氏体、珠光体。若奥氏体晶粒粗大，其脆化程度也大。

焊缝金属回火脆化的敏感性比锻、轧材料更明显，因为焊接材料中的杂质难以控制。一般认为要获得低回火脆性的焊缝金属必须严格控制 P 和 Si 的含量，通过俄歇电子能谱观察到 P 在晶界上的偏析，而且偏析的浓度与 Si 含量有关。研究还发现 Si 和 P 在晶界上形成 Si-P 复合物，促使晶界脆化，因此除了要严格限制杂质 P 的含量（$w_P \leqslant 0.015\%$）外，焊缝中 Si 含量要控制在质量分数为 0.15% 以下。

回火脆化后的冲击韧度，在耐压试验或工程应用中是否安全受到人们的关注。针对这个问题，可采用与实际运行相同的条件进行脆化试验，用脆化试验后得到的韧性（或转变温度）来判断。Cr-Mo 钢的回火脆性，短时间加热很难发生，可以采用加速脆化的方法，即用分级热处理的方法来研究回火脆性。为安全起见，将脆化后的转变温度值的变化量提高 1.5 倍，加上脆化试验前的转变温度作为实际脆化后的转变温度，即：

$$Tr_{emb} = Tr + 1.5(Tr_{step} - Tr) = Tr + 1.5\Delta Tr_{step} \tag{3-8}$$

式中，Tr_{emb}为实际使用时被看作脆化后的转变温度；Tr 为脆化前的转变温度；Tr_{step}为阶梯冷却脆化后的转变温度；ΔTr_{step}为阶梯冷却脆化前后的转变温度变化量，即 $\Delta Tr_{step} = Tr_{step} - Tr$。

3.5.3　珠光体耐热钢的焊接工艺特点

珠光体耐热钢一般在预热状态下焊接，焊后大多要进行高温回火处理。珠光体耐热钢定位焊和正式施焊前都需预热，若焊件刚性大，应整体预热。焊条电弧焊时应尽量减小接头的拘束度。焊接过程中保持焊件的温度不低于预热温度（包括多层焊时的层间温度），尽量避免中断，不得已中断焊接时，应保证焊件缓慢冷却。重新施焊的焊件焊前仍须预热，焊接完毕应将焊件保持在预热温度以上数小时，然后再缓慢冷却。焊缝正面的余高不宜过高。

1. 常用焊接方法和焊接材料

（1）焊接方法　焊条电弧焊、埋弧焊、熔化极气体保护焊、电渣焊、钨极氩弧焊等均可用于珠光体耐热钢的焊接。但是，常用的焊接方法以焊条电弧焊为主，埋弧焊和电渣焊也经常应用，气体保护焊和窄间隙焊也正在扩大应用。

钨极氩弧焊用于管道生产可以实现单面焊双面成形，但当母材 Cr 的质量分数超过 3% 时，焊缝背面应通氩气保护，以改善成形，防止焊缝表面氧化。钨极氩弧焊具有超低氢的特点，焊接时可以适当降低预热温度。这种焊接方法的缺点是焊接效率低，生产中往往采用钨极氩弧焊焊接根部焊道，而填充层采用其他高效率的焊接方法，以提高生产率。

低合金耐热钢的管件和棒材可采用电阻压力焊、感应压力焊以及电阻感应焊。这些焊接方法的优点是无需填充金属，但须严格控制焊接参数，才能获得优质的焊接接头。在焊接合金元素含量较高的耐热钢时，必须向焊接区吹送 Ar 等保护气体，以保证接头的致密性。此外，局部加热往往导致 Cr-Mo 钢焊后产生低塑性组织，而需对接头区作相应的热处理。

（2）焊接材料的选用　为了保证焊缝性能与母材匹配，具有必要的热强性，珠光体耐热钢的焊缝成分应与母材相近，这与其他合金结构钢不同。为了防止焊缝有较大的热裂倾向，焊缝中碳的质量分数要求比母材低一些（一般不希望低于0.07%）。实践中，若焊接材料选择适当，焊缝的性能是可以和母材匹配的。

珠光体耐热钢焊接材料的选择原则是：焊缝金属的合金成分及使用温度下的强度性能应与母材相应的指标一致，或应达到产品技术条件提出的最低性能指标。焊件若焊后需经退火、正火或热成形等热处理或热加工，应选择合金成分或强度级别较高的焊接材料。珠光体耐热钢焊接材料的选用见表 3-39。当需要将珠光体耐热钢和普通碳钢焊在一起时，一般选用珠光体耐热钢焊条或焊丝进行焊接。

表 3-39　珠光体耐热钢焊接材料的选用

钢　号	焊条电弧焊 焊条型号（牌号）	气体保护焊 焊丝型号（牌号）	埋弧焊（焊丝＋焊剂）		氩弧焊焊丝 型号（牌号）
			牌　号	型　号	
15Mo	E5015-A1 （R107）	ER55-D2 （H08MnSiMo）	H08MnMoA +HJ350	F5114-H08MnMoA	TGR50M（TIG） （H08MnSiMo）
12CrMo	E5505-B1 （R207）	ER55-B2 （H08CrMnSiMo）	H10CrMoA +HJ350	F5114-H10CrMoA	TGR50M（TIG） （H08CrMnSiMo）
15CrMo	E5515-B2 （R307）	ER55-B2 （H08Mn2SiCrMo）	H08CrMoVA +HJ350	F5114-H08CrMoA	TGR55CM（TIG） （H08CrMnSiMo）
20CrMo	E5515-B2 （R307）	—	H08CrMoV +HJ350	—	H05Cr1MoVTiRE
12Cr1MoV	E5515-B2-V （R317）	ER55-B2MnV （H08CrMnSiMoV）	H08CrMoA +HJ350	F6114-H08CrMoV	TGR55V（TIG） （H08CrMnSiMoV）
12Cr2Mo	E6015-B3 （R407）	ER62-B3 （08Cr3MoMnSi）	H08Cr3MoMnA +HJ350 或 SJ101	F6124- H08Cr3MnMoA	TGR59C2M（TIG） （H08Cr3MoMnSi）
12Cr2MoWVB	E5515-B3-VWB （R347）	ER62-G （08Cr2MoWVNbB）	H08Cr2MoWVNbB +HJ250	F6111- H08Cr2MoWVNbB	TGR55WB（TIG） （H08Cr2MoWVNbB）
10CrMo910	E6015-B3 （R407）	—	—	—	（H05Cr2MoTiRE）
10CrSiMoV7	E5515-B2-V （R317）	—	H08CrMoV +HJ350	—	（H05Cr1MoVTiRE）

注：气体保护焊的保护气体为 CO_2 或 Ar+20% CO_2 或 Ar+（1～5）% O_2（体积分数）。

控制焊接材料的含水量是防止焊接裂纹的主要措施之一，而珠光体耐热钢所用的焊条和焊剂都容易吸潮。在焊接工艺要求中应规定焊条和焊剂的保存和烘干制度。常用珠光体耐热钢焊条和焊剂的烘干制度见表 3-40。

焊接在回火脆性温度区间长期工作的 2.25Cr-1Mo 耐热钢时，应选择具有低回火脆化倾向的焊接材料。焊补缺陷或焊后不能进行热处理时，为了防止产生冷裂纹可采用奥氏体焊条

(如 E309-16、E309Mo-16 等)。采用奥氏体焊条时，焊前预热，焊后一般不进行回火处理。奥氏体焊缝与母材线胀系数不同以及在高温下长期工作时有碳的扩散迁移，在交变温度下工作时易导致熔合区的开裂。另外，长期高温工作还可能引起焊缝中的 σ 相脆化。这些问题是采用奥氏体焊条时所要考虑的。

表 3-40　常用珠光体耐热钢焊条和焊剂的烘干制度

焊条、焊剂的型号（牌号）	烘干温度/℃	烘干时间/h	保存温度/℃
E500 3-A1(R102)、E550 3-B1（R202)、E550 3-B2(R302)	150～200	1～2	50～80
E5015-A1(R107)、E5515-B1(R207)、E5515-B2（R307)、E5515-B2-V（R317)、E6015-B3(R407)、E5515-B 3-VWB（R347)	350～400	1～2	127～150
F5114（HJ350)、F6111（HJ250)	400～450	2～3	120～150
F7124（SJ101)、F5123(SJ301)	300～350	2～3	120～150

2. 预热及焊后热处理

耐热钢的坡口加工可以采用火焰切割法，但切割边缘的淬硬层往往成为后续加工的开裂源。为了防止切割边缘开裂，厚度 15mm 以上的 Cr-Mo 耐热钢板，切割前应预热 150℃ 以上，切割边缘应机械加工并用磁粉检测方法检查是否存在表面裂纹；厚度在 15mm 以下的耐热钢板，切割前不必预热，切割边缘最好进行机械加工。

珠光体耐热钢焊接时，为了防止冷裂纹和消除热影响区硬化现象，正确选定预热温度和焊后回火温度是非常重要的。生产中必须结合具体条件，通过试验来确定预热及焊后热处理温度。预热温度的确定主要是依据钢的合金成分、接头的拘束度和焊缝金属的氢含量。母材碳当量大于 0.45%、最高硬度大于 350HV 时，应考虑焊前预热。珠光体耐热钢的预热温度和焊后热处理见表 3-41。

表 3-41　珠光体耐热钢的预热温度和焊后热处理

钢　　号	预热温度/℃	焊后热处理温度/℃	钢　　号	预热温度/℃	焊后热处理温度/℃
12CrMo	200～250	650～700	12MoVWBSiRE	200～300	750～770
15CrMo	200～250	670～700	12Cr2MoWVB①	250～300	760～780
12Cr1MoV	250～350	710～750	12Cr3MoVSiTiB	300～350	740～760
17CrMo1V	350～450	680～700	20CrMo	250～300	650～700
20Cr3MoWV	400～450	650～670	20CrMoV	300～350	680～720
2.25Cr-1Mo	250～350	720～750	15CrMoV	300～400	710～730

① 12Cr2MoWVB 气焊接头焊后应正火 + 回火处理，推荐：正火 1000～1030℃ + 回火 760～780℃。

后热去氢处理是防止冷裂纹的重要措施之一。氢在珠光体中的扩散速度较慢，一般焊后加热到 250℃ 以上，保温一定时间，可以促使氢加速逸出，降低冷裂纹的敏感性。采用后热处理可以降低预热温度约 50～100℃。耐热钢焊后热处理的目的不仅是消除焊接残余应力，更重要的是改善焊接区组织和提高接头的综合力学性能，包括提高接头的高温蠕变强度和组织稳定性，降低焊缝及热影响区硬度等。

3.6 低温钢的焊接

通常把 -10～-196℃的温度范围称为"低温"（我国从 -40℃算起），低于 -196℃（直到 -273℃）时称为"超低温"。低温钢主要是为了适应能源、石油化工等产业部门的需要而迅速发展起来的一种专用钢。低温钢要求在低温工作条件下具有足够的强度、塑性和韧性，同时应具有良好的加工性能，主要用于制造 -20～-253℃低温下工作的焊接结构，如贮存和运输各类液化气体的容器等。

3.6.1 低温钢的分类、成分及性能

1. 低温钢的分类

（1）按使用温度等级分类　分为 -10～-40℃、-50～-90℃、-100～-120℃和 -196～-273℃等级的低温钢。

（2）按合金含量和组织分类　分为低合金铁素体低温钢、中合金低温钢和高合金奥氏体低温钢。

（3）按有无镍、铬元素分类　分为无镍、铬低温钢和含镍、铬低温钢。

（4）按热处理方法分类　分为非调质低温钢和调质低温钢。

常用低温钢的类型及使用温度范围如图 3-37 所示。

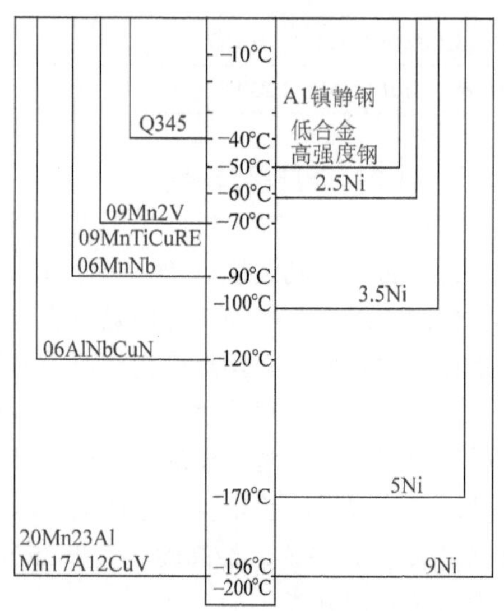

图 3-37　低温钢类型及使用的温度范围

2. 低温钢的化学成分和组织

低温用钢包括的钢种很广泛，从低碳铝镇静钢、低合金高强度钢、低 Ni 钢，一直到 $w_{Ni}=9\%$ 的钢。常用低温钢的温度等级和化学成分见表 3-42。

表 3-42　常用低温钢的温度等级和化学成分（质量分数）　（%）

分类	温度等级/℃	钢号	组织状态	C	Mn	Si	V	Nb	Cu	Al	Cr	Ni	其他
无镍低温钢	-40	Q345	正火	≤0.20	1.20～1.60	0.20～0.60	—	—	—	—	—	—	—
	-70	09Mn2VRE	正火	≤0.12	1.40～1.80	0.20～0.50	0.04～0.10	—	—	—	—	—	—
		09MnTiCuRE	正火		1.40～1.70	≤0.40	—	—	0.20～0.40	—	—	—	Ti 0.30～0.80 RE* 0.15
	-90	06MnNb	正火	≤0.07	1.20～1.60	0.17～0.37	—	0.02～0.04	—	—	—	—	—

（续）

分类	温度等级/℃	钢　号	组织状态	C	Mn	Si	V	Nb	Cu	Al	Cr	Ni	其　他
无镍低温钢	-100	06MnVTi	正火	≤0.07	1.40~1.80	0.17~0.37	0.04~0.10	—	—	0.04~0.08	—	—	—
	-105	06AlCuNbN	正火	≤0.08	0.80~1.20	≤0.35	—	0.04~0.08	0.30~0.40	0.04~0.15	—	—	N 0.010~0.015
	-196	26Mn23Al	固溶	0.10~0.25	21.0~26.0	≤0.50	0.06~0.12	—	0.10~0.20	0.7~1.2	—	—	N 0.03~0.08 B 0.001~0.005
	-253	15Mn26Al4	固溶	0.13~0.19	24.5~27.0	≤0.80	—	—	—	3.8~4.7	—	—	—
含镍低温钢	-60	0.5NiA	正火或调质	≤0.14	0.70~1.50	0.10~0.30	0.02~0.05	0.15~0.50	≤0.35	0.15~0.50	≤0.25	0.30~0.70	Mo≤0.10
		1.5NiA		≤0.14	0.30~0.70							1.30~1.60	
		1.5NiB		≤0.18	0.50~1.50							1.30~1.70	
		2.5NiA		≤0.14	≤0.80							2.00~2.50	
		2.5NiB		≤0.18	≤0.80							2.00~2.50	
	-100	3.5NiA	正火或调质	≤0.14	≤0.80	0.10~0.30	0.02~0.05	0.15~0.50	≤0.35	0.10~0.50	≤0.25	3.25~3.75	—
		3.5NiB		≤0.18									
	-120~-170	5Ni	淬火+回火	≤0.12	≤0.80	0.10~0.30	0.02~0.05	0.15~0.50	≤0.35	0.10~0.50	≤0.25	4.75~5.25	—
	-196	9Ni	淬火+回火	≤0.10	≤0.80	0.10~0.30	0.02~0.05	0.15~0.50	≤0.35	0.10~0.50	≤0.25	8.0~10.0	—
	-196~-253	Cr18Ni9	固溶	≤0.08	≤2.0	≤1.0	—	—	—	—	17.0~19.0	9.0~11.0	—
		Cr18Ni9Ti											Ti5C~0.8
	-269	Cr25Ni20				≤1.5					24~26	19~22	—

注：*表示加入量。

（1）低合金低温钢（无Ni低温钢）　铝镇静Mn-Si低温钢是先用Mn、Si进行脱氧，再用铝进行强烈脱氧的优质钢种。为了提高韧性，从成分上采取了降低碳含量和提高w_{Mn}/w_C（$w_{Mn}/w_C>11$）的措施。该钢正火处理或淬火+回火处理可细化晶粒，明显提高其低温韧性，多用于-40℃以上的结构。

低合金铁素体低温钢是在Si-Mn优质钢基础上，加入少量合金元素（如Nb、V、Ti、

Al、Cu、RE 等）得到的低温钢（R_{eL}≥440MPa），组织为铁素体加少量珠光体。其中 Mn、Ni 以及能促使晶粒细化的微量元素都有利于提高低温韧性。为了保证良好的综合力学性能和焊接性，一般要求低 C 和低 S、P。这种钢具有高的塑性和韧性，多用于 -50℃以上的结构，如 Q345、09MnTiCuRE、06AlCuNbN 等。

（2）中合金低温钢（含 Ni 低温钢） 合金元素总的质量分数为 5%~10%，其组织与热处理工艺有关。其中 5Ni 钢（w_{Ni}=5%）、9Ni 钢（w_{Ni}=9%）是典型的中合金低温钢。

Ni 是发展低温钢的一个重要元素。为了提高钢的低温性能，可加入 Ni 元素，形成含 Ni 的铁素体低温钢，如 1.5Ni 钢（w_{Ni}=1.5%）、2.5Ni 钢（w_{Ni}=2.5%）、3.5Ni 钢（w_{Ni}=3.5%）以及 5Ni 钢（w_{Ni}=5%）等。在提高 Ni 含量的同时，应降低含碳量和严格限制 S、P 含量及 N、H、O 的含量，防止产生时效脆性和回火脆性等。这类钢的热处理条件为正火、正火+回火和淬火+回火等。

5Ni 钢通过化学成分调整和热处理控制组织，在 -162~-196℃的低温下具有良好的低温韧性。若加入质量分数为 0.25%的 Mo，可增加析出奥氏体的数量并使之稳定化，还可起到细化晶粒的作用。采用淬火、回火和回复退火的热处理方法来控制组织，使 5Ni 钢具有高的强度、塑性和低温韧性。9Ni 钢具有一定的回火脆性敏感性，并随着 P 含量的增加而显著增大，因此应严格控制 9Ni 钢中的 P 含量。9Ni 低温钢由于 Ni 含量较高，具有很高的低温韧性，能用于 -196℃的环境，比奥氏体不锈钢有更高的强度，适宜制造贮存液化气的大型容器。

3. 低温钢的力学性能

对低温钢的性能要求，首先应满足低温下的力学性能，特别是低温条件下的缺口韧性。常用低温钢的力学性能见表 3-43。

表 3-43 常用低温钢的力学性能

钢号	热处理状态	试验温度/℃	屈服强度 R_{eL}/MPa	抗拉强度 R_m/MPa	断后伸长率 A（%）	R_m/R_{eL}	冲击吸收能量 KV_2/J
Q345	正火	-40	≥343	≥510	≥21	0.65	≥34*
09Mn2V	正火	-70	≥343	≥490	≥20	0.70	≥47*
09MnTiCuRE	正火	-70	≥343	≥490	≥20	0.70	≥47*
06MnNb	正火	-90	≥294	≥432	≥21	0.68	≥47*
06AlCuNbN	正火	-120	≥294	≥392	≥20	0.75	≥20.5
2.5Ni	正火	-50	≥255	450~530	≥23	0.57~0.48	≥20.5*
3.5Ni	正火	-101	≥255	450~530	≥23	0.57~0.48	≥20.5*
5Ni	正火+回火	-170	≥448	655~790	≥20	0.68~0.54	≥34.5
9Ni	淬火+回火	-196	≥517	690~828	≥20	0.75~0.63	≥34.5
		-196	≥585	690~828	≥20	0.85~0.71	≥34.5

注：冲击吸收能量为三个试样的平均值，*为 U 型缺口。

这类钢须具备的最重要的性能是抗低温脆化。在一些重要结构上，为了防止意外事故的发生，还要求材料具有抗脆性裂纹扩展的止裂性能，即一旦出现脆性破坏后可以停止继续破坏。从安全角度考虑，希望低温钢的屈强比不要太高，因为屈强比是衡量低温缺口敏感性的指标之一。屈强比越大，表明塑性变形能力的储备越小，在应力集中部位的应力再分配能力越低，从而易于促使脆性断裂。

对于低碳铝镇静钢，最低使用温度下的V型缺口冲击吸收能量（纵向取样）保证值规定为20.5J；对于屈强比较高的低温钢，要提高到34.5J；对屈强比更高的调质钢，希望提高到47J。无论是无Ni或含Ni的低温钢，在冲击韧性上都可以满足规定低温下的使用要求，但是无Ni低温钢的屈强比不如含Ni低温钢的屈强比高。

除了面心立方金属外（如奥氏体钢、铝、铜等），所有体心立方或六方晶格的金属均有低温脆化现象。可以通过细化晶粒、合金化和提高纯净度等措施来改善铁素体钢的低温韧性。Mn-Si系钢中各种氮化物细化奥氏体晶粒的效果如图3-38所示。可见，Ti、Al、Nb等有很好的细化晶粒作用。低温钢的含碳量不高，在常温下具有较好的塑性和韧性，冷加工或热加工均可采用。铁素体低温钢的加工性能与低碳钢及低合金钢相近；奥氏体低温钢的加工性能与奥氏体不锈钢相近。

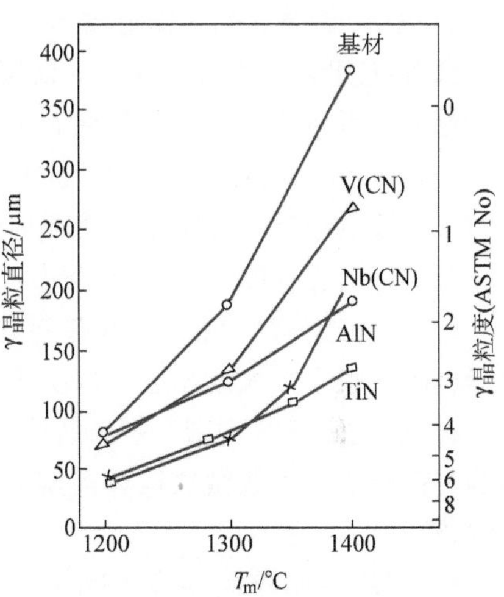

图3-38 Mn-Si系钢中各种氮化物细化晶粒的效果

对于具有一定时效脆性敏感性和回火脆性敏感性的低温钢，须正确选择加工方法和工艺参数，控制冷卷、冷压及其他冷加工时的变形量，防止变形量过大而造成低温韧性下降。具有一定回火脆性敏感性的钢种，回火后低温韧性明显下降，如06AlCuNbN钢经550～650℃回火后，在－100℃时的V型缺口冲击吸收能量从151.9J急剧下降到17.6～9.8J。因此应合理地选择回火温度和回火时间。

3.6.2 低温钢的焊接性分析

1. 无Ni低温钢的焊接性特点

不含Ni元素的铁素体低温钢碳的质量分数为0.06%～0.20%，合金元素总的质量分数≤5%，碳当量为0.27%～0.57%，焊接性良好。由于碳当量不高，淬硬倾向较小，室温焊接时不易形成冷裂纹；钢中S、P等杂质元素的含量较低，也不易产生热裂纹。这类钢在用铝脱氧时形成了稳定的AlN，阻止了接头区脆化。

铁素体低温钢通过加入细化晶粒的合金元素（Ti、Al、Nb等）以及正火处理提高低温韧性，韧性指标一般能得到保证。这类钢焊接性分析时应注意以下问题：

1）严格控制焊接热输入和层间温度，目的是使接头不受过热的影响，避免热影响区晶粒长大和降低韧性。

2）控制焊后热处理温度，避免产生回火脆性。板厚$h>15$mm的低温钢焊接结构，焊后应采用消除应力热处理。含有V、Ti、Nb、Cu、N等元素的钢种，在进行消除应力热处理时，当加热温度处于回火脆性敏感温度区时会析出脆性相，使低温韧性下降。应合理地选择焊后热处理工艺，以保证接头的低温韧性。

3）含氮的铁素体低温钢不仅对焊接热循环敏感，而且对焊接应力应变循环也很敏感，接头某些区域会发生热应变脆化，使该区的塑性和韧性下降。热应变区的温度范围为200～600℃。热应变量越大，脆化程度也越大。采用小的焊接热输入可以减小热影响区的热塑性应变量，有利于减轻热应变脆化程度。

焊接这类钢时，通常板厚$h<25$mm不需预热，当板厚$h>25$mm或焊接接头拘束度较大时，应考虑预热，以防止产生焊接裂纹。预热温度过高会使热影响区晶粒长大，在晶界处可能析出氧化物和碳化物而降低韧性，所以预热温度一般在100～150℃，最高不超过200℃。

2. 含Ni低温钢的焊接性特点

含Ni较低的2.5Ni和3.5Ni低温钢，虽然由于Ni的加入提高了钢材的淬透性，但由于含碳量限制得较低，冷裂纹倾向并不严重，薄板焊接时可不预热，厚板焊接时需进行100℃预热。含Ni高的9Ni钢，淬硬性很大，在超过临界点的焊接热影响区得到的是淬火组织。但由于含碳量很低，并采用了奥氏体焊接材料，因此冷裂纹倾向并不大。

对9Ni钢进行焊接性分析时应注意以下几个问题：

1）正确选择焊接材料。9Ni钢具有较大的线胀系数，在选择焊接材料时，必须使焊缝与母材的线胀系数大致相近，以防止因线胀系数差异太大而引起焊接裂纹。

2）避免磁偏吹现象。9Ni钢是一种强磁性材料，采用直流电源时易产生磁偏吹现象，影响焊接质量。一般做法是焊前避免接触磁场，选用适于交流电源焊接的焊条（如镍基合金焊条）。

3）严格控制焊接热输入和层间温度，避免焊前预热。这样可避免接头过热和晶粒长大，保证接头的低温韧性。

焊接厚度50mm以下的9Ni钢时不需要预热。由于Ni能提高钢材的热裂纹倾向，因此焊接这类含Ni钢时要注意液化裂纹的问题。在低温钢中由于含碳量和杂质S、P的含量控制得都很严格，所以液化裂纹在这类钢中不很明显。但仍须严格控制钢的化学成分，尤其是S、P含量，否则可能出现焊接热裂纹。钢中的S含量偏高，可形成低熔点共晶$Ni\text{-}Ni_3S_2$（644℃），P含量超标可能形成$Ni\text{-}Ni_3P_2$共晶（880℃），导致形成结晶裂纹。含Ni钢中的另一个问题是回火脆性，为此要注意这类钢焊后回火时的温度和冷却速度的控制。

9Ni钢是典型的低碳马氏体低温钢，含有较多的镍，具有一定的淬硬性。焊前应进行正火＋高温回火或900℃水淬＋570℃回火处理，其组织为低碳板条马氏体。这种钢具有较高的低温韧性，其焊接性优于一般低合金高强度钢。板厚$h<50$mm的焊接结构可以不预热，焊后可不进行消除应力热处理。

对这类易淬火的低温钢通常采用控制层间温度及焊后缓冷等工艺措施，可降低冷却速度，避免淬硬组织。采用较小的焊接热输入，使热影响区的晶粒不至于过分长大，达到防止冷裂纹及改善热影响区韧性的目的。

3.6.3 低温钢的焊接工艺特点

低温钢焊接时，除了要防止出现裂纹外，关键是要保证焊缝和热影响区的低温韧性，这是制订低温钢焊接工艺的一个根本出发点。解决热影响区韧性主要是通过控制焊接热输入，而焊缝韧性除了与热输入有关外，还取决于焊缝成分的选择。由于焊缝金属是铸态组织，性能低于同样成分的母材，故焊缝成分不能与母材完全相同。由于对低温条件的要求不同，应针对不同类型低温钢选择不同的焊接材料和不同的焊接热输入。

焊接铝镇静钢时，可选择成分与母材相似的低碳钢和 C-Mn 钢焊条，焊缝性能在 -30℃时具有足够的冲击韧度。为了获得更好的低温韧性，可选用 $w_{Ni}=0.5\%\sim1.5\%$ 的低镍焊条。低 Ni 钢焊接时，所用焊条的 Ni 含量应与母材相同或高于母材，但并非 Ni 含量高的焊缝韧性一定好。焊态下 $w_{Ni}>2.5\%$ 以后，焊缝中会出现粗大的板条贝氏体或马氏体，在这种情况下，C 含量越高焊缝韧性下降越明显。为了改善 3.5Ni 钢焊缝的韧性，除了降低 C 含量和 S、P、O 等含量外，应对焊缝中的 Si 和 Mn 含量加以限制。因为 Si、Mn 高时会形成明显的条状组织，韧性差。

但是，Si、Mn 含量太低，会导致焊缝含氧量增加。另外，在 3.5Ni 焊丝中添加微量 Ti 可细化晶粒，改善焊缝的低温韧性。当焊缝 Ni 含量增加时，回火脆性也会增加，加入少量 Mo 有利于减小回火脆性。

9Ni 钢具有优良的低温韧性，但用与 9Ni 钢相似的铁素体焊材时所得焊缝的韧性很差。这除了与铸态焊缝组织有关外，主要与焊缝中的含氧量有很大关系。与 9Ni 钢同质的 11Ni（$w_{Ni}=11\%$）铁素体焊材，只有在钨极氩弧焊时才能获得良好的低温韧性。因为此时能使焊缝金属中氧的质量分数降低到与母材相同的 0.005% 以下。

采用奥氏体焊接材料时，热裂纹倾向随着焊缝中的 Ni 含量提高而增加。热裂纹主要产生在焊缝的起始部和弧坑处。一般情况下弧坑裂纹很难避免，尤其是在多层焊的根部焊缝和前几道焊缝中。因此，应采取一些工艺措施来防止弧坑裂纹，如收弧时要注意填满弧坑等。焊接 9Ni 钢时，为了保证接头的低温韧性，应将热输入控制在 10~35kJ/cm。

焊接坡口及坡口两侧 10~20mm 范围的水、油、锈、氧化皮等须清理干净。装配好的工件应及时焊接。焊接环境温度不得低于允许的最低施焊温度，通常不得在小于 -5℃ 或 -10℃温度下施焊。雨天或天气十分潮湿（相对湿度在 90% 以上），遇有强风或风速在 10m/s 以上时，不得在现场施焊，除非采取适当的防护措施，如升温、防潮、防风等。

低温钢焊接时，焊条电弧焊和氩弧焊的应用较广，埋弧焊的应用受到限制，一般不采用气焊和电渣焊。为使焊接接头具有良好的低温韧性，焊接热输入不能过大。通常采用快速多道焊，并通过多层焊的再热作用细化晶粒，如焊接 06MnNbDR 低温钢时，层间温度不大于 300℃。

1. 低温钢的焊条电弧焊

（1）焊条的选用　根据低温焊接结构的工作条件，所选焊条应使焊缝达到不低于母材经过焊接后的最低韧性水平。承受交变载荷或冲击载荷的结构，焊缝金属应具有较好的抗疲劳断裂性能、良好的塑性和抗冲击性能。接触腐蚀介质的结构，应使焊缝金属的化学成分与母材大致相同，或用能保证焊缝及熔合区的抗腐蚀性能不低于母材的焊条。

几种常用低温钢焊接材料的选用见表 3-44。焊接屈服强度大于 490MPa 的低温钢球罐时，焊条中 $w_{Ni}=1.72\%$ 和 $w_{Mo}=0.16\%$；焊接屈服强度大于 588MPa 的低温钢所用的焊条中除了含 Ni、Mo 外，还含有少量的 Cr。

（2）焊接工艺要点　16MnDR 钢是制造 -40℃低温设备用的细晶粒钢。09Mn2VDR 也属细晶粒钢，正火状态下使用，主要用于制造 -70℃的低温设备，如冷冻设备、液化气贮罐、石油化工低温设备等。06MnNbDR 是具有较高强度的 -90℃用细晶粒低温钢，主要用于制造 -60~-90℃的制冷设备、容器及贮罐等。

表 3-44　几种常用低温钢焊接材料的选用

钢　号	状　态	焊条电弧焊		埋　弧　焊	
		型　号	牌　号	焊　丝	焊　剂
16MnDR	正火	E5016-G E5015-G	J506RH J507RH	H10Mn2A	YD504A
09Mn2VDR	正火	E5015-G E5515-C1	W607A W707Ni	H08Mn2MoVA	HJ250
06MnNbDR	正火 800～900℃ 空冷	E5515-C2	W907Ni	—	—
15MnNiDR	正火	E5015-G	W507R	—	—
09MnNiDR	正火或 正火+回火	E5015-G	W707R	H10Mn2A 或 含 Ni 药芯焊丝	YD507A

低温钢焊接要求采用较小的焊接热输入，选用的焊条直径一般不大于 4mm。对于开坡口的对接焊缝、T 形焊缝和角接焊缝，为获得良好的熔透和背面成形，封底焊时应选用小直径焊条，一般不超过 3.2mm。尽量用较小的焊接电流，以减小焊接热输入，保证接头有足够的低温韧性。低温钢焊条电弧焊平焊时的焊接参数见表 3-45。横焊、立焊和仰焊时使用的焊接电流应比平焊时小 10%。应采用多层多道焊，每一焊道焊接时采用快速不摆动的操作方法。

表 3-45　低温钢焊条电弧焊平焊时的焊接参数

焊缝金属类型	焊条直径/mm	焊接电流/A	电弧电压/V
铁素体-珠光体型	3.2	90～120	23～24
	4.0	140～180	24～26
Fe-Mn-Al 奥氏体型	3.2	80～100	23～24
	4.0	100～120	24～25

应在坡口内擦划引弧，不允许工件表面有电弧擦伤。避免采用慢速大幅度摆动的操作方法，通常采用快速直线焊。在横焊、立焊和仰焊时，为保证获得良好的焊缝成形并与母材充分熔合，可作必要的摆动，可采用“之”字形运条方法，但应控制坡口两侧停留的时间。收弧时要将熔池填满，避免产生较深的弧坑。

2. 低温钢的埋弧焊

（1）焊材（焊丝和焊剂）的选择　所用焊丝应严格控制含 C 量，S、P 含量应尽量低。常选用烧结焊剂配合 Mn-Mo 或含 Ni 焊丝。例如，采用 C-Mn 焊丝，应配合碱性非熔炼焊剂，通过焊剂向焊缝过渡微量 Ti、B 合金元素，可细化铁素体晶粒。由于碱性焊剂所得焊缝的含氧量低，可得到高韧性的焊缝，以保证焊缝金属的低温韧性。

低温钢焊接时也可采用中性熔炼焊剂配合含 Mo 的 C-Mn 焊丝或采用碱性熔炼焊剂配合含 Ni 焊丝。表 3-46 给出了常用低温钢埋弧焊时焊剂与焊丝的组合。

表3-46　常用低温钢埋弧焊时焊剂与焊丝的组合举例

钢　　号	工作温度/℃	焊　　剂	配用焊丝
16MnDR	-40	SJ101、SJ603	H10MnNiMoA、H06MnNiMoA
09MnTiCuREDR	-60	SJ102、SJ603	H08MnA、H08Mn2
09Mn2VDR、2.5Ni钢	-70	SJ603	H08Mn2Ni2A
3.5Ni钢	-90	SJ603	H05Ni3A

对于2.5Ni钢、3.5Ni钢选用$w_{Ni}=2.5\%$焊丝和$w_{Ni}=3.5\%$焊丝。9Ni钢一般选用镍基焊丝Ni-Cr-Nb-Ti、Ni-Cr-Mo-Nb、Ni-Fe-Cr-Mo等。低温钢用埋弧焊焊剂常采用碱性焊剂或中性焊剂，以使焊缝金属具有良好的低温韧性。

（2）焊接工艺要点　常用低温钢埋弧焊的焊接参数见表3-47。埋弧焊的热量输入比焊条电弧焊大，故焊缝及热影响区的组织也比焊条电弧焊的粗大。为了保证焊接接头的韧性，一般采用直流焊接电源（焊丝接正极）。对于-40～-105℃低温钢，应将焊接热输入控制在20～25kJ/cm以下；对于-196℃低碳9Ni钢，应将焊接热输入控制在35～40kJ/cm以下。

表3-47　常用低温钢埋弧焊的焊接参数

温度级别/℃	钢　　种	焊　　丝		焊　　剂	焊接电流/A	电弧电压/V
		牌　　号	直径/mm			
-40	Q345（热轧或正火）	H08A	2.0	HJ431	260～400	36～42
			5.0		750～820	36～43
-70	09Mn2V（正火） 09MnTiCuRE（正火）	H08Mn2MoVA	3.0	HJ250	320～450	32～38
-196～-253	20Mn23Al（热轧） 15Mn26Al4（固溶）	Fe-Mn-Al焊丝	4.0	HJ173	400～420	32～34

焊接低温用的低合金高强度钢时，在保证焊缝具有足够的低温韧性的前提下，还要考虑到与母材相匹配的强度要求。用于焊接这类钢的材料中除了含有质量分数为1%～3%的Ni外，还含有0.2%～0.5%的Mo，有时还含有少量的Cr。

由于受焊接热输入的限制，低温钢焊接中一般不采用单面焊双面成形技术，通常采用加衬垫的单面焊技术。对接接头坡口为单面V形或U形坡口。先用焊条电弧焊或TIG焊封底，然后再用埋弧焊焊接。第一层打底焊时，若出现裂纹必须铲除重焊。为减小焊接热输入，通常采用细丝多层多道焊接，而且应严格控制层间温度，不可过热。

3. 低温钢的氩弧焊

（1）钨极氩弧焊（TIG）　低温钢TIG焊可填充焊丝，也可不填充焊丝。一般采用直流正接法，主要用于焊接薄板和管子，以及进行封底焊接。低温钢TIG焊的喷嘴直径为8～20mm；钨极伸出长度为3～10mm；喷嘴与工件间的距离为5～12mm。焊接电流根据工件厚度及对热输入的要求而定。若电流过大，易产生烧穿和咬边等缺陷，并且使接头过热而降低低温韧性。电弧电压若增大较多，易形成未焊透，并影响气体保护效果。

手工TIG焊时，应保持焊接速度均匀。焊速过快，易造成未焊透，焊接过程不稳定；焊速过慢，易形成气孔并使焊接接头过热，降低接头区低温韧性。应在保证熔透、具有一定熔深且不影响气体保护效果的前提下，尽量采用较快的焊接速度，保证接头的韧性不降低。MIG 和 TIG 焊时，要选用质量分数为 1.5%～2.5% 的含 Ni 焊丝。

氩弧焊常用的保护气体是纯氩气，还有 Ar + He、$Ar + O_2$、$Ar + CO_2$ 等混合气体。对于 C-Mn 钢，可选用 Ni-Mo 焊丝，3.5Ni 钢可选用 4NiMo 焊丝。9Ni 钢可选用镍基焊丝，如 Ni-Cr-Ti、Ni-Cr-Nbi、Ni-Cr-Mo-Nb 等。例如，9Ni 钢贮罐板的立焊、仰焊，多采用自动 TIG 焊，而且是单面焊，背面不再清根。9Ni 钢采用高 Ni 合金焊丝自动 TIG 焊接头的力学性能见表 3-48。

表 3-48　9Ni 钢采用高 Ni 合金焊丝自动 TIG 焊接头的力学性能

焊丝	板厚 /mm	焊接热输入 /kJ·cm⁻¹	焊缝金属			焊接接头		−196℃冲击吸收能量 KV_2/J		
			R_m /MPa	R_{eL} /MPa	A (%)	R_m /MPa	断裂位置	焊缝	熔合区	HAZ
70Ni-Mo-W	15	35.3	738.9	443.9	43	728.1	焊缝	140	107	120
		44.4	700.7	380.2	41	733.4		135	70.5	130
	24	34.9	700.7	380.2	42	742.8	熔合区	110	150	110
		47.8	706.6	358.7	39	750.7		159	170	200
	30	38	710.5	475.3	44	747.7	焊缝	113	115	143
60Ni-Mo-W	15	32.2	686.9	435.1	38	735.0	焊缝	—	—	—
		52.9	741.4	385.1	41	745.8		122	141	113
	24	31	738.9	575.3	34	750.7	焊缝	97	120	170
		50.9	714.4	441.9	39	743.8		107	122	172

自动 TIG 焊立焊的焊接参数为：焊丝 ϕ1.2mm，焊接电流 200～250A，电弧电压 11～13V，焊接速度 3～5cm/min，氩气流量 20～30L/min。单面焊时，焊接电流 200～240A，电弧电压 11～13V，焊接速度 4.3～5cm/min，氩气流量 20～30L/min，焊接热输入 26～30kJ/cm。

（2）熔化极氩弧焊（MIG）　熔化极氩弧焊时控制焊接热输入不宜太大。MIG 焊对熔池的保护效果要求较高，保护不良时焊缝表面易氧化，故喷嘴直径及氩气流量比 TIG 焊大。常用的喷嘴直径为 22～30mm，氩气流量为 30～60L/min。若熔池较大而焊接速度又很快时，可采用附加喷嘴装置，或用双层气流保护，也可采用椭圆喷嘴。

根据焊接热循环对母材的敏感程度、熔滴过渡形式决定焊接电流和电弧电压的大小，同时应考虑工件厚度、坡口形式、焊接位置等。为获得优良的低温钢焊接接头，要合理地控制焊接热输入，焊丝直径一般在 3mm 以下。9Ni 低温钢 MIG 焊的焊接参数见表 3-49。

表 3-49　9Ni 低温钢 MIG 焊的焊接参数

熔滴过渡形式	短路过渡		滴状过渡		射流过渡	
焊丝直径/mm	0.8	1.2	1.2	1.6	1.2	1.6
氩气流量/L·min⁻¹	15	15	20～25	20～25	20～30	20～30
焊接电流/A	65～100	80～140	170～240	190～260	220～270	230～300
电弧电压/V	21～24	21～25	28～34	28～34	35～38	35～38

MIG 焊时要选择适当的焊接参数，以获得所需要的熔滴过渡形式（多采用射流过渡），使焊缝成形良好、熔深合适。在各种不同位置进行多层多道焊时，应注意各层焊道的合理布置和焊接顺序，根部焊道的焊接参数不同于中间焊道和盖面层焊道。为保证根部焊道的质量，可采用控制焊炬与工件夹角及摆动焊炬的方法进行焊接。

思考题

1. 分析热轧钢和正火钢的强化方式及主强化元素有什么不同，二者的焊接性有何差异，在制订焊接工艺时应注意什么问题。

2. 分析 Q345 的焊接性特点，给出相应的焊接材料及焊接工艺要求。

3. Q345 与 Q390 的焊接性有何差异？Q345 的焊接工艺是否适用于 Q390 的焊接，为什么？

4. 低合金高强度钢焊接时，选择焊接材料的原则是什么？焊后热处理对选择焊接材料有什么影响？

5. 微合金控轧控冷钢（TMCP 钢）在工艺焊接性方面与常规的热轧及正火钢有什么本质不同？为什么？

6. 分析低碳调质钢焊接时可能出现什么问题？简述低碳调质钢的焊接工艺要点。典型的低碳调质钢（如 14MnMoNiB、HQ70、HQ80）的焊接热输入应控制在什么范围？在什么情况下要采取预热措施，为什么有最低预热温度的要求，如何确定最高预热温度？

7. 低碳调质钢和中碳调质钢都属于调质钢，他们的焊接热影响区脆化机制是否相同？为什么低碳调质钢在调质状态下焊接可以保证焊接质量，而中碳调质钢一般要求焊后进行调质处理？

8. 比较 Q345、T-1 钢、Q690、2. 25Cr-1Mo 和 30CrMnSiA 的冷裂、热裂和再热裂纹的倾向。

9. 同一牌号的中碳调质钢分别在调质状态和退火状态进行焊接时，焊接工艺有什么差别？为什么低碳调质钢一般不在退火状态下进行焊接？

10. 珠光体耐热钢的焊接性特点与低碳调质钢有什么不同？珠光体耐热钢选用焊接材料的原则与强度用钢有什么不同，为什么？

11. 低温钢用于 -40℃和常温下使用时，在焊接工艺和焊接材料选择上是否应该有所差别？为什么？

12. 某厂制造直径 ϕ4m 的贮氧容器，所用的钢材为 Q345，板厚 32mm，车间温度为 20℃，分析制订筒身及封头内外纵缝和环缝的焊接工艺：

1）可采用哪几种焊接方法？

2）给出相应的焊接材料；

3）指出其焊接工艺要点。

13. 通过本章学习，归纳在确定钢材焊后是否需要进行后热处理以及确定后热处理温度时，应考虑哪些问题。

第4章

不锈钢及耐热钢的焊接

不锈钢自1912年发明以来，取得迅猛发展。至今全球仍以每年3%～5%的速度递增。我国正处于不锈钢生产和应用的高速增长期，2001年我国不锈钢的使用量已跃居世界第一。不锈钢的焊接将会经常遇到。不锈钢是耐蚀和耐热高合金钢的统称。不锈钢通常含有Cr（w_{Cr}≥12%）、Ni、Mn、Mo等元素，具有良好的耐腐蚀性、耐热性和较好的力学性能，适于制造要求耐腐蚀、抗氧化、耐高温和超低温的零部件和设备，应用十分广泛，其焊接具有特殊性。

4.1 不锈钢及耐热钢的分类及特性

4.1.1 不锈钢的基本定义

1. 不锈钢的定义

不锈钢是指能耐空气、水、酸、碱、盐及其溶液和其他腐蚀介质腐蚀的、具有高度化学稳定性的合金钢的总称，对其含义有以下三种理解：

（1）原义型　原义型仅指在无污染的大气环境中能够不生锈的钢。

（2）习惯型　习惯型指原义型含义不锈钢与能耐酸腐蚀的耐酸不锈钢的统称。

（3）广义型　广义型泛指耐蚀钢和耐热钢，统称为不锈钢（Stainless Steels）。

我国目前所谓不锈钢是指习惯型含义。不锈钢及耐热钢的主要成分为Cr和Ni。一般来说，不锈钢中最低铬的质量分数为12%～13%，对不锈耐酸钢来说，铬的质量分数不应低于17%。增加Ni或再提高Cr含量，耐腐蚀性或耐热性均可提高。

2. 不锈钢和耐热钢的区别

我国不锈钢和耐热钢采用相同的牌号，容易混淆。耐热钢是抗氧化钢和热强钢的总称。在高温下具有较好的抗氧化性并有一定强度的钢种称为抗氧化钢；在高温下有一定的抗氧化能力和较高强度的钢种称为热强钢。一般来说，耐热钢的工作温度要超过300～350℃。

如果将w_{Cr}>12%的耐腐蚀的钢泛称为不锈钢，则耐热钢中大部分也可称为不锈耐热钢，二者的区别主要是用途和使用环境条件不同。不锈钢主要是在温度不高的所谓湿腐蚀介质条件下使用，尤其是在酸、碱、盐等强腐蚀溶液中，耐腐蚀性能是其最关键、最重要的技术指标。耐热钢则是高温气体环境下使用，除耐高温腐蚀（如高温氧化，可谓干腐蚀的典型）为必要性能外，高温下的力学性能是评定耐热钢质量的基本指标。其次，不锈钢为提高耐晶间腐蚀等性能，碳含量越低越好，而耐热钢为保持高温强度，一般碳含量均较高。

一些不锈钢也可作为热强钢使用。而一些热强钢也可用作为不锈钢，可称为“耐热型”不锈钢。例如，同一牌号简称 18-8 的 07Cr19Ni11Ti 既可作为不锈钢，也可作为热强钢。而简称 25-20 的 Cr25Ni20、降低碳含量的 06Cr25Ni20 或 022Cr25Ni20 是作为不锈钢使用的；提高碳含量的 20Cr25Ni20 只能作为耐热钢使用。

4.1.2　不锈钢及耐热钢的分类

1. 按主要化学成分分类

（1）铬不锈钢　铬不锈钢是指 Cr 的质量分数 12% ~ 30% 的不锈钢，其基本类型为 Cr13 型。

（2）铬镍不锈钢　铬镍不锈钢指 Cr 的质量分数 12% ~ 30%，Ni 的质量分数 6% ~ 12% 和含其他少量元素的钢种，基本类型为 Cr18Ni9 钢。

（3）铬锰氮不锈钢　铬锰氮不锈钢属于节镍型奥氏体不锈钢，化学成分中部分镍被锰、氮替代，可减少镍的含量。氮作为固溶强化元素，可提高奥氏体不锈钢的强度而并不显著损害钢的塑性和韧性，同时提高钢的耐腐蚀性能，特别是耐局部腐蚀，如晶间腐蚀、点腐蚀和缝隙腐蚀等。这类钢种如 12Cr18Mn9Ni5N、12Cr17Mn6Ni5N 等。

2. 按用途分类

（1）不锈钢（指习惯型含义）　包括大气环境下及有浸蚀性化学介质中使用的钢，工作温度一般不超过 500℃，要求耐腐蚀，对强度要求不高。

应用最广泛的有高 Cr 钢（如 12Cr13、20Cr13）和低碳 Cr-Ni 钢（如 06Cr19Ni10、07Cr19Ni11Ti）或超低碳 Cr-Ni 钢（如 022Cr25Ni22Mo2N、022Cr22Ni5Mo3N 等）。耐蚀性要求高的尿素设备用不锈钢，常限定 $w_{C} \leqslant 0.02\%$、$w_{Cr} \geqslant 17\%$、$w_{Ni} \geqslant 13\%$、$w_{Mo} \geqslant 2.2\%$。耐蚀性要求更高的不锈钢，还须提高纯度，如 $w_{C} \leqslant 0.01\%$、$w_{P} \leqslant 0.01\%$、$w_{S} \leqslant 0.01\%$、$w_{Si} \leqslant 0.1\%$，即所谓高纯不锈钢。

（2）抗氧化钢　在高温下具有抗氧化性能的钢，它对高温强度要求不高，工作温度可高达 900 ~ 1100℃。常用的钢有高 Cr 钢（如 10Cr17、16Cr25Ni）和 Cr-Ni 钢（如 20Cr25Ni20、16Cr25Ni20Si2）。

（3）热强钢　在高温下既要有抗氧化能力，又要具有一定的高温强度，工作温度可高达 600 ~ 800℃。广泛应用的是 Cr-Ni 钢，如 07Cr19Ni11Ti、20Cr25Ni20 等。以 Cr12 为基的多元合金化高 Cr 钢（如 15Cr12MoWV）也是重要的热强钢。

3. 按组织分类

按空冷后的室温组织分类，是应用最广泛的分类方法。

（1）奥氏体钢　奥氏体钢是在高铬不锈钢中添加适当的镍（镍的质量分数为 8% ~ 25%）而形成的具有奥氏体组织的不锈钢。它是应用最广的一类，以高 Cr-Ni 钢最为典型。其中以 Cr18Ni18 为代表的系列简称 18-8 钢，如 06Cr19Ni10、07Cr19Ni11Ti（18-8Ti）、

12Cr18Mn9Ni5N、06Cr18Ni12Mo2Cu2（18-8Mo）等；其中以Cr25Ni20为代表的系列，简称25-20钢，如06Cr25Ni20、20Cr25Ni20等，还有25-35为代表的系列。供货状态多为固溶处理态。

（2）铁素体钢　显微组织为铁素体，铬的质量分数在11.5%~32.0%范围。主要用作耐热钢（抗氧化钢），也用作耐蚀钢，如10Cr17。高纯铁素体钢008Cr30Mo2（$w_{C+N}<$ 0.015%、$w_C \leq$0.010%）仅用于耐蚀条件。铁素体钢以退火状态供货。

（3）马氏体钢　显微组织为马氏体，这类钢中铬的质量分数为11.5%~18.0%。Cr13系列最为典型，如12Cr13、20Cr13、30Cr13、40Cr13及17Cr16Ni2，常用作不锈钢。以Cr12为基的15Cr12MoWV之类马氏体钢，用作热强钢。热处理对马氏体钢力学性能影响很大，须根据要求规定供货状态，或者是退火态，或者是淬火回火态。

（4）铁素体-奥氏体双相钢　钢中铁素体δ占60%~40%，奥氏体γ占40%~60%，故常称为双相不锈钢（Duplex Stainless Steels）。这类钢具有极其优异的抗腐蚀性能。典型的有18-5型、22-5型、25-5型，如022Cr18Ni5Mo3Si2N、022Cr22Ni5Mo3N、022Cr25Ni5Mo2N。与18-8钢相比，主要特点是提高Cr而降低Ni，同时常添加Mo和N。这类双相不锈钢以固溶处理态供货。

（5）沉淀硬化钢　经时效强化处理以形成析出硬化相的高强度钢，主要用作高强度不锈钢。典型的有马氏体沉淀硬化钢，如05Cr17Ni4Cu4Nb，简称17-4PH；半奥氏体（奥氏体+马氏体）沉淀硬化钢，如07Cr17Ni7Al，简称17-7PH。所以，也常称这类钢为PH不锈钢（Precipitation Hardening Stainless Steels）。

随着冶金技术的进步，上述五类钢种也得到较大发展，突出表现为陆续诞生超级奥氏体不锈钢、超级马氏体不锈钢、超级铁素体不锈钢、超级双相不锈钢以及马氏体时效不锈钢。

4.1.3　不锈钢及耐热钢的特性

1. 不锈钢的物理性能

不锈钢及耐热钢的物理性能与低碳钢有很大差异，见表4-1所示。组织状态同类的钢，其物理性能也基本相同。

表4-1　不锈钢及耐热钢的物理性能

类　型	钢　号	密度ρ（20℃）/g·cm^{-3}	比热容c（0~100℃）/J·(g·℃)$^{-1}$	热导率λ（100℃）/J·(cm·s·℃)$^{-1}$	线胀系数α（0~100℃）/μm·(m·℃)$^{-1}$	电阻率μ（20℃）/μΩ·(cm^2·cm^{-1})
铁素体钢	06Cr13	7.75	0.46	0.27	10.8	61
马氏体钢	12Cr13	7.75	0.46	0.25	9.9	57
	20Cr13	7.75	0.46	0.25	10.3	55
18-8型奥氏体钢	06Cr19Ni10	8.03	0.50	0.15	16.9	72
	07Cr19Ni11Ti	8.03	0.50	0.16	16.7	74
	07Cr17Ni12Mo2	8.03	0.50	0.16	16.0	74
25-20型奥氏体钢	20Cr25Ni20	8.03	0.50	0.14	14.4	78

一般地说，合金元素含量越多，热导率 λ 越小，而线胀系数 α 和电阻率 μ 越大。马氏体钢和铁素体钢的 λ 约为低碳钢的 1/2，其 α 与低碳钢大体相当。奥氏体钢的 λ 约为低碳钢的 1/3，其 α 则比低碳钢大 50%，并随着温度的升高，线胀系数的数值也相应地提高。由于奥氏体不锈钢这些特殊的物理性能，在焊接过程中会引起较大的焊接变形，特别是在异种金属焊接时，由于这两种材料的热导率和线胀系数有很大差异，会产生很大的残余应力，成为焊接接头产生裂纹的主要原因之一。

非奥氏体钢均显现磁性；奥氏体钢中只有 25-20 型及 16-36 型奥氏体钢不呈现磁性；18-8 型奥氏体钢在退火状态下虽无磁性，在冷作条件能显示出强磁性。

2. 不锈钢的耐蚀性能

不锈钢的主要腐蚀形式有均匀腐蚀、点腐蚀、缝隙腐蚀和应力腐蚀等。

(1) 均匀腐蚀　均匀腐蚀是指接触腐蚀介质的金属表面全部产生腐蚀的现象。均匀腐蚀使金属截面不断减少，对于被腐蚀的受力零件而言，会使其承受的真实应力逐渐增加，最终达到材料的断裂强度而发生断裂。对于硝酸等氧化性酸，不锈钢能形成稳定的钝化层，不易产生均匀腐蚀。而对硫酸等还原性酸，只含 Cr 的马氏体钢和铁素体钢不耐腐蚀，而含 Ni 的 Cr-Ni 奥氏体钢则显示了良好的耐腐蚀性。但若在含氯离子（Cl^-）的介质中，Cr-Ni 钢也很容易发生钝化层破坏而发生腐蚀。如果钢中含 Mo，在各种酸中均有改善耐蚀性的作用。双相不锈钢虽然是两相组织，由于相比例合适，并含足量的 Cr、Mo，其耐蚀性与含 Cr、Mo 数量相当的 Cr-Ni 奥氏体不锈钢相近。马氏体钢不适于强腐蚀介质中使用。

(2) 点腐蚀　点腐蚀是指在金属材料表面大部分不腐蚀或腐蚀轻微，而分散发生的局部腐蚀，又称坑蚀或孔蚀（Pitting Corrosion），常见蚀点的尺寸小于 1mm，深度往往大于表面孔径，轻者有较浅的蚀坑，严重的甚至形成穿孔。不锈钢常因 Cl^- 的存在而使钝化层局部破坏以至形成腐蚀坑。它是在介质作用下，由于表面有一些缺陷，如夹杂物、贫铬区、晶界、位错在表面暴露出来，使钝化膜在这些地方首先被破坏，从而使该局部遭到严重阳极腐蚀。可以通过以下几个途径防止点腐蚀：

1）减少氯离子含量和氧含量；加入缓蚀剂（如 CN^-、NO_3^-、SO_4^{2-} 等）；降低介质温度等。

2）在不锈钢中加入铬、镍、钼、硅、铜等合金元素。

3）尽量不进行冷加工，以减少位错露头处发生点腐蚀的可能。

4）降低钢中的含碳量。此外，添加氮也可提高耐点腐蚀性能。

判定不锈钢的耐点腐蚀性能时常采用“点蚀指数”（Pitting Index）PI 来衡量，即

$$PI = w_{Cr} + 3.3w_{Mo} + (13 \sim 16)w_N \tag{4-1}$$

一般希望 $PI > 35 \sim 40$。

Cr 的有利作用在于形成稳定氧化膜。Mo 的有利作用在于形成 MoO_4^{2-} 离子，吸附于表面活性点而阻止 Cl^- 入侵；N 的作用虽还无详尽了解，但知可与 Mo 协同作用，富集于表面膜中，使表面膜不易破坏。

(3) 缝隙腐蚀　在电解液中，如在氯离子环境中，不锈钢间或与异物接触的表面间存在间隙时，缝隙中溶液流动将发生迟滞现象，以至溶液局部 Cl^- 浓化，形成浓差电池，从而导致缝隙中不锈钢钝化膜吸附 Cl^- 而被局部破坏的现象称为缝隙腐蚀（Crevise Corrosion）。显然，与点腐蚀形成机理相比，缝隙腐蚀主要是介质的电化学不均匀性引起的。可以认为，

缝隙腐蚀和点腐蚀是具有共同性质的一种腐蚀现象。因此，能耐点腐蚀的钢都有耐缝隙腐蚀的性能，同样可用点蚀指数来衡量耐缝隙腐蚀倾向。

（4）晶间腐蚀　晶间腐蚀是指在晶粒边界附近发生的有选择性的腐蚀现象。受这种腐蚀的设备或零件，外观虽呈金属光泽，但因晶粒彼此间已失去联系，敲击时已无金属的声音，钢质变脆。晶间腐蚀多半与晶界层“贫铬”现象有联系。

奥氏体不锈钢会发生晶间腐蚀是由于这类钢加热到450~850℃温度区间会发生敏化，其机理是过饱和固溶的碳向晶粒边界扩散，与晶界附近的铬结合形成铬的碳化物 $Cr_{23}C_6$ 或（Fe，Cr）C_6（常写成 $M_{23}C_6$），并在晶界析出，由于碳比铬的扩散快得多，铬来不及从晶内补充到晶界附近，以至于邻近晶界的晶粒周边层Cr的质量分数低于12%，即所谓“贫铬”现象，从而造成晶间腐蚀。若钢中含碳量低于其溶解度，即超低碳（$w_C \leqslant 0.015\% \sim 0.03\%$），就不致有 $Cr_{23}C_6$ 析出，因而不会产生贫铬现象。如果钢中含有能形成稳定碳化物的元素Nb或Ti，并经稳定化处理（加热850℃×2h空冷），使之优先形成NbC或TiC，则不会再形成 $Cr_{23}C_6$，也不会产生贫Cr现象。对于钢材，希望 $w_{Nb} \geqslant 10 \times (w_C - 0.015)$、$w_{Ti} \geqslant 6 \times (w_C - 0.015)$。

高Cr铁素体钢也有晶间腐蚀倾向，但与Cr-Ni奥氏体钢正相反，从高温（Cr17约为1100~1200℃，Cr25约为1000~1200℃）急冷下来时就产生了晶间腐蚀倾向；再经650~850℃加热缓冷以后反而消除了晶间腐蚀倾向。这是由于碳在铁素体中的溶解度比在奥氏体中小得多，易于沉淀，而且碳在铁素体中的扩散速度也比较大，在从高温急冷过程中实际已等于“敏化”而形成了 $Cr_{23}C_6$，因而在晶粒边界发生贫Cr现象。再次在650~850℃加热，相当于稳定化处理，由于促使Cr的扩散均匀化，于是贫Cr层消失。

有时也会见到未经敏化加热，未见 $Cr_{23}C_6$ 析出，而呈现晶间腐蚀倾向的现象。超低碳不锈钢也会有晶间腐蚀倾向。上述这些都难以用贫铬理论说明。由于P、Si等杂质沿晶间偏析而导致晶间腐蚀，发现P在晶间偏析是晶内的100倍。Si则促进磷化物的形成。沿晶界沉淀第二相（如δ相、富Cr的α′相）也会增大晶间腐蚀倾向，为此必须开发高纯度不锈钢。

固溶处理可以改善耐晶间腐蚀性能。为改善耐晶间腐蚀性能，应适当提高钢中铁素体化元素（Cr、Mo、Nb、Ti、Si等），同时降低奥氏体化元素（Ni、C、N）。如果奥氏体钢中能存在一定数量的铁素体相，晶间腐蚀倾向可显著减小。含有一定数量的δ相的双相不锈钢，在耐晶间腐蚀性能上优于单相奥氏体钢，这与存在均匀弥散分布的铁素体相有关。一般说来，奥氏体化元素多富集于γ相中，敏化加热时，富Cr碳化物最易形成于两相界面的δ相一侧，且因Cr在δ相中扩散快，Cr易均匀化，而不致形成贫铬层。δ相不多时，常以孤岛状被γ相包围。δ相增多时，由于同γ相共存而呈弥散状态，不能形成连续网状晶界。所以，即使出现局部贫Cr，也不致增大晶间腐蚀倾向。钼的作用在于使Cr的扩散速度增大，因而对耐蚀是有益的。

（5）应力腐蚀　应力腐蚀也称应力腐蚀开裂（Stress Corrosion Cracking，简称SCC），是指不锈钢在特定的腐蚀介质和拉应力作用下出现的低于强度极限的脆性开裂现象。不锈钢的应力腐蚀大部分是由氯引起的。高浓度苛性碱、硫酸水溶液等也会引起应力腐蚀。

Cr-Ni奥氏体不锈钢因氯化物引起的SCC主要属于伴随阳极溶解而产生的开裂，称为APC（Active Path Corrosion）。但在有较多δ相存在时，在高压加氢或含 H_2S 的介质中也会产生就阴极氢脆开裂，即HEC（Hydrogen Embrittlement Cracking）。马氏体钢和铁素体钢更易产生 HEC 性质应力腐蚀。钢的硬度越高，越易产生 HEC。

Cr-Ni 奥氏体不锈钢耐氯化物 SCC 的性能，随 Ni 含量的提高而增大。所以，25-20 钢比 18-8 钢具有好的耐 SCC 性能。含 Mo 钢对抗 SCC 不太有利，18-8Ti 比 18-8Mo 具有高的抗 SCC 性能。

铁素体不锈钢比奥氏体不锈钢具有好的耐 SCC 的性能，但在 Cr17 或 Cr25 中添加少量 Ni 或 Mo，会增大在 42% $MgCl_2$ 溶液中对 SCC 的敏感性。

双相不锈钢的 SCC 敏感性与两相的相比例有关，δ 相为 40% ~ 50% 时具有最好的耐 SCC 的性能。其原因有如下解释：

1）δ 相屈服强度高而可承受压应力。

2）δ 相对于 γ 相起阴极保护作用。

3）第二相 δ 对裂纹扩展有阻碍作用，但应力高时阻碍作用降低。

3. 不锈钢及耐热钢的高温性能

耐热性能是指高温下，既有抗氧化或耐气体介质腐蚀的性能即热稳定性，同时又有足够的强度即热强性。

（1）高温性能　高温性能是指不锈钢表面形成的钝化膜不仅具有抗氧化和耐腐蚀的性能，而且还可提高使用温度。例如，当在某种标准评定的条件下，若单独应用铬来提高钢的耐氧化性，介质温度达到 800℃ 时，则要求铬的质量分数需达到 12%；而在 950℃ 下耐氧化时，则要求铬的质量分数为 20%；当铬的质量分数达到 28% 时，在 1100℃ 也能抗氧化。18-8 型不锈钢不仅在低温时具有良好的力学性能，而且在高温时又有较高的热强性，它在温度 900℃ 的氧化性介质和温度 700℃ 的还原性介质中，都能保持其化学稳定性，也常用作耐热钢。

Cr 或 Cr-Ni 耐热钢因热处理制度不同，在常温下可具有不同的性能。例如，退火状态的 20Cr13 钢其抗拉强度 R_m 为 630MPa，1038℃ 淬火 + 320℃ 回火时 R_m 达 1750MPa，但断后伸长率只有 8%；07Cr19Ni11Ti（18-8Ti）固溶处理状态 R_m 仅为 600MPa，但 A 可高达 55%。

（2）合金化问题　耐热钢的高温性能中首先要保证抗氧化性能。为此钢中一般均含有 Cr、Si 或 Al，可形成致密完整的氧化膜而防止继续发生氧化。

热强性是指在高温下长时间工作时对断裂的抗力（持久强度），或在高温下长时间工作时抗塑性变形的能力（抗蠕变能力）。为提高钢的热强性，其措施主要是：

1）提高 Ni 量以稳定基体，利用 Mo、W 固溶强化，提高原子间结合力。

2）形成稳定的第二相，主要是碳化物相（MC、M_6C 或 $M_{23}C_6$）。因此，为提高热强性希望适当提高碳含量（这一点恰好同不锈钢的要求相矛盾）。若能同时加入强碳化物形成元素 Nb、Ti、V 等就更有效。

3）减少晶界和强化晶界，如控制晶粒度并加入微量硼或稀土等。

（3）高温脆化问题　耐热钢在热加工或长期工作中，可能产生脆化现象。除了 Cr13 钢在 550℃ 附近的回火脆性、高铬铁素体钢的晶粒长大脆化，以及奥氏体钢沿晶界析出碳化物所造成的脆化之外，值得注意的还有 475℃ 脆性和 σ 相脆化。

475℃ 脆性主要出现在 Cr 的质量分数超过 15% 的铁素体钢中。在 430 ~ 480℃ 之间长期加热并缓冷，就可导致在常温时或负温时出现强度升高而韧性下降的现象，称之为 475℃ 脆性。目前对其机理认识不一致：一种说法是，在 Fe-Cr 合金系中以共析反应的方式时效沉淀，析出富 Cr 的 α′ 相（体心立方结构）所致；也有的认为是析出了有序固溶体 Fe_3Cr 或

FeCr，这种新相的析出是产生475℃脆性的原因。杂质对475℃脆性有促进作用。所以，高纯度有利于抑制475℃脆性。已产生475℃脆性的钢，在600～700℃加热保温1h空冷，可以恢复原有性能。

σ相是Cr的质量分数约45%的典型FeCr金属间化合物，无磁性，硬而脆。在纯Fe-Cr合金中，$w_{Cr}>20\%$即可产生σ相。当存在其他合金元素，特别是存在Mn、Si、Mo、W等时，会促使在较低Cr含量下即形成σ相，而且可以是三元组成，如FeCrMo。Ni、C、N因可减少δ相而有减轻σ相形成的作用。因为最容易发生δ→σ。高Cr-Ni奥氏体钢，如25-20钢也可发生γ→σ。σ相硬度高达68HRC以上，而且多半分布在晶界，显著降低韧性。

4.1.4　Fe-Cr、Fe-Ni相图及合金元素的影响

1. Fe-Cr相图

图4-1是Fe-Cr二元合金相图。铬是缩小奥氏体相区的元素，在其质量分数约大于12%时，奥氏体相区完全消失。这就意味$w_{Cr}>12\%$的合金不发生γ-α转变，因而也不会发生晶粒细化和硬化。Cr是强铁素体形成元素，因此在整个的合金范围内，铁素体都可以从液体金属中析出。当含Cr量较高时，脆硬的σ相在约820℃从δ铁素体开始析出。σ相中Cr含量高，所以会发生脆化。由于σ相在晶界析出，消耗了基体中的大量铬，使抗蚀性下降。在低于600℃时，α(δ)铁素体偏析形成低Cr的α铁素体和高Cr的α′铁素体，这就是不锈钢的475℃脆化。

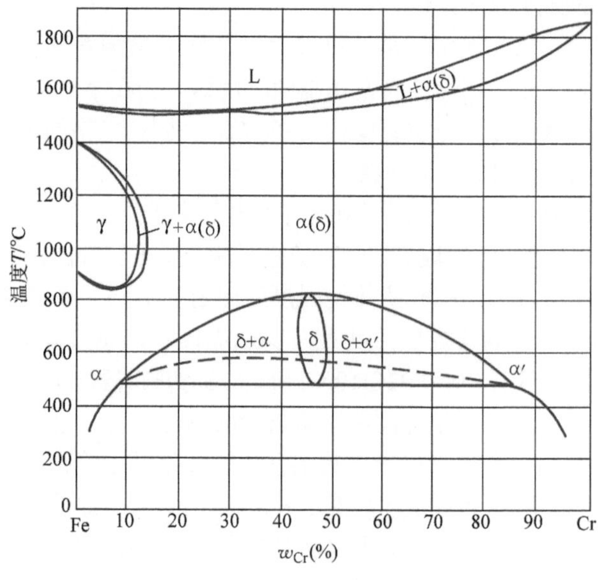

图4-1　Fe-Cr二元合金相图

2. Fe-Ni相图

图4-2所示为Fe-Ni二元合金相图。与Cr相反，Ni是强奥氏体形成元素。例如，当$w_{Ni}>5\%$以上时，金属熔液就不再凝固为δ铁素体，而是形成奥氏体。铁素体的形成被限制在一个很小的铁素体相区角上。随后再冷却到1400～1500℃时，铁素体又转变成奥氏体。这个转变是包晶反应。凝固形成的γ奥氏体相当稳定，但这一过程有时易于形成偏析。

与Cr不同，Ni是扩大奥氏体相区元素。随着Ni含量的增加，奥氏体向铁素体的转变转移到更低的温度900～350℃，使奥氏体组织很稳定，快速冷却时，在很低的温度下，甚至在室温，都能保持奥氏体组织。因为奥氏体向铁素体转变被完全抑制，所以这种钢无法再硬化。由于奥氏体是无磁性的，所以在磁铁的帮助下，很容易与铁素体钢区分开。在Fe-Ni系中无脆性相。

3. 合金元素对相图的影响

(1) 碳的影响　不锈钢中，碳首先和铬形成化合物，其次是铁。碳是强奥氏体化元素，会使γ相区增大，而δ相区减小。在723℃的纯铁中，碳在γ相中的溶解度是α相中的40

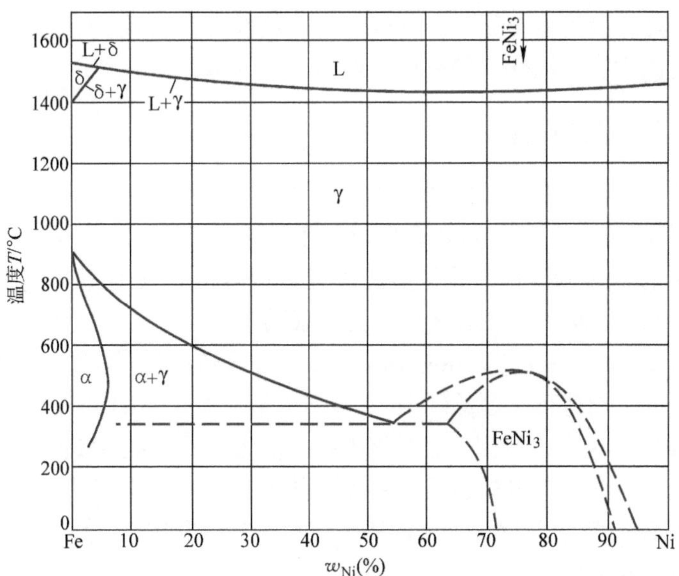

图 4-2　Fe-Ni 二元合金相图

倍，可以认为不锈钢中的奥氏体晶粒对碳具有良好的溶解性。但是，由于铬元素具有强烈的形成 $M_{23}C_6$ 碳化物倾向，即使是在碳含量很低的情况下也可以生成，使得碳在奥氏体中活性降低，不锈钢中碳的溶解度大大降低。

碳还影响 σ 相的形成。增加碳含量将使碳化物含量增加，部分铬转变为 $M_{23}C_6$ 高铬碳化物。因而基体中铬的含量减少，σ 相析出减缓。从相图上看，σ 相区缩小。

（2）氮的影响　氮是强奥氏体化元素。氮比碳在奥氏体铬-镍不锈钢中的溶解度高得多，并随着铬含量的增加而快速增加，因此氮在奥氏体不锈钢中不易形成脆性析出相。

不锈钢中如果氮的溶解度超出了极限，氮就会以铬氮化合物的形式 Cr_2N 析出。对于不能溶解氮的析出相，如 $M_{23}C_6$ 型碳化物，氮还可以延长这些相的析出时间。不锈钢中，N、C 对 σ 相析出的影响是相似的。这两种元素都使 Fe-Cr-Ni 系中 σ 相析出曲线向 Cr 含量更高的方向移动。

（3）钼的影响　同 Cr 元素一样，Mo 也是铁素体形成元素。Mo 对 γ 相区有强烈的缩小作用，C 对 γ 相区有强烈的扩大作用，通过调整 Cr、Mo、C 的相对含量，就完全可以避免或保留一定量的铁素体。Mo 的存在还会使 γ 相区的边界向高温区迁移。因此，含钼的铬不锈钢比不含钼的铬不锈钢转变成 γ 相的温度更高。此外，由于 Mo 的存在，σ 相区向低铬高镍迁移，$w_{Mo}=2\%\sim3\%$ 时，Laves（分子式为 Fe_2Mo）相和 Chi 相（分子式为 $Fe_{36}Cr_{12}Mo_{10}$）即可开始析出，这两种相对含钼不锈钢及其焊缝金属的韧性和抗腐蚀性能有害。

（4）锰的影响　Mn 是奥氏体形成元素，与 Ni 相似，会扩大 γ 相区，使 γ-α 的转变向低温移动，使得奥氏体组织在室温下也很稳定，但其对奥氏体化的影响比镍弱。锰的影响有两方面：一是可以防止在奥氏体焊缝中的热裂纹；二是提高氮的溶解度。

4.2　奥氏体不锈钢的焊接

奥氏体不锈钢是不锈钢中最重要的钢种，生产量和使用量约占不锈钢总产量及用量的

70%。这类钢是一种十分优良的材料，有极好的抗腐蚀性和生物相容性，因而在化学工业、沿海、食品、生物医学、石油化工等领域中得到广泛应用。

4.2.1 奥氏体不锈钢的类型

常用的奥氏体型不锈钢根据其主要合金元素 Cr、Ni 的含量不同，可分为如下三类：

（1）18-8 型奥氏体不锈钢　18-8 型奥氏体不锈钢是应用最广泛的一类奥氏体不锈钢，也是奥氏体型不锈钢的基本钢种，其他奥氏体钢的钢号都是根据不同使用要求而衍生出来的，主要牌号有 12Cr18Ni9 和 06Cr18Ni10。为克服晶间腐蚀倾向，又开发了含有稳定元素的 18-8 型不锈钢，如 07Cr19Ni11Ti 和 06Cr18Ni11Nb 等。随着熔炼技术的提高，采用真空冶炼降低了钢中的含碳量，制造出了超低碳 18-8 型不锈钢，如 022Cr19Ni10 等。

（2）18-12Mo 型奥氏体不锈钢　这类钢中钼的质量分数一般为 2%～4%。由于 Mo 是缩小奥氏体相区的元素，为了固溶处理后得到单一的奥氏体相，在钢中 Ni 的质量分数要提高到 10% 以上。这类钢的牌号有 06Cr17Ni12Mo2、06Cr17Ni12Mo2Ti 等。它与 18-8 型不锈钢相比，具有更高的耐点腐蚀性能。

（3）25-20 型奥氏体不锈钢　这类钢铬、镍含量很高，具有很好的耐腐蚀性能和耐热性能。由于含镍量很高，奥氏体组织十分稳定，但当 Cr 的质量分数高于 16.5% 时，在高温长期服役会有 σ 相脆化倾向，牌号有 06Cr25Ni20 等。

4.2.2 奥氏体不锈钢焊接性分析

1. 奥氏体不锈钢焊接接头的耐蚀性

（1）晶间腐蚀　18-8 不锈钢焊接接头有三个部位能出现晶间腐蚀现象，如图 4-3 所示。在同一个接头并不能同时看到这三种晶间腐蚀的出现，这取决于钢和焊缝的成分。出现敏化区腐蚀就不会有熔合区腐蚀。焊缝区的腐蚀主要取决于焊接材料。在正常情况下，现代技术水平可以保证焊缝区不会产生晶间腐蚀。

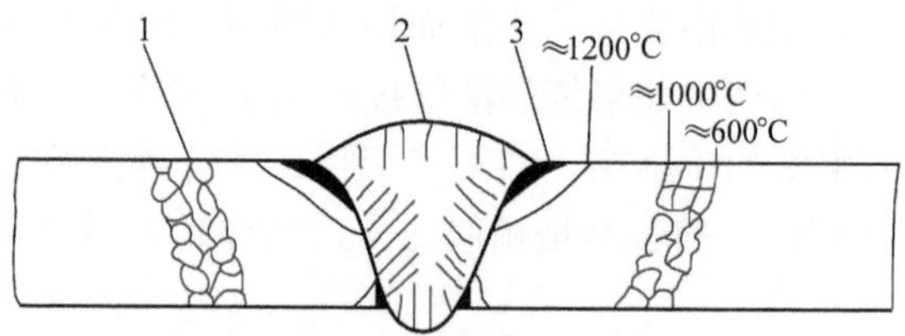

图 4-3　18-8 不锈钢焊接接头可能出现晶间腐蚀的部位

1—热影响区敏化区　2—焊缝区　3—熔合区

1）焊缝区晶间腐蚀。根据贫铬理论，为防止焊缝发生晶间腐蚀：一是通过焊接材料，使焊缝金属或者成为超低碳情况，或者含有足够的稳定化元素 Nb（因 Ti 不易过渡到焊缝中而不采用 Ti），一般希望 $w_{Nb} \geqslant 8w_C$ 或 $w_{Nb} \approx 1\%$；二是调整焊缝成分以获得一定数量的铁素体（δ）相。

如果母材不是超低碳不锈钢，采用超低碳焊接材料未必可靠，因为熔合比的作用会使母材向焊缝增碳。

焊缝中 δ 相的有利作用如下：

① 可打乱单一 γ 相柱状晶的方向性，不致形成连续贫 Cr 层。

② δ 相富 Cr，有良好的供 Cr 条件，可减少 γ 晶粒形成贫 Cr 层。因此，常希望焊缝中存在 4%～12% 的 δ 相。过量 δ 相存在，多层焊时易促使形成 σ 相，且不利于高温工作。在尿素之类介质中工作的不锈钢，如含 Mo 的 18-8 钢，焊缝最好不含 δ 相，否则易产生 δ 相选择

腐蚀。

为获得 δ 相，焊缝成分必然不会与母材完全相同，一般须适当提高铁素体化元素的含量，或者说提高 Cr_{eq}/Ni_{eq} 的值。Cr_{eq} 称为铬当量，为把每一铁素体化元素，按其铁素体化的强烈程度折合成相当若干铬元素后的总和。Ni_{eq} 称为镍当量，为把每一奥氏体化元素折合成相当若干镍元素后的总和。已知 Cr_{eq} 及 Ni_{eq} 即可确定焊缝金属的室温组织。图 4-4 所示是应用最广的焊缝组织图，是舍夫勒（Schaeffler）最早于 1949 年根据焊条电弧焊条件所确定的，所以又称“舍夫勒图”。这种组织图把室温组织与 Cr_{eq} 和 Ni_{eq} 所表示的焊缝成分联系起来。为了考虑氮的影响，Ni_{eq} 应计入 N 的作用，曾提出几个改进的组织图，其中如德龙图，在 Ni_{eq} 计算中考虑 N 而加进一项 30N。而对 Mn、N 强化的不锈钢，有 1982 年提出的改进舍夫勒图，其 Ni_{eq} 和 Cr_{eq} 的计算式为

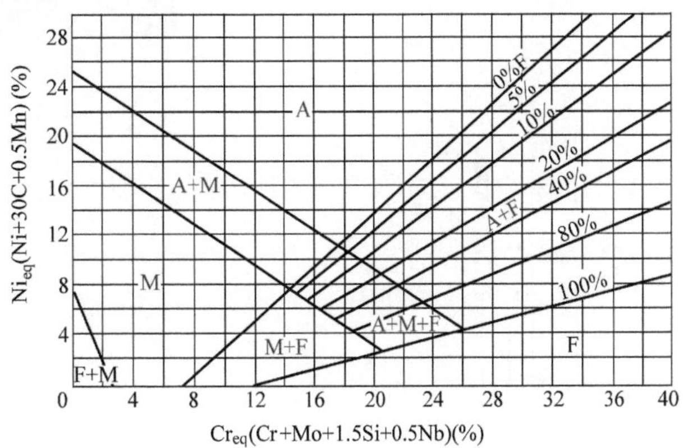

图 4-4　舍夫勒焊缝组织图（1949 年）

$$Cr_{eq} = Cr + Mo + 1.5Si + 0.5Nb + 3Al + 5V(\%) \tag{4-2}$$

$$Ni_{eq} = Ni + 30C + 0.87Mn + K(N - 0.045) + 0.33Cu(\%) \tag{4-3}$$

式中，系数 K 与 N 含量有关：$w_N = 0.0\% \sim 0.20\%$ 时，$K=30$；$w_N = 0.21\% \sim 0.25\%$ 时，$K=22$；$w_N = 0.26\% \sim 0.35\%$ 时，$K=20$。

上述焊缝组织图只是针对一般焊条电弧焊条件下考虑化学成分的影响。如果试验结晶条件变化，如焊接方法不同或冷却速度增大，将会是另外一种情况。冷却速度增大时，A + F 区域将显著减小，δ 相含量 $\delta_0\%$ 线向右下方偏移，$\delta_{100}\%$ 线则向左上方偏移，这意味着易于获得单相 A 或单相 F 组织。

2）热影响区敏化区晶间腐蚀。所谓热影响区（HAZ）敏化区晶间腐蚀是指焊接热影响区中加热峰值温度处于敏化加热区间的部位（故称敏化区）所发生的晶间腐蚀。06Cr19Ni10 不锈钢热影响区敏化区晶间腐蚀如图 4-5 所示。

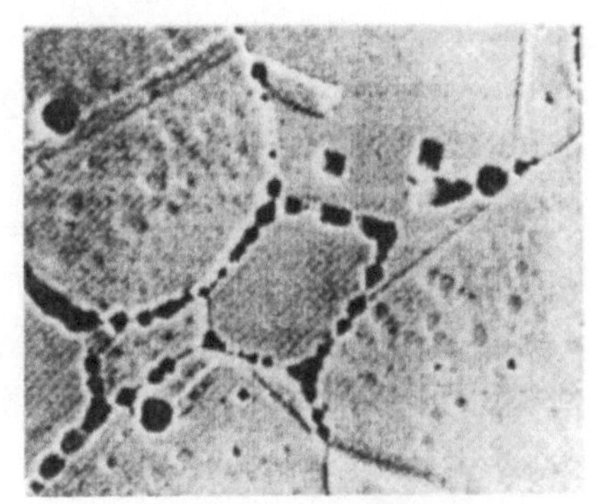

图 4-5　06Cr19Ni10 不锈钢热影响区敏化区晶间腐蚀

显然只有 18-8 钢才会有敏化区存在，含 Ti 或 Nb 的 18-8Ti 或 18-8Nb，以及超低碳 18-8 钢不易有敏化区出现。对于 $w_C = 0.05\%$ 和 06Cr19Ni10 不锈钢来说，$Cr_{23}C_6$ 的析出温度为 600 ~ 850℃，TiC 的则高达 1100℃，如图 4-6 所示。可见，如果冷却速度快，铬碳化物就不会析出。为防止 18-8 钢敏化区腐蚀，在焊接工艺上应采取小热输入、快速焊过程，以减少处于敏化加热的时间。

3）刀状腐蚀。在熔合区产生的晶间腐蚀，有如刀削切口形式，故称为“刀状腐蚀”

(Knife-line Corrosion)，简称刀蚀，如图 4-7 所示。腐蚀区宽度初期不超过 3～5 个晶粒，逐步扩展到 1.0～1.5mm。

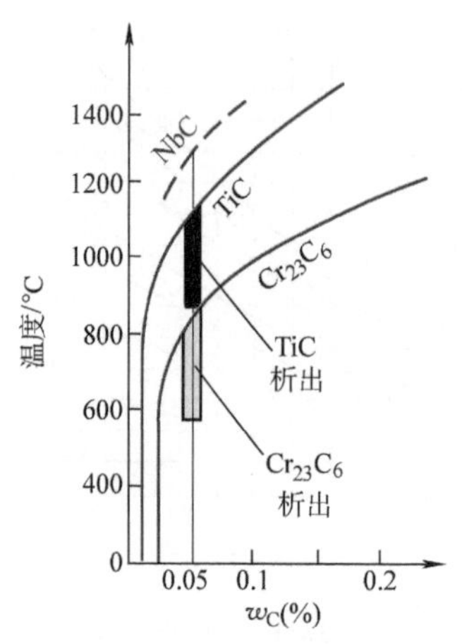

图 4-6 06Cr19Ni10 不锈钢中碳化物溶解曲线

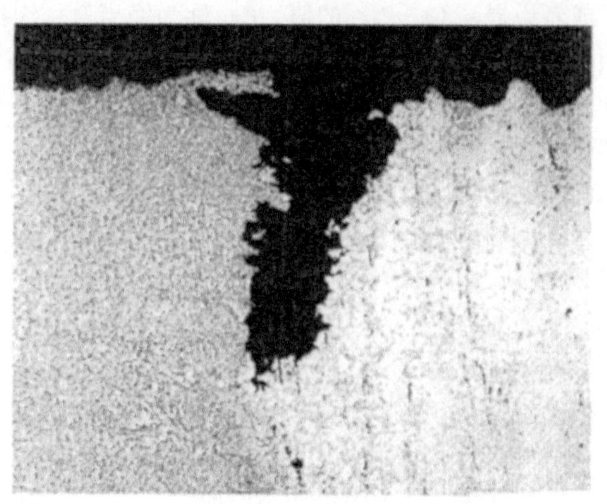

图 4-7 不锈钢刀状腐蚀形貌 500×

刀状腐蚀只发生在含 Nb 或 Ti 的 18-8Nb 和 18-8Ti 钢的熔合区，其实质也是与 $M_{23}C_6$ 沉淀而形成贫 Cr 层有关。以 18-8Ti 为例，如图 4-8a 所示，焊前为 1050～1150℃水淬固溶处理态，$M_{23}C_6$ 全部固溶，TiC 则呈现沉淀游离态（因 TiC 在固溶处理时大部分不能固溶）。经过焊接后，在焊态下的熔合区，由于经历了 1200℃以上的高温过热作用，发生的变化是 TiC 将大部分固溶，峰值温度越高，TiC 固溶量越大，如图 4-8b 所示。TiC 溶解时分离出来的碳原子插入到奥氏体点阵间隙中，Ti 则占据奥氏体点阵节点空缺位置。冷却时活泼的碳原子趋向奥氏体晶粒周边运动，Ti 来不及扩散而保留在原地，因而碳将析集于晶界附近而成为过饱和状态，这已为示踪原子 C^{14} 自射线照相所证实。这种状态若再经 450～850℃中温敏化加热，如图 4-8c 所示，将发生 $M_{23}C_6$ 沉淀，与之相对应地形成了晶界贫 Cr 区（图 4-8c 的影线区域）。越靠近熔合区，贫 Cr 越严重，因此可形成"刀状腐蚀"。显然，高温过热和中温敏化相继作用，是刀口腐蚀的必要条件，但不含 Ti 或 Nb 的 18-8 钢不应有刀状腐蚀发生。超低碳不锈钢不但不发生敏化区腐蚀，也不会有刀状腐蚀。

18-8Ti 和 18-8Nb 钢，最好控制 $w_C<0.06\%$。焊接时尽量减少过热，如尽量避免交叉焊缝和采用小的热输入。面向腐蚀介质的一面无法放在最后施焊时，应调整焊缝尺寸和焊接参数，使另一面焊缝焊接时所产生的实际敏化加热热影响区不落在第一面的表面过热区上。此外，稀土元素如 La、Ce 可加速碳化物在晶内的沉淀，可有效地防止刀状腐蚀，如图 4-9 所示。

（2）应力腐蚀开裂（SCC）

1）腐蚀介质的影响。应力腐蚀的最大特点之一是腐蚀介质与材料组合上的选择性，在此特定组合之外不会产生应力腐蚀。例如，在 Cl^- 的环境中，18-8 不锈钢的应力腐蚀不仅与溶液中 Cl^- 离子有关，而且还与其溶液中氧含量有关。Cl^- 离子浓度很高、氧含量较少或 Cl^- 离子浓度较低、氧含量较高时，均不会引起应力腐蚀。

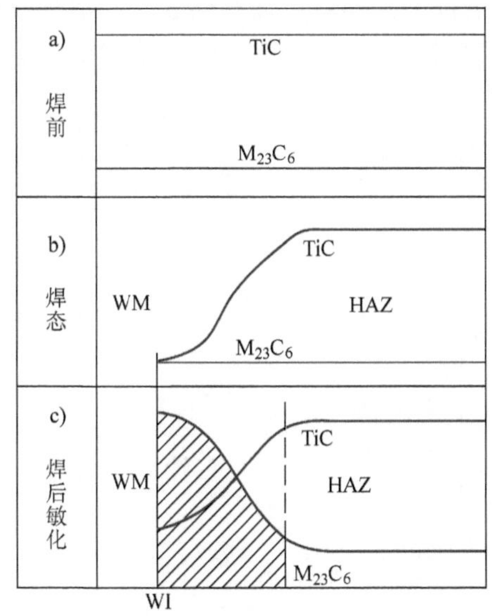

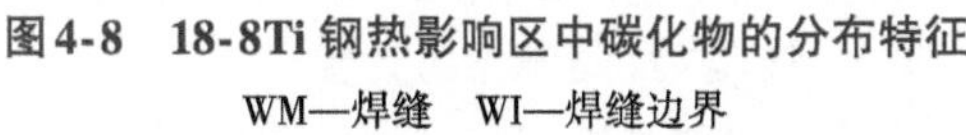
图 4-8　18-8Ti 钢热影响区中碳化物的分布特征
WM—焊缝　WI—焊缝边界

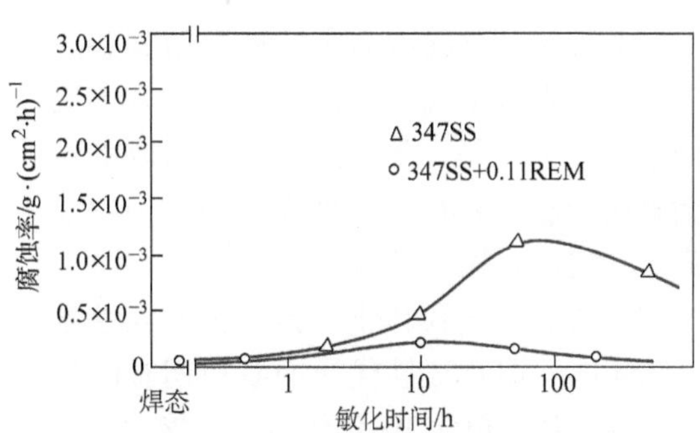

图 4-9　稀土元素对刀状腐蚀的影响

2）焊接应力的作用。应力腐蚀开裂是应力和腐蚀介质共同作用的结果。由于低热导率及高热胀系数，不锈钢焊后常常产生较大的残余应力。应力腐蚀开裂的拉应力中，来源于焊接残余应力的超过 30%，焊接拉应力越大，越易发生应力腐蚀开裂。在含氯化物介质中，引起奥氏体钢 SCC 的临界拉应力 σ_{th}，接近奥氏体钢的屈服强度 R_{eL}，即 $\sigma_{th} \approx R_{eL}$。在高温高压水中，引起奥氏体钢 SCC 的 σ_{th} 远小于 R_{eL}。而在 $H_2S_xO_6$ 介质中，由于晶间腐蚀领先，应力则起到了加速作用，此时可认为 $\sigma_{th} \approx 0$。典型的应力腐蚀裂纹如图 4-10 所示。

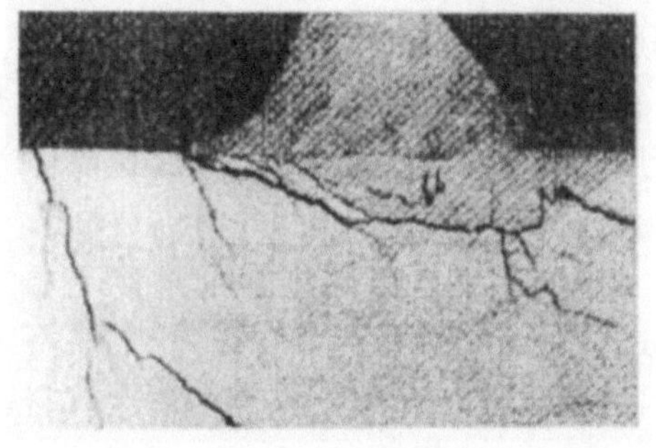

图 4-10　06Cr17Ni12Mo2 不锈钢焊趾处的应力腐蚀裂纹　10×

为防止应力腐蚀开裂，从根本上看，退火消除焊接残余应力最为重要。残余应力消除程度与“回火参数”LMP（Larson Miller Parameter）有关，即

$$\mathrm{LMP} = T(\lg t + 20) \times 10^{-3} \tag{4-4}$$

式中，T 为加热温度（K）；t 为保温时间（h）。

LMP 越大，残余应力消除程度越大。例如，18-8Nb 钢管，外径为 ϕ125mm，壁厚 25mm，焊态时的焊接残余应力 $\sigma_R = 120$MPa。消除应力退火后，LMP≥18 时才开始使 σ_R 降低；当 LMP≈23 时，$\sigma_R \approx 0$。

应指出，为消除应力，加热温度 T 的作用效果远大于加热保温时间 t 的作用。

3）合金元素的作用。应力腐蚀开裂大多发生在合金中，在晶界上的合金元素偏析引起合金晶间开裂是应力腐蚀的主要因素之一。对于焊缝金属，选择焊接材料具有重要意义。从组织上看，焊缝中含有一定数量的 δ 相有利于提高氯化物介质中的耐 SCC 性能，但却不利于防止 HEC 型的 SCC，因而在高温水或高压加氢的条件下工作就可能有问题。在氯化物介质中，提高 Ni 可提高抗应力腐蚀能力。Si 能使氧化膜致密，因而是有利的；加 Mo 则会降低 Si 的作用。但如果 SCC 的根源是点蚀坑，则因 Mo 有利于防止点蚀，会提高耐 SCC 性能。超低碳有利于提高抗应力腐蚀开裂性能，如图 4-11 所示。

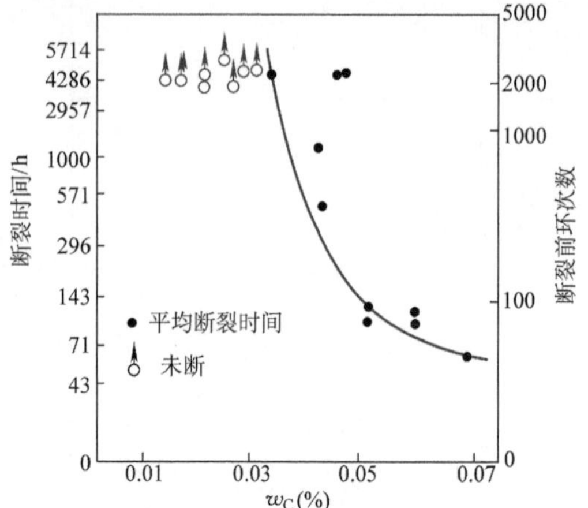

图 4-11　18-8 钢管焊接接头 SCC 断裂时间与材料含碳量的关系

（介质——288℃纯水；应力——$\sigma_{0.2}\times1.36$ 方波交变应力，保持 75min/cycle）

综上所述，引起应力腐蚀开裂须具备三个条件：首先是金属在该环境中具有应力腐蚀开裂的倾向；其次是由这种材质组成的结构接触或处于选择性的腐蚀介质中；最后是有高于一定水平的拉应力。

（3）点蚀　奥氏体钢焊接接头有点蚀倾向，其实即使耐点蚀性优异的双相钢有时也会有点蚀产生。但含 Mo 钢耐点蚀性能比不含 Mo 的要好，如 18-8Mo 就比 18-8 耐点蚀性能好。现已几乎将点蚀视为首要问题，因为点蚀更难控制，并常成为应力腐蚀的裂源。点蚀指数 PI 越小的钢，点蚀倾向越大。最容易产生点蚀的部位是焊缝中的不完全混合区，其化学成分与母材相同，但却经历了熔化与凝固过程，应属焊缝的一部分。焊接材料选择不当时，焊缝中心部位也会有点蚀产生，其主要原因应归结为耐点蚀成分 Cr 与 Mo 的偏析。例如，奥氏体钢 Cr22Ni25Mo 中 $w_{Mo}=3\%\sim12\%$，在钨极氩弧焊（TIG）时，枝晶晶界 Mo 量与其晶轴 Mo 量之比（即偏析度）达 1.6，Cr 偏析度达 1.25。因而晶轴负偏析部位易于产生点蚀。总之，TIG 自熔焊接所形成的焊缝均易形成点蚀，甚至填送同质焊丝时也是如此，仍不如母材。

为提高耐点蚀性能，一方面须减少 Cr、Mo 的偏析；一方面采用较母材更高 Cr、Mo 含量的所谓“超合金化”焊接材料（Overalloyed Filler Metal）。提高 Ni 含量，晶轴中 Cr、Mo 的负偏析显著减少，因此采用高 Ni 焊丝应该有利。如图 4-12 所示，常采用所谓“临界点蚀温度”CPT（Critical Pitting Temperature）来评价耐点蚀性能。能引起点蚀的最低加热温度，称为 CPT。

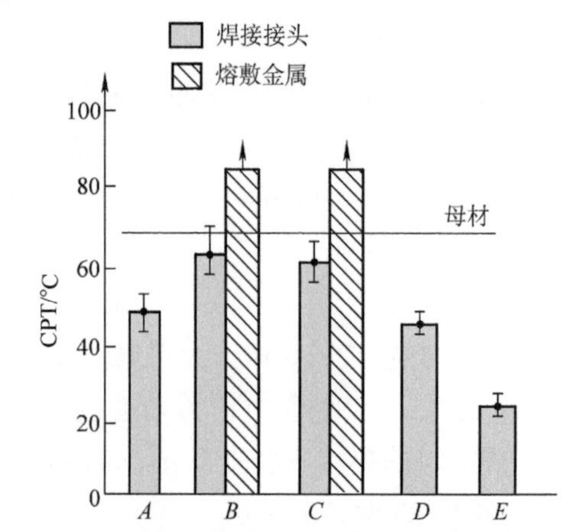

图 4-12　不同焊丝 TIG 焊时的临界点蚀温度（CPT）

（6% Fe_3Cl + 0.05% NHCl，24h 浸）

A—022Cr23Ni24Mo8.4N0.29　*B*—022Cr22Ni62Mo8.5N0.11　*C*—022Cr22Ni62Mo8.7Nb3.4　*D*—不填丝　*E*—022Cr19Ni13Mo3.7N0.03

图 4-12 中所用母材为 015Cr20Ni18Mo6CuN。除了 *D* 为自熔 TIG 焊，其余均为填丝 TIG 焊。由图 4-12 可见，除了采用 *B*、*C* 两种 Ni 基合金焊丝，其余情况下焊接接头的临界点蚀温度 CPT 值均低于母材的 CPT 值（为 65～70℃）。自熔焊接的接头，其 CPT 刚刚达到 45℃。

A 的情况，Mo、Ni、Cr 均提高含量，虽已成为“超合金化”匹配，但仍达不到母材的水平。标准不锈钢焊丝 ER317L（即 022Cr19Ni13Mo4N）完全不能适应要求。

由此可以得出结论：

1）为提高耐点蚀性能不能进行自熔焊接。

2）焊接材料与母材必须“超合金化”匹配。

3）必须考虑母材的稀释作用，以保证足够的合金含量。

4）提高 Ni 量有利于减少微观偏析，必要时可考虑采用 Ni 基合金焊丝。

2. 热裂纹

奥氏体钢焊接时，在焊缝及近缝区都有产生裂纹的可能性，主要是热裂纹。最常见的是焊缝凝固裂纹。热影响区近缝区的热裂纹大多是所谓液化裂纹。在大厚度焊件中也有时见到焊道下裂纹。

（1）奥氏体钢焊接热裂纹的原因　与一般结构钢相比较，Cr-Ni 奥氏体钢焊接时有较大热裂倾向，主要与下列特点有关：

1）奥氏体钢的热导率小和线胀系数大，在焊接局部加热和冷却条件下，接头在冷却过程中可形成较大的拉应力。焊缝金属凝固期间存在较大拉应力是产生热裂纹的必要条件。

2）奥氏体钢易于联生结晶形成方向性强的柱状晶的焊缝组织，有利于有害杂质偏析，而促使形成晶间液膜，显然易于促使产生凝固裂纹。

3）奥氏体钢及焊缝的合金组成较复杂，不仅 S、P、Sn、Sb 之类杂质可形成易溶液膜，一些合金元素因溶解度有限（如 Si、Nb），也能形成易溶共晶，如硅化物共晶、铌化物共晶。这样，焊缝及近缝区都可能产生热裂纹。在高 Ni 稳定奥氏体钢焊接时，Si、Nb 往往是产生热裂纹的重要原因之一。18-8Nb 奥氏体钢近缝区液化裂纹就与含 Nb 有关。

（2）凝固模式对热裂纹的影响　凝固裂纹最易产生于单相奥氏体（γ）组织的焊缝中，如果为 γ+δ 双相组织，则不易于产生凝固裂纹，这已为试验所证实。通常用室温下焊缝中 δ 相数量来判断热裂倾向。如图 4-13 所示，室温 δ 铁素体数量由 0% 增至 100%，热裂倾向与脆性温度区间（BTR）大小完全对应。

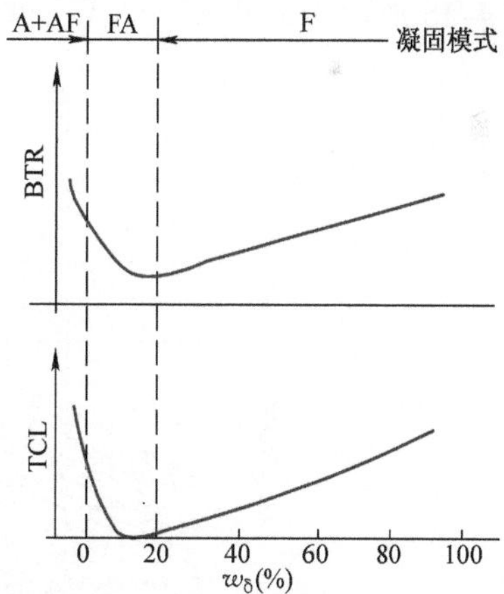

图 4-13　δ 铁素体含量对热裂倾向的影响

（Trans-Varestraint 试验）

TCL—裂纹总长　BTR—脆性温度区间

凝固裂纹产生于真实固相线之上的凝固过程后期，用室温组织来考核凝固过程中的现象，总有缺憾，必须联系凝固模式（结晶模式）来进行考虑才更合理。图 4-14 所示为 Fe-Cr-Ni 三元合金一个 70% Fe 的伪二元相图。图中标出的虚线①合金，其室温平衡组织为单相 γ，实际冷却得到的室温组织可能含（5%～10%）δ 相。但凝固开始到结束都是单相 δ 相组织，只是在继续冷却时，由于发生 δ→γ 相变，δ 数量越来越少，在平衡条件下直至为零。

凝固裂纹与凝固模式有直接关系。所谓凝固模式，首先是指以何种初生相（γ 或 δ）开始结晶进行凝固过程，其次是指以何种相完成凝固过程。可有四种凝固模式：如图 4-14 所示中合金①，以 δ 相完成整个凝固过程，凝固模式以 F 表示；合金②初生相为 δ，但超过

AB 面后又依次发生包晶和共晶反应，即 L + δ→L + δ + γ→δ + γ，这种凝固模式以 FA 表示；合金③的初生相为 γ，超过 *AC* 面后依次发生包晶和共晶反应，即 L + γ→L + γ + δ→γ + δ，这种凝固模式则以 AF 表示；合金④的初生相为 γ，直到凝固结束不再发生变化，因此用 A 表示这种凝固模式。

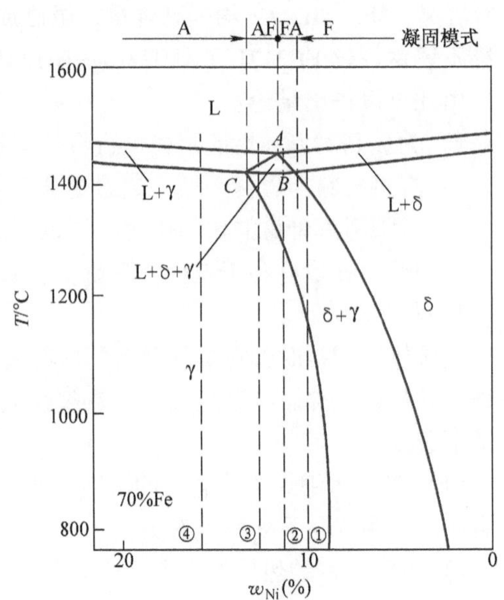

图 4-14　70%Fe-Cr-Ni 伪二元合金相图
（图中标出凝固模式）

晶粒润湿理论指出，偏析液膜能够润湿 γ-γ、δ-δ 界面，不能润湿 γ-δ 异相界面。以 FA 模式形成的 δ 铁素体呈蠕虫状，妨碍 γ 枝晶支脉发展，构成理想的 γ-δ 界面，因而不会有热裂倾向。单纯 F 或 A 模式凝固时，只有 γ-γ 或 δ-δ 界面，所以会有热裂倾向。以 AF 模式凝固时，由于是通过包晶/共晶反应面形成 γ + δ，这种共晶 δ 不足以构成理想的 γ-δ 界面，所以仍然可以呈现液膜润湿现象，以至还会有一定的热裂倾向。

显然，AF 与 FA 的分界具有重要意义。由图 4-14 可知，这个界线应通过点 *A*（实为共晶线）。按舍夫勒图 Cr_{eq}、Ni_{eq} 的计算，这个界线大体相当 $Cr_{eq}/Ni_{eq} \approx 1.5$。若将这一界线标于舍夫勒图上，可将防止热裂所需室温 δ 铁素体数量与凝固模式 AF/FA 界线联系起来。图 4-15 所示为标有 AF/FA 界线的舍夫勒焊缝组织图。

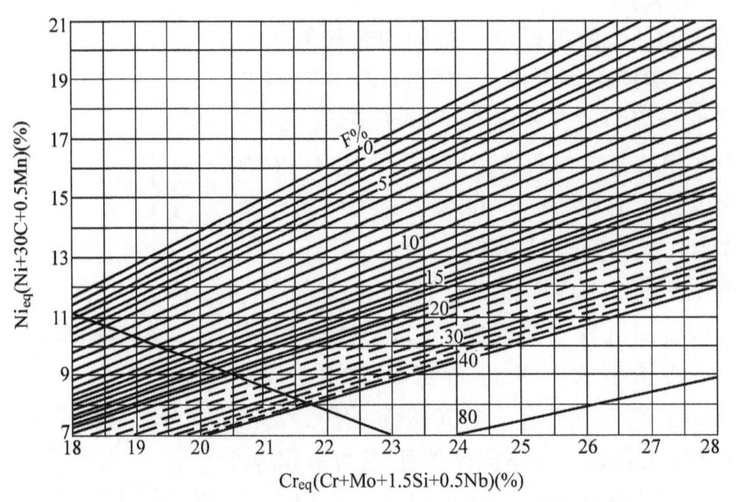

图 4-15　标有 AF/FA 界线的舍夫勒图

西威尔（Siewert）等于 1988 年和 1992 年先后发表了标有凝固模式的新焊缝组织图，如图 4-16 所示为 WRC-1992 新焊缝组织图。图中将 δ 相数量用“铁素体数目”FN（Ferrite Number）表示，是利用 δ 相有磁性而用磁性检验仪测定的读数，可写成 FN0、FN1、

FN3……直到 FN100。早期的德龙图中也标有 FN（只标到 FN18），同时也标出 δ%。两者对照，不足 FN10 时，FN 标示值大体相当 δ% 标示值；超过 FN10 之后，FN 标示值越来越大于 δ% 的标示值。

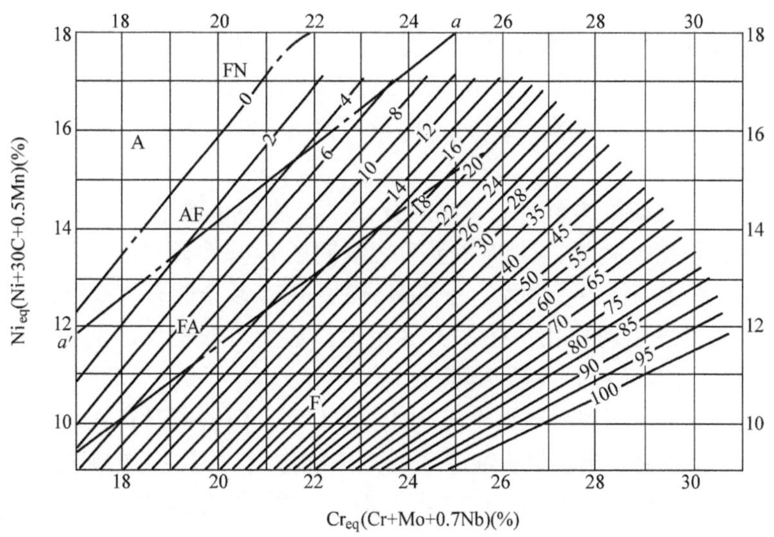

图 4-16　WRC-1992 焊缝组织图

（适用范围：w_{Mn}≤10%、w_{Mo}≤3%、w_{Si}≤1%、w_N≤0.2%）

在 WRC 新焊缝组织图中，由于 Cr_{eq}、Ni_{eq} 的计算不同于舍夫勒图，因此图中标出的 AF/FA 界线（图 4-16 中的 aa'）其 $Cr_{eq}/Ni_{eq}<1.5$，大体为 1.4。

应指出，有时焊缝金属并非一定是以某一单一凝固模式进行凝固，也可见到混合凝固模式，焊缝中一个局部区域是 AF 模式，另一个局部区域则是 FA 模式。例如，E316L（022Cr17Ni12Mo2）不锈钢焊条所焊焊缝，同时存在 AF 及 FA 两个凝固模式，而且热裂纹恰恰出现在以 AF 模式凝固的局部区域。

由图 4-15 或图 4-16 可以看出，为防止热裂纹所需最少室温 δ 相数量，对于不同 Cr_{eq} 的奥氏体钢焊缝并不相同。对于同一型号的焊条因成分调整造成的波动范围一般可能比较大，而致使熔敷金属中的 δ 相数量有很大差异。Cr_{eq}/Ni_{eq} 值越大，δ 相数量就越多。

之所以采用室温 δ 相数量为间接判据，是因为缺乏适当方法直接确定凝固模式或凝固过程中的组织状态。有一种新的方法可以直接用浸蚀方法在焊后观察到凝固模式。

至于焊接热影响区的热裂纹，多属液化裂纹，也与偏析液膜有联系，因此，同焊缝凝固裂纹一样，也与 Cr_{eq}/Ni_{eq} 有同样的依赖关系，图 4-17 表示了一个很有意义的研究结

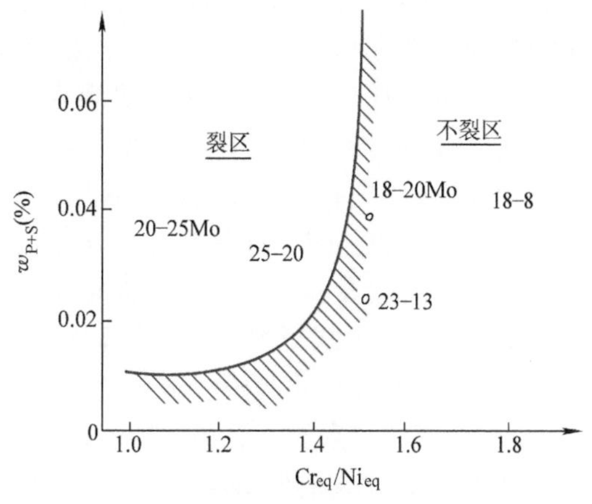

图 4-17　焊接热影响区热裂纹与 Cr_{eq}/Ni_{eq} 的关系

果。由图可以看出，焊接热影响区的热裂纹与母材纯度有重要关系。按舍夫勒图计算，在 $Cr_{eq}/Ni_{eq}<1.5$ 时，应力求钢中杂质 $w_{P+S}<0.01\%$，方可保证不产生热裂纹。最易产生液化裂纹的部位是紧邻熔合线的过热区（1300～1450℃峰温范围），因为这个部位有利于出现偏析液膜。

图4-17再次表明，影响热裂倾向的关键是决定凝固模式的 Cr_{eq}/Ni_{eq} 值，而并非室温 δ 相数量。由此可知，18-8系列奥氏体钢，因 Cr_{eq}/Ni_{eq} 处于1.5～2.0之间，一般不会轻易发生热裂；而25-20系列奥氏体钢，因 $Cr_{eq}/Ni_{eq}<1.5$，Ni含量越高，其比值越小，所以具有明显的热裂敏感性。

（3）化学成分对热裂纹的影响　调整成分归根结底还是通过组织发生作用。对于焊缝金属，调整化学成分是控制焊缝性能（包括裂纹问题）的重要手段。但如何进行冶金化，还未能获得完全有规律的认识。因为，任何钢种都是一个复杂的合金系统，某一元素单独作用和其他元素共存时发生的作用，往往不尽相同，甚至可能相反。例如，对于18-8钢和25-20钢，合金化的方向就往往有所不同。

1）Mn的影响。在单相奥氏体钢中Mn的作用有利，但若同时存在Cu时，Mn与Cu可以相互促进偏析，晶界易于出现偏析液膜而增大热裂倾向。因而，在焊接普通25-20钢时，可以提高Mn量，焊接Cr23Ni28Mo3Cu3Ti不锈钢时，绝不可添加Mn。着眼于脱硫功用，加入少量Mn，在不致使 δ 相减少或消失时，还是有益的。

2）S、P的影响。硫、磷在焊接奥氏体钢时极易形成低熔点化合物，增加焊接接头的热裂倾向。磷容易在焊缝中形成低熔点磷化物，增加热裂敏感性，而硫则容易在焊接热影响区形成低熔点硫化物而增加热裂敏感性。在焊缝中，硫对热裂的敏感性比磷弱，这是因为在焊缝中硫能形成MnS，并且离散地分布在焊缝中。在热影响区中，硫比磷对裂纹敏感性更强，这是因为硫比磷的扩散速度快，更容易在晶界偏析。焊缝中硫、磷的最高质量分数都应限制在0.015%以内。

S和P对18-8钢与25-20钢中的影响程度是有差异的。这是因为S、P在δ-Fe与γ-Fe中的溶解度相差很大所致。对于S，在δ-Fe中的溶解度约为在γ-Fe中的10倍。S、P在Ni中的溶解度均为零，所以高Ni奥氏体钢中的S、P更易偏析。

3）Si的影响。Si是铁素体形成元素，焊缝中 $w_{Si}>4\%$ 之后，碳的活动能力增加，形成碳化物或碳氮化合物，因此，为了提高抗晶间腐蚀能力，必须使焊缝中碳的质量分数不超过0.02%。此外，Si含量增加，还会导致含硅脆性相析出、σ 相区的扩大，以及形成Ni-Si、Fe-Si、Cr-Ni-Si-Fe等低熔点化合物，从而增加热裂敏感性。

Si在18-8钢中有利于促使产生 δ 相，可提高抗裂性，可不必过分限制；但在25-20钢中，Si的偏析强烈，易引起热裂。在Ni合金中，$w_{Si}=0.3\%$ 即可出现热裂纹。25-20钢焊缝中 $w_{Si}<2\%$ 时，增大Si含量热裂倾向加大；当 $w_{Si}>2\%$ 时，由于铁素体化作用，以致出现 δ 相时，即成为AF模式凝固时，热裂倾向有所降低。

4）铌的影响。铌可与磷、铬及锰一起形成低熔点磷化物，而与硅、铬和锰则可形成低熔点硫化物-氧化物杂质。铌在晶粒边界富集，可形成富铌、镍的低熔点相，其结晶温度甚至低于1160℃。含铌的低熔点相在铁素体和奥氏体中的溶解度不同，从而对热裂影响不同。例如，铌合金化的焊缝金属中铁素体量为5%时，含铌低熔点相只有0.3%，而在单相奥氏体中，含铌低熔点相会显著增加到1.5%。在 $w_{Nb}<1\%$ 的不锈钢焊缝中，铌对抗裂性能的不

良影响几乎可以完全由一次铁素体结晶来补偿。

5）钛的影响。钛也可以形成低熔点相，如在 1340℃时，焊缝中就可以形成钛碳氮化物的低熔点相。含钛低熔点相的形成对抗裂性的影响不如铌的明显，因为钛与氧有强的结合力，因此钛通常不用于焊缝金属的稳定化，而是用于钢的稳定化。钛主要是对母材及热影响区的液化裂纹的形成有影响。

6）碳的影响。碳对于热裂敏感性的影响仅在一次结晶为奥氏体的单相奥氏体化的焊缝金属中，碳对热裂敏感性的影响很复杂，还取决于合金成分。例如，在非稳定化 25-20 铬-镍焊缝金属中，w_C 从 0.05% 提高到 0.1%，可提高抗裂性。而在铌稳定化的焊缝金属中，碳可以形成低熔点碳化共晶，增加热裂敏感性。

7）硼的影响。硼是对抗热裂性影响最坏的元素。高温时硼在奥氏体中的溶解度非常低，只有 0.005%，硼与铁、镍都能形成低熔点共晶。因此，要限制焊缝中的硼含量。Cr18Ni10 钢中 w_B 不应超过 0.0035%，如果对于含 Ti 的钢来说，w_B 要控制在 0.0050% 以内。硼对于单相奥氏体铌稳定化的铬-镍-钼钢的影响很大，它可降低固相线温度，增加热裂纹敏感性，但这种不利作用可通过添加氮来抵消。

总之，凡是溶解度小而能偏析形成易熔共晶的成分，都可能引起热裂纹的产生。凡可无限固溶的成分（如 Cu 在 Ni 中）或溶解度大的成分（如 Mo、W、V），都不会引起热裂。奥氏体钢焊缝，提高 Ni 含量时，热裂倾向会增大；而提高 Cr 含量，对热裂不发生明显影响。在含 Ni 量低的奥氏体钢加 Cu 时，焊缝热裂倾向也会增大。凡促使出现 A 或 AF 凝固模式的元素，该元素必会增大焊缝的热裂倾向。

其实热裂纹不仅出现于枝晶晶界，也会产生于所谓“多边化”边界的亚晶界，即所谓“多边化裂纹”。Mo、W、Ta 可以提高多边化激活能，因而有利于防止多边化裂纹。

应指出，使用含 Mo、W 的 Ni 基焊丝（如 Hastelloy 合金）的经验指明，Mo、W 的有利作用不仅在于防止多边化裂纹，实际上对于防止凝固裂纹也很有好处。

（4）焊接工艺的影响　在合金成分一定的条件下，焊接工艺对是否会产生热裂纹也有一定影响。

为避免焊缝枝晶粗大和过热区晶粒粗化，以致增大偏析程度，应尽量采用小焊接热输入快速焊工艺，而且不应预热，并降低层间温度。不过，为了减小焊接热输入，不应过分增大焊接速度，而应适当降低焊接电流。增大焊接电流，焊接热裂纹的产生倾向也随之增大。但过分提高焊接速度，焊接时反而更易产生热裂纹。这是因为随着焊接速度增大，冷却速度也要增大，于是增大了凝固过程的不平衡性，凝固模式将逐次变化为 FA→AF→A，相当于图 4-14 中 A 点向右移动，因此热裂倾向增大。例如，焊接速度为 0.9m/min 的 TIG 焊，或焊接速度为 4m/min 的激光焊，因为是不平衡凝固，而致使增大热裂倾向。在高速焊接时，为获得 FA 凝固模式，必须调整成分以获得更大的 Cr_{eq}/Ni_{eq} 值。

多层焊时，要等前一层焊缝冷却后再焊接后一层焊缝，层间温度不宜过高，以避免焊缝过热。施焊过程中焊条或焊丝也不宜于摆动，采取窄焊缝的操作工艺。

3. 析出现象

在不锈钢中，σ 相通常只有在 $w_{Cr} > 16\%$ 时才会析出，由于铬有很高的扩散性，σ 相在铁素体中的析出比奥氏体中的快。δ→σ 的转变速度与 δ 相的合金化程度有关，而不单是 δ 相的数量。凡铁素体化元素均加强 δ→σ 转变，即被 Cr、Mo 等浓化了的 δ 相易于转变析出

σ 相。

σ 相是指一种脆硬而无磁性的金属间化合物相，具有变成分和复杂的晶体结构。σ 相的析出使材料的韧性降低，硬度增加，有时还增加了材料的腐蚀敏感性。σ 相的产生，是 δ→σ 或是 γ→σ。

不锈钢中的合金元素影响 σ 相的析出区域和转变动力学。816℃下，析出时间为 1000h 的条件下，铁-铬-镍合金中合金元素对 σ 相析出的影响，可用 816℃下材料脆化的铬当量来近似表示，即：

$$Cr_{eq} = Cr + 0.31Mn + 1.76Mo + 1.70Nb + 1.58Si + 2.44Ti + 1.22Ta + 2.02V + 0.97W - 0.266Ni - 0.177Co\ (\%) \tag{4-5}$$

式（4-5）中带加号的元素由于 σ 相的析出，加速了材料在 816℃下的脆化，只有 Ni 和 Co 的作用相反。

碳可大大减慢 σ 相的析出，如果大部分经过固溶处理后留在奥氏体中的碳以 $M_{23}C_6$ 碳化物的形式析出，此时才会析出 σ 相。这是由于碳在 σ 相中的溶解度很小，σ 相仅能从不含有溶解碳的奥氏体中形成。如果碳以碳化物的形式析出，如 $M_{23}C_6$，在碳化物的周围就会贫铬，而那些无碳区的铬含量将会降至形成 σ 相的极限值 16% 以下，从而减慢了 σ 相的析出。只有贫铬区通过从周围的区域扩散铬来达到均匀化，σ 相才能开始析出。如果碳以钛、铌稳定碳化物的形式保留，那么碳对 σ 相析出的影响就基本丧失。因此钛或铌稳定的钢中，碳对 σ 相析出的减慢作用很小。对于奥氏体不锈钢的焊接接头，由于其组织中 δ 相较少，所以一般情况下，不易产生 σ 脆化。但对于长期高温服役的、合金元素含量较多的焊接接头，也要加以注意。

4. 低温脆化

为了满足低温韧性要求，有时采用 18-8 钢，焊缝组织希望是单一 γ 相，成为完全面心立方结构，尽量避免出现 δ 相。δ 相的存在，总是恶化低温韧性，表 4-2 即是一例。虽然单相 γ 焊缝低温韧性比较好，但仍不如固溶处理后的 12Cr18Ni9Ti 钢母材，例如 $KU_2(-196℃)\approx 230J$，$KU_2(20℃)\approx 280J$。其实“铸态”焊缝中的 δ 相因形貌不同，可以具有相异的韧性水平。以超低碳 18-8 钢为例，焊缝中通常可能见到三种形态的 δ 相：球状、蠕虫状和花边条状（Lacy Ferrite），而以蠕虫状居多数。恰恰是蠕虫状会造成脆性断口形貌，但蠕虫状对抗热裂有利。从低温韧性的角度考虑，希望稍稍提高 Cr 含量（对于 18-8 钢可将 Cr 的质量分数提高到稍微超过 20%），以获得少量花边条状 δ 相，低温韧性会得到改善，其值可达到常温时数值的 80%。在这种情况下，焊缝中有少量 δ 相是可以容许的。

表 4-2　焊缝组织状态对韧性的影响

焊缝主要组成（质量分数）（%）						焊缝组织	KU_2/J	
C	Si	Mn	Cr	Ni	Ti		20℃	-196℃
0.08	0.57	0.44	17.6	10.8	0.16	γ+δ	121	46
0.15	0.22	1.50	25.5	18.9	—	γ	178	157

4.2.3　奥氏体不锈钢的焊接工艺特点

奥氏体不锈钢具有优良的焊接性，几乎所有熔焊方法和部分压焊方法都可以使用。但从经济、技术性等方面考虑，常采用焊条电弧焊、气体保护焊、埋弧焊及等离子弧焊等。

1. 焊接材料选择

不锈钢及耐热钢用焊接材料主要有：药皮焊条、埋弧焊丝和焊剂、TIG 和 MIG 实芯焊丝以及药芯焊丝。其中由于药芯焊丝具有生产率高，综合成本低，可自动化焊接等优点，发展最快，有取代药皮焊条和实芯焊丝的趋势。在工业发达国家，药芯焊丝是不锈钢焊接生产中用量最大的焊接材料。目前，除了渣量多的药芯焊丝外，也发展了渣量少的金属芯焊丝。

焊接材料的选择首先取决于具体焊接方法的选择。在选择具体焊接材料时，至少应注意以下几个问题。

1）应坚持“适用性原则”。通常是根据不锈钢材质、具体用途和使用服役条件（工作温度、接触介质），以及对焊缝金属的技术要求选用焊接材料，原则是使焊缝金属的成分与母材相同或相近。不了解对象很难“对号入座”；不针对要求会造成浪费。

不锈钢焊接材料又因服役所处介质不同而有不同选择。例如，适用于还原性酸中工作的含 Mo 的 18-8 钢，就不能用普通不含 Mo 的 18-8 钢代替。与之对应，焊接普通 18-8 钢的焊接材料也就不能用焊接含 Mo 的 18-8 钢。同样，适用于抗氧化要求的 25-20 钢焊接材料，也往往不适应 25-20 热强钢的要求。

2）根据所选各焊接材料的具体成分来确定是否适用，并应通过工艺评定试验加以验收，绝不能只根据商品牌号或标准的名义成分就决定取舍。这是因为任何焊接材料的成分都有容许波动范围。如图 4-18 所示，在舍夫勒焊缝组织图上标有各种焊接材料的成分变动范围。以焊条 E308 为例，实际成分可能是 *A*、*B* 或 *D* 的成分。焊条 E308 用于焊接 18-8 钢，希望为 FA 凝固模式，即应处于 *aa′*线右下侧。那么，点 *D* 的成分不很可靠，点 *A* 成分已在 *aa′*线以上，有热裂倾向，耐晶间腐蚀性能也将下降。

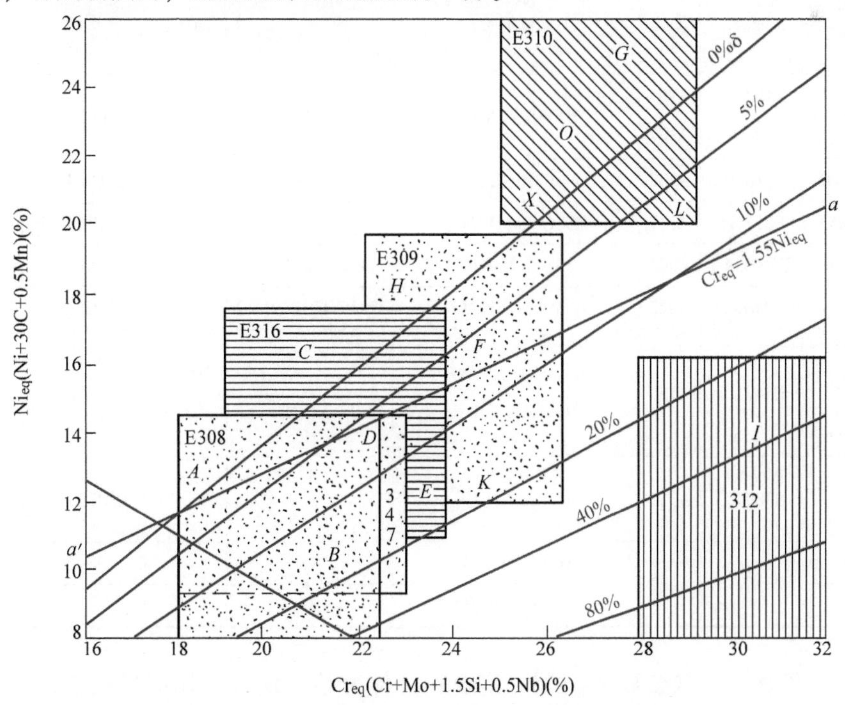

图 4-18　焊缝组织图上不同焊接材料成分变动范围

3）考虑具体应用的焊接方法和工艺参数可能造成的熔合比大小，即应考虑母材的稀释作用，否则将难以保证焊缝金属的合金化程度。有时还需考虑凝固时的负偏析对局部合金化的影响。熔敷金属不等于焊缝金属。

4）根据技术条件规定的全面焊接性要求来确定合金化程度，即是采用同质焊接材料，还是超合金化焊接材料。不锈钢焊接时，不存在完全“同质”，常是“轻度”超合金化。例如，普通的06Cr18Ni11Ti钢，用于耐氧化性酸条件下，其熔敷金属的组成是06Cr21Ni9Nb。不但Cr、Ni含量有差异，而且是以Nb代替Ti。$w_C = 0.4\%$ 的热强钢25-20，熔敷金属以26-26Mo或26-35Mo（$w_C = 0.4\%$）为好。

对焊接性要求很严格的情况下，超合金化焊接材料的选用是十分必要的。有时甚至就采用Ni基合金（如Inconel合金）作为焊接材料来焊接奥氏体钢。

5）不仅要重视焊缝金属合金系统，而且要注意具体合金成分在该合金系统中的作用；不仅考虑使用性能要求，也要考虑防止焊接缺陷的工艺焊接性的要求。为此要综合考虑，不能顾此失彼，特别要限制有害杂质，尽可能提高纯度。

例如，从耐点蚀性能考虑，加Cu是适宜的，但在低Ni的Fe-Cr-Mo系双相钢中，会增大热裂倾向。常用的Inconel625合金为Ni60Cr21Mo9Nb3，具有优异的热强性和耐蚀性，但却因Nb的存在而具有热裂倾向。所以，在改进型Inconel625中则取消了Nb，成为Ni64Cr22Mo9。

根据不同的焊接方法，常用奥氏体不锈钢推荐选用的焊接材料见表4-3。

表4-3　常用奥氏体不锈钢焊接材料的选用

钢材牌号	焊条		气体保护焊实芯焊丝	埋弧焊焊丝		药芯焊丝	
	型号	牌号		焊丝	焊剂	型号（AWS）	牌号
06Cr19Ni10	E308-16	A102	H06Cr21Ni10	H06Cr21Ni10Si	HJ260 HJ151	E308LT1-1	GDQA308L
12Cr18Ni9	E308-15	A107					
06Cr17Ni12Mo2	E316-16	A202	H06Cr19Ni12Mo2	H06Cr19Ni12Mo2		E316LT1-1	GDQA316L
06Cr19Ni13Mo3	E317-16	A242	H08Cr19Ni14Mo3	—	—	E317LT1-1	GDQA317L
022Cr19Ni10	E308L-16	A002	H03Cr21Ni10	H03Cr21Ni10	HJ172 HJ151	E308LT1-1	GDQA308L
022Cr17Ni12Mo2	E316L-16	A022	H03Cr19Ni12Mo2	H03Cr19Ni12Mo2		E316LT1-1	GDQA316L
07Cr19Ni11Ti	E347-16	A132	H08Cr20Ni10Ti H08Cr20Ni10N	H08Cr20Ni10Ti H08Cr20Ni10N		E347T1-1	GDQA347L
06Cr18Ni11Ti							
06Cr18Ni11Nb							
06Cr23Ni13	E309-16	A302	H12Cr24Ni13	—	—	E309LT1-1	GDQA309L
20Cr23Ni13							
06Cr25Ni20	E310-16	A402	H08Cr26Ni21	—	—	—	—
20Cr25Ni20			H12Cr26Ni21	—	—		

应指出，母材与熔敷金属的匹配一定要作具体分析。例如，用同质的12Cr15Ni26Mo9N熔敷金属同12Cr15Ni26Mo6N母材组配，似乎不一定很理想。因为Ni的质量分数只有26%，

Mo 则高达 9%，σ 相脆化倾向可能比较大。如果这一产品结构在无 σ 相产生条件下使用时，这一组配还应视为合理的。

2. 焊接工艺要点

焊接不锈钢和耐热钢时，也同焊接其他材料一样，都有一定规程可以遵循。

（1）合理选择焊接方法　不锈钢药芯焊丝电弧焊是焊接不锈钢的一种理想焊接方法。与焊条电弧焊相比，采用药芯焊丝可将断续的生产过程变为连续的生产方式，从而减少了接头数目，而且不锈钢药芯焊丝不存在发热和发红现象。与实芯焊丝电弧焊相比，药芯焊丝合金成分调整方便，对钢材适应性强，焊接速度快，焊后无须酸洗、打磨及抛光。同埋弧焊相比，其热输入远小于埋弧焊，焊接接头性能更好。

选择焊接方法时限于具体条件，可能只能选用某一种。但必须充分考虑到质量、效率和成本及自动化程度等因素，以获得最大的综合效益。例如奥氏体不锈钢管打底焊时，若采用背面充氩的实芯焊丝打底焊工艺，不仅焊前准备工作较多，而且由于氩气为惰性气体，没有脱氧或去氢的作用，对焊前的除油、去锈等工作要求较严，尤其是现场高空、长距离管道施工时，背面充氩几乎是不可能的。采用药芯焊丝（棒），可免去背面充氩的工艺，但焊后焊缝正、背面均需要清渣。如果采用实芯焊丝（ER308L-Si、ER316L-Si）配合多元混合气体（$Ar+He+CO_2$）进行不锈钢管打底焊，背面无须充氩，焊后也无须清渣，可大大提高生产率。再如，焊接不锈钢薄板时，选用 TIG 焊是比较合适的；焊接不锈钢中、厚板时，宜选用气体保护焊或埋弧焊。但应根据施工条件及焊缝位置具体分析。例如对于平焊缝，板厚大于 6mm 时，可采用焊剂垫或陶瓷衬垫单面焊双面成形，不仅背面无须清根，还可节约焊接材料，提高生产效率。

（2）控制焊接参数，避免接头产生过热现象　奥氏体钢热导率小，热量不易散失，一般焊接所需的热输入比碳钢低 20%～30%。过高热输入会造成焊缝开裂，降低抗蚀性，变形严重。采用小电流、窄道快速焊可使热输入减少，如果给予一定的急冷措施，可防止接头过热的不利影响。此外，还应避免交叉焊缝，并严格控制较低的层间温度。

（3）接头设计的合理性应给以足够的重视　仅以坡口角度为例，采用奥氏体钢同质焊接材料时，坡口角度取 60°（同一般结构钢的相同）是可行的；但若采用 Ni 基合金作为焊接材料，由于熔融金属流动更为黏滞，坡口角度取 60°很容易发生熔合不良现象。Ni 基合金的坡口角度一般均要增大到 80°左右。

（4）尽可能控制焊接工艺稳定以保证焊缝金属成分稳定　因为焊缝性能对化学成分的变动有较大的敏感性，为保证焊缝成分稳定，必须保证熔合比稳定。

（5）控制焊缝成形　表面成形是否光整，是否有易产生应力集中之处，均会影响到接头的工作性能，尤其对耐点蚀和耐应力腐蚀开裂有重要影响。例如，采用不锈钢药芯焊丝时，焊缝呈光亮银白色，飞溅极小，比不锈钢焊条、实芯焊丝更易获得光整的表面成形。

（6）防止工件工作表面的污染　奥氏体不锈钢焊缝受到污染，其耐蚀性会变差。焊前应彻底清除工件表面的油脂、污渍、油漆等杂质，否则这些有机物在电弧高温作用下分解燃烧成气体，引起焊缝产生气孔或增碳，从而降低耐蚀性。但焊前和焊后的清理工作，也常会影响耐蚀性。已有现场经验表明，焊后采用不锈钢丝刷清理奥氏体焊接接头，反而会产生点蚀。因此，须慎重对待清理工作。至于随处任意引弧、锤击、打冲眼等，也是造成腐蚀的根源，应予以禁止。控制焊缝施焊程序，保证面向腐蚀介质的焊缝在最后施焊，也是保护措施之一。因为这样可避免面向介质的焊缝及其热影响区发生敏化。

为了保证不锈钢焊接质量，必须严格遵守技术规程和产品技术条件，并应因地制宜，灵活地开展工作，全面综合考虑焊接质量、生产率及经济效益。

4.3 铁素体及马氏体不锈钢的焊接

4.3.1 铁素体不锈钢焊接性分析

1. 铁素体不锈钢的类型

（1）普通铁素体钢　包括：

1）低 Cr（$w_{Cr}=12\%\sim14\%$）钢，如 022Cr12、06Cr13Al 等。

2）中 Cr（$w_{Cr}=16\%\sim18\%$）钢，如 10Cr17Ti、10Cr17Mo 等。低 Cr 和中 Cr 钢，只有碳含量低时才是铁素体组织。

3）高 Cr（$w_{Cr}=25\%\sim30\%$）钢，如 008Cr27Mo、008Cr30Mo2 等。

（2）高纯度铁素体钢　钢中 C + N 的含量限制很严，可有以下三种：

1）$w_C\leqslant0.025\%$，$w_N\leqslant0.035\%$，如 019Cr19Mo2N6Ti 等。

2）$w_C\leqslant0.025\%$，$w_N\leqslant0.025\%$，如 019Cr18MoTi 等。

3）$w_C\leqslant0.010\%$，$w_N\leqslant0.015\%$，如 008Cr27Mo、008Cr30Mo2 等。

2. 焊接性分析

铁素体型不锈钢一般都是在室温下具有纯铁素体组织，塑性、韧性良好。由于铁素体的线胀系数较奥氏体的小，其焊接热裂纹和冷裂纹的问题并不突出。通常说，铁素体型不锈钢不如奥氏体不锈钢的好焊，主要是指焊接过程中可能导致焊接接头的塑性、韧性降低即发生脆化的问题。此外，铁素体不锈钢的耐蚀性及高温下长期服役可能出现的脆化也是焊接过程中不可忽视的问题。高纯铁素体钢比普通铁素体钢的焊接性要好得多。

（1）焊接接头的晶间腐蚀　碳的质量分数为 0.05% ~ 0.1% 的普通铁素体铬钢发生腐蚀的条件和奥氏体铬-镍钢稍有不同。从 900℃ 以上快速冷却，铁素体铬不锈钢对腐蚀很敏感，但经过 650 ~ 800℃ 的回火后，又可恢复其耐蚀性。所以，焊接接头产生晶间腐蚀的位置是紧挨焊缝的高温区。

普通纯铁素体不锈钢焊接接头的晶间腐蚀机理与奥氏体型的相同，认为符合贫铬理论。铁素体型不锈钢一般在退火状态下焊接，其组织为固溶微量碳和氮的铁素体及少量均匀分布的碳和氮的化合物。当焊接温度高于 950℃ 时，碳、氮的化合物逐步溶解到铁素体相之中，得到碳、氮过饱和固溶体。由于碳、氮在铁素体中的扩散速度比在奥氏体快得多，在焊后冷却过程中，甚至在淬火冷却过程中，都来得及扩散到晶界区。加之晶界的碳、氮的浓度高于晶内，故在晶界上沉淀出 $(Cr, Fe)_{23}C_6$ 碳化物和 Cr_2N 氮化物。由于铬的扩散速度慢，导致在晶界上出现贫铬区。在腐蚀介质的作用下即可出现晶间腐蚀。由于铬在铁素体中的扩散比在奥氏体中的快，故为了克服焊缝高温区的贫铬带，只需 650 ~ 800℃ 短时间保温，即可使过饱和的碳和氮能完全析出，而铬又来得及补充到贫铬区，从而恢复到原来的耐蚀性。若在 600℃ 较长时间保温或焊接接头自 900℃ 以上缓慢冷却，使碳、氮化物充分析出，达到或接近钢材退火状态下固溶的碳和氮含量的平衡值时，仍能保持其耐蚀性。

超高纯度高铬铁素体不锈钢主要化学成分有 Cr、Mo 和 C、N。其中 C + N 总含量不等，都存在一个晶间腐蚀的敏化临界温度区，即超过或低于此区域不会产生晶间腐蚀。同时还有一个临界敏化时间区，即在这个区时间之前的一段时间，即使在敏化临界温度也不会产生晶间腐蚀。因此，超高纯度高铬铁素体不锈钢必须满足既在敏化临界温度区，又在临界敏化时间区内才有可能产生晶间腐蚀。例如，$w_{C+N}=0.0106\%$ 的 26Cr 合金，其敏化临界温度区为 475 ~600℃。由于 C + N 总含量很低，在 600℃以上温度，晶界上没有足够能引起贫铬和增加腐蚀率的富铬碳化物、氧化物沉淀，又由于其离开临界敏化时间区很远，该合金由 950℃和 1100℃水淬或空冷，虽说冷却过程中都经过敏化临界温度，但仍可保持良好的耐蚀性。

无论普通纯度铁素体型不锈钢还是超高纯度铁素体型不锈钢焊接接头的晶间腐蚀倾向都与其合金元素的含量有关。随着钢中碳和氮的总含量降低，晶间腐蚀倾向减小。钼可以降低氮在高铬铁素体不锈钢中的扩散速度，有助于临界敏化时间向后移动较长的时间，因此含有钼的高铬铁素体不锈钢具有较高的抗敏化性能。合金元素钛和铌为稳定化元素，能优先于铬和碳、氮形成化合物，避免贫铬区的形成。

（2）焊接接头的脆化　铁素体不锈钢的晶粒在 900℃以上极易粗化；加热至 475℃附近或自高温缓冷至 475℃附近；在 550 ~820℃温度区间停留（形成 σ 相）均使接头的塑性、韧性降低而脆化。

1）高温脆性。铁素体不锈钢焊接接头加热至 950 ~1000℃以上后急冷至室温，焊接热影响区的塑性和韧性显著降低，称为“高温脆性”。其脆化程度与合金元素碳和氮的含量有关。碳、氮含量越高，焊接热影响区脆化程度就越严重。焊接接头冷却速度越快，其韧性下降值越多；如果空冷或缓冷，则对塑性影响不大。这是由于快速冷却过程中，基体位错上析出细小分散的碳、氮化合物，阻碍位错运动，此时强度提高而塑性明显下降；缓冷时，位错上没有析出物，塑性不会降低。这种高温脆性十分有害，同时耐蚀性也显著降低。因此，减少 C、N 含量，对提高焊缝质量是有利的。出现高温脆性的焊接接头，若重新加热至 750 ~850℃，则可以恢复其塑性。

2）σ 相脆化。普通纯度铁素体不锈钢中 $w_{Cr}>21\%$ 时，若在 520 ~820℃之间长时间加热，即可析出 σ 相。σ 相的形成与焊缝金属中的化学成分、组织、加热温度、保温时间以及预先冷变形等因素有关。钢中促进铁素体形成的元素如铝、硅、钼、钛和铌均能强烈地增大产生 σ 相的倾向；锰能使高铬钢形成 σ 相所需铬的含量降低；而碳和氮能稳定奥氏体相并能与铬形成化合物，会使形成 σ 相所需铬含量增加；镍能使形成 σ 相所需温度提高。由于 σ 相的形成有赖于 Cr、Fe 等原子的扩散迁移，故形成速度较慢。$w_{Cr}=17\%$ 的钢只有在 550℃回火 1000h 后才会开始析出 σ 相。当加入质量分数为 2% 的 Mo 时，σ 相析出时间大为缩短，约在 600℃回火 200h 后即可出现 σ 相。因此，对于长期工作于 σ 相形成温度区的铁素体型耐热钢的焊接高温构件而言，必须引起足够的重视。

3）475℃脆化。$w_{Cr}>15\%$ 的普通纯度铁素体不锈钢在 400 ~500℃长期加热后，即可出现 475℃脆性。随着铬含量的增加，脆化的倾向加重。焊接接头在焊接热循环的作用下，不可避免地要经过此温度区间，特别是当焊缝和热影响区在此温度停留时间较长时，均有产生 475℃脆性的可能。475℃脆化可通过焊后热处理消除。

4.3.2 铁素体不锈钢的焊接工艺特点

普通纯度铁素体钢焊接接头韧性较低，主要是由于单相铁素体钢易于晶粒粗化，热影响区和焊缝容易形成脆性马氏体，还有可能出现475℃脆性。

1. 焊接方法

普通纯度铁素体钢的焊接方法通常可采用焊条电弧焊、药芯焊丝电弧焊、熔化极气体保护焊、钨极氩弧焊和埋弧焊。无论采用何种焊接方法，都应以控制热输入为目的，以抑制焊接区的铁素体晶粒过分长大。工艺上可采取多层多道快速焊，强制冷却焊缝的方法，如通氩或冷却水等。

超高纯度铁素体钢的焊接方法有氩弧焊、等离子弧焊和真空电子束焊。采用这些方法的目的主要是净化熔池表面，防止沾污。

2. 焊接材料的选择

在焊接铁素体不锈钢及其与异种钢焊接时填充金属主要有三类：同质铁素体型、奥氏体型和镍基合金。铁素体不锈钢常用的焊条和焊丝见表4-4。

表4-4 铁素体不锈钢常用焊条和焊丝

钢种	对接头性能的要求	焊接材料						预热及焊后热处理
		焊条		实芯焊丝		药芯焊丝		
		牌号	型号	焊丝牌号	合金类型	型号	牌号	
06Cr13	—	G202 G207	E410-16 E410-15	H06Cr14	06Cr13Al	— —	— —	—
06Cr13	—	A102 A107	E308-16 E308-15	H06Cr21Ni10	Cr18Ni9	E308LT1-1	GDQA308L	—
Cr17 Cr17Ti	耐硝酸腐蚀、耐热	G302 G307	E430-16 E430-15	H10Cr17	Cr17	E430T-G	GDQF430	预热100～150℃，焊后750～800℃回火
Cr17 Cr17Ti	耐有机酸、耐热	G311	—	H10Cr17	Cr17Mo2	—	—	预热100～150℃，焊后750～800℃回火
Cr17 Cr17Ti	提高焊缝塑性	A102 A107	E308-16 E308-15	H06Cr21Ni10	Cr18Ni9	E308LT1-1	GDQA308L	不预热，焊后不热处理
Cr17 Cr17Ti	提高焊缝塑性	A202 A207	E316-16 E316-15	H08Cr19Ni12Mo2	18-12Mo	E316LT1-1	GDQA316L	不预热，焊后不热处理
16Cr25N	抗氧化	A302 A307	E309-16 E309-15	H12Cr24Ni13	25-13	E309LT1-1	GDQA309L	不预热，焊后760～780℃回火
—	提高焊缝塑性	A402 A407	E310-16 E310-15	H12Cr26Ni21	25-20	—	—	不预热，焊后不热处理
—	提高焊缝塑性	A412	E310Mo-16	—	25-20Mo2	—	—	不预热，焊后不热处理

采用同质焊接材料时，焊缝与母材金属有相同的颜色和形貌，相同的线胀系数和大体相

似的耐蚀性，但焊缝金属呈粗大的铁素体钢组织，韧性较差。为了改善性能，应尽量限制杂质含量，提高其纯度，同时进行合理的合金化。以 Cr17 钢为例，焊缝中添加质量分数为 0.8%左右的 Nb，可以显著改善其韧性，室温时冲击吸收能量已达 52J，焊后热处理还可有所改善。而不含 Nb 的 Cr17 焊缝，室温冲击吸收能量几乎为零，即使焊后热处理，塑性可以得到改善，但韧性不见变化。

在不宜进行预热或焊后热处理的情况下，也可采用普通奥氏体钢焊接材料，此时有两个问题须注意：

1）焊后不可退火处理。因铁素体钢退火温度范围（787～843℃）正好处在奥氏体钢敏化温度区间，除非焊缝是超低碳或含 Ti 或 Nb，否则容易产生晶间腐蚀及脆化。另外，焊后退火如是为了消除应力，也难达到目的，因为焊缝与母材具有不同的线胀系数。

2）奥氏体钢焊缝的颜色和性能都和母材不同，这种异质接头的耐蚀性可能低于同质的接头，必须根据用途来确定是否适用。采用异种材料焊接时，焊缝具有良好的塑性，但不能防止热影响区的晶粒长大和焊缝形成马氏体组织。

3. 低温预热及焊后热处理

铁素体不锈钢在室温的韧性本就很低，如图 4-19 所示，且易形成高温脆化，在一定条件下可能产生裂纹。通过预热，使焊接接头处于富有韧性的状态下焊接，能有效地防止裂纹的产生。但是，焊接热循环又会使焊接接头近缝区的晶粒急剧长大粗化，从而引起脆化。因此，预热温度的选择要慎重，一般控制在 100～200℃，随着母材金属中铬含量的提高，预热温度可相应提高。但预热温度过高，又会使焊接接头过热而脆硬。

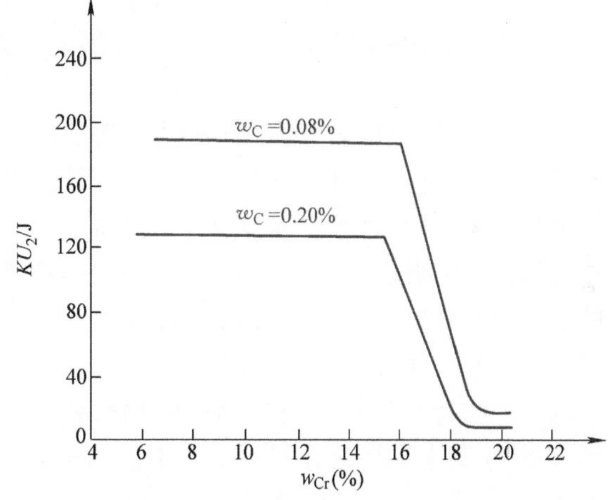

图 4-19　高 Cr 铁素体钢在室温下的韧性

高 Cr 铁素体钢也有晶间腐蚀倾向。焊后在 750～850℃进行退火处理，使过饱和的碳和氮完全析出，铬来得及补充到贫铬区，以恢复其耐蚀性；同时也可改善焊接接头的塑性。退火后应快冷，以防止 475℃脆性产生。应注意，高 Cr 铁素体钢在 550～820℃长期加热时会出现 σ 相，而在 820℃以上加热可使 σ 重新溶解。所以，焊后热处理制度的正确控制很重要，加热及冷却过程应尽可能快速冷却。

此外，铁素体不锈钢的晶粒在 900℃以上极易粗化且难以消除，因为热处理工艺无法细化铁素体晶粒。因此，焊接时应尽量采取小的热输入和较快的冷却速度；多层焊时，还应严格控制层间温度。

高纯铁素体钢由于碳和氮含量很低，具有良好的焊接性，高温脆化不显著，焊前不需预热，焊后也不需热处理。焊接中主要问题是如何控制焊接材料中碳和氮的含量，以及避免焊接材料表面和熔池表面的沾污。

4.3.3 马氏体不锈钢焊接性分析

马氏体型不锈钢主要是Fe-Cr-C三元合金，这类钢中高温下存在的奥氏体在不太慢的冷却条件下会发生奥氏体到马氏体的转变，属于淬硬组织的钢种。与其他类型的不锈钢相比，马氏体型不锈钢具有较高的强度和硬度，但耐蚀性和焊接性要差一些。

1. 马氏体不锈钢的类型

（1）Cr13系钢　通常所说的马氏体钢大多指这一类钢，如12Cr13、20Cr13、30Cr13、40Cr13。这类钢经高温加热后空冷就可淬硬，一般均经调制处理。

（2）热强马氏体钢　是以Cr12为基进行多元复合合金化的马氏体钢，如15Cr12WMoV、21Cr12MoV、22Cr12Ni3MoWV。高温加热后空冷也可淬硬。因须用于高温，希望将使用温度提高到普通Cr13钢的极限温度600℃以上，添加Mo、W、V同时，往往还将碳提高一些。热强马氏体钢的淬硬倾向会更大一些，一般经过调制处理。

（3）超低碳复相马氏体钢　这是一种新型马氏体高强度钢。其成分特点是，钢的碳的质量分数w_C降低到0.05%以下并添加Ni（$w_{Ni}=-4\%\sim7\%$），此外也可能含有少量Mo、Ti或Si。典型的钢种如0.01C-13Cr-7Ni-3Si、0.03C-12.5Cr-4Ni-0.3Ti、0.03C-12.5Cr-5.3Ni-0.3Mo。这几种钢均经淬火及超微细复相组织回火处理，可获得高强度和高韧性。这种钢也可在淬火状态下使用，因为低碳马氏体组织并无硬脆性。

$w_{Ni}>4\%$以上的超低碳合金钢淬火后形成低碳马氏体M，经回火加热至As（低于Ac_1）以上即可开始发生M→γ′的所谓“逆转变”。As为逆转变开始温度。因为并非在Ac_1以上发生转变形成的奥氏体γ，也不同于残余奥氏体，而将γ′称为逆转变奥氏体。γ′富C富Ni，因而很稳定，冷却至-196℃也不会再转变为马氏体（除非经冷作变形），为韧性相。因而回火后获得的是超微细化的M+γ′复相组织，具有优异的强韧性组合，所以名之为“超低碳复相马氏体钢”。

这类钢的特性与析出硬化马氏体钢很相似，淬火形成的马氏体不会导致硬化，如图4-20曲线3所示。

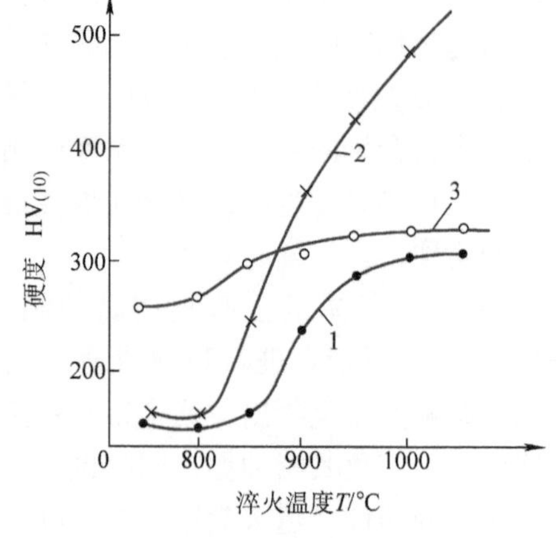

图4-20　各类马氏体钢的硬度与淬火温度的关系

1—12Cr13　2—20Cr13

3—022Cr13Ni7Si3

应指出，无论析出硬化马氏体钢或析出硬化半奥氏体钢，都无淬硬倾向，不需预热，采用同质焊接材料或奥氏体焊接材料，都能顺利地获得满意的焊接接头，但焊后均须经适当地热处理。

2. 焊接性分析

超低碳复相马氏体钢无淬硬倾向，并具有较高的塑性和韧性。常见马氏体钢均有脆硬倾向，含碳量越高，脆硬倾向越大。因此，首先遇到的问题是含碳量较高的马氏体钢淬硬性导致的冷裂纹的问题和脆化问题。

（1）焊接接头的冷裂纹　马氏体型不锈钢铬的质量分数在12%以上，同时还匹配适量的碳和镍，以提高其淬硬性和淬透性，这种钢具有一定的耐均匀腐蚀性能。铬本身能增加钢的奥氏体稳定性，即奥氏体分解曲线右移，加入碳、镍后，经固溶再空冷也会发生马氏体转变。因此，马氏体型不锈钢焊缝和热影响区焊后状态的组织为硬脆的马氏体组织。马氏体型不锈钢导热性较碳钢差，焊后残余应力较大，如果焊接接头刚度又大或焊接过程中含氢量又较高，当从高温直接冷至 120～100℃以下时，很容易产生冷裂纹。

生产实践表明，在电站建设中，几十毫米厚的厚壁马氏体钢钢管 15Cr12WMoV 采用焊条电弧焊时，就很易产生冷裂纹；而在航空发动机中所使用的马氏体钢薄板，如 22Cr12NiWMoV，板厚一般小于 6mm，在 TIG 焊时很少发现冷裂纹。也就是说，拘束度越大，越容易引起冷裂纹。这也说明，这种钢种虽确有冷裂纹倾向，是否发生冷裂纹则还要取决于具体的焊接条件。

(2) 焊接接头的硬化现象　Cr13 类马氏体不锈钢以及 Cr12 系列的热强钢，可以在退火状态或淬火状态下进行焊接。无论焊前原始状态如何，冷却速度较快时，近缝区必会出现硬化现象，形成粗大马氏体的硬化区。对于多数马氏体钢（如 12Cr13 和 Cr12WMoV 之类），由于焊接成分特点往往使其组织处于舍夫勒焊缝组织图中的 M 和 M + F 的边界区，在冷却速度较小时（如 1Cr13 的冷却速度小于 10℃/s），近缝区会出现粗大的铁素体，塑性和韧性也明显下降。所以，焊接时冷却速度的控制是一个难题。

超低碳复相马氏体钢在热影响区中无硬化区出现。由图 4-21 可见，超低碳复相马氏体钢对焊接热循环很不敏感，整个热影响区的硬度可以认为是基本均匀的。而淬火态焊接的 20Cr13 钢，在近缝区附近部位还有软化现象，硬度几乎降低一半。无论退火态的 12Cr13 或淬火态的 20Cr13，在近缝区都出现了硬化。

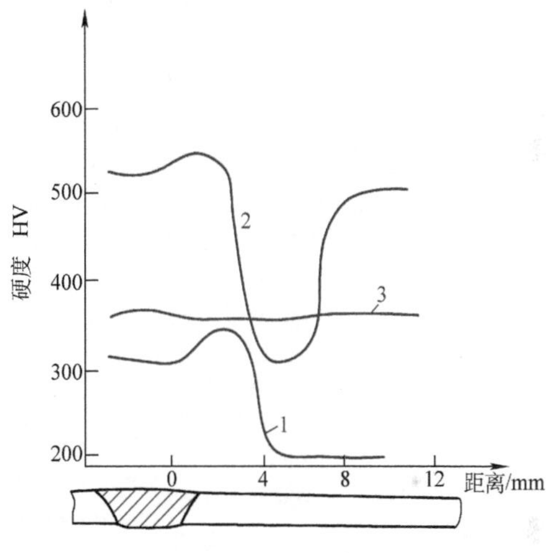

图 4-21　高强度马氏体钢 TIG 焊后的硬度
1—12Cr13　2—20Cr13　3—022Cr13Ni7Si13

4.3.4　马氏体不锈钢的焊接工艺特点

马氏体不锈钢常用的焊接方法主要有焊条电弧焊、埋弧焊及熔化极气体保护焊，相应的焊接材料也主要为焊条、实芯焊丝及药芯焊丝等。焊接时，主要以控制热输入及冷却速度为主。

1. 焊接材料的选择

最好采用同质填充金属来焊接马氏体钢，但焊后焊缝和热影响区将会硬化变脆，有很高的裂纹倾向。因此，应考虑合理的合金化，如添加少量 Ti、Al、N、Nb 等以细化晶粒，降低淬硬性。例如，$w_{Nb}=0.8\%$ 的焊缝可具有微细的单相铁素体组织。焊态或焊后热处理均可获得比较满意的性能。也可通过焊前预热、焊后缓冷及热处理来改善接头的性能。

焊件不能进行预热或不便进行热处理时，可采用奥氏体不锈钢焊接材料。焊后焊缝金属组织为奥氏体组织，具有较高的塑性和韧性，松弛焊接应力，并能溶入较多的固溶氢，降低接头形成冷裂纹的倾向。但焊缝为奥氏体组织，焊缝强度不可能与母材相匹配。另外，奥氏体焊缝与母材比较，在物理、化学、冶金的性能上都存在很大差异，有时反而可能出现破坏事故。例如，在循环温度工作时，由于焊缝与母材线胀系数不同，在熔合区产生切应力，能导致接头过早破坏。采用奥氏体焊接材料时，必须考虑母材稀释的影响。

马氏体不锈钢常用的焊接材料见表4-5。

表4-5　马氏体不锈钢常用的焊接材料

母材牌号	对焊接性能的要求	焊接材料						预热及层间温度/℃	焊后热处理
		焊条		实芯焊丝		药芯焊丝			
		型号	牌号	焊丝	焊缝类型	型号	牌号		
12Cr13 20Cr13	抗大气腐蚀	E410-16 E410-15	G202 G207	H06Cr14	Cr13	E410T-G	GDQM410	150～300	700～730℃回火，空冷
	耐有机酸腐蚀并耐热	—	G211	—	Cr13Mo2			150～300	—
	要求焊缝具有良好塑性	E308-16 E308-15 E316-16 E316-15 E310-16 E310-15 E309-16 E309-15	A102 A107 A202 A207 A402 A407 A302 A307	H06Cr21Ni10 H06Cr19Ni12Mo2 H12Cr26Ni21 H12Cr24Ni13	Cr18Ni9 18-12Mo2 25-20 25-13	E308LT1-1 E316LT1-1 E309LT1-1	GDQA308L GDQA316L GDQA309L	补预热（厚大件预热200℃）	不进行热处理
17Cr16Ni2	—	E310-16 E310-15 E309-16 E309-15 E308-16 E308-15	A402 A407 A302 A307 A102 A107	H12Cr24Ni13 H12Cr26Ni21 H08Cr21Ni10	25-13 25-20 Cr18Ni9	E308LT1-1 E309LT1-1	GDQA308L GDQA309L	200～300	700～750℃回火，空冷
Cr11MoV	540℃以下有良好的热强性	—	G117	—	Cr10MoNiV			300～400	焊后冷至100～200℃，立即在700℃以上高温回火
Cr12WMoV	600℃以下有良好的热强性	E11MoVNiW-15	R817	—	Cr11WMo-NiV			300～400	焊后冷至100～200℃，立即在740～760℃以上高温回火

对于热强型马氏体钢，最希望焊缝成分接近母材，并且在调整成分时不出现δ相，而应为均一的微细马氏体组织。δ相不利于韧性。12Cr12WMoV之类的马氏体热强钢，主要成分为铁素体化元素（Mo、Nb、W、V），因此，为保证获得均一的马氏体组织，必须用奥氏体化元素加以平衡，即应有适量的C、Mn、N、Ni。15Cr12WMoV钢碳的质量分数规定在0.17%～0.20%之间，若焊缝碳的质量分数降至0.09%～0.15%，组织中就会出现较大量的块状和网状的δ相（也会有碳化物），使韧性急剧降低，也不利于抗蠕变的性能。若适当提高碳的质量分数（不大于0.19%），同时添加Ti，减少Cr，情况会有所好转。在调整成分时

应注意马氏体点 *Ms* 的变化所带来的影响。由于合金化使 *Ms* 降低越大，冷裂纹敏感性就越大，并会产生较多残余奥氏体，对力学性能不利。

超低碳复相马氏体钢宜采用同质焊接材料，但焊后如不经超微细复相化处理，则强韧性难以达到母材的水平。

2. 焊前预热和焊后热处理

采用同质焊焊接材料接马氏体不锈钢时，为防止焊接接头形成冷裂纹，宜采取预热措施。预热温度的选择与材料厚度、填充金属种类、焊接方法和构件的拘束度有关，其中与碳含量关系最大。例如，简单成分的 Cr13 钢，$w_C < 0.1\%$ 时可以不预热；$w_C = 0.1\% \sim 0.2\%$，应预热到 260℃缓冷；$w_C = 0.2\% \sim 0.5\%$，也可以预热到 260℃，但焊后应及时退火。

马氏体型不锈钢的预热温度不宜过高，否则将使奥氏体晶粒粗大，并且随冷却速度降低，还会形成粗大铁素体加晶界碳化物组织，使焊接接头塑性和强度均有所下降。

焊后热处理的目的是降低焊缝和热影响区硬度，改善其塑性和韧性，同时减少焊接残余应力。焊后热处理必须严格控制焊件的温度，焊件焊后不可随意从焊接温度直接升温进行回火热处理。这是因为焊接过程中形成的奥氏体尚未完全转变成马氏体，如果立即升温到回火，奥氏体会发生珠光体转变，或者碳化物沿奥氏体晶界沉淀，产生粗大铁素体加碳化物组织，从而严重地降低焊接接头的韧性，而且对耐蚀性也不利。如果焊接接头焊后空冷到室温后再进行热处理，则马氏体不锈钢会出现空气淬硬倾向，造成常温塑性降低，并且在常温下残留的奥氏体将继续转变为马氏体组织，使焊接接头变得又硬又脆，组织应力也随之增大；若再加上扩散氢的聚集，焊接接头就有可能产生冷裂纹。正确的方法是：回火前使焊件适当冷却，让焊缝和热影响区的奥氏体基本分解为马氏体组织。

焊后热处理制度的制定须根据具体成分制定具体工艺。对于碳含量高且刚度大的构件，如 20Cr12WMoV，要严格控制焊后热处理工艺。如图 4-22a 所示，焊后空冷至 150℃，立即在此温度保温 1 ~ 2h。一方面可让奥氏体充分分解为马氏体，不至于立即发生脆化；另一方面还可使焊缝中的氢向外扩散，起到消氢作用。然后加热到回火温度，适当保温，可形成回火马氏体组织，如图 4-22b 所示。若焊后空冷到 300℃时，如图 4-23a 所示，虽可避免马氏体的产生，但在随后的高温回火过程中，奥氏体会转变成铁素体或碳化物沿晶界析出，性能反而不如前述的回火马氏体组织，如图 4-23b 所示。

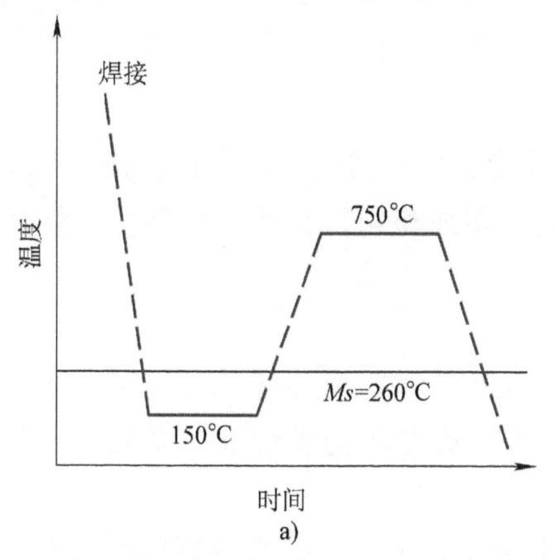

a)

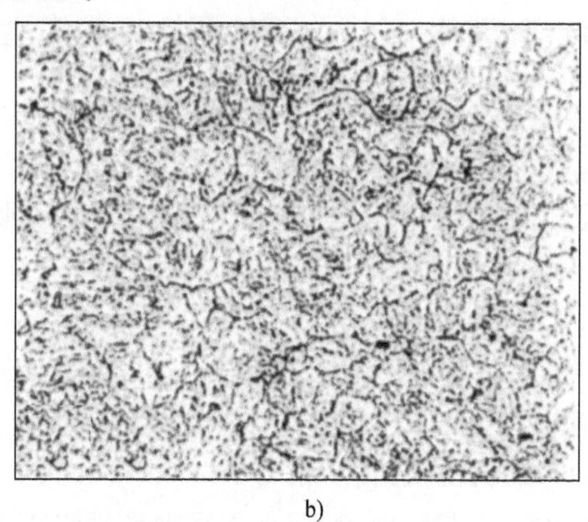
b)

图 4-22 正确的焊后热处理工艺

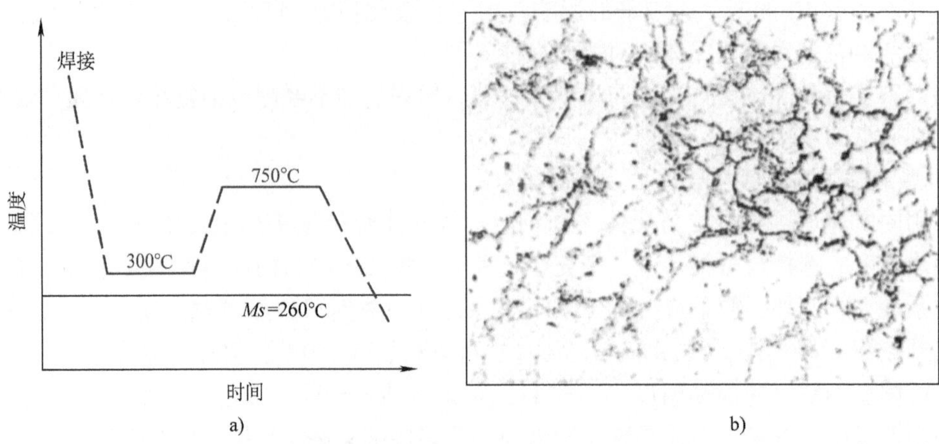

图 4-23　不正确的焊后热处理工艺

对于 Cr13 焊条熔敷金属，焊后加热到 600℃就可开始恢复韧性，在 850℃左右韧性最好，至 900℃以上韧性急剧下降到很低的水平。而 Nb 的质量分数在 0.8% 左右的 Cr13Nb 焊条熔敷金属，加热至 600℃以上时，韧性伴随升温而提高；在 900℃加热时韧性也有所下降，但仍然具有很高的韧性水平。

回火对于超低碳复相马氏体钢焊缝金属的强韧性有影响，需要根据钢的具体成分确定其逆变开始温度 *As*。由图 4-20 可见，超低碳复相马氏体钢（022Cr13Ni7Si3）的硬度变化对淬火加热温度是不敏感的。试验表明，这种钢在 950℃以上加热淬火不见硬度有变化，而在 800℃以下加热，也不会出现 δ 相，强韧性组合很好。

4.4　奥氏体-铁素体双相不锈钢的焊接

双相不锈钢是在固溶体中铁素体相和奥氏体相各约占一半，一般较少相的含量至少也需要达到 30% 的不锈钢。这类钢综合了奥氏体不锈钢和铁素体不锈钢的优点，具有良好的韧性、强度及优良的耐氯化物应力腐蚀性能。

4.4.1　奥氏体-铁素体双相不锈钢的类型

1. 低合金型双相不锈钢

022Cr23Ni4N 钢是瑞典最先开发的一种低合金型的双相不锈钢，不含钼，铬和镍的含量也较低。由于钢中 $w_{Cr}=23\%$，有很好的耐孔蚀、缝隙腐蚀和均匀腐蚀的性能，可代替 304L 和 316L 等常用奥氏体不锈钢。

2. 中合金型双相不锈钢

典型的中合金型不锈钢有 06Cr21Ni5Ti、12Cr21Ni5Ti。这两种钢是为了节镍，分别代替 06Cr18Ni11Ti 和 07Cr19Ni11Ti 而设计的，但比后者具有更好的力学性能，尤其是强度更高（约为 07Cr19Ni11Ti 的 2 倍）。

022Cr19Ni5Mo3Si2N 双相不锈钢是目前合金元素含量最低、焊接性良好的耐应力腐蚀钢种，它在氯化物介质中的耐孔蚀性能同 317L 相当，耐中性氯化物应力腐蚀性能显著优于普通 18-8 型奥氏体不锈钢，具有较好的强度-韧性综合性能、冷加工工艺性能及焊接性能，适用做结构材料。

022Cr22Ni5Mo3N 属于第二代双相不锈钢，钢中加入适量的氮不仅改善了钢的耐孔蚀和耐 SCC 性能，而且由于奥氏体数量的提高有利于两相组织的稳定，在高温加热或焊接热影响区能确保一定数量的奥氏体存在，从而提高了焊接热影响区的耐蚀和力学性能。这种钢焊接性良好，是目前应用最普遍的双相不锈钢材料。

3. 高合金双相不锈钢

这类双相不锈钢铬的质量分数高达 25%，在双相不锈钢系列中出现最早。20 世纪 70 年代以后发展了两相比例更加适宜的超低碳含氮双相不锈钢，除钼以外，有的牌号还加入了铜、钨等进一步提高耐腐蚀性的元素。典型的钢种如：022Cr25Ni6Mo2N、022Cr25Ni7Mo3N、022Cr25Ni7Mo3WCuN 和 03Cr25Ni6Mo3CuN。

4. 超级双相不锈钢

这种类型的双相不锈钢是指 PREN（PRE 是 Pitting Resistance Equivalent 的缩写，指抗点蚀当量；N 指含氮钢。）大于 40，铬的质量分数为 25% 和钼含量高（$w_{Mo}>3.5\%$）、氮含量高（$w_N=0.22\%\sim0.30\%$）的钢，主要的牌号有 022Cr25Ni7Mo4N、022Cr25Ni7Mo4WCuN 和 022Cr25Ni7Mo4CuN。

4.4.2　双相不锈钢的耐蚀性

1. 耐应力腐蚀性能

与奥氏体不锈钢相比，双相不锈钢具有强度高，对晶间腐蚀不敏感和较好的耐点腐蚀和耐缝隙腐蚀的能力，其中优良的耐应力腐蚀是开发这种钢的主要目的。其耐应力腐蚀机理主要有以下几点：

1）双相不锈钢的屈服强度比 18-8 型不锈钢高，即产生表面滑移所需的应力水平较高，在相同的腐蚀环境中，由于双相不锈钢的表面膜因表面滑移而破坏的应力较大，即应力腐蚀裂纹难以形成。

2）双相不锈钢中一般含有较高的铬、钼合金元素，而加入这些元素都可延长孔蚀的孕育期，使不锈钢具有较好的耐点腐蚀性能，不会由于点腐蚀而发展成为应力腐蚀。18-8 型不锈钢中不含钼或很少含钼，其含铬量也不是很高，所以其耐点腐蚀能力较差，由点腐蚀扩展成孔蚀，成为应力腐蚀的起始点而导致应力腐蚀裂纹的延伸。

3）双相不锈钢的两个相的腐蚀电极电位不同，裂纹在不同相中和在相界的扩展机制不同，其中必有对裂纹扩展起阻止或抑制作用的阶段，此时应力腐蚀裂纹发展极慢。

4）双相不锈钢中，第二相的存在对裂纹的扩展起机械屏障作用，延长了裂纹的扩展期。此外，两个相的晶体形面取向差异，使扩展中的裂纹频繁改变方向，从而大大延长了应力腐蚀裂纹的扩展期。

2. 耐晶间腐蚀性能

双相不锈钢与奥氏体不锈钢一样也会发生晶间腐蚀，均与贫铬有关，只是发生晶间腐蚀的情况不同。如 022Cr19Ni5Mo3Si2N 双相不锈钢在 650～850℃进行敏化加热处理不会出现晶间腐蚀。当敏化加热到 1200～1400℃时，空冷的试样可能有轻微的晶间腐蚀倾向，这是由于加热到 1200℃以上时，铁素体晶粒急剧长大，奥氏体数量随加热温度的升高而迅速减少。到1300℃以上温度时，钢内只有单一的铁素体组织且为过热的粗大晶粒，水冷后，粗大的铁素体晶粒被保留下来，在δ-δ相界面容易析出铬的氮化物，如Cr_2N等，在其周围形成贫铬层，导致晶间腐蚀。

3. 耐点蚀性能

双相不锈钢中含有Cr、Mo、N等元素，可使PI值增大，明显地降低点蚀速率，尤其N的作用更为明显，PI中N的系数可以增大到30。此外，增大焊接热输入，可提高热影响区中的γ相数量，也有利于提高耐点蚀性能，如图4-24所示。

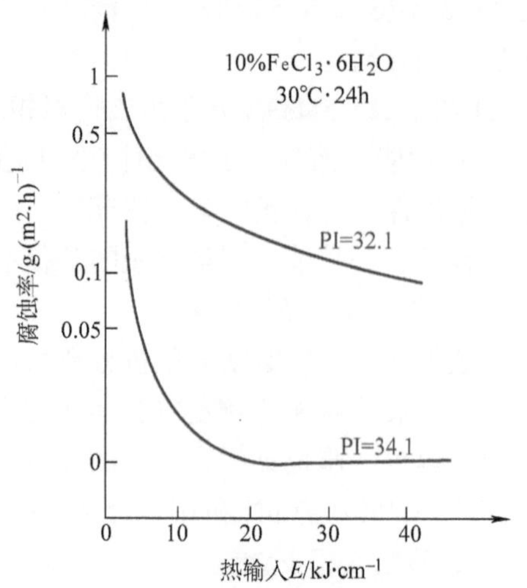

图4-24 焊接热输入对22-5型双相钢焊接热影响区耐点蚀性的影响

4.4.3 奥氏体-铁素体双相不锈钢的焊接性分析

与纯奥氏体不锈钢相比，双相不锈钢焊后具有较低的热裂倾向；与纯铁素体不锈钢相比，焊后具有较低的脆化倾向，且焊接热影响区粗化程度也较低，因而具有良好的焊接性。但双相不锈钢中因有较大比例铁素体存在，而铁素体钢所固有的脆化倾向，如475℃脆性，σ相析出脆化和晶粒粗化依然存在，只是因奥氏体的平衡作用而获得一定缓解，焊接时，仍应引起注意。选用合适的焊接材料不会发生焊接热裂纹和冷裂纹。双相不锈钢具有良好的耐应力腐蚀性能、耐点腐蚀性能、耐缝隙腐蚀性能及耐晶间腐蚀性能。

双相不锈钢焊接的最大特点是焊接热循环对焊接接头组织的影响。无论焊缝或是焊接热影响区都会有相变发生，因此，焊接的关键是要使焊缝金属和焊接热影响区均保持有适量的铁素体和奥氏体的组织。

1. 双相不锈钢焊接的冶金特性

（1）焊缝金属的组织转变　事实上所有双相不锈钢从液相凝固后都是完全的铁素体组织，这一组织一直保留至铁素体溶解度曲线的温度，只有在更低的温度下部分铁素体才转变成奥氏体，形成奥氏体-铁素体双相组织。

图4-25所示为60% Fe-Cr-Ni合金伪二元相图。设合金的名义成分为C_0。由图可见，合金以F凝固模式凝固，凝固刚结束为单相δ组织。随着温度的下降，开始发生δ→γ转变，由于晶粒边界及亚晶界富集有稳定奥氏体的元素（Ni、Mn、Cu、N、C），γ相优先形成于这些部位。由于焊接过程是不平衡冷却过程，冷却中δ→γ转变不完全，室温时会保留有相当数量的δ相，成为γ+δ两相组织。显然，

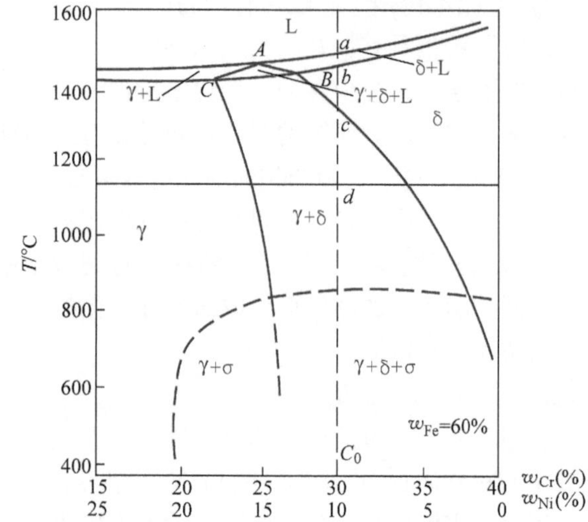

图4-25 60%Fe-Cr-Ni的伪二元合金相图

与平衡冷却过程相比，室温所得的奥氏体γ相的数量比平衡时少得多，也就是说，同样成分的焊缝和母材，焊缝中γ相的要比母材少得多。例如，如果采用同质焊丝焊接Cr22Ni5Mo3N，焊缝中γ相只有30%左右，而母材原始γ相为50%。但如果焊缝中Ni的质量分数提高到7.0%～8.5%，则可保证焊缝中γ相达到40%～60%。所以，对于双相钢焊缝应当用奥氏体元素（Ni、N）进行“超合金化”，以保证焊缝中δ/γ有适当的相比例。

焊后短时固溶处理也可增多一些γ相，这是由于未能充分转变的δ还可再进行δ→γ转变。同样，多层焊接热循环、焊后缓冷也会起到一些改善效果。

（2）焊接热影响区的组织转变　焊接加热过程，使得整个热影响区受到不同峰值温度的作用，如图4-26所示。最高温度接近钢的固相线（此处为1410℃）。但只有在加热温度超过原固溶处理温度的区间（图4-26中的点 *d* 以上的近缝区域），才会发生明显的组织变化。一般情况下，峰值低于固溶处理温度的加热区，无显著的组织变化，δ相虽有些增多，但γ与δ两相比例变化不大。通常下也不会见到析出相，如σ相。超过固溶处理温度的高温区（图4-26的 *d*—*c* 区间），会发生晶粒长大和γ相数量明显减少，但仍保持轧制态的条状组织形貌。紧邻熔合线的加热区，相当图4-26的 *c*—*b* 区间，γ相将全部溶入δ相中，成为粗大的单相等轴δ组织。这种δ相在冷却下来时可转变形成γ相，但已无轧制方向而呈羽毛状，有时具有魏氏体组织特征。因焊接冷却过程造成不平衡的相变，室温所得到的γ相数量在近缝区常具有低值。这一γ相最少的区域宽度取决于图4-25中 *b*—*c* 区间大小。

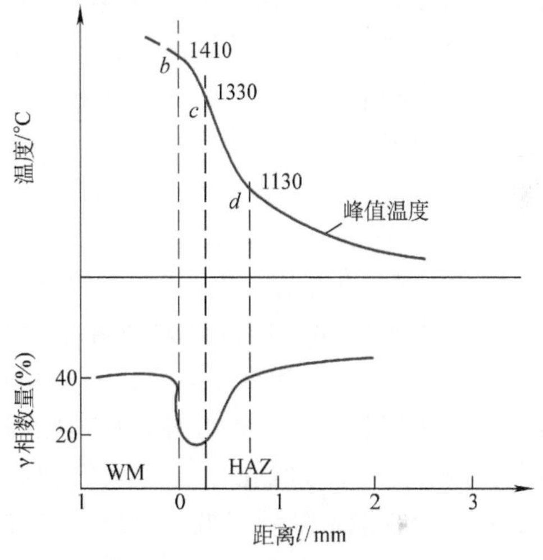

图4-26　24-52MoCu双相钢焊接接头中γ相数量与峰值加热温度的关系

母材　23.67Cr-4.99Ni-1.47Mo-1Cu-N

焊丝　24.26Cr-7.97Ni-1.75Mo-1.22Cu-N

除相图外，还可利用各种线性关系来判定双相不锈钢焊接HAZ和焊缝金属的组织特性。母材成分或 Cr_{eq}、Ni_{eq} 对HAZ能否形成“健全”的δ-γ两相组织有重要影响。所谓“健全”组织是指不存在γ-γ或δ-δ相界。可用当量指数 *B* 来衡量，即

$$B = Cr_{eq} - Ni_{eq} - 11.6 \tag{4-6}$$

式中，$Cr_{eq} = Cr + Mo + 1.5Si$（%）；$Ni_{eq} = Ni + 0.5Mn + 30(N + C)$（%）。

单层焊时虽然 $B<7$，过热区的γ相仅在部分δ晶界上析出，未形成“健全”的δ+γ组织，性能不理想。多层焊时，$B\leqslant7$ 是可行的。母材原始相比例δ/γ为接近50/50时，$B\leqslant4$ 可以获得理想的效果。

2. 双相不锈钢焊接接头的析出现象

双相不锈钢焊接时，有可能发生三种类型的析出，即铬的氮化物（如 Cr_2N、CrN）、二次奥氏体（γ_2）及金属间相（如σ相等）。

当焊缝金属铁素体数量过多或为纯铁素体组织时，很容易有氮化物的析出，这与在高温时，氮在铁素体中的溶解度高，而快速冷时溶解度又下降有关。尤其是在焊缝近表面，由于

氮的损失，使铁素体量增加，氮化物更易析出。焊缝若是健全的两相组织，氮化物的析出量很少。因此，为了增加焊缝金属的奥氏体数量，可在填充金属中提高镍、氮元素的含量。另外，采用大的热输入焊接，也可防止纯铁素体晶粒的生成而引起的氮化物的析出。当热影响区 δ/γ 相比例失调，致使 δ 相增多而 γ 相减少，出现 δ-δ 相界时，也会在这种相界上有析出相存在，如 Cr_2N、CrN 以及 $Cr_{23}C_6$ 等，也可能出现 σ 相。氮化物常居主要地位。

在含氮量高的超级双相不锈钢多层焊时会出现二次奥氏体的析出。特别是前道焊缝采用低热输入而后续焊缝采用大热输入焊接时，部分铁素体会转变成细小分散的二次奥氏体 γ_2，这种 γ_2 也和氮化物一样会降低焊缝的耐腐蚀性能，尤其以表面析出影响更大。

一般来说，采用较高的热输入和较低的冷却速度有利于奥氏体的转变，减少焊缝金属的铁素体量，但是热输入过高或冷却速度过慢又会带来金属间相的析出问题。通常双相不锈钢焊缝金属不会发现有 σ 相析出，但在焊接材料或热输入选用不合理时，也有可能出现 σ 相。

图 4-27 所示为双相钢析出现象。可以看出，在 800℃只几分钟，Chi 相和铬的碳化物和氮化物开始析出，这将导致腐蚀率增加。在 10 ~ 15min，钢中和焊缝中开始析出 σ 相。在 650 ~ 690℃温度进行热处理，冲击吸收能量下降很快。475℃脆化也能在几分钟内出现，冲击吸收能量降到很低。因此，焊件应避免在 300 ~ 500℃和 600 ~ 900℃温度区间热处理。

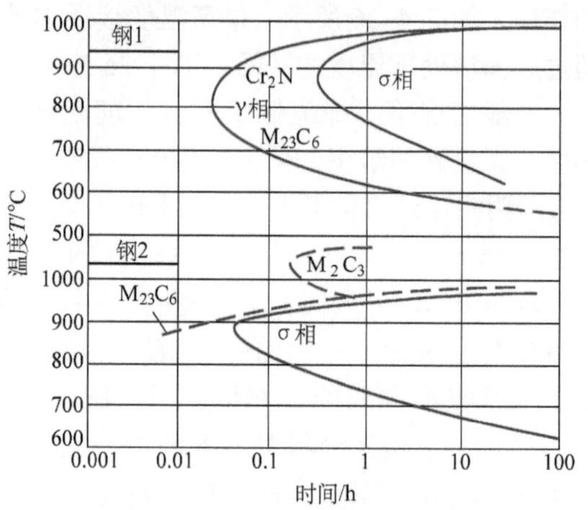

图 4-27　两种奥氏体-铁素体双相钢的等温连续转变图（TTT）

由于含碳量低，以及含氮的原因，双相不锈钢碳化物析出的倾向并不严重。由于含铬量高，贫铬现象也不足以在晶界产生问题。

4.4.4　奥氏体-铁素体双相不锈钢的焊接工艺特点

1. 焊接方法

除电渣焊外，基本上所有的熔焊方法都可以用来焊接奥氏体-铁素体双相不锈钢。常用的方法为焊条电弧焊及钨极氩弧焊。药芯焊丝由于熔敷效率高，也已在双相不锈钢焊接领域得到越来越多的应用。埋弧焊可用于双相不锈钢厚板的焊接，但问题是稀释率大，应用不多。

2. 焊接材料

采用奥氏体相占比例大的焊接材料，来提高焊接金属中奥氏体相的比例，对提高焊缝金属的塑性、韧性和耐蚀性均是有益的。对于含氮的双相不锈钢和超级双相不锈钢的焊接材料，通常采用比母材高的镍含量和母材相同的含氮量，以保证焊缝金属有足够的奥氏体量。一般来说，通过调整焊缝化学成分，双相钢均能获得令人满意的焊接性。

双相不锈钢常用的焊接材料见表 4-6。

表 4-6 双相不锈钢常用的焊接材料

钢号	焊条		氩弧焊焊丝	药芯焊丝		埋弧焊	
	型号	牌号		型号	牌号	焊丝	焊剂
022Cr19Ni5Mo3Si2N	E316L-16 E309MoL-16 E309-16	A022Si A042 A302	H03Cr19Ni12Mo2 H03Cr20Ni13Mo2 H03Cr24Ni13	E316LT1-1 E309LT1-1	GDQA316L GDQA309L	H1Cr24Ni13	HJ260 HJ172 SJ601
06Cr21Ni5Ti 12Cr21Ni5Ti 022Cr22Ni5Mo3N	E308-16 E309MoL-16	A102 A042 或成分相近的专用焊条	H08Cr19Ni10Ti H03Cr19Ni12Mo2	E308LT1-1	GDQA308L	—	—
03Cr25Ni6Mo3Cu2N	E309L-16 E308L-16 ENi-0 ENiCrMo-0 ENiCrFe-3	A072 A062 A002 Ni112 Ni307 Ni307A	H08Cr26Ni21 H03Cr21Ni10 或同母材成分焊丝 或镍基焊丝	E309LT1-1 E2209T0-1	GDQA309L GDQS2209 BOHLER CN 22/9 N-FD	—	—

3. 焊接工艺措施

(1) 控制热输入　双相钢要求在焊接时遵守一定的焊接工艺，其目的一方面是为了避免焊后由于冷速过快而在热影响区产生过多的铁素体，另一方面是为了避免冷速过慢在热影响区形成过多粗大的晶粒和氮化铬沉淀。如果通过适当的工艺措施，将焊缝和热影响区不同部位的铁素体含量控制在 70% 以下，则双相钢焊缝的抗裂性会相当好。但当铁素体含量超过 70% 时，在焊接应力很大的情况下会出现氢致冷裂纹。为避免焊缝中 Ni 含量下降过多，必须阻止 Ni 含量低的母材过多稀释。否则，铁素体含量增加会对焊缝腐蚀抗力、韧性和抗裂能力产生不良影响。

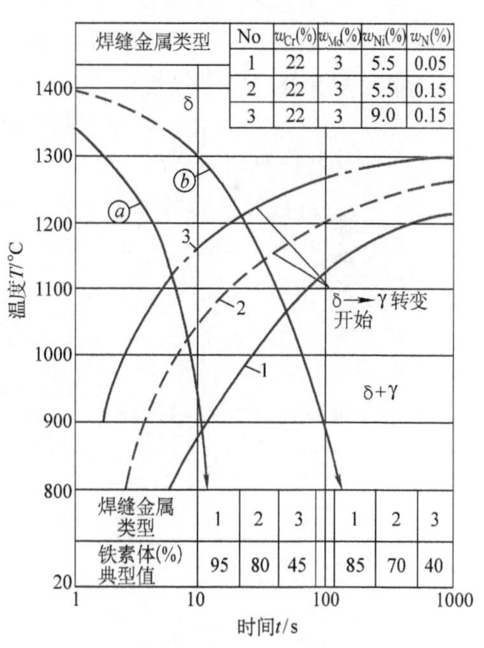

图 4-28 化学成分和冷却速度对二次 δ→γ 转变开始的影响

焊接时，焊缝和热影响区的冷却时间 $t_{12/8}$ 不能太短。应根据材料的厚度，选择合适的冷却速度，如图 4-28 所示。焊接厚板时，应采用较高的热输入；焊接薄板时，尤其是板厚小于 5mm 时，应采用较低的焊接热输入。

(2) 多层多道焊　采用多层多道焊时，后续焊道对前层焊道有热处理作用，焊缝金属中的铁素体进一步转变成奥氏体，成为奥氏体占优势的两相组织，毗邻焊缝的焊接热影响区组织中的奥氏体相也增多，从而使焊接接头的组织和性能得到改善。

(3) 焊接顺序及工艺焊缝　与奥氏体不锈钢焊缝相反，接触腐蚀介质的焊缝要先焊，使最后一道焊缝移至非接触介质的一面。其目的是利用后道焊缝对先焊焊缝进行一次热处理，使先焊焊缝及其热影响区的单相铁素体组织部分转变为奥氏体组织。

如果要求接触介质的焊缝必须最后施焊，则可在焊接终了时，在焊缝表面再施以一层工艺焊缝，便可对表面焊缝及其邻近的焊接热影响区进行所谓的热处理。工艺焊缝可在焊后经加工去除。如果附加工艺焊缝有困难，在制订焊接工艺时，尽可能考虑使最后一层焊缝处于非工作介质面上。

思考题

1. 不锈钢焊接时，为什么要控制焊缝中的含碳量？如何控制焊缝中的含碳量？

2. 为什么 18-8 奥氏体不锈钢焊缝中要求含有一定数量的铁素体组织？通过什么途径控制焊缝中的铁素体含量？

3. 18-8 不锈钢焊接接头区域在哪些部位可能产生晶间腐蚀，是由于什么原因造成的？如何防止？

4. 简述奥氏体不锈钢产生热裂纹的原因？在母材和焊缝合金成分一定的条件下，焊接时应采取何种工艺措施防止热裂纹？

5. 奥氏体钢焊接时为什么常采用“超合金化”焊接材料？

6. 铁素体不锈钢焊接中容易出现什么问题？焊条电弧焊和气体保护焊时如何选择焊接材料？在焊接工艺上有什么特点？

7. 何谓“脆化”现象？铁素体不锈钢焊接时有哪些脆化现象，各发生在什么温度区域？如何避免？

8. 马氏体不锈钢焊接中容易出现什么问题，在焊接材料的选用和工艺上有什么特点？制订焊接工艺时应采取哪些措施？

9. 双相不锈钢的成分和性能有何特点？与一般奥氏体不锈钢相比，双相不锈钢的焊接性有何不同？在焊接工艺上有什么特点？

10. 从双相不锈钢组织转变的角度出发，分析焊缝中的 Ni 含量为什么比母材要高及焊接热循环对焊接接头组织、性能有什么影响。

第5章 有色金属的焊接

随着有色金属应用的日益广泛，其连接技术也随之备受关注。有色金属种类很多，各自具有不同的性能特点。本章主要阐述有色金属应用中最常见的铝、铜、钛及其合金的性能及焊接特点，着重对其焊接性进行分析，同时分别介绍了铝、铜、钛及其合金常用的焊接方法、焊接材料和工艺要点。

5.1 铝及铝合金的焊接

铝及铝合金具有密度小、比强度高和良好的耐蚀性、导电性、导热性，以及在低温下能保持良好的力学性能等特点，广泛应用于航空航天、汽车、电工、化工、交通运输、国防等工业部门。

5.1.1 铝及铝合金的分类、成分及性能

1. 铝及铝合金的分类

根据合金化系列，铝及铝合金分为工业纯铝、铝铜合金、铝锰合金、铝硅合金、铝镁合金、铝镁硅合金、铝锌镁铜合金等七大类。按强化方式，分为非热处理强化铝合金和热处理强化铝合金。前者只能变形强化，后者既可热处理强化，也可变形强化。按铝制产品形式不同，分为变形铝合金和铸造铝合金。铝合金分类示意图如图5-1所示。铝合金的分类见表5-1。

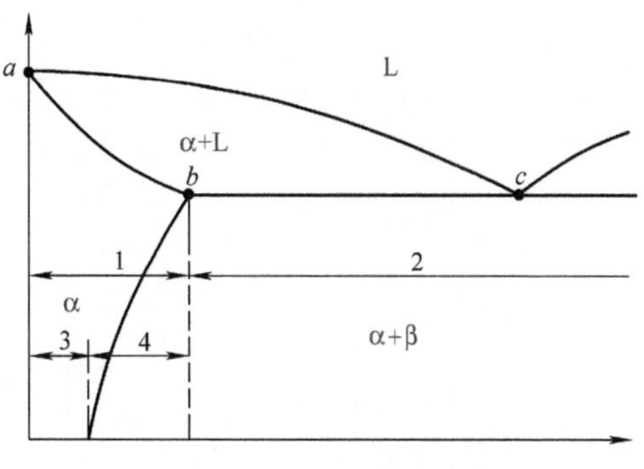

图5-1 铝合金分类示意图

1—变形铝合金 2—铸造铝合金 3—非热处理强化铝合金 4—热处理强化铝合金

非热处理强化铝合金可通过加工硬化、固溶强化提高力学性能，特点是强度中等、塑性及耐蚀性好，又称防锈铝，焊接性良好，是焊接结构中应用最广的铝合金。热处理强化铝合金是通过固溶、淬火、时效等工艺提高力学性能。经热处理后可显著提高抗拉强度，但

焊接性较差，熔焊时产生焊接裂纹的倾向较大，焊接接头的力学性能下降。热处理强化铝合金包括硬铝、超硬铝、锻铝等。

表 5-1　铝合金的分类

分　类		合金名称	合　金　系	性 能 特 点	牌 号 示 例
变形铝合金	非热处理强化铝合金	防锈铝	Al-Mn	抗蚀性、压力加工性与焊接性能好，但强度较低	3A21
			Al-Mg		5A05
变形铝合金	热处理强化铝合金	硬铝	Al-Cu-Mg	力学性能高	2A11
		超硬铝	Al-Cu-Mg-Zn	强度最高	7A04
		锻铝	Al-Mg-Si-Cu	锻造性能好，耐热性能好	6A02
			Al-Cu-Mg-Fe-Ni		2A70
铸造铝合金		铝硅合金	Al-Si	铸造性能好，不能热处理强化，力学性能较低	ZL102
		特殊铝硅合金	Al-Si-Mg	铸造性能良好，可热处理强化，力学性能较高	ZL101
			Al-Si-Cu		ZL107
		铝铜铸造合金	Al-Cu	耐热性好，铸造性能与抗蚀性差	ZL201
		铝镁铸造合金	Al-Mg	力学性能高，抗蚀性好	ZL301

2. 铝及铝合金的牌号、成分及性能

常用铝及铝合金的牌号及化学成分见表 5-2，常用铝及铝合金的力学性能见表 5-3。

表 5-2　常用铝及铝合金的牌号及化学成分

类别	牌号	主要化学成分（质量分数）（%）												旧 牌 号
		Cu	Mg	Mn	Fe	Si	Zn	Ni	Cr	Ti	Be	Al	Fe + Si	
工业纯铝	1A99	0.005	—	—	0.003	0.002	—	—	—	—	—	99.99	—	LG5
	1A97	0.015	—	—	0.015	0.015	—	—	—	—	—	99.97	—	LG4
	1A85	0.01	—	—	0.10	0.08	—	—	—	—	—	99.85	—	LG1
	1070	0.04	0.03	0.03	0.25	0.2	0.04	—	—	0.03	—	99.80	—	—
	1035	0.10	0.05	0.05	0.60	0.35	—	—	—	—	—	99.35	0.95	L4
	1200	0.05	—	0.05	0.05	0.05	0.10	—	—	0.05	—	99.00	1.00	L5
	8A06	0.10	0.10	0.10	0.50	0.55	0.10					余量	1.00	L6
防锈铝	5A02	0.10	2.0 ~ 2.8	0.15 ~ 0.4	0.4	0.4	—	—	—	0.15	—	余量	0.6	LF2
	5A03	0.10	3.2 ~ 3.8	0.30 ~ 0.6	0.50	0.50 ~ 0.8	0.20	—	—	0.15	—		—	LF3
	5052	0.10	2.2 ~ 2.8	0.1	0.4	0.25	0.1	—	0.15 ~ 0.35	—	—		—	—
	5083	0.10	4.0 ~ 4.9	0.4 ~ 1.0	0.40	0.40	0.25	—	0.05 ~ 0.25	0.15	—		—	LF4
	5A05	0.10	4.8 ~ 5.5	0.30 ~ 0.6	0.50	0.50	0.20	—	—	—	—		—	LF5
	5B05	0.20	4.7 ~ 5.7	0.20 ~ 0.6	0.4	0.4	—	—	—	0.15	—		0.6	LF10

（续）

类别	牌号	主要化学成分（质量分数）（%）												旧牌号
		Cu	Mg	Mn	Fe	Si	Zn	Ni	Cr	Ti	Be	Al	Fe+Si	
	5A12	0.05	8.3~9.6	0.40~0.8	0.30	0.30	0.20	0.10	Sb 0.004~0.05	0.05~0.15	0.05		—	LF12
防锈铝	3003	0.05~0.2		1.0~1.5	0.7	0.6	0.10	—	—	—	—	余量	—	—
	3A21	0.20	0.05	1.0~1.6	0.70	0.6	0.10	—	—	0.15	—		—	LF21
	2A02	2.6~3.2	2.0~2.4	0.45~0.7	0.30	0.30	0.10	—	—	0.15			—	LY2
	2A04	3.2~3.7	2.1~2.6	0.5~0.8	0.30	0.30	0.10	—	—	0.05~0.4	0.001~0.005		—	LY4
	2A06	3.8~4.3	1.7~2.3	0.5~1.0	0.50	0.50	0.10	—	—	0.03~0.15	0.001~0.005		—	LY6
硬铝	2B11	3.8~4.5	0.4~0.8	0.40~0.8	0.50	0.50	0.10	—	—	0.15	—	余量	—	LY8
	2A10	3.9~4.5	0.15~0.3	0.30~0.5	0.20	0.25	0.10	—	—	0.15	—		—	LY10
	2A11	3.8~4.8	0.40~0.8	0.40~0.8	0.70	0.70	0.30	0.10	—	0.15	—		(Fe+Ni)0.7	LY11
	2A12	3.8~4.9	1.2~1.8	0.30~0.9	0.50	0.50	0.30	0.10	—	0.15	—		(Fe+Ni)0.5	LY12
	2A13	4.0~5.0	0.30~0.5	—	0.60	0.70	0.60	0.10	—	0.15	—		—	LY13
	6A02	0.2~0.6	0.45~0.9	或Cr 0.15~0.35	0.50	0.50~1.2	0.2	—	—	0.15	—		—	LD2
锻铝	2A70	1.9~2.5	1.4~1.8	0.2	0.9~1.5	0.35	0.3	0.9~1.5	—	0.02~0.1	—	余量	—	LD7
	2A90	3.5~4.5	0.4~0.8	0.2	0.5~1.0	0.5~1.0	0.3	1.8~2.3	—	0.15	—		—	LD9
	2A14	3.9~4.8	0.4~0.8	0.4~1.0	0.7	0.6~1.2	0.3	0.1	—	0.15	—		—	LD10

（续）

类别	牌号	主要化学成分（质量分数）(%)												旧牌号
		Cu	Mg	Mn	Fe	Si	Zn	Ni	Cr	Ti	Be	Al	Fe + Si	
超硬铝	7A03	1.8 ~ 2.4	1.2 ~ 1.6	0.10	0.20	0.20	6.0 ~ 6.7	—	0.05	0.02 ~ 0.08	—	余量	—	LC3
	7A04	1.4 ~ 2.0	1.8 ~ 2.8	0.20 ~ 0.6	0.50	0.50	5.0 ~ 7.0	—	0.10 ~ 0.25	—	—		—	LC4
	7A09	1.2 ~ 2.0	2.0 ~ 3.0	0.15	0.5	0.5	5.1 ~ 6.1	—	0.16 ~ 0.30	—	—		—	LC9
	7A10	0.5 ~ 1.0	3.0 ~ 4.0	0.20 ~ 0.35	0.30	0.30	3.2 ~ 4.2	—	0.10 ~ 0.2	0.05	—		—	LC10
特殊铝	4A01	0.20	—	—	0.6	4.5 ~ 6.0	(Zn + Sn)0.10	—	—	0.15	—	余量	—	LT1
	4A17	(Cu + Zn)0.15	0.05	0.5	0.5	11.0 ~ 12.5	—	—	—	0.15	—		Ca 0.10	LT17

注：元素仅有单个值的，除 Al 为含量最小值外，其余为该元素的含量最大值。

表 5-3　常用铝及铝合金的力学性能

类别	合金牌号	材料状态	抗拉强度 R_m/MPa	屈服强度 R_{eL}/MPa	断后伸长率 A（%）	断面收缩率 Z（%）	硬度 HBW
工业纯铝	1A99	固溶态	45	$R_{P0.2}=10$	$A=50$	—	17
	8A06	退火	90	30	30	—	25
	1035	冷作硬化	140	100	12	—	32
防锈铝	3A21	退火 冷作硬化	130 160	50 130	20 10	70 55	30 40
	5A02	退火 冷作硬化	200 250	100 210	23 6	—	45 60
	5A05 5B05	退火	270	150	23	—	70
硬铝	2A11	淬火 + 自然时效 退火 包铝的，淬火 + 自然时效 包铝的，退火	420 210 380 180	240 110 220 110	18 18 18 18	35 58 — —	100 45 100 45
	2A12	淬火 + 自然时效 退火 包铝的，淬火 + 自然时效 包铝的，退火	470 210 430 180	330 110 300 100	17 18 18 18	30 55 — —	105 42 105 42
	2A01	淬火 + 自然时效 退火	300 160	170 60	24 24	50 —	70 38

（续）

类别	合金牌号	材料状态	抗拉强度 R_m/MPa	屈服强度 R_{eL}/MPa	断后伸长率 A（%）	断面收缩率 Z（%）	硬度 HBW
锻铝	6A02	淬火+人工时效	323.4	274.4	12	20	95
		淬火	215.6	117.6	22	50	65
		退火	127.4	60	24	65	30
超硬铝	7A04	淬火+人工时效	588	539	12	—	150
		退火	254.8	127.4	13	—	—

常用铝及铝合金的物理性能见表 5-4。

表 5-4　常用铝及铝合金的物理性能

合　金	密度 ρ/g·cm^{-3}	比热容 c/J·g^{-1}·℃$^{-1}$	热导率 λ/J·cm^{-1}·s^{-1}·℃$^{-1}$	线胀系数 α/×10^{-6}℃$^{-1}$	电导率 ρ'/×10^{-6}Ω·cm
		100℃	25℃	20～100℃	20℃
纯铝	2.7	0.90	2.21	23.6	2.665
3A21	2.693	1.00	1.80	23.2	3.45
5A03	2.67	0.88	1.46	23.5	4.96
5A06	2.64	0.92	1.17	23.7	6.73
2A12	2.78	0.92	1.17	22.7	5.79
2A16	2.70	0.88	1.38	22.6	6.10
6A02	2.80	0.79	1.75	23.5	3.70
2A14	2.85	0.83	1.59	22.5	4.30

5.1.2　铝及铝合金的焊接性

铝及其合金的化学活性很强，表面极易形成难熔氧化膜（Al_2O_3熔点约为 2050℃，MgO 熔点约为 2500℃），加之铝及其合金导热性强，焊接时易造成不熔合现象。由于氧化膜密度与铝的密度接近，也易成为焊缝金属的夹杂物。同时，氧化膜（特别是有 MgO 存在的不很致密的氧化膜）可吸收较多水分而成为焊缝气孔的重要原因之一。此外，铝及其合金的线胀系数大，焊接时容易产生翘曲变形。这些都是焊接生产中颇感困难的问题。对铝合金进行焊接可用不同的焊接方法，表 5-5 所列为部分铝及铝合金的相对焊接性。

表 5-5　部分铝及铝合金的相对焊接性

焊接方法	焊接性及适用范围							说　明
	工业纯铝	铝锰合金	铝镁合金		铝铜合金	适用厚度/mm		
	1070 1100	3003 3004	5083 5056	5052 5454	2014 2024	推荐	可用	
TIG 焊（手工、自动）	好	好	好	好	很差	1～10	0.9～25	填丝或不填丝，厚板需预热。交流电源

（续）

焊接方法	焊接性及适用范围							说　明
	工业纯铝	铝锰合金	铝镁合金		铝铜合金	适用厚度/mm		
	1070 1100	3003 3004	5083 5056	5052 5454	2014 2024	推荐	可用	
MIG 焊（手工、自动）	好	好	好	好	差	≥8	≥4	焊丝为电极，厚板需预热和保温。直流反接
脉冲 MIG 焊（手工、自动）	好	好	好	好	差	≥2	1.6~8	适用于薄板焊接
气焊	好	好	很差	差	很差	0.5~10	0.3~25	适用于薄板焊接
焊条电弧焊	尚好	尚好	很差	差	很差	3~8	—	直流反接，需预热，操作性差
电阻焊（点焊、缝焊）	尚好	尚好	好	好	尚好	0.7~3	0.1~4	需要电流大
等离子弧焊	好	好	好	好	差	1~10	—	焊缝晶粒小，抗气孔性能好
电子束焊	好	好	好	好	尚好	3~75	≥3	焊接质量好，适用于厚件

1. 焊缝中的气孔

铝及其合金熔焊时最常见的缺陷是焊缝气孔，特别是对于纯铝和防锈铝的焊接。

（1）铝及其合金熔焊时形成气孔的原因　氢是铝及其合金熔焊时产生气孔的主要原因，氢的来源是弧柱气氛中的水分、焊接材料以及母材所吸附的水分，其中焊丝及母材表面氧化膜的吸附水分对焊缝气孔的产生有重要的影响。

1）弧柱气氛中水分的影响。弧柱空间或多或少存在一定量的水分，尤其在潮湿季节或湿度大的地区进行焊接时，由弧柱气氛中水分分解而来的氢，溶入过热的熔融金属中，凝固时来不及析出成为焊缝气孔。这时所形成的气孔具有白亮内壁的特征。

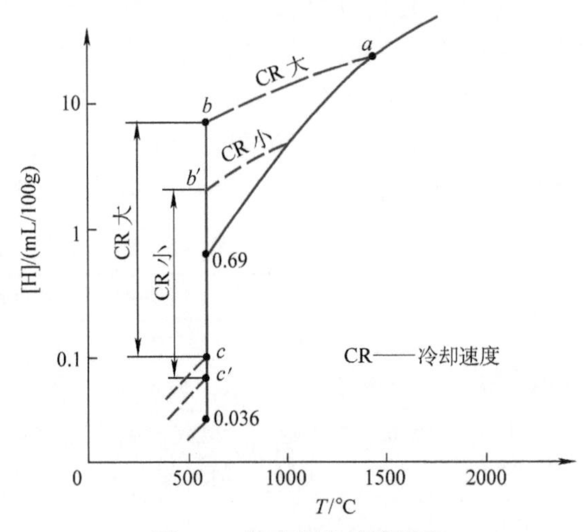

图 5-2　氢在铝中的溶解度

（$p_{H_2}=101kPa$）

弧柱气氛中的氢之所以能使焊缝形成气孔，与它在铝中的溶解度变化有关。由图 5-2 可见，平衡条件下氢的溶解度沿图中的实线变化，凝固点时可从 0.69mL/100g 突降到 0.036mL/100g，相差约 20 倍（在钢中只相差不到2倍)，这是氢易使铝焊缝产生气孔的重要原因之一。铝的导热性很强，在同样的工艺条件下，铝熔合区的冷却速度为高强度钢焊接时的4～7倍，不利于气泡浮出，更易于促使形成气孔。

实际冷却条件下的溶解度变化沿 abc（冷却速度大时）或 $ab'c'$（冷却速度较小时）发生变化。在熔池过热状态的降温过程中，若冷却速度较大，过热熔池在凝固点以上，由于 a—b 间的溶解度差所造成的气泡数量虽然不多，但可能来不及逸出，在上浮途中被"搁浅"而形成粗大孤立的所谓"皮下气孔"；若冷却速度较小，过热熔池中由于 a—b'间溶解度差而可能形成数量多一些的气泡，来得及聚合浮出时不致产生气孔。在凝固点时，由于溶解度突变（$b \to c$ 或 $b' \to c'$），伴随着凝固过程可在结晶的枝晶前沿形成许多微小气泡，枝晶晶体的交互生长致使气泡的成长受到限制，并且不利于浮出，因而可沿结晶的层状线形成均布小气孔，称为"结晶层气孔"。

不同合金系对弧柱气氛中水分的影响是不同的。纯铝对气氛中的水分最为敏感。Al-Mg合金Mg含量增高，氢的溶解度和引起气孔的临界氢分压 p_{H_2} 随之增大，因而对吸收气氛中水分不太敏感。相比之下，同样焊接条件下，纯铝焊缝产生气孔的倾向要大些。

不同的焊接方法对弧柱气氛中水分的敏感性也不同。TIG焊或MIG焊时氢的吸收速率和吸氢量有明显差别。MIG焊时，焊丝以细小熔滴形式通过弧柱落入熔池，由于弧柱温度高，熔滴比表面积大，熔滴金属易于吸收氢；TIG焊时，熔池金属表面与气体氢反应，因比表面积小和熔池温度低于弧柱温度，吸收氢的条件不如MIG焊时容易。同时，MIG焊的熔深一般大于TIG焊的熔深，也不利于气泡的浮出。所以，在同样的气氛条件下，MIG焊时，焊缝气孔倾向比TIG焊时大。

2）氧化膜中水分的影响。在正常的焊接条件下，对于气氛中的水分已严格限制，这时，焊丝或工件氧化膜中所吸附的水分将是生成焊缝气孔的主要原因。氧化膜不致密、吸水性强的铝合金（如Al-Mg合金)，比氧化膜致密的纯铝具有更大的气孔倾向。因为Al-Mg合金的氧化膜由 Al_2O_3 和MgO构成，而MgO越多，形成的氧化膜越不致密，更易于吸附水分；纯铝的氧化膜只由 Al_2O_3 构成，比较致密，相对来说吸水性要小。Al-Li合金的氧化膜更易吸收水分而促使产生气孔。

MIG焊由于熔深大，坡口端部的氧化膜能迅速熔化，有利于氧化膜中水分的排除，氧化膜对焊缝气孔的影响就小得多。由表5-6可见，焊丝表面氧化膜的清理对焊缝含氢量的影响很大（焊丝是纯铝)，若是Al-Mg合金焊丝，影响将更显著。严格限制弧柱气氛水分的MIG焊接条件下，用Al-Mg合金焊丝比用纯铝焊丝时具有更大的气孔倾向。

表5-6　纯铝焊丝表面清理方法对焊缝含氢量的影响

处理方法	未处理	不完全的机械刮削	15%NaOH（2min）+15%HNO_3（8min）+水洗干燥	沸腾蒸馏水中加热1h，室内存放1d
气体总量/mL·$(100g)^{-1}$	2.8	1.6	1.0	8.7
氢量/mL·$(100g)^{-1}$	2.1	1.3	0.7	6.9
氢体积比率（%）	74.9	81.3	70.0	79.3

TIG焊时，在熔透不足的情况下，母材坡口根部未除净的氧化膜所吸附的水分是产生焊缝气孔的主要原因。这种氧化膜不仅提供了氢的来源，而且能使气泡聚集附着。刚形成熔池

时，如果坡口附近的氧化膜未能完全熔化而残存下来，则氧化膜中水分因受热而分解出氢，并在氧化膜上萌生气泡；由于气泡是附着在残留氧化膜上，不易脱离浮出，且因气泡是在熔化早期形成的，有条件长大，所以常造成集中的大气孔。这种气孔在焊缝根部未熔合时就更严重。坡口端部氧化膜引起的气孔，常沿着熔合区原坡口边缘分布，内壁呈氧化色，这是其重要特征。由于Al-Mg合金比纯铝更易于形成疏松而吸水性强的厚氧化膜，所以Al-Mg合金比纯铝更容易产生这种集中的氧化膜气孔。因此，焊接铝镁合金时，焊前须仔细清除坡口端部的氧化膜。

Al-Mg合金气焊或TIG焊慢焊速条件下，母材表面氧化膜也会在近缝区引起“气孔”。这种“气孔”以表面密集的小颗粒状的“鼓泡”形式呈现出来，也被认为是“皮下气孔”。

(2) 防止焊缝气孔的途径　防止焊缝中的气孔可从两方面着手：一是限制氢溶入熔融金属，或者是减少氢的来源，或者减少氢与熔融金属作用的时间（如减少熔池吸氢时间）；二是尽量促使氢自熔池逸出，即在熔池凝固之前使氢以气泡形式及时排出，这就要改善冷却条件以增加氢的逸出时间（如增大熔池析氢时间）。

1）减少氢的来源。使用的焊接材料（包括保护气体、焊丝、焊条等）要严格限制含水量，使用前需干燥处理。一般认为，氩气中的水的体积分数小于0.08%时不易形成气孔。氩气的管路也要保持干燥。

焊前处理十分重要。焊丝及母材表面的氧化膜应彻底清除，采用化学方法或机械方法均可，若两者并用效果更好。在5A03（板厚1.8mm）手工TIG焊时，仅经过化学清洗仍不能防止气孔。化学清洗后，焊前应用细钢丝刷再全面刷一遍近缝区，并用刮刀刮削坡口端面，装配时要防止再度弄脏。机械清理后表面氧化速度很快，应及时进行焊接。

化学清洗有两个步骤：脱脂去油和去除氧化膜。处理方法和所用溶液的示例见表5-7。清洗后到焊前的间隔时间（即存放时间）对气孔的产生有一定影响。存放时间延长，焊丝或母材吸附的水分增多。所以，化学清洗后应及时施焊，一般要求化学清洗后2~3h内进行焊接，一般不要超过12h。对于大型构件，清洗后不能立即焊接时，施焊前应再用刮刀刮削坡口端面并及时施焊。

表5-7　铝合金化学清洗溶液及处理方法示例

作　用	配　方	处理方法
脱脂去油	Na_3PO_4　50g Na_2CO_3　50g Na_2SiO_3　30g H_2O　1000g	在60℃溶液中浸泡5~8min，然后在30℃热水中冲洗、冷水中冲洗，用干净的布擦干
清除氧化膜	NaOH（除氧化膜）5%~8% HNO_3（光化处理）30%~50%	50~60℃ NaOH中浸泡（纯铝20min，铝镁合金5~10min），用冷水冲洗。然后在30% HNO_3中浸泡（≤1min）。最后在50~60℃热水中冲洗，放在100~110℃干燥箱中烘干或风干

正反面全面保护，配以坡口刮削是有效防止气孔的措施。将坡口下端根部刮去一个倒角（成为倒V形小坡口），对防止根部氧化膜引起的气孔很有效。焊接时铲焊根有利于减少焊缝气孔的倾向。在MIG焊时，采用粗直径焊丝比用细直径焊丝时的气孔倾向小，这是由于焊丝及熔滴比表面积降低所致。

2）控制焊接参数。焊接参数的影响可归结为对熔池高温存在时间的影响，也就是对氢溶入时间和氢析出时间的影响。熔池高温存在时间增长，有利于氢的逸出，但也有利于氢的溶入；反之，熔池高温存在时间减少，可减少氢的溶入，但也不利于氢的逸出。焊接参数不当时，如造成氢的溶入量多而又不利于逸出时，气孔倾向势必增大。

对于 TIG 焊参数的选择，一方面应采用小热输入以减少熔池存在时间，从而减少气氛中氢的溶入，因而须适当提高焊接速度；同时又要保证根部熔合，以利根部氧化膜中的气泡浮出，又须适当增大焊接电流。由图 5-3 可见，采用大焊接电流配合较高的焊接速度较为有利。否则，焊接电流不够大，焊接速度又较快时，根部氧化膜不易熔掉，气体也不易排出，气孔倾向必然增大。焊接电流不够大时，放慢焊接速度有利于熔池排除气体，气孔倾向也可有所减小，但因不利于根部熔合，氧化膜中水分的影响显著，气孔倾向仍比较大。

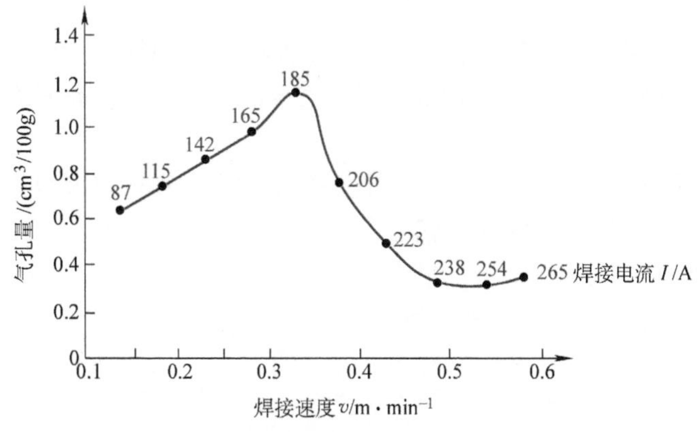

图 5-3　焊接参数对气孔倾向的影响（5A06，TIG）

在 MIG 焊条件下，焊丝氧化膜的影响更明显，减少熔池存在时间，难以有效地防止焊丝氧化膜分解出来的氢向熔池侵入。因此希望增大熔池时间以利气泡逸出。由图 5-4 可见，降低焊接速度和提高热输入，有利于减少焊缝中的气孔。由图 5-5 可见，薄板焊接时，焊接热输入的增大可以减少焊缝中的气体含量；但在中厚板焊接时，由于接头冷却速度较大，热输入增大后的影响并不明显。比较接头形式也可看到，T 形接头的冷却速度约为对接接头的 1.5 倍，在同样的热输入条件下焊接薄板时，对接接头的焊缝气体含量高得多；中厚板焊接时，T 形接头的焊缝含有较多气体。因此，在 MIG 焊条件下，接头冷却条件对焊缝气体含量有较明显的影响。必要时可采取预热来降低接头冷却速度，以利气体逸出，这对减少焊缝气孔倾向有一定好处。

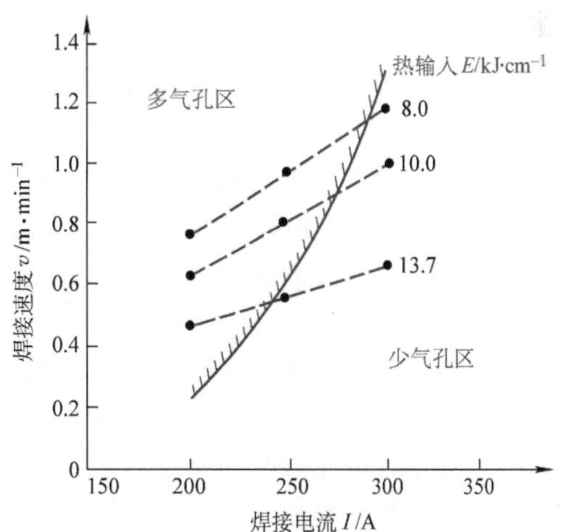

图 5-4　MIG 焊时焊缝气孔倾向与焊接参数的关系
（板 Al-2.5% Mg，焊丝 Al-3.5% Mg）

改变弧柱气氛的性质，对焊缝气孔倾向也有一些影响。例如，在氩弧焊时，Ar 中加入

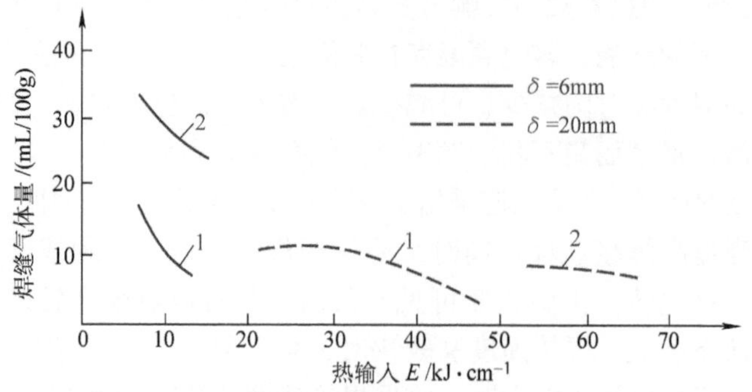

图 5-5　板厚及接头形式对焊缝气体含量的影响（MIG）

1—对接接头　2—T 形接头

少量 CO_2或 O_2等氧化性气体，使氢发生氧化而减小氢分压，能减少气孔的生成倾向。但是 CO_2或 O_2的数量要适当控制，数量少时无效果，过多时又会使焊缝表面氧化严重而发黑。

2. 焊接热裂纹

铝及其合金焊接时，常见的热裂纹主要是焊缝凝固裂纹和近缝区液化裂纹。

（1）铝合金焊接热裂纹的特点　铝合金属于共晶型合金。从理论上分析，最大裂纹倾向与合金的“最大凝固温度区间”相对应。但是，由平衡状态图得出的结论与实际情况有较大出入。例如，在 T 形角接接头的焊接条件下，Al-Mg 合金焊缝裂纹倾向最大时的成分 x_m是在 $w_{Mg}=2\%$ 附近（图 5-6），并不是凝固温度区间最大（$w_{Mg}=15.36\%$）的合金。其他铝合金的情况也是如此。

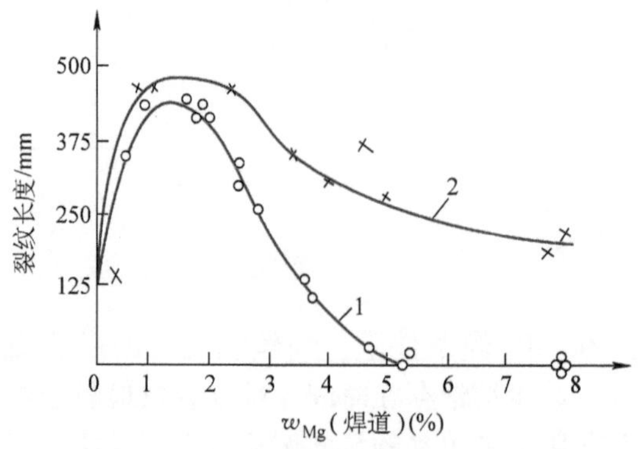

图 5-6　Al-Mg 合金焊缝凝固裂纹与含 Mg 量的关系（T 形角接接头）

1—连续焊道　2—断续焊道

裂纹倾向最大时的合金组元 x_m均小于它在合金中的极限溶解度。例如，Al-Mg 合金的 x_m约为 $w_{Mg}=2\%$；Al-Zn 合金的 x_m约为 $w_{Zn}=10\%\sim12\%$；Al-Si 合金的 x_m约为 $w_{Si}=0.7\%$；Al-Cu 合金的 x_m约为 $w_{Cu}=0.2\%$ 等。这是由于焊接加热和冷却过程都很快，使合金来不及建立平衡状态，在不平衡的凝固条件下固相线一般要向左下方移动的结果。也就是说，固相与液相之间的扩散来不及进行，先凝固的固相中合金元素含量少，而液相中却含较多合金元素，以致可在较少的平均浓度下就出现共晶。例如，在 80～100℃/s 冷却速度下，Al-Cu 合金的实际固相线向左下方移动，使极限溶解度的成分为 $w_{Cu}=0.2\%$（而不是原来的 $w_{Cu}=5.65\%$），共晶温度降低到 525℃（原来是 548℃）。若合金中存在其他元素或杂质时，还可能形成三元共晶，其熔点要比二元共晶更低一些，凝固温度区间也更大一些。易熔共晶的存在，是铝合金焊缝产生凝固裂纹的重要原因之一。

铝合金的线胀系数比钢约大 1 倍，在拘束条件下焊接时易产生较大的焊接应力，也是促使铝合金具有较大裂纹倾向的原因之一。

关于易熔共晶的作用，不仅要看其熔点高低，更要看它对界面能量的影响。易熔共晶成薄膜状展开于晶界上时，促使晶体易于分离，而增大合金的热裂倾向；若成球状聚集在晶粒间时，合金的热裂倾向小。

近缝区“液化裂纹”同焊缝凝固裂纹一样，也与晶间易熔共晶有联系，但这种易熔共晶夹层并非晶间原已存在的，而是在不平衡的焊接加热条件下因偏析而形成的，所以称为晶间“液化裂纹”。

（2）防止焊接热裂纹的途径　母材的合金系对焊接热裂纹有重要的影响。在焊接中获得无裂纹的铝合金接头并同时保证各项使用性能要求是很困难的。例如，硬铝和超硬铝就属于这种情况。即使对于纯铝、铝镁合金等，有时也会遇到裂纹问题。

对于焊缝金属的凝固裂纹，主要是通过合理确定焊缝的合金成分，并配合适当的焊接工艺来进行控制。

1）合金系的影响。在铝中加入 Cu、Mn、Si、Mg、Zn 等合金元素可获得不同性能的合金，各种合金元素对铝合金焊接裂纹的影响如图 5-7 所示。

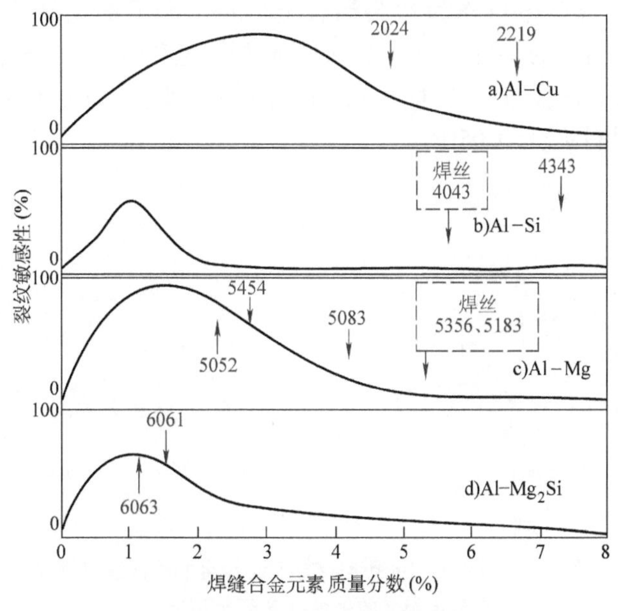

图 5-7　铝合金的裂纹敏感性

调整焊缝合金系的着眼点，从抗裂角度考虑，在于控制适量的易熔共晶并缩小结晶温度区间。由于铝合金为共晶型合金，少量易熔共晶会增大凝固裂纹倾向，所以，一般都是使主要合金元素含量超过 x_m，以便能产生“愈合”作用。由图 5-8 可见，不同的防锈铝在 TIG 焊时，填送不同的焊丝以获得不同 Mg 含量的焊缝，可具有不同的抗裂性能。Al-Mg 合金焊接时，以采用 Mg 的质量分数超过 3.5% 或超过 5% 的焊丝为好。而 3A21（Al-Mn）合金采用标准的 Al-Mg 合金焊丝并不理想，Mg 含量不足。由图 5-8 可见，当焊丝 Mg 的质量分数超过 8% 以后，才能改善 3A21 焊缝的抗裂性。

对于裂纹倾向大的硬铝之类高强铝合金，在原合金系中进行成分调整以改善抗裂性，往往成效不大。生产中不得不采用含 w_{Si} = 5% 的 Al-Si 合金焊丝（4A01）来解决抗裂问题。因为可以形成较多的易熔共晶，流动性好，具有很好的“愈合”作用，有很高的抗裂性能，但强度和塑性不理想，不能达到母材的水平。

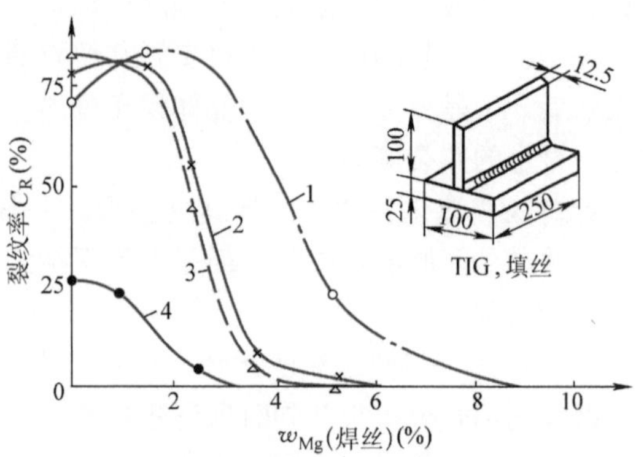

图 5-8　焊丝成分对不同母材焊缝热裂倾向的影响

1—3A21　2—Al-2.5% Mg　3—Al-3.5% Mg　4—Al-5.2% Mg

Al-Cu 系硬铝合金 2A16 是为了改善焊接性而设计的硬铝合金。Mg 可降低 Al-Cu 合金中 Cu 的溶解度，促使增大脆性温度区间。为此，应取消 Al-Cu-Mg（硬铝）中的 Mg，添加少量 Mn（w_{Mn} < 1%），得到 Al-Cu-Mn 合金（2A16）。如图 5-9 所示，w_{Cu} = 6% ~ 7% 时，正好处在裂纹倾向不大的区域。由于 Mn 能提高再结晶温度而改善热强性，所以 Al-Cu-Mn 合金也可作为耐热铝合金应用。为了细化晶粒，加入质量分数为 0.1% ~ 0.2% 的 Ti 是有效的。当 w_{Fe} > 0.3% 时，降低强度和塑性；当 w_{Si} > 0.2% 时，则增大裂纹倾向。特别是 Si、Mg 同时存在时，裂纹倾向更为严重，因 Cu 与 Mg 不能共存，Mg 含量越少越好，一般限制 w_{Mg} < 0.05%。

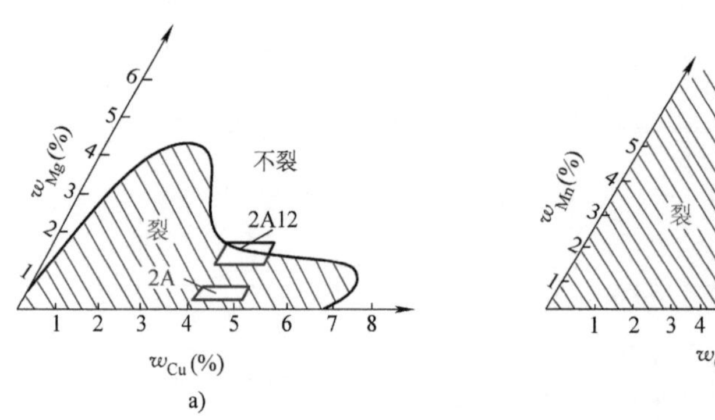

图 5-9　Al-Cu-Mg 及 Al-Cu-Mn 合金的凝固裂纹倾向与合金组成的关系（铸环抗裂试验）

a）Al-Cu-Mg 合金　b）Al-Cu-Mn 合金

超硬铝的焊接性差，尤其在熔焊时易产生裂纹，而且接头强度远低于母材。其中 Cu 的影响最大，在 Al-6% Zn-2.5% Mg 中只加入质量分数为 0.2% 的 Cu 即可引起焊接裂纹。对于 Al-Zn-Mg 系合金，同样不允许 Cu、Mg 共存。Zn 及 Mg 增多时，强度增高但耐蚀性下降。

为改善超硬铝的焊接性，发展了 Al-Zn-Mg 系合金。它是在 Al-Zn-Mg-Cu 系基础上取消 Cu，稍许降低强度而获得比较优异的焊接性的一种时效强化铝合金。Al-Zn-Mg 合金焊接裂纹倾向小，焊后不经人工热处理而仅靠自然时效，接头强度即可基本恢复到母材的水平。合金的强度主要取决于 Mg 及 Zn 的含量。Mg 及 Zn 总量越高，强度也越高。Al-Zn-Mg 系合金所用焊丝不允许含有 Cu，且应提高 Mg 含量，同时要求 $w_{Mg} > w_{Zn}$。

大部分高强铝合金焊丝中几乎都有 Ti、Zr、V、B 等微量元素，一般是作为变质剂加入的。不仅可以细化晶粒而且可以改善塑性、韧性，并可显著提高抗裂性能。

2）焊丝成分的影响。不同的母材配合不同的焊丝，在刚性 T 形接头试样上进行 TIG 焊，具有不同的裂纹倾向，如图 5-10 所示。采用成分与母材相同的焊丝时，具有较大的裂纹倾向，不如改用其他合金组成的焊丝。采用 Al-5% Si 焊丝（国外牌号 4043）和 Al-5% Mg 焊丝（5A05 或 5556）的抗裂效果是令人满意的。

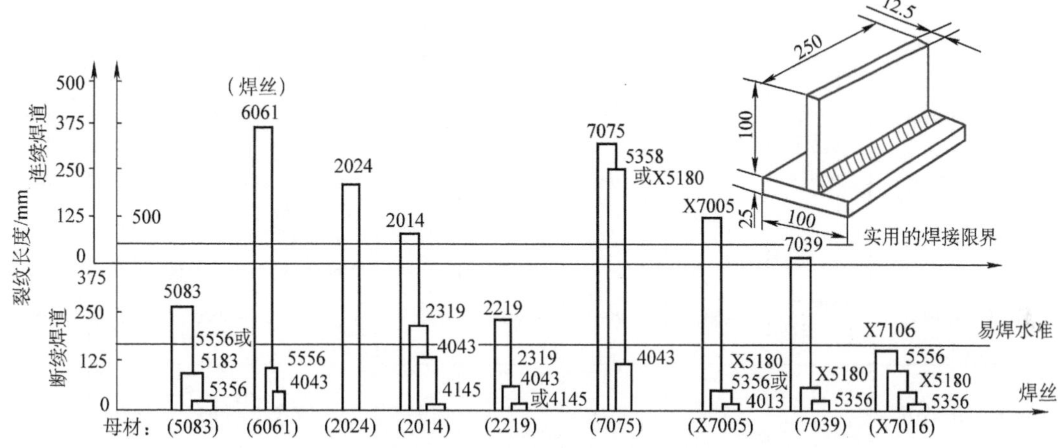

图 5-10　母材与焊丝组合的抗热裂性试验（刚性 T 形接头，TIG）

（括号中数字为母材代号，无括号的数字为焊丝代号）

Al-Zn-Mg 合金专用焊丝 X5180（即 Al-4% Mg-2% Zn-0. 15% Zr）也具有相当高的抗裂性能。由图 5-10 可见，易熔共晶数量很多而有很好"愈合"作用的焊丝"4145"，就抗裂性而言比焊丝"4043"更好。Al-Cu 系硬铝 2219 采用焊丝 2319 焊接具有满意的抗裂性。

3）焊接参数的影响。焊接参数影响凝固过程的不平衡性和凝固后的组织状态，也影响凝固过程中的应力变化，因而影响裂纹的产生。

热能集中的焊接方法，可防止形成方向性强的粗大柱状晶，因而可以改善抗裂性。采用小焊接电流，可减少熔池过热，也有利于改善抗裂性。焊接速度的提高，促使增大焊接接头的应力，增大热裂的倾向。因此，增大焊接速度和焊接电流，都促使增大裂纹倾向。大部分铝合金的裂纹倾向都比较大，所以，即使是采用合理的焊丝，在熔合比大时，裂纹倾向也必然增大。因此，增大焊接电流是不利的，而且应避免断续焊接（见图 5-10）。

3. 焊接接头的"等强性"

表 5-8 中列出了一些铝合金母材和 MIG 焊接头的力学性能。由表 5-8 可见，非时效强化铝合金（如 Al-Mg 合金），在退火状态下焊接时，接头与母材是等强的；在冷作硬化状态下焊接时，接头强度低于母材。表明在冷作状态下焊接时接头有软化现象。时效强化铝合金，无论是退火状态下还是时效状态下焊接，焊后不经热处理，接头强度均低于母材。特别是在时效状态下焊接的硬铝，即使焊后经人工时效处理，接头强度系数（即接头强度与母材强度之比的百分数）也未超过 60%。

表 5-8 一些铝合金母材及焊接接头（MIG 焊）的力学性能比较

合 金	母材（最小值）				接头（焊缝余高削除）				
	状 态	R_m/MPa	R_{eL}/MPa	A（%）	焊丝	焊后热处理	R_m/MPa	R_{eL}/MPa	A（%）
Al-Mg（5052）	退 火	173	66	20	5356	—	200	96	18
	冷 作	234	178	6	5356	—	193	82.3	18
Al-Cu-Mg（2024）	退 火	220	109	16	4043	—	207	109	15
					5356	—	207	109	15
	固溶+自然时效	427	275	15	4043	—	280	201	3.1
					5356	—	295	194	3.9
					同母材	—	289	275	4
					同母材	自然时效1个月	371	—	4
Al-Cu（2219）	固溶+人工时效	463	383	10	2319	—	285	208	3
Al-Zn-Mg-Cu（7075）	固溶+人工时效	536	482	7	4043	人工时效	309	200	3.7
Al-Zn-Mg（X7005）	固溶+自然时效	352	225	18	X5180	自然时效1个月	316	214	7.3
	固溶+人工时效	352	304	15	X5180	自然时效1个月	312	214	6.2
Al-Zn-Mg（7039）	—	461	402	11	5356	—	324	196	8
Al-Cu-Li（weldalite 049）	固溶+人工时效	—	650	—	2319	—	343	237	3.9

Al-Zn-Mg 合金的接头强度与焊后自然时效的时间长短有关系，焊后仅依靠自然时效的时间增长，接头强度即可提高到接近母材的水平，这是 Al-Zn-Mg 合金值得注意的特点。所有时效强化的铝合金，焊后不论是否经过时效处理，其接头塑性均未能达到母材的水平。

铝合金焊接时的不等强性，表明焊接接头发生了某种程度的软化或性能上的削弱。接头性能上的薄弱环节可以存在于焊缝、熔合区或热影响区中的任何一个区域中。

就焊缝而言，由于是铸态组织，即使在退火状态以及焊缝成分与母材一致的条件下，强度可能差别不大，但焊缝塑性都不如母材。若焊缝成分不同于母材，焊缝性能将主要决定于所选用的焊接材料。为保证焊缝强度与塑性，固溶强化型合金系优于共晶型合金系。例如，用 4A01（Al-5%Si）焊丝焊接硬铝，接头强度及塑性在焊态下远低于母材。共晶数量越多，焊缝塑性越差。另外，焊接工艺条件也有一定影响。例如，在多层焊时，后一焊道可使前一焊道重熔一部分，由于没有同素异构转变，不仅看不到像钢材多层焊时的层间晶粒微细化的现象，还可发生缺陷的积累，特别是在层间温度过高时，甚至可能使层间出现热裂纹。一般说来，焊接热输入越大，焊缝性能下降的趋势也越大。

对于熔合区，非时效强化铝合金的主要问题是晶粒粗化而降低塑性；时效强化铝合金焊接时，除了晶粒粗化，还可能因晶界液化而产生显微裂纹。

无论是非时效强化的合金或时效强化的合金，热影响区都表现出强化效果的损失，即软化。

（1）非时效强化铝合金热影响区的软化　主要发生在焊前经冷作硬化的合金上。经冷作硬化的铝合金，热影响区峰值温度超过再结晶温度（200～300℃）的区域时就产生明显的软化现象。接头的软化主要取决于加热的峰值温度，而冷却速度的影响不很明显。由于软化后的硬度实际已低到退火状态的硬度水平，因此，焊前冷作硬化程度越高，焊后软化的程度越大。板件越薄，这种影响越显著。冷作硬化薄板铝合金的强化效果，焊后可能全部丧失。

（2）时效强化铝合金热影响区的软化　主要是焊接热影响区“过时效”软化，这是熔焊条件下很难避免的。软化程度决定于合金第二相的性质，也与焊接热循环有一定关系。第二相越易于脱溶析出并易于聚集长大时，就越容易发生“过时效”软化。

Al-Cu-Mg 合金比 Al-Zn-Mg 合金的第二相易于脱溶析出。如图 5-11 所示，自然时效状态下焊接时，Al-Cu-Mg 硬铝合金热影响区的强度明显下降，即发生明显的软化，这是焊后经 120h 自然时效后的情况；实际上经 1440h（60 天）自然时效后，情况并未明显改善。而如图 5-12 所示，Al-Zn-Mg 合金焊后经 96h 自然时效时，热影响区的软化程度却显著减小；经 2160h（90 天）自然时效时，软化现象几乎完全消失。这说明，Al-Zn-Mg 合金在自然时效状态下焊接时，焊后仅经自然时效就可使接头强度性能逐步恢复或接近母材的水平。

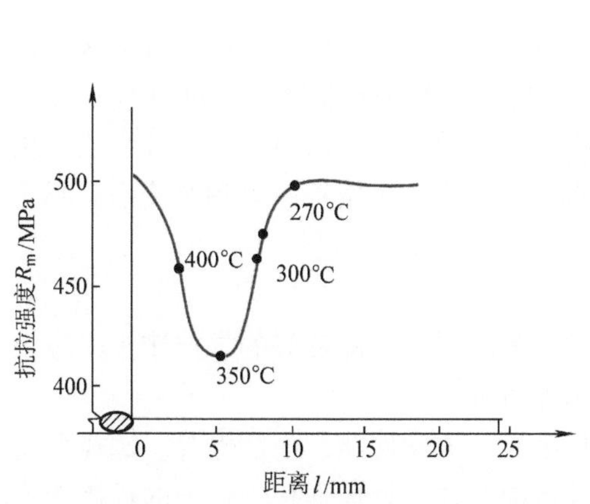

图 5-11　Al-Cu-Mg（2A12）合金焊接热影响区的强度变化（手工 TIG）

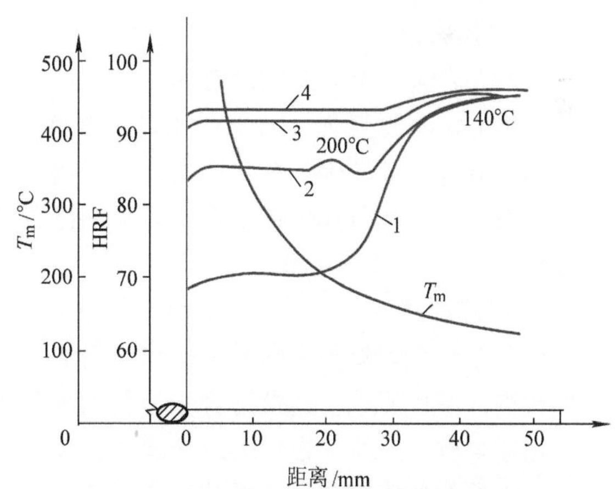

图 5-12　Al-4.5Zn-1.2Mg 合金焊接热影响区的硬度变化（焊前自然时效，MIG）

T_m—峰值温度　1、2、3、4—表示不同的焊后自然时效时间（1—3h，2—96h，3—720h，4—2160h）

时效强化铝合金中的超硬铝也和硬铝类似，热影响区有明显软化现象。因此，对于时效强化合金，为防止热影响区软化，应采用小的焊接热输入，如图 5-13 所示。

4. 焊接接头的耐蚀性

铝合金焊接接头的耐蚀性一般低于母材，热处理强化铝合金（如硬铝）接头的耐蚀性降低尤其明显。接头组织越不均匀，越易降低耐蚀性。焊缝金属的纯度和致密性也是影响接头耐蚀性的因素。杂质较多、晶粒粗大以及脆性相（如 $FeAl_3$）析出等，耐蚀性会明显下降，不仅产生局部表面腐蚀，而且会出现晶间腐蚀。焊接应力更是影响铝合金耐蚀性的敏感因素。

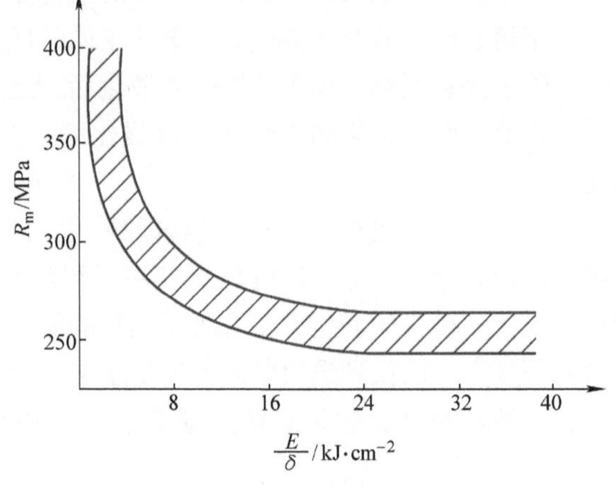

图 5-13 单位板厚焊接热输入对焊接接头强度的影响（2A16）

对于铝合金焊接接头，主要采取下列几方面措施来改善接头的耐蚀性：

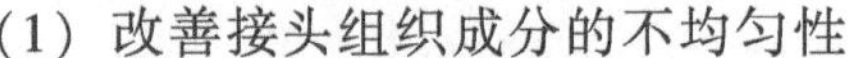

（1）改善接头组织成分的不均匀性　主要是通过焊接材料使焊缝合金化，细化晶粒并防止缺陷；同时通过限制焊接热输入以减小热影响区，并防止过热。

（2）消除焊接应力　表面拉应力可采用局部锤击办法来消除；焊后热处理有良好效果。

（3）采取保护措施　例如，采取阳极氧化处理或涂层等。

5.1.3　铝及铝合金的焊接工艺

1. 焊接方法

铝及铝合金具有较好的冷热加工性能和焊接性，可以采用常规的熔焊方法进行焊接。常用的焊接方法有氩弧焊（TIG、MIG）、等离子弧焊、电阻焊和电子束焊等。也可采用冷压焊、超声波焊、钎焊等。热功率大、能量集中和保护效果好的焊接方法对铝及铝合金的焊接较为合适。气焊和电弧焊在铝合金焊接中已逐渐被氩弧焊取代，仅用于修复和焊接不重要的焊接结构。

2. 焊接材料

铝及铝合金焊丝分为同质焊丝和异质焊丝两大类。为了得到性能良好的焊接接头，应根据焊接构件使用要求，选择适合于母材的焊丝作为填充材料。

选择焊丝首先要考虑焊缝成分要求，还要考虑抗裂性、力学性能、耐蚀性等。选择熔化温度低于母材的填充金属，可减小热影响区液化裂纹倾向。非热处理强化铝合金的焊接接头强度，按 1000 系、4000 系、5000 系焊丝的次序增大。$w_{Mg}=3\%$ 以上的 5000 系焊丝，应避免在使用温度 65℃以上的结构中采用，因为这些合金对应力腐蚀裂纹很敏感，在上述温度和腐蚀环境中会发生应力腐蚀裂纹。表 5-9 为铝及铝合金焊丝的化学成分。

焊接铝及铝合金的惰性气体有氩气和氦气。氩气的技术要求为 $\varphi_{Ar_2}>99.9\%$、$\varphi_{O_2}<0.005\%$、$\varphi_{H_2}<0.005\%$、$\varphi_{N_2}<0.015\%$。水分含量 <0.02mg/L。氧、氮增多，均恶化阴极雾化作用。$\varphi_{O_2}>0.3\%$ 使钨极烧损加剧，超过 0.1% 使焊缝表面无光泽或发黑。

表 5-9　铝及铝合金焊丝的化学成分

牌　号		化学成分（质量分数）(%)											
		Si	Fe	Cu	Mn	Mg	Cr	Zn	V、Zr	Ti	其他 每种	其他 合计	Al
1070	—	≤0.20	≤0.25	≤0.04	≤0.03	≤0.03	—	≤0.04	—	≤0.03	≤0.03	—	≤99.70
1100	HS301	Si + Fe≤0.95		0.05 ~ 0.2	≤0.05	—	—	≤0.10	—	—	≤0.05	≤0.15	≥99.00
1200	—	Si + Fe≤1.0		≤0.05	≤0.05	—	—	≤0.10	—	≤0.05	≤0.05	≤0.15	≥99.00
2319	—	≤0.20	≤0.30	5.8 ~ 6.8	0.2 ~ 0.4	≤0.02	—	≤0.10	V 0.05 ~ 0.15 Zr 0.10 ~ 0.25	0.10 ~ 0.20	≤0.05	≤0.15	余量
4043	HS311	4.5 ~ 6.0	≤0.8	≤0.30	≤0.05	≤0.05	—	≤0.10	—	≤0.20	≤0.05	≤0.15	余量
4047	SAlSi-2	11.0 ~ 13.0	≤0.8	≤0.30	≤0.15	≤0.10	—	≤0.20	—	—	≤0.05	≤0.15	余量
4145	HL402	9.3 ~ 10.7	≤0.8	3.3 ~ 4.7	≤0.15	≤0.15	≤0.15	≤0.20	—	—	≤0.05	≤0.15	余量
5554	SAlMg-1	≤0.25	≤0.40	≤0.10	0.50 ~ 1.0	2.4 ~ 3.0	0.05 ~ 0.20	≤0.25	—	0.05 ~ 0.20	≤0.05	≤0.15	余量
5654	SAlMg-2	Si + Fe≤0.45		≤0.05	≤0.01	3.1 ~ 3.9	0.15 ~ 0.35	≤0.20	—	0.05 ~ 0.15	≤0.05	≤0.15	余量
5356	SAlMg-3	≤0.25	≤0.40	≤0.10	0.05 ~ 0.2	4.5 ~ 5.5	0.05 ~ 0.20	≤0.10	—	0.06 ~ 0.20	≤0.05	≤0.15	余量
5556	HS331	≤0.25	≤0.40	≤0.10	0.50 ~ 1.0	4.7 ~ 5.5	0.05 ~ 0.20	≤0.25	—	0.05 ~ 0.20	≤0.05	≤0.15	余量
5183	—	≤0.40	≤0.40	≤0.10	0.50 ~ 1.0	4.3 ~ 5.2	0.05 ~ 0.25	≤0.25	—	≤0.15	≤0.05	≤0.15	余量

TIG 焊时，交流加高频焊接选用纯氩气，适用于大厚板；直流正极性焊接选用氩气 + 氦气或纯氦。

MIG 焊用于当板厚 <25mm 时，采用纯氩气；当板厚为 25 ~ 50mm 时，采用添加体积分数为 10% ~ 35% 氦气的 Ar + He 混合气体；当板厚为 50 ~ 75mm 时，采用添加体积分数为 35% ~ 50% 氦气的 Ar + He 混合气体；当板厚 >75mm 时，推荐用添加体积分数为 50% ~ 75% 氦气的 Ar + He 混合气体。

3. 焊前清理和预热

（1）化学清理　效率高，质量稳定，适用于清理焊丝以及尺寸不大、批量生产的工件。小型工件可采用浸洗法。表 5-10 是去除铝表面氧化膜的化学处理方法。

表 5-10 去除铝表面氧化膜的化学处理方法

溶液	组　成	温度/℃	容器材料	工　序	目　的
硝酸	50%水 50%硝酸	18~24	不锈钢	浸15min，在冷水中漂洗，然后在热水中漂洗，干燥	去除薄的氧化膜，供熔焊用
氢氧化钠+硝酸	5%氢氧化钠 95%水	70	低碳钢	浸10~60s，在冷水中漂洗	去除厚氧化膜，适用于所有焊接方法和钎焊方法
	浓硝酸	18~24	不锈钢	浸30s，在冷水中漂洗，然后在热水中漂洗，干燥	
硫酸 铬酸	硫酸 CrO_3 水	70~80	衬铅的钢罐	浸2~3min，在冷水中漂洗，然后在热水中漂洗，干燥	去除因热处理形成的氧化膜
磷酸 铬酸	磷酸 CrO_3 水	93	不锈钢	浸5~10min，在冷水中漂洗，然后在热水中漂洗，干燥	去除阳极化处理镀层

焊丝清洗后可在150~200℃烘箱内烘焙0.5h，然后存放在100℃烘箱内随用随取。清洗过的焊件应立即进行装配、焊接。大型焊件受酸洗槽尺寸限制，难于实现整体清理，可在坡口两侧各30mm的表面区域用火焰加热至100℃左右，涂擦氢氧化钠溶液，并加以擦洗，时间略长于浸洗时间。除净焊接区的氧化膜后，用清水冲洗干净，再中和、光化后，用火焰烘干。

（2）机械清理　先用丙酮或汽油擦洗工件表面油污，然后根据零件形状采用切削方法，如使用风动或电动铣刀，也可使用刮刀、锉刀等。较薄的氧化膜可采用不锈钢钢丝刷清理，不宜采用砂纸或砂轮打磨。

工件和焊丝清洗后如不及时装配工件表面会重新氧化，特别是在潮湿环境以及被酸碱蒸气污染的环境中，氧化膜生长很快。清理后的焊丝、工件焊前存放时间一般不要超过12h。

（3）焊前预热　焊前最好不进行预热，因为预热可加大热影响区的宽度，降低铝合金焊接接头的力学性能。但对厚度超过5~8mm的厚大铝件焊前需进行预热，以防止变形和未焊透，减少气孔等缺陷。通常预热到90℃即足以保证在始焊处有足够的熔深，预热温度很少超过150℃，$w_{Mg}=4.0\%\sim5.5\%$的铝镁合金的预热温度不应超过90℃。

4. 焊接工艺要点

（1）铝及铝合金的气焊　气焊主要用于厚度较薄（0.5~10mm）的铝及铝合金件，以及对质量要求不高或补焊的铝及铝合金铸件。

1）气焊的坡口形式及尺寸。气焊铝及铝合金时，不宜采用搭接接头和T形接头，因为这种接头难以清理缝隙中的残留熔剂和焊渣，应采用对接接头。为保证焊件既焊透又不塌陷和烧穿，可采用带槽的垫板（一般用不锈钢或纯铜等制成），带垫板焊接可获得良好的反面成形，提高焊接生产率。

2）气焊熔剂的选用。气焊熔剂分含氯化锂和不含氯化锂两类。含氯化锂熔剂的熔点低，熔渣的熔点、粘度低、流动性和润湿性好，与氧化膜形成低熔点的熔渣上浮到焊缝表面，焊后焊渣易清除，适用于薄板和全位置焊接。缺点是吸湿性强，氯化锂价格较贵。不含锂的熔剂熔点高、粘度大、流动性差，焊缝易形成夹渣，适于厚件焊接。对于搭接接头、不熔透角焊缝和难以完全清理掉残留熔渣的焊缝，以及含镁较高的铝镁合金，不宜采用含钠组成物的熔剂。

将粉状熔剂和蒸馏水调成糊状（每 100g 熔剂约加入 50mL 蒸馏水）涂于工件坡口和焊丝表面，涂层厚 0.5～1.0mm。或用灼热的焊丝直接蘸熔剂干粉使用，这样可减少熔池中水分的来源，减少气孔。调制好的熔剂应在 12h 内用完。

3）气焊操作。采用中性焰或微弱碳化焰。若用氧化较强的氧化焰会使铝强烈氧化；而乙炔过多，会促使焊缝产生气孔。

为防止焊件在焊接中产生变形，焊前需要定位焊。由于铝的线胀系数大、导热速度快、气焊加热面积大，因此，定位焊缝较钢件应密一些。定位焊用的填充焊丝与焊接时相同，定位焊前应在焊缝间隙内涂一层气剂。定位焊的火焰功率比气焊时稍大。

铝及铝合金加热到熔化时颜色变化不明显，给操作带来困难，可根据以下现象掌握施焊时机。当加热表面由光亮银白色变成暗淡的银白色，表面氧化膜起皱，加热处金属有波动现象时，即达熔化温度，可以施焊；用蘸有熔剂的焊丝端头触及加热处，焊丝与母材能熔合时，可以施焊；母材边棱有倒下现象时，母材达熔化温度，可以施焊。

气焊薄板可采用左焊法，焊丝位于焊接火焰之前，这种焊法因火焰指向未焊金属，故热量散失一部分，有利于防止熔池过热、热影响区金属晶粒长大和烧穿。母材厚度大于 5mm 的可采用右焊法，焊丝在焊炬后面，火焰指向焊缝，热量损失小，熔深大，加热效率高。

4）焊后处理。焊后 1～6h 之内，应将熔剂残渣清洗掉，以防引起焊件腐蚀。

（2）铝及铝合金的钨极氩弧焊（TIG 焊） 适于焊接厚度小于 3mm 的铝及铝合金薄板，工件变形明显小于气焊。交流 TIG 焊具有去除氧化膜的清理作用，不用熔剂，避免了焊后熔剂残渣对接头的腐蚀，接头形式不受限制，焊缝成形良好、表面光亮。氩气流对焊接区的冲刷使接头冷却加快，改善了接头的组织性能，适于全位置焊接。由于不用熔剂，焊前清理要求比其他焊接方法严格。

焊接铝及铝合金最适宜的是交流 TIG 焊和交流脉冲 TIG 焊。交流 TIG 焊可在载流能力、电弧可控性以及电弧清理等方面实现最佳配合，大多数铝及铝合金的 TIG 焊都采用交流电源。采用直流正接时，热量产生于工件表面，熔深大。即使是厚截面也不需预热，且母材几乎不发生变形。虽然很少采用直流反接 TIG 焊方法来焊接铝，但这种方法对连续焊或补焊壁厚 2.4mm 以下的铝合金件仍有着熔深浅、电弧易控制等优点。

表 5-11 为纯铝、铝镁合金手工 TIG 焊的焊接参数。为了防止起弧处及收弧处产生裂纹等缺陷，有时需要加引弧板和引出板。当电弧稳定燃烧，钨极端部被加热到一定的温度后，才能将电弧移入焊接区。自动 TIG 焊的焊接参数见表 5-12。

脉冲 TIG 焊扩大了氩弧焊的应用范围，特别适用于焊接铝合金精密零件。增加脉冲可减小热输入，有利于薄铝件的焊接。交流脉冲 TIG 焊有加热速度快、高温停留时间短、对熔池有搅拌作用的特点，焊接薄板、硬铝可得到满意的结果。对仰焊、立焊、管子全位置焊、单面焊双面成形等，也可得到较好的焊接效果。铝及铝合金交流脉冲 TIG 焊的焊接参数见表 5-13。铝及铝合金 TIG 焊的缺陷及防止措施见表 5-14。

表 5-11　纯铝、铝镁合金手工 TIG 焊的焊接参数

板厚 /mm	钨极直径 /mm	焊接电流 /A	焊丝直径 /mm	氩气流量 /L·min^{-1}	喷嘴孔径 /mm	焊接层数 正面/背面	预热温度 /℃	备　注
1	2	40 ~ 60	1.6	7 ~ 9	8	正 1		卷边焊
2	2 ~ 3	90 ~ 120	2 ~ 2.5	8 ~ 12	8 ~ 12			对接焊
4	4	180 ~ 200	3	10 ~ 15	10 ~ 12	1 ~ 2/1	—	—
6	5	240 ~ 280	4	16 ~ 20	14 ~ 16	1 ~ 2/1	—	
10		280 ~ 340	4 ~ 5			3 ~ 4/1 ~ 2	100 ~ 150	
14	5 ~ 6	340 ~ 380	5 ~ 6	20 ~ 24	16 ~ 20		180 ~ 200	
16 ~ 20	6	340 ~ 380		25 ~ 30	16 ~ 22	2 ~ 3/2 ~ 3	200 ~ 260	
22 ~ 25	6 ~ 7	360 ~ 400		30 ~ 35	20 ~ 22	3 ~ 4/3 ~ 4		

表 5-12　自动 TIG 焊的焊接参数

焊件厚度 /mm	焊件层数	钨极直径 /mm	焊丝直径 /mm	喷嘴直径 /mm	氩气流量 /L·min^{-1}	焊接电流 /A	送丝速度 /m·h^{-1}
1	1	1.5 ~ 2	1.6	8 ~ 10	5 ~ 6	120 ~ 160	—
2		3	1.6 ~ 2		10 ~ 14	180 ~ 220	65 ~ 70
4	1 ~ 2	5	2 ~ 3	10 ~ 14	14 ~ 18	240 ~ 280	70 ~ 75
6 ~ 8	2 ~ 3	5 ~ 6	3	14 ~ 18	18 ~ 24		75 ~ 80
8 ~ 12		6	3 ~ 4			300 ~ 340	80 ~ 85

表 5-13　铝及铝合金交流脉冲 TIG 焊的焊接参数

母材牌号	板厚 /mm	钨极直径 /mm	焊丝直径 /mm	焊接电压 /V	脉冲电流 /A	基值电流 /A	脉宽比 (%)	气体流量 /L·min^{-1}	频率 /Hz
5A03	1.5	3	2.5	14	80	45	33	5	1.7
	2.5			15	95	50			2
5A06	2		2	10	83	44			2.5
5A12	2.5			13	140	52	36	8	2.6

表 5-14　铝及铝合金 TIG 焊的缺陷及防止措施

缺　陷	产 生 原 因	防 止 措 施
气孔	氩气纯度低，焊丝或母材坡口附近有污物；焊接电流和焊速选择过大或过小；熔池保护欠佳，电弧不稳，电弧过长，钨极伸出过长	保证氩气纯度，选择合适气体流量；调整好钨极伸出长度；焊前认真清理，清理后及时焊接；正确选择焊接参数
裂纹	焊丝成分选择不当；熔化温度偏高；结构设计不合理；高温停留时间长；弧坑没填满	选择成分与母材匹配的焊丝；加入引弧板或采用电流衰减装置填满弧坑；正确设计焊接结构；减小焊接电流或适当增加焊接速度

（续）

缺　陷	产生原因	防止措施
未焊透	焊接速度过快，弧长过大，工件间隙、坡口角度、焊接电流均过小，钝边过大；工件坡口边缘的毛刺、底边的污垢焊前没有除净；焊炬与焊丝倾角不正确	正确选择间隙、钝边、坡口角度和焊接参数；加强氧化膜、熔剂、焊渣和油污的清理；提高操作技能等
焊缝夹钨	接触引弧所致；钨极末端形状与焊接电流选择的不合理，使尖端脱落；填丝触及到热钨极尖端和错用了氧化性气体	采用高频高压脉冲引弧；根据选用的电流，采用合理的钨极尖端形状；减小焊接电流，增加钨极直径，缩短钨极伸出长度；更换惰性气体
咬 边	焊接电流太大，电弧电压太高，焊炬摆幅不均匀，填丝太少，焊接速度太快	降低焊接电流与电弧长度；保持摆幅均匀；适当增加送丝速度或降低焊接速度

（3）铝及铝合金的熔化极氩弧焊（MIG 焊）　MIG 焊用于焊接铝及铝合金通常采用直流反极性。焊接薄、中等厚度板材时，可用纯 Ar 作保护气体；焊接厚大件时，采用（Ar + He）混合气体，也可采用纯 He 保护。焊前一般不预热，板厚较大时，也只需预热起弧部位。

根据焊件厚度选择坡口尺寸、焊丝直径和焊接电流等焊接参数。表 5-15 为纯铝、铝镁合金和硬铝自动 MIG 焊的焊接参数。MIG 焊熔深大，厚度 6mm 铝板对接焊时可不开坡口。当厚度较大时一般采用大钝边，但需增大坡口角度以降低焊缝的余高。表 5-16 为纯铝半自动 MIG 焊的焊接参数。对于相同厚度的铝锰、铝镁合金，焊接电流应降低 20 ~ 30A，氩气流量增大 10 ~ 15L/min。

表 5-15　纯铝、铝镁合金和硬铝自动 MIG 焊的焊接参数

<table>
<tr><th rowspan="2">母材牌号</th><th rowspan="2">焊丝型号（牌号）</th><th rowspan="2">板材厚度/mm</th><th colspan="2">坡口尺寸</th><th rowspan="2">焊丝直径/mm</th><th rowspan="2">喷嘴直径/mm</th><th rowspan="2">氩气流量/L·min⁻¹</th><th rowspan="2">焊接电流/A</th><th rowspan="2">焊接电压/V</th><th rowspan="2">焊接速度/m·h⁻¹</th><th rowspan="2">备　注</th></tr>
<tr><th>钝边/mm</th><th>坡口角度/(°)</th></tr>
<tr><td>5A05</td><td>SAlMg-5（HS331）</td><td>5</td><td>—</td><td>—</td><td>2.0</td><td>22</td><td>28</td><td>240</td><td>21 ~ 22</td><td>42</td><td>单面焊双面成形</td></tr>
<tr><td rowspan="5">1060
1050A</td><td rowspan="5">SAl-3（HS39）</td><td>6 ~ 8</td><td>—</td><td>—</td><td rowspan="2">2.5</td><td rowspan="2">22</td><td rowspan="3">30 ~ 35</td><td>230 ~ 260</td><td rowspan="2">26 ~ 27</td><td>25</td><td rowspan="5">正反面均焊一层</td></tr>
<tr><td rowspan="4">8
12
16
20
25</td><td rowspan="4">4
8
12
16
21</td><td rowspan="4">100</td><td>300 ~ 320</td><td>24 ~ 28</td></tr>
<tr><td rowspan="3">3.0
4.0
4.0
4.0</td><td rowspan="3">28</td><td>320 ~ 340</td><td>28 ~ 29</td><td>15</td></tr>
<tr><td>40 ~ 45</td><td>380 ~ 420</td><td rowspan="2">29 ~ 31</td><td>17 ~ 20</td></tr>
<tr><td>50 ~ 60</td><td>450 ~ 450
490 ~ 550</td><td>17 ~ 19
—</td></tr>
</table>

（续）

母材牌号	焊丝型号（牌号）	板材厚度/mm	坡口尺寸		焊丝直径/mm	喷嘴直径/mm	氩气流量/L·min^{-1}	焊接电流/A	焊接电压/V	焊接速度/m·h^{-1}	备注
			钝边/mm	坡口角度/(°)							
5A02 5A03	SAlMn （HS331）	12	8	120	3.0	22	30~35	320~350	28~30	24	
		18	14		4.0	28	50~60	450~470	29~30	18.7	
		25	16		4.0	28	50~60	490~520	29~30	16~19	
2A11	SAlSi-5 （HS311）	50	6~8	75	—	28	—	450~500	24~27	15~18	采用双面U形坡口，钝边6~8mm

注：1. 正面层焊完后必须铲除焊根，然后进行反面层的焊接。

2. 焊炬向前倾斜10°~15°。

表5-16 纯铝半自动MIG焊的焊接参数

板厚/mm	坡口形式	坡口尺寸/mm	焊丝直径/mm	焊接电流/A	焊接电压/V	氩气流量/L·min^{-1}	喷嘴直径/mm	备注
6	对接	间隙0~2	2.0	230~270	26~27	20~25	20	反面采用垫板仅焊一层焊缝
8~12	单面V形坡口	间隙0~2 钝边2 坡口角度70°	2.0	240~320	27~29	25~36	20	正面焊两层，反面焊一层
14~18	单面V形坡口	间隙0~0.3 钝边10~14 坡口角度90°~100°	2.5	300~400	29~30	35~50	22~24	正面焊两层，反面焊一层
20~25	单面V形坡口	间隙0~0.3 钝边16~21 坡口角度90°~100°	2.5~3.0	400~450	29~31	50~60	22~24	

脉冲MIG焊可以将熔池控制的很小，容易进行全位置焊接，尤其焊接薄板、薄壁管的立焊缝、仰焊缝和全位置焊缝是一种较理想的焊接方法。脉冲MIG焊电源是直流脉冲，脉冲TIG焊的电源是交流脉冲。纯铝、铝镁合金半自动脉冲MIG焊的焊接参数见表5-17。

表5-17 纯铝、铝镁合金半自动脉冲MIG焊的焊接参数

母材牌号	板厚/mm	焊丝直径/mm	基值电流/A	脉冲电流/A	焊接电压/V	脉冲频率/Hz	氩气流量/L·min^{-1}	备注
1035	1.6	1.0	20	110~130	18~19	50	18~20	喷嘴孔径16mm 焊丝牌号1035
	3.0	1.2		140~160	19~20		20	焊丝牌号1035
5A03	1.8	1.0	20~25	120~140	18~19		20	喷嘴孔径16mm 焊丝牌号5A03
5A05	4.0	1.2		160~180	19~20		20~22	喷嘴孔径16mm 焊丝牌号5A05

5.2　铜及铜合金的焊接

铜及铜合金具有优良的导电、导热性能，冷加工、热加工性能良好，具有高的强度、抗氧化性以及抗淡水、盐水、氨碱溶液和有机化学物质腐蚀的性能。在电气、电子、动力、化工等工业部门中应用广泛。

5.2.1　铜及铜合金的分类、成分及性能

1. 铜及铜合金的分类

铜及铜合金分为工业纯铜、黄铜、青铜及白铜等。纯铜为铜的质量分数不小于 99.5% 的工业纯铜。黄铜是 Cu-Zn 二元合金，表面呈淡黄色。不以 Zn、Ni 为主要组成而以 Sn、Al、Si、Pb、Be 等元素为主要组成的铜合金称为青铜，常用的有锡青铜、铝青铜、硅青铜、铍青铜等。为了获得特殊性能，青铜中还加少量的其他元素，如 Zn、P、Ti 等。白铜为镍的质量分数低于 50% 的 Cu-Ni 合金，如白铜中加入 Mn、Fe、Zn 等元素可形成锰白铜、铁白铜、锌白铜。铜及铜合金的分类见表 5-18。

表 5-18　铜及铜合金的分类

合金名称	合金系	性能特点	牌　号
纯铜	Cu	导电性、导热性好，良好的常温和低温塑性，对大气、海水和某些化学药品的耐腐蚀性好	T1 T3
黄铜	Cu-Zn	在保持一定塑性情况下，强度、硬度高，耐蚀性好	H62、H68
青铜	Cu-Sn	较高的力学性能、耐磨性能、铸造性能和耐腐蚀性能，并保持一定的塑性，焊接性能好	QSn 6.5-0.4
	Cu-Al		QAl 9-2
	Cu-Si		QSi3-1
	Cu-Be		QBe 2.5
白铜	Cu-Ni	力学性能、耐蚀性能较好，在海水、有机酸和各种盐溶液中具有较高的化学稳定性，优良的冷加工、热加工性能	B30

纯铜在退火状态（软态）下塑性好，但强度低。经冷加工变形后（硬态），强度可提高一倍，但塑性降低了几倍。产生加工硬化的纯铜经 550 ~ 600℃ 退火，可使塑性回复。焊接结构一般采用软态纯铜。黄铜具有比纯铜高得多的强度、硬度和耐蚀性能，并保持一定的塑性。青铜中除铍青铜外，其他青铜的导热性比纯铜和黄铜低几倍至几十倍，并且具有较窄的结晶区间，因而改善了焊接性。白铜可分为结构铜镍合金与电工铜镍合金。结构铜镍合金广泛用于化工、精密机械、海洋工程中，电工用白铜是重要的电工材料。在焊接结构中使用的白铜不多，一般是 $w_{Ni}=10\%\sim30\%$ 的铜镍合金。

2. 铜及铜合金的牌号、成分及性能

常用铜及铜合金的牌号、化学成分见表 5-19，常用铜及铜合金的力学性能和物理性能见表 5-20。

表 5-19 铜及铜合金的牌号、化学成分

材料名称		牌号	化学成分（质量分数）（%）								
			Cu + Ag	Zn	Sn	Mn	Al	Si	Ni	其他	杂质≤
纯铜		T1	≥99.95	—	—	—	—	—	0.02	—	0.05
纯铜		T3	≥99.70	—	—	—	—	—	—	—	0.3
无氧铜		TU1	≥99.97	0.003	0.002	—	—	—	0.002	—	0.03
无氧铜		TU00	≥99.99	0.0001	0.0002	—	—	—	0.0010	—	0.01
黄铜	压力加工黄铜	H68	67.0 ~ 70.0	余量	—	—	—	—	—	—	0.3
黄铜	压力加工黄铜	H62	60.5 ~ 63.5	余量	—	—	—	—	—	—	0.5
黄铜	铸造黄铜	ZHSi80-3	79 ~ 81	余量	—	1.5 ~ 2.5	—	2.5 ~ 4.0	—	—	2.8
黄铜	铸造黄铜	ZHMn58-2-2	57 ~ 60	余量	—	—	—	—	—	Pb 1.5 ~ 2.5	2.5
青铜	压力加工青铜	QSn 6.5-0.4	余量	—	6.0 ~ 7.0	—	—	—	—	—	0.1
青铜	压力加工青铜	QBe 2.5	余量	—	—	—	—	—	0.2 ~ 0.5	Be 2.3 ~ 2.6	0.5
青铜	铸造青铜	ZQSnP10-1	余量	—	9 ~ 11	—	—	—	—	Pb 0.3 ~ 1.2	0.75
白铜		B10	余量	—	—	—	—	—	29 ~ 33	—	—

表 5-20 常用铜及铜合金的力学性能和物理性能

材料名称	牌号	材料状态或铸模	力学性能			物理性能			
			抗拉强度 R_m/MPa	断后伸长率 A（%）	硬度 HBW	密度 /g · cm^{-3}	线胀系数 /10^{-6}K^{-1}	热导率 /W · m^{-1} · K^{-1}	熔点 /℃
纯铜	T1	软态	196 ~ 253	50	—	8.94	1.68	395.80	1300
纯铜	T1	硬态	329 ~ 490	6	—				
黄铜	H68	软态	313.6	55	—	8.5	19.9	117.04	932
黄铜	H68	硬态	646.8	3	150				
黄铜	H62	软态	323.4	49	56	8.43	20.6	108.68	905
黄铜	H62	硬态	588	3	164				
黄铜	ZHSi80-3	砂模	245	10	100	8.3	17.0	41.8	900
黄铜	ZHSi80-3	金属模	294	15	110				

（续）

材料名称	牌号	材料状态或铸模	力学性能			物理性能			
			抗拉强度 R_m/MPa	断后伸长率 A（%）	硬度 HBW	密度 /g·cm^{-3}	线胀系数 /10^{-6}K^{-1}	热导率 /W·m^{-1}·K^{-1}	熔点 /℃
青铜	QSn6.5-0.4	砂模	343～441	60～70	70～90	8.8	19.1	50.16	995
		金属模	686～784	7.5～12	160～200				
	QAl9-2	软态	441	20～40	80～100	7.6	17.0	71.06	1060
		硬态	584～784	4～5	160～180				
	QSi3-1	软态	343～392	50～60	80	8.4	15.8	45.98	1025
		硬态	637～735	1～5	180				
白铜	B10	软态	—	—	—	—	—	30.93	1149
		硬态	—	—	—				

5.2.2　铜及铜合金的焊接性

铜及铜合金的化学成分、物理性能有独特的方面，焊接时以内在和外在的缺陷综合评价其焊接性的好坏。考虑到焊接结构应用主要是纯铜及黄铜，故焊接性分析是结合纯铜及黄铜熔焊来讨论的。

1. 难熔合及易变形

焊接纯铜及某些铜合金时，如果采用的焊接参数与焊接低碳钢差不多，母材散热太快、很难熔化，填充金属与母材不能很好地熔合，有时误认为是裂纹，实际是未熔合。另外，铜及铜合金焊后变形也较严重，这与铜及铜合金的热导率、线胀系数和收缩率有关。铜与铁物理性能比较见表 5-21。

表 5-21　铜和铁物理性能的比较

金　属	热导率/W·(m·K)$^{-1}$		线胀系数/×10^{-6}·K^{-1}	收缩率（%）	熔点 /℃
	20℃	1000℃	20～100℃		
Cu	393.6	326.6	16.4	4.7	1300
Fe	54.8	29.3	14.2	2.0	1580

铜的热导率大，20℃时铜的热导率比铁的大 7 倍多，1000℃时大 11 倍多。焊接时热量迅速从加热区传导出去，使母材与填充金属难以熔合。因此焊接时不仅要使用大功率的热源，在焊前或焊接过程中还要采取加热措施。

铜中加入合金元素后导热性能下降，H60 黄铜 20℃时的热导率为 110W/(m·K)，只相当于铁的 2 倍，熔合性明显改善。但是又产生了锌的蒸发问题。

铜熔化温度时的表面张力比铁小 1/3，流动性比铁大 1～1.5 倍，表面成形能力较差，接头背面须加垫板等成形装置。垫板材料一般与被焊材料相同，也可以采用不锈钢、石墨或陶瓷。铜的线胀系数和收缩率也比较大。如表 5-21 所示，铜的线胀系数比铁的大 15%，收缩率比铁的大 1 倍以上，再加上铜及铜合金导热能力强，使焊接热影响区加宽，焊接时若焊件刚度不大，又无防止变形的措施，必然会产生较大的变形。当工件刚度很大时会产生很大的焊接应力。

2. 热裂纹

铜与杂质形成多种低熔点共晶，如熔点为326℃的（Cu + Pb）共晶、熔点为1064℃的（Cu_2O + Cu）共晶和熔点为1067℃的（Cu + Cu_2S）共晶等。氧对铜的危害性最大，它不但在冶炼时以杂质的形式存在于铜中，在焊接过程中还会以氧化亚铜的形式溶入。由图5-14可见，Cu_2O可溶于液态铜，不溶于固态铜而生成熔点低于铜的易熔共晶。

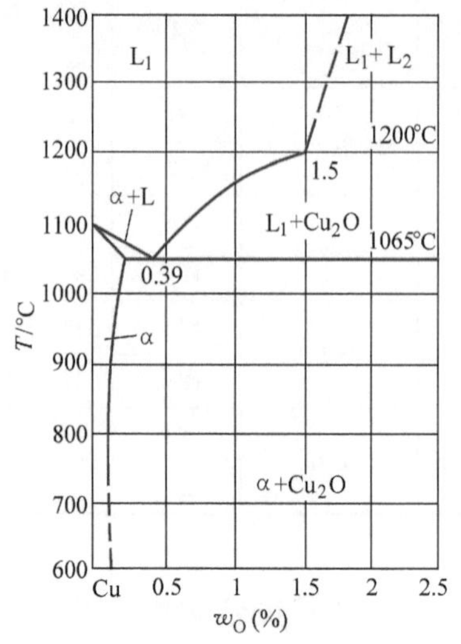

图5-14　铜-氧二元相图

当焊缝含有质量分数为0.2%以上的Cu_2O（含氧约为0.02%）时会出现热烈纹。作为焊接结构的纯铜，氧的质量分数不应超过0.03%，纯铜及磷脱氧铜可符合此要求。对于重要的焊接结构件，氧的质量分数不应超过0.01%，磷脱氧铜可符合此要求。为解决铜的高温氧化问题，应对熔化金属进行脱氧。常用的脱氧剂有Mn、Si、C、P、Al、Ti、Zr等。Pb、Bi、S是铜及其合金中的有害杂质。Bi不溶解于铜，而与铜形成低熔点共晶，析出于晶间。（Cu + Bi）的共晶温度为270℃。Pb微量溶于铜，但Pb量稍高时与Cu形成温度为955℃的低熔点共晶（Cu + Pb）。这些共晶降低了焊缝金属的抗热裂纹能力。

焊缝中$w_{Pb}>0.03\%$、$w_{Bi}>0.005\%$时会出现热烈纹。应严格限制用于制造焊接结构的纯铜的Pb及Bi含量。S能较好地溶解在熔融态铜中，但当凝固结晶时，在固态铜中的溶解度几乎为零。S与Cu形成Cu_2S。（Cu_2S + Cu）共晶温度为1067℃，低于铜的熔点，可使焊缝形成热裂纹，故须严格限制焊缝中的S含量。纯铜焊接时，焊缝为单相α组织，由于纯铜导热性强，焊缝易生长成粗大晶粒，加剧了热裂纹的生成。纯铜及黄铜的收缩率及线胀系数较大，焊接应力较大，也是促使热裂纹形成的一个重要原因。黄铜焊接时，为使焊缝的力学性能与母材接近，应使焊缝为（α + β′）双相组织，细化晶粒，焊缝抗热裂纹性能才能有所改善。

熔焊铜及其合金时可根据具体情况采取一些冶金措施，避免接头裂纹的出现，如：

1）严格限制铜中的杂质含量。

2）增强对焊缝的脱氧能力，通过焊丝加入Si、Mn、C、P等合金元素；C与O生成气体逸出，其余脱氧产物进入熔渣浮出。

3）选用能获得双相组织的焊丝，使焊缝晶粒细化，使易熔共晶物分散、不连续。

表5-22是焊丝成分对铜焊缝热裂纹的影响。

表5-22　焊丝成分对铜焊缝热裂纹的影响

母材牌号	焊丝牌号	焊剂牌号	焊缝组织	焊缝出现裂纹时的质量分数（%）	
				Pb	Bi
T2	SCu1898	HJ430	α	0.03	0.005
H62	SCu4700	HJ430	α	0.12	0.006
QAl9-2	SCu6100A	HJ150	α	0.03	0.005
QAl9-2	SCu6100	HJ150	α + β	6.2（仍未裂）	0.088（仍未裂）

3. 气孔

气孔是铜及其合金焊接时的一个主要问题。纯铜、黄铜及铝青铜埋弧焊时只有氢及水蒸气易使铜及其合金焊缝出现气孔。纯铜氩弧焊时，只要在氩气中加入微量的氢和水蒸气，焊缝即出现气孔，结果如图 5-15 及图 5-16 所示（横坐标中 p_{H_2O} 及 p_{H_2} 是很小的）。可以看出，含氧铜焊缝（试板及焊丝含氧量 w_O 为 0.03%）比无氧铜焊缝（试板及焊丝含氧量 w_O 为 0.0007%）形成气孔的敏感性要强。

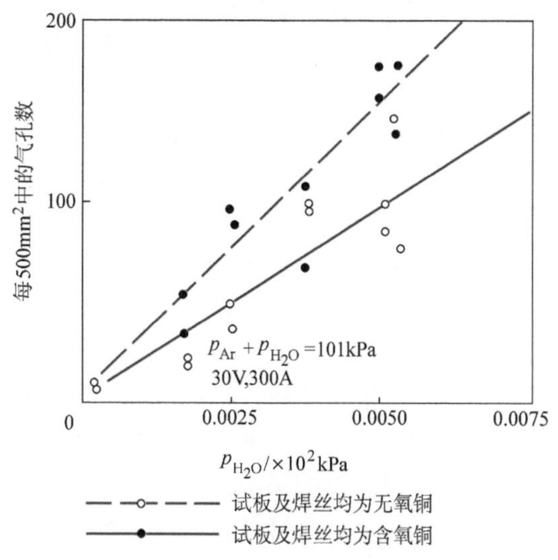

图 5-15　加入氩中水蒸气量对纯铜氩弧焊焊缝气孔的影响

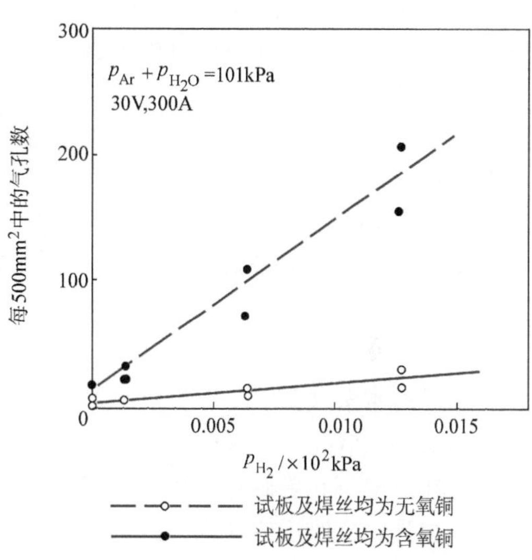

图 5-16　加入氩中氢气量对纯铜氩弧焊焊缝气孔的影响

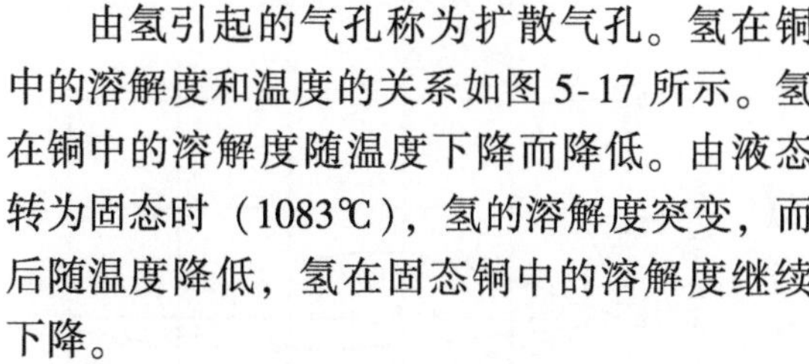

由氢引起的气孔称为扩散气孔。氢在铜中的溶解度和温度的关系如图 5-17 所示。氢在铜中的溶解度随温度下降而降低。由液态转为固态时（1083℃），氢的溶解度突变，而后随温度降低，氢在固态铜中的溶解度继续下降。

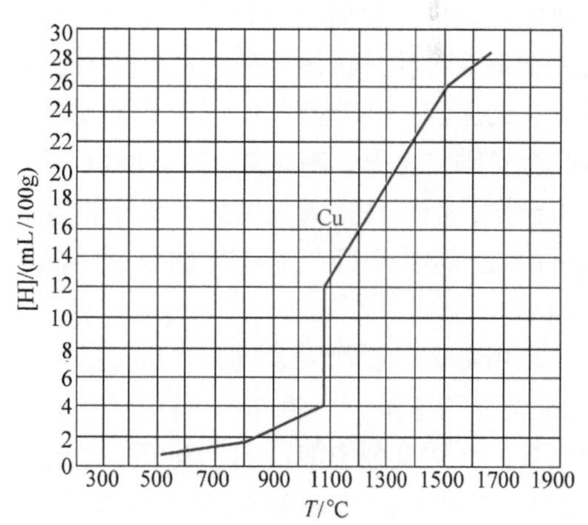

图 5-17　氢在铜中的溶解度和温度的关系（p_{H_2} = 101kPa）

纯铜焊缝对氢气孔的敏感性比低碳钢焊缝高得多，原因如下：

1）铜的热导率（20℃）比低碳钢高 7 倍以上，所以铜焊缝结晶过程进行得特别快，氢不易析出，熔池易为氢所饱和而形成气泡，在凝固结晶过程很快的情况下气泡不易上浮逸出，氢继续向气泡中扩散，促使焊缝中形成气孔。

2）平衡状态下，氢在铜中的溶解度随温度升高而增大，直到 2180℃时氢在铜中的溶解度达最高值（饱和溶解度）。温度进一步提高，液态铜开始蒸发，氢的溶解度反而下降。若把熔点时的上限溶解度称为熔点溶解度，则平衡状态时铜的最高溶解度与熔点溶解度的比值为7.2，而铁的相应比值仅为1.6，这种差异是由铜的特性所决定的。焊接过程不同于平衡状态，弧柱下面极斑处的熔池温度很高，能吸收大量的氢，熔池极斑处周围温度稍低，吸氢量也降低。

通过试验装置对钨极氩弧焊测定发现，当氩气中加入体积分数为2%的氢时，铜的高温熔池有较大吸氢能力。对氢来说，高温熔池平均溶解度与熔点溶解度的比值为3.7，而用同一方法测定铁的相应比值仅为1.4。也就是说，铜焊接时，高温熔池吸氢量为熔点溶解度的3.7倍；而对铁来说，只为1.4倍。焊接过程冷却很快，即使不考虑铜导热性能的影响，高温熔池中所吸收的氢在冷却过程中也不易析出而成过饱和状态。对铜来说，氢的过饱和程度远比铁严重。

为了消除扩散气孔，焊接时应控制氢的来源，并降低熔池冷却速度（如预热等）使气体易于析出。另一种气孔是通过冶金反应生成的气体引起的，称为反应气孔。高温时铜与氧有较大的亲和力生成 Cu_2O，它在1200℃以上能溶于液态铜，在1200℃从液态铜中开始析出，随温度下降析出量随之增大，与溶解在液态铜中的氢或CO发生下列反应

$$Cu_2O + 2H = 2Cu + H_2O\uparrow \tag{5-1}$$

$$Cu_2O + CO = 2Cu + CO_2\uparrow \tag{5-2}$$

形成的水蒸气和 CO_2 不溶于铜中。由于铜的导热性强，熔池凝固快，水蒸气和 CO_2 来不及逸出而形成气孔。当铜中含氧量很少时，发生上述反应气孔的可能性很小。含氧铜比脱氧铜对上述反应气孔更敏感。防止反应气孔的主要途径是减少氧、氢的来源，对熔池进行适当脱氧。加强脱氧时反应加剧，有利于气体排出、消除气孔。但对于含氧量高的铜，熔合区脱氧差，会形成分散的小气孔。因此要求高的结构应采用含氧量低的无氧铜或脱氧铜。另外，采取使熔池慢冷的措施也能防止气孔。

纯铜氩弧焊，过去常采用具有一定Si、Mn含量的焊丝进行脱氧，对焊缝气孔虽有改善，但要完全根除气孔是很困难的。氩弧焊时氮也是形成气孔的原因，随着氩气中氮气量的增加，焊缝气孔数量随之上升。有人指出，1400℃以下时氮不溶于铜，但弧柱极斑处的熔池处于高温，部分氮可溶入。增大电弧气氛中氮的分压，氮气孔数量增加。

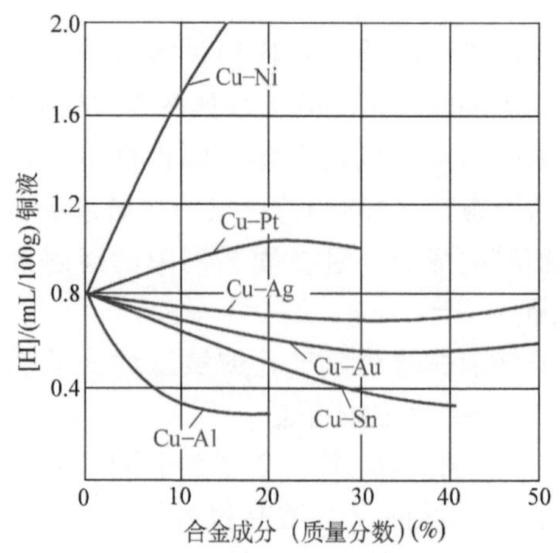

图5-18 合金元素对氢溶解度的影响（1250℃）

采用含适量脱氮元素（Ti、Al）的焊丝（如含 $w_{Al}=0.20\%$ 及 $w_{Ti}=0.10\%$ 的铜焊丝）可防止氮气孔。在铜合金中加入Al、Sn等元素也会获得良好的效果。合金元素对氢溶解度的影响如图5-18所示。埋弧焊时在坡口内放上小纯铜管，内装氮气与空气，未发现焊缝出现气孔，这可能与熔池温度低、氮不易溶入有关。此外，铜中的镉、锌、磷等元素沸点低，焊接时上述元素的蒸发也会形成气孔。焊接时可采用快速焊和这些元素含量低的填充丝。

4. 焊接接头性能的变化

纯铜焊接时焊缝与焊接接头的抗拉强度，可与母材接近，但塑性比母材有一些降低。例

如，用纯铜焊条焊接纯铜时，焊缝金属的抗拉强度虽与母材相近，但伸长率只有 10% ~ 25%，与母材相差很大；又如纯铜埋弧焊时，焊接接头的抗拉强度虽与母材接近，但伸长率约为 20%，也与母材相差较大。发生这种情况的原因，一是由于焊缝及热影响区晶粒粗大；二是由于为了防止焊缝出现裂纹及气孔，加入一定量的脱氧元素（如 Mn、Si 等），这样虽可提高焊缝的强度性能，但也在一定程度上降低了焊缝的塑性，并使焊接接头的导电性也有所下降。埋弧焊和惰性气体保护焊时熔池保护良好，如果焊接材料选用得当，那么焊缝金属纯度高，导电能力可达到母材的 90% ~ 95%。在熔焊过程中，Zn、Sn、Mn、Ni、Al 等合金元素的蒸发和氧化烧损会不同程度地使接头耐蚀性降低。焊接应力的存在使对应力腐蚀比较敏感的高锌黄铜焊接接头在腐蚀环境中过早地受到破坏。

此外，黄铜焊接时，锌容易氧化和蒸发（锌的沸点为 907℃）。锌的蒸气对人的健康有不利影响，须采取有效的通风措施。为了防止锌的氧化和蒸发，可采取含硅的填充金属。焊接时在熔池表面会形成一层致密的氧化硅薄膜，阻碍锌的氧化和蒸发。

5.2.3　铜及铜合金的焊接工艺

1. 焊接方法和焊接材料

焊接铜及铜合金需要大功率、高能束的焊接热源。热效率越高、能量越集中对焊接越有利。铜及铜合金熔焊方法的选用见表 5-23。

表 5-23　铜及铜合金熔焊方法的选用

焊接方法（热效率 η）	纯铜	黄铜	锡青铜	铝青铜	硅青铜	白铜	说　明
钨极氩弧焊（0.65 ~ 0.75）	薄板好	较好	较好	较好	好	好	用于薄板（小于 12mm），纯铜、黄铜、锡青铜、白铜采用直流正接，铝青铜用交流，硅青铜用交流或直流
熔化极氩弧焊（0.70 ~ 0.80）	好	较好	较好	好	好	好	板厚大于 3mm 可用，板厚大于 15mm 优点更显著，采用直流反接
等离子弧焊（0.80 ~ 0.90）	较好	较好	较好	较好	较好	好	板厚在 3 ~ 6mm 可不开坡口，一次焊成，最适合 3 ~ 15mm 中厚板焊接
焊条电弧焊（0.75 ~ 0.85）	可	差	可	较好	可	好	采用直流反接，操作技术要求高，使用板厚 2 ~ 10mm
埋弧焊（0.80 ~ 0.90）	厚板好	可	较好	较好	较好	—	采用直流反接，适用于 6 ~ 30mm 中厚板
气焊（0.30 ~ 0.50）	可	较好	可	差	差	—	变形，成形不好，用于厚度小于 3mm 的不重要结构中

熔焊时焊接材料是控制冶金反应、调整焊缝成分以保证获得优质焊缝的重要手段。根据对铜及铜合金焊接接头性能的要求，不同熔焊方法所选用的焊接材料有很大的差别。

（1）焊丝　选用铜及铜合金焊丝时，最重要的是控制杂质的含量并提高其脱氧能力，防止焊缝出现热裂纹及气孔等缺陷。常用的铜及铜合金焊丝的化学成分和主要用途见表5-24。焊接纯铜用焊丝填加了Si、Mn、P等脱氧元素，对导电性要求高的纯铜不宜选用含P的焊丝。在黄铜焊丝中加Si可防止Zn的蒸发、氧化，提高熔池金属的流动性、抗裂性及耐蚀性。加入Al除可做合金剂和脱氧剂外，还可细化焊缝晶粒，提高接头的塑性和耐腐蚀性。但脱氧剂过多会形成过多的高熔点氧化物而成为夹杂缺陷。

表5-24　铜及铜合金焊丝的化学成分和主要用途

牌　号	名　称	主要化学成分（质量分数）（%）	熔点/℃	主要用途
SCu1898	特制纯铜焊丝	Sn 1.1、Si 0.4、Mn 0.4、Cu 余量	1050	纯铜氩弧焊或气焊（和CJ301配用），埋弧焊（和HJ431或HJ150配用）
SCu6800	锡黄铜焊丝	Cu 59、Sn 1、Zn 余量	886	黄铜气焊或惰性气体保护焊，铜及铜合金钎焊
SCu6810	钛黄铜焊丝	Cu 58、Sn 0.9、Si 0.1、Fe 0.8、Zn 余量	860	黄铜气焊、碳弧焊；铜、白铜等钎焊
SCu6511	硅黄铜焊丝	Cu 62、Si 0.5、Zn 余量	905	黄铜气焊、碳弧焊；铜、白铜等钎焊
SCu6100A	铝青铜焊丝	Al 7～9、Mn≤2.0、Cu 余量	—	铝青铜的TIG和MIG焊，或用做焊条电弧焊用焊芯

焊丝中加入Fe可提高焊缝的强度和耐磨性，但塑性有所降低。适量地加入Sn可提高液态金属的流动性，改善焊丝的工艺性能。

（2）焊剂　为防止熔池金属氧化和其他气体侵入，改善液态金属的流动性，铜及其合金气焊、碳弧焊、埋弧焊、电渣焊都使用焊剂。由于熔焊中各种热源的功率及温度差异很大，不同焊接方法所用的焊剂不同。

铜及铜合金气焊、碳弧焊用的焊剂主要由硼酸盐、卤化物或它们的混合物组成，见表5-25。气体熔剂是含硼酸甲酯66%～75%、甲醇25%～34%的混合液，这种混合液在1000kPa压力下沸点在54℃左右，焊接时能保证蒸馏分离物不变。铜及铜合金埋弧焊与电渣焊时可采用焊接低碳钢所用的焊剂，常用的牌号有HJ431、HJ260、HJ150等。

表5-25　铜及铜合金气焊、碳弧焊用的焊剂

牌　号		化学成分（质量分数）（%）						熔点/℃	应用范围
		$Na_2B_4O_7$	H_3BO_3	NaF	NaCl	KCl	其他		
标准	CJ301	17.5	77.5	—	—	—	$AlPO_4$ 4～5.5	650	铜及铜合金气焊、钎焊
标准	CJ401	—	—	7.5～9.0	27～30	49.5～52	LiAl 13.5～15	560	青铜气焊
非标准	01	20	70	10	—	—	—	—	铜及铜合金气焊及碳弧焊通用
非标准	04	LiCl 15	—	KF 7	30	30	45	—	铝青铜气焊用

（3）焊条　焊条电弧焊用的铜焊条分为纯铜焊条、青铜焊条两类，应用较多的是青铜焊条。黄铜中的锌易蒸发，极少采用焊条电弧焊，必要时可采用青铜焊条。铜及铜合金焊条的用途见表5-26。

表5-26　铜及铜合金焊条的用途

型　号	药皮类型	焊接电源	焊缝主要成分（质量分数）（%）	焊缝金属性能	主要用途
ECu	低氢型	直流反接	纯铜>99	R_m≥176MPa	在大气及海水介质中具有良好的耐蚀性，用于焊接脱氧或无氧铜构件
ECuSi	低氢型	直流反接	硅青铜：Si 3 Mn<1.5 Sn<1.5 Cu余量	R_m>340MPa A>20% 110~130HV	适用于纯铜、硅青铜及黄铜的焊接，以及化工管道等内衬的堆焊
ECuSnB	低氢型	直流反接	Sn 8 磷青铜 P≤0.3 Cu余量	R_m≥270MPa A>20% 80~115HV	适用于焊纯铜、黄铜、磷青铜，堆焊磷青铜轴衬、船舶推进器叶片等
ECuAl	低氢型	直流反接	Al 8 铝青铜 Mn≤2 Cu余量	R_m>410MPa A>15% 120~160HV	用于铝青铜及其他铜合金，铜合金与钢的焊接以及铸件焊补

2. 焊前准备

（1）焊丝及工件表面的清理　铜及铜合金焊前清理及清洗方法见表5-27。经清洗合格的工件应及时施焊。

表5-27　铜及铜合金的焊前清理及清洗方法

目　的	清理内容及工艺措施	
去油污	1）去氧化膜之前，将待焊处坡口及两侧各30mm内的油、污、脏物等杂质用汽油、丙酮等有机溶剂进行清洗 2）用10%氢氧化钠水溶液加热到30~40℃对坡口除油→用清水冲洗干净→置于35%~40%（或硫酸10%~15%）的硝酸水溶液中浸渍2~3min清水洗刷干净，烘干	
去除氧化膜	机械清理	用风动钢丝轮或钢丝刷或砂布打磨焊丝和焊件表面，直至露出金属光泽
	化学清理	置于70mL/L HNO_3 +100mL/L H_2SO_4 +1mL/L HCl混合溶液中进行清洗后，用碱水中和，再用清水冲净，然后用热风吹干

（2）接头形式及坡口制备　由于搭接接头、丁字接头、内角接接头散热快，不易焊透，焊后清除工件缝隙中的焊剂和焊渣很困难，因此尽可能不采用。应采用散热条件对称的对接接头、端接接头，并根据母材厚度和焊接方法的不同，制备相应的坡口。不同厚度（厚度

差超过3mm）的紫铜板对接焊时，厚度大的一端须按规定削薄。采用单面焊接接头，特别是开坡口的单面焊接接头又要求背面成形时，须在接头背面加成形垫板。一般情况下，铜及铜合金工件不易实现立焊和仰焊。

3. 焊接工艺及参数

（1）焊条电弧焊工艺要点　焊条电弧焊所用的焊条能使铜及铜合金焊缝中含氧量、含氢量增加，其中Zn蒸发严重，容易形成气孔。因此在焊接过程中应控制焊接参数。

焊条要经（200～250℃）×2h烘干，去除药皮中吸附的水分。焊接前和多层焊的层间应对工件进行预热，预热温度根据材料的热导率和工件厚度等确定。纯铜预热温度在300～600℃范围内选择；黄铜导热比纯铜差，为了抑止Zn的蒸发须预热至200～400℃；锡青铜和硅青铜预热不应超过200℃；磷青铜的流动性差，预热不超过250℃。

为了改善焊接接头的性能，同时减小焊接应力，焊后可对焊缝和接头进行热态和冷态的锤击。对性能要求较高的接头，采用焊后高温热处理消除应力和改善接头韧性。铜及铜合金焊条电弧焊的焊接参数见表5-28。

表5-28　铜及铜合金焊条电弧焊的焊接参数

材料	板厚/mm	坡口形式	焊条直径/mm	焊接电流/A	说明
纯铜	2～4	I形	3.2，4	110～220	铜及铜合金采用焊条电弧焊时所选用的电流一般可按公式 $I=(3.5\sim4.5)d$（其中 d 为焊条直径）来确定，并要求：①随着板厚增加，热量损失大，焊接电流选用上限，甚至可能超过直径的5倍；②在一些特殊的情况下，工件的预热受限制，也可适当提高焊接电流予以补充
	5～10	V形	4～7	180～380	
黄铜	2～3	I形	2.5，3.2	50～90	
铝青铜	2～4	I形	3.2，4	60～150	
	6～12	V形	5，6	230～300	
锡青铜	1.5～3	I形	3.2，4	60～150	
	4～12	V形	3.2～6	150～350	
白铜	6～7	I形	3.2	110～120	平焊
	6～7	V形	3.2	100～150	平焊和仰焊

（2）埋弧焊工艺要点　铜及铜合金埋弧焊时，板厚小于20mm的工件在不预热和不开坡口的条件下可获得优质接头，使焊接工艺大为简化，特别适于中厚板长焊缝的焊接。纯铜、青铜埋弧焊的焊接性能较好，黄铜的焊接性尚可。

1）焊丝与焊剂的选择。焊接铜及铜合金可选用高硅高锰焊剂（如HJ431）而获得满意的工艺性能。对接头性能要求高的工件可选用HJ260、HJ150或选用陶质焊剂、氟化物焊剂。

2）焊接参数。铜及铜合金埋弧焊的焊接参数见表5-29。铜的埋弧焊通常是采用单道焊进行。厚度小于20～25mm的铜及铜合金可采用不开坡口的单面焊或双面焊。厚度更大的工件最好开U形坡口（钝边为5～7mm）并采用并列双丝焊接，丝距约为20mm。

加垫板埋弧焊使用的焊接热输入较大，熔化金属多，为防止液态铜的流失和获得理想的反面成形，无论是单面焊还是双面焊，接头反面均应采用各种形式的垫板。

表 5-29　铜及铜合金埋弧焊的焊接参数

材　料	板厚 /mm	接头、坡口形式	焊丝直径 /mm	焊接电流 /A	电弧电压 /V	焊接速度 /m·h^{-1}	备　注
纯铜	5~12	对接不开坡口	—	500~800	38~44	15~40	—
	16~20		—	850~1000	45~50	12~8	—
	25~50	对接 U 形坡口	—	1000~1400	45~55	4~8	—
	16~20	对接、单面焊	—	850~1000	45~50	12~8	—
	25~60	角接 U 形坡口	—	1000~1600	45~55	3~8	—
黄铜	4~8	—	2	180~300	24~30	20~25	单、双面焊 封底焊缝
	12~18	—	2, 3	450~750	30~34	25~30	单面焊 封底焊缝
铝青铜	10~15	V 形坡口	焊剂层厚度 25~30	450~650	35~38	20~25	双面焊
	20~26	X 形坡口	>3	750~800	36~38	20~25	双面焊

(3) 氩弧焊工艺（TIG、MIG）要点　钨极氩弧焊（TIG）具有电弧能量集中、保护效果好、热影响区窄、操作灵活的优点，已经成为铜及铜合金熔焊方法中应用最广的一种，特别适合中、薄板和小件的焊接和补焊。铜及铜合金 TIG 焊的焊接参数见表 5-30。

表 5-30　铜及铜合金 TIG 焊的焊接参数

材　料	板厚 /mm	钨极直径 /mm	焊丝直径 /mm	焊接电流 /A	氩气流量 /L·min^{-1}	预热温度 /℃	备　注
纯铜	3	3~4	2	200~240	14~16	不预热	不开坡口对接
	6	4~5	3~4	280~360	18~24	400~450	钝边 1.0mm
	10	5~6	4~5	340~400		450~500	正面焊 2 层，反面焊 1 层，V 形坡口
硅青铜	3	3	2~3	120~160	12~16	不预热	不开坡口对接
	9	5~6	3~4	250~300	18~22		V 形坡口对接
	12		4	270~330	20~24		
锡青铜	1.5~3.0	3	1.5~2.5	100~180	12~16	不预热	不开坡口对接
	7	4	4	210~250	16~20		V 形坡口对接
	12	5	5	260~300	20~24		
铝青铜	3	4	4	130~160	12~16	不预热	V 形坡口对接
	9	5~6	3~4	210~330	16~24		
	12			250~325			
白铜	<3	3~5	3	300~310	18~24	不预热	焊条电弧焊，V 形坡口
	3~9		3~4	300~310			

由于受钨极载流能力的限制，焊接电流增大是有限度的，对板厚小于3mm的构件，不开坡口；板厚在4~10mm时，一般开V形坡口；板厚大于10mm开双面V形坡口。在焊接时通常采用左向焊法，焊前用高频振荡器引弧或在碳块、石墨块上接触引弧，然后移入坡口区进行焊接。

熔化极氩弧焊（MIG）可用于所有的铜及铜合金的焊接。厚度大于3mm的铝青铜、硅青铜和铜镍合金一般选用熔化极氩弧焊，主要由于MIG焊的熔化效率高，熔深大，焊速快。焊丝的选用与TIG焊几乎相同。铜及铜合金熔化极氩弧焊的焊接参数见表5-31。

表5-31　铜及铜合金MIG焊的焊接参数

材料	板厚/mm	坡口形式	焊丝直径/mm	焊接电流/A	电弧电压/V	氩气流量/L·min⁻¹	预热温度/℃
纯铜	3	I形	1.6	300~350	25~30	16~20	—
	10	V形	2.5~3	480~500	32~35	25~30	400~500
	20	V形	4	600~700	28~30	25~30	600
	22~30	V形	4	700~750	32~36	30~40	600
黄铜	3	I形	1.6	275~285	25~28	16	—
	9	V形	1.6	275~285	25~28	16	—
	12	V形	1.6	275~285	25~28	16	—
锡青铜	3	I形	1.0	140~160	26~27	—	—
	9	V形	1.6	275~285	28~29	18	100~150
	12	V形	1.6	315~335	29~30	18	200~250
铝青铜	3	I形	1.6	260~300	26~28	20	—
	9	V形	1.6	300~330	26~28	20~25	—
	18	V形	1.6	320~350	26~28	30~35	—

（4）等离子弧焊工艺要点　等离子弧具有比TIG和MIG电弧更高的能量密度和温度，很适合于焊接高热导率和过热敏感的铜及铜合金。厚度6~8mm的铜件可不预热不开坡口一次焊成，接头质量达到母材水平。厚度8mm以上的铜件可采用留大钝边、开V形坡口的等离子弧焊与TIG或MIG焊联合工艺，即先用不填丝的等离子弧焊焊底层，然后用熔化极或加丝钨极氩弧焊焊满坡口。微束等离子弧焊接厚度0.1~1mm的超薄件可使工件的变形减到最小程度。采用微束等离子弧和大功率等离子弧焊接的焊接参数见表5-32和表5-33。

表5-32　铜及铜合金管件微束等离子弧焊的焊接参数

金　属	管子规格/mm×mm	气体流量/L·min⁻¹			焊接电流/A	焊接速度/m·h⁻¹
		离子气	保护气	反面保护气		
T1	6.0×0.5	0.5	1.5	0.4	29	60
H62	8.8×0.3	0.4	1.7	0.2	26	140
H68	8.8×0.3	0.4	1.5	0.2	28	135
H90	8.8×0.3	0.4	1.4	0.3	29	110
QSn4-3	8.8×0.3	0.2	1.5	0.3	26	90

表 5-33　纯铜和黄铜的大功率等离子弧焊的焊接参数

材料	板厚 /mm	钨极直径 /mm	保护气体流量 /L · min^{-1}	离子气体流量 /L · min^{-1}	焊接电流 /A	送丝速度 /cm · min^{-1}	备　注
纯铜	6	5	12 ~ 14	正 4 ~ 4.5 反 4.5 ~ 5	正 140 ~ 170 反 160 ~ 170	—	不开坡口对接，正反面各焊一层
	8	6	—	11.6	670	7.2	焊接速度 48cm/min，氩气压力 0.15MPa，喷嘴端部与聚焦孔间距 4 ~ 5mm
	10	5	20 ~ 22	正 4 ~ 4.5 反 4.5 ~ 5	正 210 ~ 220 反 220 ~ 240	—	V 形坡口 60°，钝边（2 ± 0.5）mm，正反面各焊三层
	16	5	21 ~ 23	5 ~ 5.5	正 210 ~ 240 反 240 ~ 260	—	正面焊四层，反面焊三层
黄铜	6	—	正 25 反 10	4 ~ 4.5	280 ~ 290	—	无坡口，无间隙，不加丝，不预热

5.3　钛及钛合金的焊接

钛是地壳中储量十分丰富的元素，居于第四位。钛及钛合金是一种优良的结构材料，具有密度小、比强度高、耐热耐蚀性好、可加工性好等特点，因此在航空航天、化工、造船、冶金、仪器仪表等领域得到了广泛的应用。

5.3.1　钛及钛合金的分类和性能

1. 工业纯钛

工业纯钛的纯度越高，强度和硬度越低，塑性越高，越容易加工成形。钛在 885℃时发生同素异构转变。在 885℃以下为密排六方晶格，称为 α 钛；在 885℃以上，为体心立方晶格，称为 β 钛。钛合金的同素异构转变温度随着加入的合金元素的种类和数量的不同而变化。工业纯钛的再结晶温度为 550 ~ 650℃。

工业纯钛中的杂质有 H、O、Fe、Si、C、N 等。其中 O、N、C 与 Ti 形成间隙固溶体，Fe、Si 等元素与 Ti 形成置换固溶体，起固溶强化作用，显著提高钛的强度和硬度，降低其塑性和韧性。H 以置换方式固溶于 Ti 中，微量的 H 即能使 Ti 的韧性急剧降低，增大缺口敏感性，并引起氢脆。

工业纯钛根据杂质（主要是氧和铁）含量以及强度差别分为 TA1、TA2、TA3 几个牌号。随着工业纯钛牌号的顺序数字增大，杂质含量增加，强度增加，塑性降低。

钛的主要物理性能见表 5-34 所示。钛及钛合金的比强度很高，是很好的热强合金材料。钛的热胀系数很小，在加热和冷却时产生的热应力较小。钛的导热性差，摩擦因数大，其切削、磨削加工性能和耐磨性较差。

表 5-34 钛的主要物理性能（20℃）

密度 /g·cm^{-3}	熔点 /℃	比热容 /J·(kg·K)$^{-1}$	热导率 /J·(m·s·K)$^{-1}$	电阻率 /μΩ·cm	热胀系数 /×10^{-6}·K^{-1}	弹性模量 /×10^{-5}MPa
4.5	1668	522	16	42	8.4	16

工业纯钛具有良好的耐腐蚀性、塑性、韧性和焊接性。其板材和棒材可用于制造350℃以下工作的零件，如飞机蒙皮、隔热板、热交换器、化学工业中的耐蚀结构等。

2. 钛合金

工业纯钛的强度不高，但加入合金元素后可使钛合金强度、塑性、抗氧化性等显著提高，同时相变温度和结晶组织也发生相应的变化。

钛合金根据其退火组织分为三大类：α 钛合金、β 钛合金和 α + β 钛合金，牌号分别以 T 加 A、B、C 和顺序数字表示。TA4 ~ TA10 表示 α 钛合金，TB2 ~ TB4 表示 β 钛合金，TC1 ~ TC12 表示 α + β 钛合金。表 5-35 为钛及钛合金的主要牌号及化学成分。表 5-36 为常用钛及钛合金的力学性能。

表 5-35 钛及钛合金的主要牌号及化学成分

合金牌号	合金组分	主要化学成分（质量分数）(%)					杂质（质量分数）(%)，不大于				
		Ti	Al	Sn	V	Mn	Fe	C	N	H	O
TA1	工业纯钛	基	—	—	—	—	0.25	0.05	0.03	0.015	0.20
TA2	工业纯钛	基	—	—	—	—	0.30	0.10	0.05	0.015	0.25
TA3	工业纯钛	基	—	—	—	—	0.40	0.10	0.05	0.015	0.30
TA4	Ti-3Al	基	2.0 ~ 3.3	—	—	—	0.30	0.10	0.05	0.015	0.15
TA6	Ti-5Al	基	4.0 ~ 5.5	—	—	—	0.60	0.10	0.05	0.015	0.15
TA7	Ti-5Al-2.5Sn	基	4.0 ~ 6.0	2.0 ~ 3.0	—	—	0.30	0.10	0.05	0.015	0.20
TC1	Ti-2Al-1.5Mn	基	1.0 ~ 2.5	—	—	0.7 ~ 2.0	0.30	0.10	0.05	0.012	0.15
TC2	Ti-4Al-1.5Mn	基	3.5 ~ 5.0	—	—	0.8 ~ 2.0	0.30	0.10	0.05	0.012	0.15
TC3	Ti-5Al-4V	基	4.5 ~ 6.0	—	3.5 ~ 4.5	—	0.30	0.10	0.05	0.015	0.15
TC4	Ti-6Al-4V	基	5.5 ~ 6.8	—	3.5 ~ 4.5	—	0.30	0.10	0.05	0.015	0.20

表 5-36 常用钛及钛合金的力学性能

合金系	合金牌号	材料状态	板材厚度 /mm	室温力学性能（不小于）		
				抗拉强度 R_m/MPa	伸长率 A (%)	弯曲角 α/(°)
工业纯钛（α 型）	TA1	退火	0.3 ~ 2.0	370 ~ 530	40	140
			2.1 ~ 10.0		30	130
钛铝合金（α 型）	TA6	退火	0.8 ~ 2.0	685	15	50
			2.1 ~ 10.0		12	40
钛铝锡合金（α 型）	TA7	退火	0.8 ~ 2.0	735 ~ 930	20	50
			2.1 ~ 10.0		12	40

（续）

合金系	合金牌号	材料状态	板材厚度/mm	室温力学性能（不小于）		
				抗拉强度 R_m/MPa	伸长率 A（%）	弯曲角 α/(°)
钛铝钼铬合金（β型）	TB2	淬火 淬火和时效	1.0～3.5	≤980 1320	20 8	120
钛铝锰合金（α+β型）	TC1	退火	0.5～2.0 2.1～10.0	590～735	25 20	70 60
钛铝钒合金（α+β型）	TC4	退火	0.8～2.0 2.1～10.0	895	12 10	35 30

（1）α钛合金　α钛合金是通过加入α稳定元素Al和中性元素Sn、Zr等固溶强化而形成的。α钛合金有时也加入少量的β稳定元素，因此α钛合金又分为由α单相组成的α钛合金、β稳定元素质量分数小于20%的α钛合金和能够时效强化的α钛合金（如 $w_{Cu}<2.5\%$ 的Ti-Cu合金）。

α钛合金中的主要合金元素是Al，Al溶入钛中形成α固溶体，从而提高再结晶温度。含 $w_{Al}=5\%$ 的钛合金，再结晶温度从600℃提高到800℃，耐热性和力学性能也有所提高。Al还能扩大氢在钛中的溶解度，减小氢脆敏感性。但Al的加入量不宜过多，否则易出现 Ti_3Al 相而引起脆性，通常Al的质量分数不超过7%。

α钛合金具有高温强度高、韧性好、抗氧化能力强、焊接性好、组织稳定等特点，比工业纯钛强度高，但加工性能较β和α+β钛合金差。α钛合金不能进行热处理强化，但可通过600～700℃的退火处理消除加工硬化；或通过不完全退火（550～650℃）消除焊接时产生的应力。

（2）β钛合金　β钛合金的退火组织完全由β相构成。β钛合金含有很高比例的β稳定化元素，使马氏体转变β→α进行得很缓慢，在一般工艺条件下，组织几乎全部为β相。通过时效处理，β钛合金的强度可得到提高。β钛合金在单一β相条件下的加工性能良好，并具有加工硬化性能，但室温和高温性能差，脆性大，焊接性较差，易形成冷裂纹，在焊接结构中应用的较少。

（3）α+β钛合金　α+β钛合金的组织是由α相和β相两相组织构成的。α+β钛合金中含有α稳定元素Al，同时为了进一步强化合金，添加了Sn、Zr等中性元素和β稳定元素，其中β稳定元素的加入量其质量分数通常不超过6%。

α+β钛合金兼有α和β钛合金的优点，即具有良好高温变形能力和热加工性，可通过热处理强化得到高强度。但是，随着α相比例的增加，加工性能变差；随着β相比例增加，焊接性变差。α+β钛合金退火状态时断裂韧性高，热处理状态时比强度大，硬化倾向较α和β钛合金大。α+β钛合金的室温、中温强度比α钛合金高。由于β相溶解氢等杂质的能力较α相大，因此，氢对α+β钛合金的危害较α钛合金小。由于α+β钛合金力学性能可在较宽的范围内变化，从而可使其适应不同的用途。

5.3.2 钛及钛合金的焊接性

钛及钛合金具有特定的物理、化学性质和良好的性能。为正确制定钛及钛合金的焊接工艺和提高焊接质量，必须深入了解钛及钛合金的焊接性特点。如果仅用焊接接头强度来评价焊接性，那么几乎所有退火状态的钛合金接头强度系数都接近1，难分优劣。因此往往采用焊接接头的韧、塑性和获得无缺陷焊缝的难易程度来评价钛及钛合金的焊接性。

1. 焊接接头区的脆化

钛及钛合金焊接区易受气体等杂质的污染而产生脆化。造成脆化的主要元素有O、N、H、C等。常温下钛及钛合金比较稳定。但随着温度的升高，钛及钛合金吸收O、N、H的能力也随之明显上升，如图5-19所示。由图可见，Ti从250℃开始吸收氢，从400℃开始吸收氧，从600℃开始吸收氮。

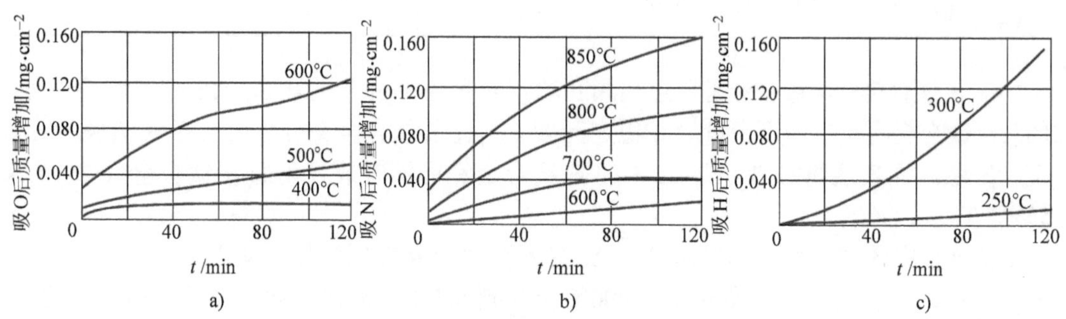

图5-19 钛吸收氧、氮、氢的强烈程度与温度时间的关系

（注：质量增加是用试件单位面积上增加的毫克表示）

钛及钛合金焊接时，一般不采用常规气体保护焊的焊枪结构及工艺，因为这种焊枪结构所形成的气体保护层对已凝固和尚处于高温状态的钛合金焊缝及附近高温区域无明显保护作用，处于这种状态的钛合金焊缝及附近区域仍有很强的吸收空气中氮及氧的能力，从而引起焊缝变脆而使塑性严重下降。应采用高纯度的惰性气体或无氧氟-氯化物焊剂。采用无氧氟-氯化物焊剂进行焊接时，熔渣和金属发生化学反应：$Ti + 2MnF_2 \rightarrow TiF_4 + 2Mn$。由于氟化物在液态金属中不溶解，所以焊缝金属冷却后不会形成非金属夹杂物，但焊剂中一些元素可能溶入熔池。

（1）氧的影响　焊缝含氧量随氩气中的含氧量增加而上升。由图5-20所示的钛-氧相图可以看出，氧是扩大α相区的元素，并使β→α同素异构转变温度上升，故氧为α稳定元素。

氧在α-Ti中的最大溶解度为14.5%，在β-Ti中为1.8%，因此氧在高温α-Ti、β-Ti中形成间隙固溶体，起固溶强化作用，造成钛的晶格畸变，使强度、硬度提高，但塑性、韧性显著降低。金属薄板的塑性可用R/δ（板材弯曲半径与厚度之比）的比值表示，R表示弯曲半径，δ表示板厚。R/δ数值越小，塑性越好。焊缝含氧量变化（纯氩中含氧量变化）对焊缝力学性能的影响如图5-21及图5-22所示。可见，焊缝强度及硬度随焊缝含氧量增加或纯氩中杂质的增加而增加。

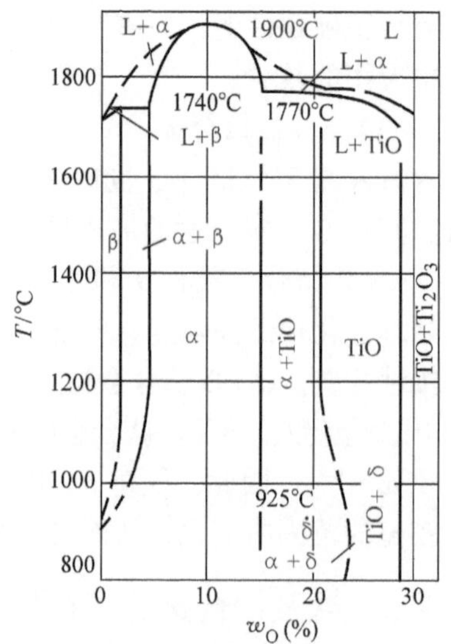

图5-20 钛-氧相图

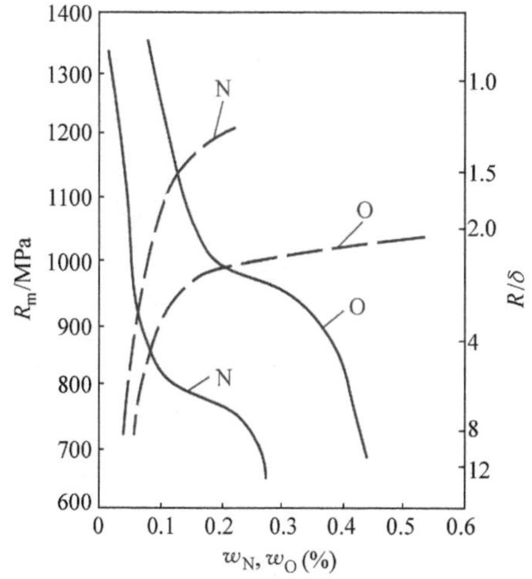

图 5-21　焊缝含氧、氮量变化对接头强度和弯曲塑性的影响

（图中虚线表示接头强度，实线表示弯曲塑性）

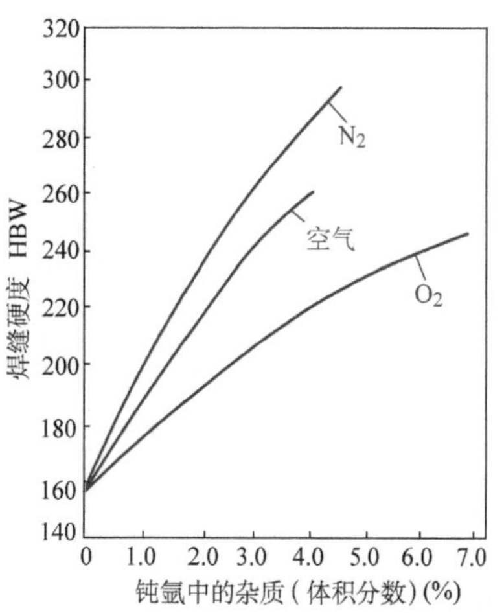

图 5-22　氩气中氧、氮和空气含量对工业纯钛焊缝硬度的影响

为保证焊缝有足够的塑性，防止氧污染脆化，工业纯钛焊缝最高允许的氧的质量分数为 w_O = 0.15%。焊缝氧的质量分数在 w_O = 0.3% 以上时，会因焊缝过脆而产生裂纹。钛合金焊接时，氧的有害影响也很明显。我国技术条件规定工业纯钛及钛合金母材中氧的质量分数一般应小于 0.30%。

（2）氮的影响　氮在高温液态金属中的溶解度随电弧气氛中氮的分压增高而增大。氮在固态 α-Ti 及 β-Ti 中间隙固溶。氮在 α-Ti 中的最大溶解度为 7% 左右，在 β-Ti 中的最大溶解度为 2%。氮也是 α 稳定元素。氮对提高工业纯钛焊缝的抗拉强度、硬度，降低焊缝的塑性方面比氧更为显著，即氮的污染脆化作用比氧更为强烈。氮对焊缝金属力学性能的影响如图 5-21 和图 5-22 所示。焊缝含氮量较低时主要是固溶强化，只有当含氮量较高时，才会析出脆性氮化物。当工业纯钛焊缝中氮的质量分数在 0.13% 以上时，由于焊缝脆化而产生裂纹。因此，须对钛及钛合金焊缝含氮量进行严格的控制。一般工业纯钛焊接时，焊缝中最高允许氮的质量分数为 0.05%。

（3）氢的影响　由钛-氢相图可以看出（图 5-23），氢是 β 相稳定元素，在 α-Ti 及 β-Ti 中间隙固溶。氢在 β-Ti 中的溶解度大于在 α-Ti 中的溶解度。在 325℃ 时发生共析转变 β→α + γ，325℃ 以下氢在 α-Ti 中的溶解度急速下降。常温时氢在 α-Ti 中的溶解度仅为 0.00009%。共析转变后析出以细片状或针状存在的 γ 相（钛的氢化物 TiH_2）。焊缝含氢量越多，细片状或针状析出物越多。

含氢量对焊缝及焊接接头力学性能的影响如图 5-24 所示。由图可见，含氢量对焊缝冲击性能的影响最为显著。原因是随焊缝含氢量增加，焊缝中析出的片状或针状 TiH_2 增多。TiH_2 的强度很低，故针状或片状 TiH_2 的作用类似缺口，因而使焊缝冲击韧性显著降低。还可看到含氢量对抗拉强度和塑性的影响并不很显著，这是由于含氢量变化对晶格参数的影响很小而使固溶强化作用减小所致。

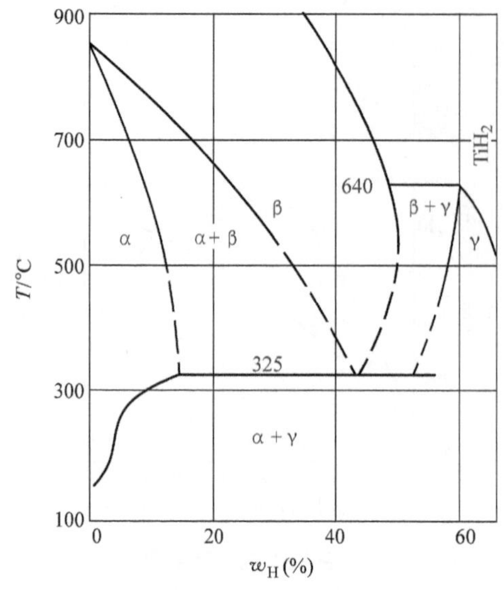

图 5-23 钛-氢相图

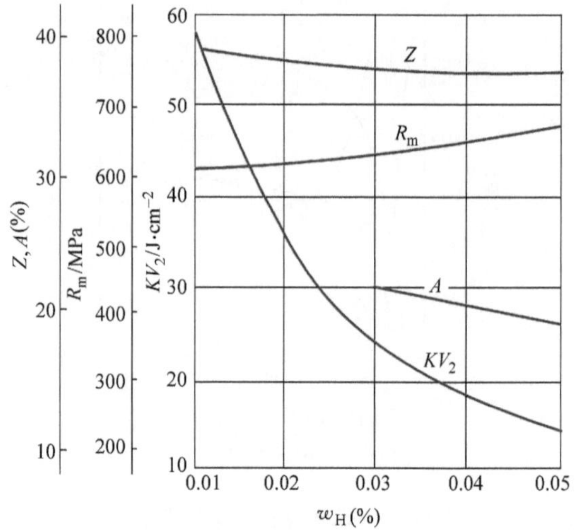

图 5-24 含氢量对焊缝及焊接接头力学性能的影响

由图 5-24 可见，工业纯钛焊缝中氢的质量分数大于 0.01% 时焊缝冲击韧度开始下降。工业纯钛焊缝中氢的质量分数一般控制在 0.015% 以下。

为防止氢造成的脆化，焊接时要严格控制氢的来源。首先是限制母材和焊材中的氢含量以及表面吸附的水分，提高氩气的纯度，使焊缝中氢的质量分数控制在 0.015% 以下。其次可采用冶金措施，提高氢的溶解度。添加质量分数为 5% 的 Al，在常温下可使氢在 α-Ti 中的溶解度达到 0.023%。添加 β 相稳定元素 Mo、V 可使室温组织中保留少量 β 相，溶解更多的氢，从而降低焊缝的氢脆倾向。

焊接重要构件时，可将焊丝、母材放入真空度为 0.0130～0.0013Pa 的真空退火炉中加热至 800～900℃，保温 5～6h 进行脱氢处理，将氢的质量分数控制在 0.0012% 以下，以提高焊接接头的塑性和韧性。

（4）碳的影响　碳也是钛及钛合金中常见的杂质，主要来源于母材、焊丝和油污等。由钛-碳相图可以看出（图 5-25），碳在 α-Ti 中的溶解度随温度下降而下降，同时析出 TiC。在工业纯钛中，当碳的质量分数为 0.13% 以下时碳固溶在 α-Ti 中，强度极限提高和塑性下降，但不及氧、氮的作用强烈。进一步提高焊缝含碳量时，焊缝中出现网状 TiC，其数量随碳增高而增多，焊缝塑性急剧下降，在焊接应力作用下易出现裂纹。当焊缝中碳的质量分数为 0.55% 时，焊缝塑性几乎全部消失而变成脆性材料。焊后热处理也无法消除这种脆性。

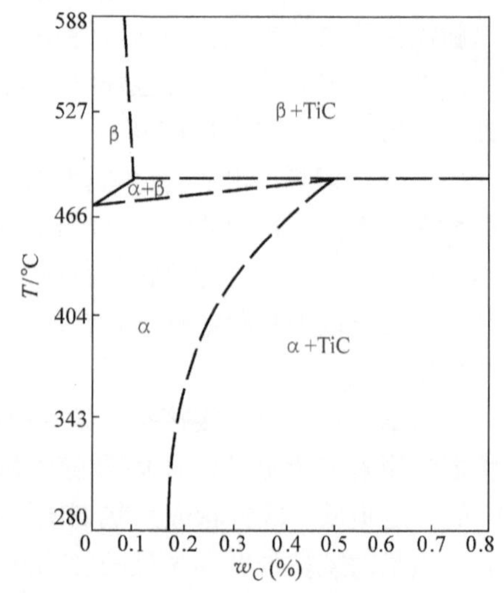

图 5-25 钛-碳相图

钛及钛合金母材中碳的质量分数应不大于 0.1%，焊缝含碳量应不超过母材含碳量。气焊与焊条电弧焊由于难以防止气体等杂质污染脆化，不能满足焊接质量要求。氩弧焊应用较广，但对氩气的纯度要求很高。焊枪上还要采用拖罩，以便对焊缝及附近 400℃以上高温区进行保护；从接头反面用氩气保护 400℃以上焊接区也是必要的。一些结构复杂的零件可在充氩箱内进行焊接。

2. 焊接区裂纹倾向

（1）热裂纹　由于钛及钛合金中含 S、P、C 等杂质较少，很少有低熔点共晶在晶界处生成，而且结晶温度区间很窄，焊缝凝固时收缩量小，因此热裂纹敏感性低。但当母材和焊丝质量差，特别是当焊丝有裂纹、夹层等缺陷时，会在夹层和裂纹处积聚有害杂质而使焊缝产生热裂纹。

（2）冷裂纹和延迟裂纹　当焊缝含氧、氮量较高时，焊缝性能变脆，在较大的焊接应力作用下，会出现裂纹，这种裂纹是在较低温度下形成的。

在焊接钛合金时，热影响区有时也会出现延迟裂纹，这种裂纹可以延迟到几小时、几天甚至几个月后发生。氢是引起延迟裂纹形成的主要原因。TC1 钛合金焊接热影响区氢含量明显提高，是由于氢由高温熔池向较低温度的热影响区扩散的结果。氢含量提高使该区析出 TiH_2量增加，增大热影响区的脆性。另外，析出氢化物时体积膨胀引起较大的组织应力，再加之氢原子向该区的高应力部位扩散及聚集，以致最后形成裂纹。防止延迟裂纹的办法，主要是减少焊接接头处氢的来源，必要时可进行真空退火处理，以减少焊接接头的氢含量。

钛的熔点高、热容量大、导热性差，因此在焊接时易形成较大的熔池，并且熔池温度高。这使得焊缝及热影响区金属在高温停留的时间比较长，晶粒长大倾向明显，使接头塑性和韧性降低，导致产生裂纹。长大的晶粒难以用热处理方法恢复，所以焊接时应严格控制焊接的热输入量。熔焊时应采用能量集中的热源，减小热影响区；采用较小的焊接电流和较快的焊接速度，以提高热影响区的塑性。对于 $\alpha+\beta$ 钛合金，为了避免 α 相和 β 相产生不良结合以及避免脆性相的形成，应该采用稍大的热输入。

3. 焊缝气孔

气孔是钛及钛合金焊接中较常见的缺陷，O_2、N_2、H_2、CO_2、H_2O 都可能引起气孔。影响焊缝中气孔产生的主要因素包括材质和工艺因素两个方面。

（1）材质的影响　主要是氩气及母材、焊丝中的不纯气体，如 O_2、H_2、N_2、H_2O 等。氩气及母材、焊丝中含 H_2、O_2及 H_2O 量提高，会使焊缝气孔明显增加。N_2对焊缝气孔的影响较弱。

材质表面对生成气孔也有影响。钛板及焊丝表面常受到外部杂质的污染，包括水分、油脂、氧化物（常带有结晶水）、含碳物质、砂粒、磨料质点（表面用砂轮磨后或砂纸打磨后的残余物）、有机纤维及吸附的气体等。这些杂质对钛及钛合金焊缝气孔的生成都有一定的影响，特别是对接端面处的表面污染对气孔形成的影响更为显著。

（2）工艺因素的影响　氢是钛及钛合金焊接时形成气孔的主要气体。通过增氢处理及真空减氢处理改变焊丝及母材中含氢量变化，或通过在氩气中加入不同量的氢气，使焊缝含氢量增加，气孔数量随之也增加。这是工件及焊丝表面的水汽及结晶水等引起的气孔，主要是由于氢的作用（$Ti+2H_2O \rightarrow TiO_2+2H_2$）。另一原因是高熔点的磨料质点及氧化物能作为形成气泡的核心，促使气孔的生成。氧参与的化学反应生成的 CO 及 H_2O 等也是生成气孔的原因。

焊接熔池存在时间很短时，因氢的扩散不充分，即使有气泡核存在，也来不及长大形成气泡；熔池存在时间逐渐增长后，氢向气泡核扩散，使形成宏观气泡的条件变得有利，于是焊缝气孔逐渐增多，直到出现最大值；此后再延长熔池存在时间，气泡逸出熔池的条件变得有利，故进一步增长熔池存在时间，气孔逐渐减少。

工件表面不清理状态下进行对接氩弧焊（无间隙或间隙很小）时焊缝有大量气孔，但在同样不清理的板材上进行堆焊时，一般不产生气孔。对接间隙增大时，气孔也相应减少。这表明，紧密接触的对接端面表面层是形成气孔的重要原因。这是因为，在焊接热作用下，紧靠熔池前部的对接边受严重挤压而接触紧密，甚至可观察到塑性变形，对接端面的表面层往往有吸附的水汽及其他能形成气体的物质，此时紧靠熔池前方的对接端面又处于高温状态，这对生成气体有利。这些气体被对接端面严密封锁，处于高压状态，生成微气泡，随后这些微气泡在熔池中生长成气孔。在堆焊及预留间隙对接时，工件表面及对接端面的水汽、结晶水等杂质在熔化前就被加热到高温而分散进入气相，故对气孔生成影响很小。

钛及钛合金焊缝气孔大多分布在熔合区附近，这是钛及钛合金气孔的一个特点。这种气孔的形成与氢在钛中的溶解度有关。由图5-26可知，氢在钛中的溶解度随温度升高而降低，在凝固温度有突变。熔池中部的氢易向熔池边缘扩散，因后者比前者对氢有更高的溶解度，故熔池边缘易为氢过饱和而生成气孔。

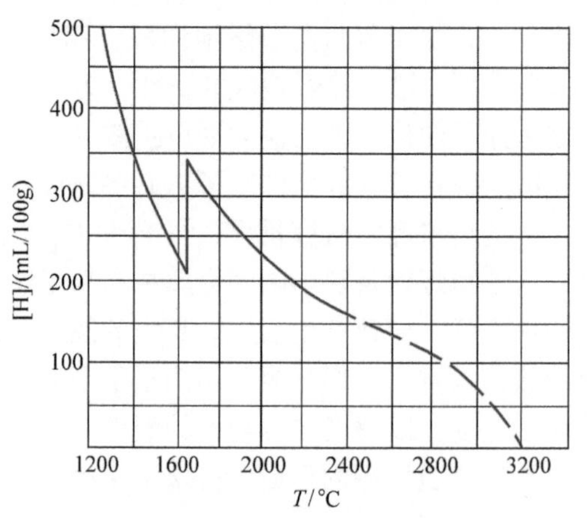

图5-26　氢在高温钛中溶解度随温度变化曲线

焊缝中的气孔不仅造成应力集中，而且使气孔周围金属的塑性降低，甚至导致整个焊接接头的断裂破坏，因此须严格控制气孔的生成。防止焊接区气孔产生的关键是杜绝气体的来源，防止焊接区被污染，通常采取以下措施：

1）严格限制原材料中氢、氧、氮等杂质气体的含量；采用机械方法加工坡口端面，并除去剪切痕迹；焊前仔细清除焊丝、母材表面的氧化膜及油污等；或焊前对焊丝进行真空去氢处理来改善焊丝的含氢量和表面状态。

2）尽量缩短焊件清理后到焊接的时间间隔，一般不要超过2h。否则要妥善保存焊件，以防吸潮。

3）正确选择焊接参数，延长熔池停留时间，以便于气泡的逸出；控制氩气流量，防止湍流现象。

4）采用真空电子束焊或等离子弧焊；采用纯度 >99.99% 的低露点氩气；焊炬上通氩气的管路不宜采用橡胶管，以尼龙软管为好。

5.3.3　钛及钛合金的焊接工艺

1. 焊接方法及焊接材料

钛及钛合金的性质活泼，溶解氮、氢、氧的能力很强，常规的焊条电弧焊、气焊、CO_2

气体保护焊不适用于钛及钛合金的焊接。用于钛及钛合金的主要焊接方法及其特点见表 5-37。应用最多的是钨极氩弧焊和熔化极氩弧焊。等离子弧焊、电子束焊、钎焊和扩散焊等也有应用。

表 5-37　钛及钛合金的主要焊接方法及其特点

焊接方法	特　点	焊接方法	特　点
钨极氩弧焊	1）可以用于薄板及厚板的焊接，板厚 3mm 以上时可以采用多层焊 2）熔深浅，焊道平滑 3）适用于修补焊接	等离子弧焊	1）熔深大 2）10mm 的厚板可以一次焊成 3）手工操作困难
		电子束焊	1）熔深大，污染少 2）焊缝窄，热影响区小，焊接变形小 3）设备价格高
熔化极氩弧焊	1）熔深大，熔敷量大 2）飞溅较大 3）焊缝外形较钨极氩弧焊差	扩散焊	1）可以用于异种金属或金属与非金属的焊接 2）形状复杂的工件可以一次焊成 3）变形小

钛及钛合金焊接时的填充金属与母材的成分相似。为了改善接头的韧性和塑性，有时采用强度低于母材的填充材料，例如，用工业纯钛（TA1、TA2）做填充材料焊接 TA7 和厚度不大的 TC4。一般采用纯氩（$\varphi_{Ar} \geqslant 99.99\%$）作保护气体，只有在深熔焊和仰焊位置焊接时才用氦气，前者为增加熔深，后者为改善保护。

2. 焊前准备

（1）焊前清理　焊接前应认真清理钛及钛合金坡口及其附近区域。清理不彻底时，会在焊件和焊丝表面形成吸气层，导致焊接接头形成裂纹和气孔。

1）采用剪切、冲压和切割下料的工件需对其接头边缘进行机械清理。对焊接质量要求不高或酸洗有困难的焊件，如在 600℃以上形成的氧化皮很难用化学方法清除，这时可用细砂布或不锈钢丝刷擦刷，或用硬质合金刮刀刮削待焊边缘去除表面氧化膜，刮削深度约 0.025mm。采用气割下料的工件，机械加工切削层的厚度应不小于 1～2mm。然后用丙酮或乙醇、四氯化碳或甲醇等溶剂去除坡口两侧的有机物及油污等。除油时使用厚棉布、毛刷或人造纤维刷刷洗。

焊前经过热加工或在无保护情况下热处理的工件，需进行清理。通常采用喷丸或喷砂方法清理表面，然后进行化学清理。

2）化学清理。钛板热轧后已经过酸洗，但存放较久又生成新的氧化膜时，可将钛板浸泡在体积分数为（2～4)% HF +(3%～40)% HNO_3 + H_2O（余量）的溶液中 15～20min，然后用清水冲洗干净并烘干。

热轧后未经酸洗的钛板，由于氧化膜较厚，应先进行碱洗。碱洗时，将钛板浸泡在含烧碱 80%、碳酸氢钠 20% 的浓碱水溶液中 10～15min，溶液的温度保持在 40～50℃。碱洗后取出冲洗，再进行酸洗。酸洗液的配方为：每升溶液中硝酸 55～60mL、盐酸 340～350mL、氢氟酸 5mL。酸洗时间为 10～15min。取出后用热水、冷水冲洗，并用白布擦拭、凉干。

经酸洗的焊件、焊丝应在 4h 内焊接，否则要重新酸洗。焊丝可放在温度为 150～200℃

的烘箱内保存，随取随用，取焊丝应戴洁净的白手套，以免污染焊丝。

（2）坡口的制备与装配　钛及钛合金 TIG 焊的坡口形式及尺寸见表 5-38。搭接接头由于背面保护困难，尽可能不采用。母材厚度小于 2.5mm 的不开坡口对接接头，可不添加填充焊丝进行焊接。厚度大的母材需开坡口并添加填充金属，尽量采用平焊。钛板的坡口加工时应采用刨、铣等冷加工工艺，以减小热加工时容易出现的坡口边缘硬度增高现象。

表 5-38　钛及钛合金 TIG 焊的坡口形式及尺寸

坡口形式	板厚 δ/mm	坡口尺寸		
		间隙/mm	钝边/mm	角度 α/(°)
不开坡口	0.25 ~ 2.3	0	—	—
	0.8 ~ 3.2	0 ~ 0.1δ	—	—
V 形	1.6 ~ 6.4	0 ~ 1.0δ	0.1 ~ 0.25δ	30 ~ 60
	3.0 ~ 13			30 ~ 90
X 形	6.4 ~ 38			30 ~ 90
U 形	6.4 ~ 25			15 ~ 30
双 U 形	19 ~ 51			15 ~ 30

由于钛的一些特殊的物理性能，如表面张力大、粘度小，焊前须对工件进行仔细装配。一般焊点间距为 100 ~ 150mm，长度约 10 ~ 15mm。定位焊所用的焊丝、工艺参数及保护气体等与焊接时相同，装配时应严禁敲击和划伤待焊工件表面。

3. 焊接工艺及参数

（1）钨极氩弧焊　钨极氩弧焊是钛及钛合金最常用的方法，用于焊接厚度 3mm 以下的薄板，分为敞开式焊接和箱内焊接两种。敞开式焊接是在大气环境中施焊，利用焊枪喷嘴、拖罩和背面保护装置通以适当流量的 Ar 或 Ar + He 混合气体，把焊接高温区与空气隔开，以防止空气侵入而沾污焊接区的金属，这是一种局部气体保护的焊接方法。当工件结构复杂，难以实现拖罩或背面保护时，应采用箱内焊接。箱体在焊接前先抽真空，然后充 Ar 或 Ar + He 混合气体，工件在箱体内惰性气氛下施焊，是一种整体气体保护的焊接方法。

1）氩气流量。氩气流量的选择以达到良好的焊接表面色泽为准，过大的流量不易形成稳定的气流层，而且增大焊缝的冷却速度，容易在焊缝表面出现钛马氏体。拖罩中的氩气流量不足时，接头表面呈现不同的氧化色泽；流量过大时，将对主喷嘴气流产生干扰。焊缝背面的氩气流量过大也会影响正面第一层焊缝的气体保护效果。

焊缝和热影响区的表面色泽是保护效果的标志，钛材在电弧作用后，表面形成一层薄的氧化膜，不同温度下所形成的氧化膜颜色不同。一般要求焊后表面最好为银白色，其次为金黄色。工业纯钛焊缝表面颜色与接头冷弯角的关系见表 5-39。多层、多道焊时，不能单凭盖面层焊缝的色泽来评价接头的保护效果。因为若底层焊缝已被杂质污染，焊盖面层时保护效果即便良好，仍会由于底层的污染而使接头的塑性明显降低。

2）气体保护。钛及钛合金对空气中的氧、氮、氢等气体具有很强的亲和力，因此须在焊接区采取良好的保护措施，以确保焊接熔池及温度超过 350℃ 的热影响区正反面与空气隔绝。钛及钛合金 TIG 焊的保护措施及特点见表 5-40。

表 5-39　工业纯钛焊缝表面颜色与接头冷弯角的关系

<table>
<tr><th>焊缝表面颜色</th><th>温度/℃</th><th>保护效果</th><th>污染程度</th><th>焊接质量</th><th>冷弯角 α/(°)</th></tr>
<tr><td>银白色</td><td>350 ~ 400</td><td>良好</td><td rowspan="6">小
↓
大</td><td>良好</td><td>110</td></tr>
<tr><td>金黄色</td><td>500</td><td rowspan="2">尚好</td><td rowspan="2">合格</td><td>88</td></tr>
<tr><td>深黄色</td><td>—</td><td>70</td></tr>
<tr><td>浅蓝色</td><td>—</td><td>较差</td><td rowspan="3">不合格</td><td>66</td></tr>
<tr><td>深蓝色</td><td>520 ~ 570</td><td>差</td><td>20</td></tr>
<tr><td>暗灰色</td><td>≥600</td><td>极差</td><td>0</td></tr>
</table>

表 5-40　钛及钛合金 TIG 焊的保护措施及特点

<table>
<tr><th>类 别</th><th>保 护 位 置</th><th>保 护 措 施</th><th>用途及特点</th></tr>
<tr><td rowspan="3">局部保护</td><td>熔池及其周围</td><td>采用保护效果好的圆柱形或椭圆形喷嘴，相应增加氩气流量</td><td rowspan="3">适用于焊缝形状规则、结构简单的焊件，操作方便，灵活性大</td></tr>
<tr><td>温度≥400℃的焊缝及热影响区</td><td>1）附加保护罩或双层喷嘴
2）焊缝两侧吹氩
3）适应工件形状的各种限制氩气流动的挡板</td></tr>
<tr><td>温度≥400℃的焊缝背面及热影响区</td><td>1）通氩垫板或工件内腔充氩
2）局部通氩
3）紧靠金属板</td></tr>
<tr><td>充氩气保护</td><td>整个工件</td><td>1）柔性箱体（尼龙薄膜、橡胶等），采用不抽真空多次充氩的方法提高箱体内的氩气纯度。但焊接时仍需喷嘴保护
2）刚性箱体或柔性箱体附加刚性罩，采用抽真空（10^{-2} ~ 10^{-4}Pa）再充氩的方法</td><td>适用于结构形状复杂的工件</td></tr>
<tr><td>增强冷却</td><td>焊缝及热影响区</td><td>1）冷却块（通水或不通水）
2）用工件形状的工装传导热量
3）减小热输入</td><td>配合其他保护措施以增强保护效果</td></tr>
</table>

焊缝的保护效果除了与氩气纯度、流量、喷嘴与焊件间距离、接头形式等有关外，焊炬、喷嘴的结构形式和尺寸是决定因素。钛的热导率小、焊接熔池尺寸大，因此，喷嘴的孔径也应相应增大，以扩大保护区的面积。常用的焊炬及拖罩如图 5-27 所示。该结构可以获得具有一定挺度的气流层，保护区直径达 30mm 左右。

为了改善焊缝金属的组织，提高焊缝和热影响区的性能，可采用增强焊缝冷却速度的方法，即在焊缝两侧或焊缝反面设置空冷或水冷铜压块。已脱离喷嘴保护区，但仍在 350℃以上的焊缝及热影响区表面，仍需继续保护。通常采用通有氩气流的拖罩，拖罩的长度可根据焊件形状、板厚、工艺参数等确定，但要使温度处于 350℃以上的焊缝及热影响区金属得到充分的保护。

钛及钛合金薄板手工 TIG 焊用拖罩通常与焊炬连接为一体，并与焊炬同时移动。管子对接时，为加强对于管子正面后端焊缝及热影响区的保护，一般是根据管子的外径设计制造专用环形拖罩，如图 5-28 所示。

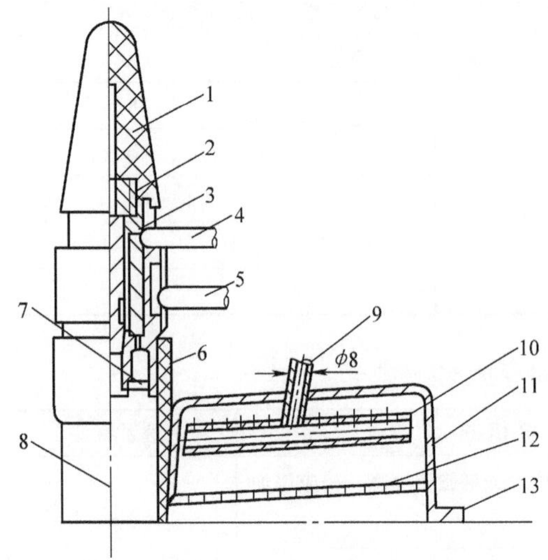

图 5-27　钛板氩弧焊常用的焊炬及拖罩

1—绝缘帽　2—压紧螺母　3—钨极夹头　4—进气管　5—进水管　6—喷嘴　7—气体透镜　8—钨极　9—进气管　10—气体分布管　11—拖罩外壳　12—铜丝网　13—帽沿

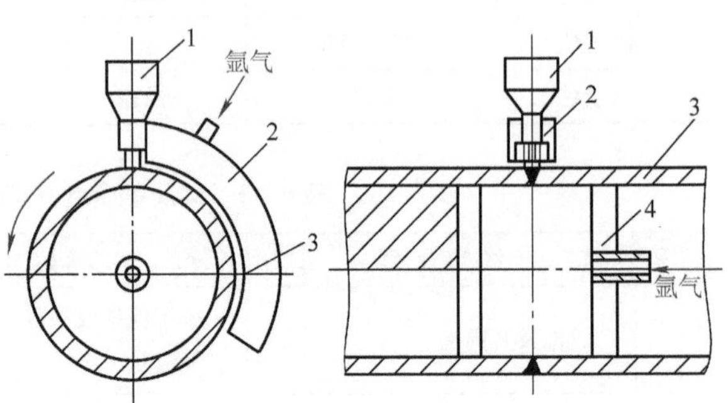

图 5-28　管子对接环缝焊时的专用拖罩

1—焊炬　2—环形拖罩　3—管子　4—金属或纸质挡板

钛及钛合金焊接区背面也需要加强保护。通常采用在局部密闭气腔内或整个焊件内充氩气，以及在焊缝背面加通氩气的垫板等。平板对接焊时可采用背面带有通气孔道的纯铜垫板，如图 5-29 所示。氩气从工件背面的纯铜垫板出气孔流出（孔径 ϕ1mm，孔距 15 ~ 20mm），并短暂贮存在垫板的小槽内，以保护焊缝背面不受有害气体的侵害。为了加强冷却，垫板应采用纯铜，其凹槽的深度和宽度要适当，否则不利于氩气的流通和贮存。

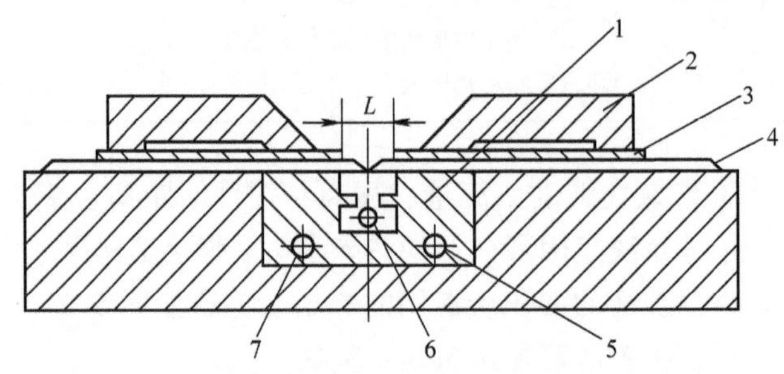

图 5-29　焊缝反面通氩气保护用垫板

1—铜垫板　2—压板　3—纯铜冷却板　4—钛板　5—出水管　6、7—进水管　L—压板间距离

3）工艺参数。钛及钛合金焊接参数的选择，既要防止焊缝在电弧作用下不发生晶粒粗化，又要避免焊后冷却过程中形成脆硬组织。钛及钛合金焊接有晶粒粗化的倾向，尤以 β 钛合金最为显著，所以应采用较小的焊接热输入。如果热输入过大，焊缝容易被污染而形成

缺陷。

表5-41是钛及钛合金手工TIG焊的焊接参数，适用于对接焊缝及环焊缝。一般采用具有恒流特性的直流弧焊电源，直流正接，以获得较大的熔深和较窄的熔宽。已加热的焊丝也应处于气体的保护之下。多层焊时，应保持层间温度尽可能的低，等到前一层焊道冷却至室温后再焊下一道焊缝，以防止过热。

表5-41 钛及钛合金手工TIG焊的焊接参数

板厚/mm	坡口形式	钨极直径/mm	焊丝直径/mm	焊接层数	焊接电流/A	氩气流量/L·min^{-1}			喷嘴孔径/mm	备注
						主喷嘴	拖罩	背面		
0.5~1.5 2.0~2.5	I形坡口对接	1.5~2.0 2.0~3.0	1~2 1~2	1 1	30~80 80~120	8~12 12~14	14~16 16~20	6~10 10~12	10~12 12~14	对接接头的间隙为0.5mm，不加钛丝时的间隙为1.0mm
3~4 4~6 7~8	V形坡口对接	3.0~4.0 3.0~4.0 4.0	2~3 2~4 3~4	1~2 2~3 3~4	120~150 130~160 140~180	12~16 14~16 14~16	16~25 20~26 25~28	10~14 12~14 12~14	14~20 18~20 20~22	坡口间隙2~3mm，钝边0.5mm。焊缝反面加钢垫板，坡口角度60°~65°
10~13 20~22 25~30	对称双Y形坡口	4.0 4.0 4.0	3~4 3~4 3~5	4~8 10~16 12~18	160~240 200~250 200~260	14~16 15~18 16~18	18~24 20~38 26~30	12~14 18~26 20~26	20~22 20~22 20~22	坡口角度60°，钝边1mm；坡口角度55°，钝边1.5~2.0mm。间隙1.5mm

厚度0.1~2.0mm的纯钛及钛合金板材、对焊接热循环敏感性强的钛合金以及薄壁钛管焊接时，宜采用脉冲氩弧焊。这种方法可成功地控制钛焊缝的成形，减少焊接接头过热和粗晶倾向，提高焊接接头的塑性。而且焊缝易于实现单面焊双面成形，获得质量高、变形小的焊接接头。表5-42是厚度0.8~2.0mm的钛板脉冲TIG焊的焊接参数。其中脉冲电流对熔深起着主要作用，基值电流的作用是保持电弧稳定燃烧，待下一次脉冲作用时不需要重新引弧。

表5-42 厚度0.8~2.0mm的钛板脉冲TIG焊的焊接参数

板厚/mm	焊接电流/A		钨极直径/mm	脉冲时间/s	休止时间/s	焊接电压/V	弧长/mm	焊接速度/m·h^{-1}	氩气流量/L·min^{-1}
	脉冲	基值							
0.8	50~80	4~6	2	0.1~0.2	0.2~0.3	10~11	1.2	18~25	6~8
1.0	66~100	4~5	2	0.14~0.22	0.2~0.34	10~11	1.2	18~25	6~8
1.5	120~170	4~6	2	0.16~0.24	0.2~0.36	11~12	1.2	16~24	8~10
2.0	160~210	6~8	2	0.16~0.24	0.2~0.36	11~12	1.2~1.5	14~22	10~12

4）焊后热处理。钛及钛合金接头在焊后存在很大的残余应力，如果不及时消除，会引起冷裂纹，增大接头对应力腐蚀开裂的敏感性，因此焊接后须进行消除应力处理。处理前，焊件表面必须进行彻底的清理，然后在惰性气氛中进行热处理。几种钛及钛合金焊后热处理

的工艺参数见表5-43。

表5-43　几种钛及钛合金焊后热处理的工艺参数

材　料	工业纯钛	TA7	TC4	TC10
加热温度/℃	482～593	533～649	538～593	482～649
保温时间/h	0.5～1	1～4	2～1	1～4

（2）熔化极氩弧焊（MIG）　对于钛及钛合金厚板，采用熔化极氩弧焊（MIG）可减少焊接层数，提高焊接速度和生产率。MIG焊是细颗粒过渡，填充金属受污染的可能性大，因此对保护的要求较TIG焊更严格。此外，MIG焊飞溅较大，影响焊缝成形和保护效果。

MIG焊时的填丝较多，焊接坡口角度较大。厚度15～25mm的板材，可选用90°单面V形坡口。钨极氩弧焊的拖罩可用于MIG焊，但由于MIG焊焊速高、高温区长，拖罩应加长，并采用流动水冷却。MIG焊时焊材的选择与TIG焊相同，但对气体纯度和焊丝表面清洁度的要求更高。表5-44是TC4钛合金MIG焊的焊接参数。

表5-44　TC4钛合金MIG焊的焊接参数

材料	焊丝直径/mm	焊接电流/A	焊接电压/V	焊接速度/cm·s^{-1}	送丝速度/cm·s^{-1}	焊枪至工件距离/mm	坡口形式	氩气流量/L·min^{-1}		
								焊枪	拖罩	背面
纯钛	1.6	280～300	30～31	1	14.4	27	Y形 70°	20	20～30	30～40
钛合金	1.6	280～300	31～32	0.8	14.4	25	Y形 70°	20	20～30	30～40

（3）等离子弧焊　等离子弧焊具有能量密度高、热输入大、效率高的特点，适用于钛及钛合金的焊接。液态钛的表面张力大、密度小，有利于采用小孔法等离子弧焊。采用小孔法可以一次焊透厚度5～15mm的板材，并可有效防止气孔的产生。熔透法适合于焊接各种板厚，但一次焊透的厚度较小，3mm以上的厚板一般需开坡口。

等离子弧焊的焊接参数见表5-45。TC4钛合金TIG焊和等离子弧焊接头的力学性能见表5-46，表中TIG焊采用TC3作填充焊丝，等离子弧焊不填充焊丝。焊接接头拉伸试样都断在过热区。从表5-46可见两种焊接方法的接头强度均达到母材的93%，等离子弧焊的接头塑性可达到母材的70%左右，TIG焊只有50%左右。

表5-45　钛及钛合金等离子弧焊的焊接参数

厚度/mm	喷嘴孔径/mm	焊接电流/A	焊接电压/V	焊接速度/cm·s^{-1}	送丝速度/cm·s^{-1}	焊丝直径/mm	氩气流量/L·min^{-1}			
							离子气	保护气	拖罩	背面
0.2～1.0	0.8～1.5	5～35	16～18	0.2～0.4	—	—	0.25～0.5	10～12	—	2
3～6	3.5	150～160	24～30	0.6～0.5	1.6～1.9	1.5	4～7	15～20	20～25	6～15
8～10	3.5	172～250	30～38	0.5～0.25	2～1.2	1.5	7	20	25	15

注：电源极性为直流正接，坡口形式为I形。厚度δ<4mm的采用熔透法焊接，其余采用小孔法。

表 5-46　TC4 钛合金焊接接头的力学性能

焊接方法	抗拉强度 /MPa	屈服强度 /MPa	断后伸长率 (%)	断面收缩率 (%)	冷弯角 /(°)
等离子弧焊	1005	954	6.9	21.8	13.2
钨极氩弧焊	1006	957	5.9	14.6	6.5
母材	1072	983	11.2	27.3	16.9

纯钛等离子弧焊的气体保护方式与 TIG 焊相似，可采用拖罩，但随着板厚的增加和焊速的提高，拖罩要加长，使处于 350℃以上的金属得到良好的保护。背面垫板上的沟槽尺寸一般宽深各 2～3mm 即可，同时背面保护气流的流量也要增加。厚度 15mm 以上的钛材焊接时，一般开 6～8mm 钝边的 V 形或 U 形坡口，用小孔法封底，然后用熔透法填满坡口。氩弧焊封底时，钝边仅 1mm 左右。用等离子弧焊封底可减少焊道层数，减少填丝量和焊接角变形，并能提高生产率。熔透法多用于厚度 3mm 以下的薄件，比 TIG 焊容易保证焊接质量。等离子弧焊时易产生咬边缺陷，可采用加填充焊丝或加焊一道装饰焊缝的方法消除。

思考题

1. 铝及其合金是如何分类的，各以何种途径强化？铝合金焊接时存在什么问题，在焊接性方面有何特点（哪些焊接性好，哪些焊接性差）？

2. 为什么 Al-Mg 合金及 Al-Li 合金焊接时易形成气孔？铝及其合金焊接时产生气孔的原因是什么，如何防止气孔？为什么纯铝焊接易出现分散小气孔，而 Al-Mg 合金焊接则易出现集中大气孔？

3. 纯铝及不同类型的铝合金焊接应选用什么成分的焊丝比较合理？

4. 硬铝和超硬铝焊接时易产生什么样的裂纹，为什么？如何防止裂纹？

5. 分析高强度铝合金焊接接头性能低于母材的原因及防止措施。焊后热处理对焊接接头性能有什么影响？什么情况下应对铝合金接头进行焊后热处理？

6. 铜及铜合金的物理化学性能有何特点，焊接性如何？不同的焊接方法对铜及铜合金焊接接头质量有什么影响？

7. 分析采用埋弧焊和氩弧焊焊接中等厚度纯铜板的焊接工艺特点，各有什么优、缺点？

8. 分析 O、N、H 对钛及钛合金焊接接头质量的影响。分析 C 对钛及钛合金焊接质量的影响。

9. 分析钛及钛合金焊后焊接接头表面颜色变化的原因及其对焊接接头力学性能的影响。

10. 钛及钛合金焊接热输入应如何选择？为什么钛及钛合金焊接过程中应采取必要的保护措施，说明其道理。

第6章 铸铁焊接

铸铁是碳的质量分数大于2.11%的铁碳合金。工业常用的铸铁为铁-碳-硅合金，其碳的质量分数为3.0%~4.5%，硅的质量分数为1.0%~3.0%，同时含有一定量的锰及杂质元素磷、硫等。为了提高铸铁的性能，还可以加入合金元素获得合金铸铁。铸铁熔点低，液态下流动性好，结晶收缩率小，便于铸造生产形状复杂的机械零部件。铸铁还具有成本低，耐磨性、减振性和切削加工性能好等优点，在机械制造业中获得了广泛应用。按质量统计，在汽车、农机和机床中铸铁用量占50%~80%。铸铁焊接主要应用于以下三方面：①铸造缺陷的焊补；②已损坏的铸铁成品件的焊补；③零部件的生产。

6.1 铸铁的种类及其焊接方法

6.1.1 铸铁的种类

按照碳元素在铸铁中存在的形式和石墨形态，可将铸铁分为白口铸铁、灰铸铁、可锻铸铁、球墨铸铁及蠕墨铸铁等五大类。

白口铸铁中的碳绝大部分以渗碳体（Fe_3C）的形式存在，断口呈白亮色，性质脆硬，极少单独使用。白口铸铁是制造可锻铸铁的中间品，表层为白口铸铁的冷硬铸铁常用作轧辊。

灰铸铁、可锻铸铁、球墨铸铁及蠕墨铸铁中的碳主要以石墨形式存在，部分存在于珠光体中。这四种铸铁由于石墨形态不同，使得性能有较大差别。最早出现的灰铸铁石墨呈片状，其成本低廉，铸造性、加工性、减振性及金属间摩擦性均优良，至今仍是工业中应用最广泛的铸铁类型。但是，由于片状石墨对基体的严重割裂作用，灰铸铁强度低、塑性差。可锻铸铁是由一定成分的白口铸铁经石墨化退火获得的，石墨呈团絮状，塑性比灰铸铁高。1947年，发明了以球化剂处理高温铁液使石墨球化的方法，得到了球墨铸铁。由于石墨呈球状，对基体的割裂作用小，使铸铁的力学性能大幅度提高。而后出现的蠕墨铸铁，石墨呈蠕虫状，头部较圆，具有比灰铸铁强度高、比球墨铸铁铸造性能好、耐热疲劳性能好的优点，在工业中得到了一定的应用。

铸铁的基体组织一般为铁素体、珠光体或二者的混合物，可以认为铸铁是在钢的基体上分布了不同形态及尺寸石墨的结构材料。由于石墨本身强度很低，相当于空洞，降低了钢的有效承载面积；而且石墨的端部，尤其是片状石墨的端部很尖锐，会产生严重的应力集中，使钢基体在较低应力作用下就产生裂纹甚至发生断裂。因此，铸铁比相同基体组织的钢性能下降很多，反映在力学性能上是强度低、塑性差，例如Q235低碳钢的抗拉强度为375～460MPa，断后伸长率为21%～26%，而灰铸铁的抗拉强度仅为100～350MPa，且基本无塑性。蠕墨铸铁强度可高于高强度灰铸铁并有一定的塑性，断后伸长率可达0.75%～3%。由于球状石墨对钢基体割裂作用小，铁素体为基体的球墨铸铁抗拉强度为400MPa左右，断后伸长率可达18%。珠光体为基体的球墨铸铁抗拉强度可提高到700MPa，但是断后伸长率仅为2%。经特殊等温热处理使基体组织为奥氏体＋贝氏体的奥-贝球墨铸铁，其抗拉强度高达860～1035MPa，同时断后伸长率仍高达7%～10%，使球墨铸铁具有良好的综合力学性能。

1. 灰铸铁

灰铸铁是因断面呈灰色而得名。灰铸铁中的碳以片状石墨的形式存在于珠光体或铁素体或二者混合的基体中。典型灰铸铁的金相组织由白色不规则块状的铁素体，渗碳体与铁素体层状分布的珠光体，端部尖锐、灰色长条状的片状石墨组成，有时含有少量的磷共晶。石墨片以不同的数量和尺寸分布在基体中，对灰铸铁的力学性能产生很大影响。石墨含量高且呈粗片状时灰铸铁抗拉强度低，石墨含量低呈细片状时，其抗拉强度高。基体为纯铁素体时，灰铸铁抗拉强度和硬度低，以纯珠光体为基体的灰铸铁，抗拉强度和硬度均较高。常用灰铸铁的牌号、显微组织、力学性能及用途见表6-1。灰铸铁的化学成分一般为：$w_C=2.6\%\sim3.8\%$、$w_{Si}=1.2\%\sim3.0\%$、$w_{Mn}=0.4\%\sim1.5\%$、$w_P\leqslant0.3\%$、$w_S\leqslant0.15\%$。通过改变石墨的数量、大小、分布及形状，控制基体组织得到不同强度级别的灰铸铁，抗拉强度超过300MPa的灰铸铁还要进行孕育处理或合金化。

表6-1 常用灰铸铁牌号、显微组织、力学性能及用途（GB/T 9439—2010）

牌号	显微组织		抗拉强度/MPa	硬度HBW（供参考）	特点及用途举例
	基体	石墨			
HT100	铁素体	粗片状	≥100	≤175	强度低，用于制造对强度及组织无要求的不重要铸件，如油底壳、盖、镶装导轨的支柱等
HT150	铁素体＋珠光体	较粗片状	≥150	150～200	强度中等，用于制造承受中等载荷的铸件，如机床底座、工作台等
HT200	珠光体	中等片状	≥200	170～220	强度较高，用于制造承受较高载荷的耐磨铸件，如发动机的气缸体、液压泵、阀门壳体、机床机身、气缸盖、中等压力的液压筒等
HT250	细片状珠光体	较细片状	≥250	190～240	
HT300	细片状珠光体	细小片状	≥300	210～260	强度高，基体组织为珠光体，用于承受高载荷的耐磨件，如剪床、压力机的机身、车床卡盘、导板、齿轮、液压筒等
HT350	细片状珠光体	细小片状	≥350	230～280	

表6-1列出的铸铁牌号中的HT表示灰铸铁，是“灰铁”二字汉语拼音的字头，后面的数字表示以MPa为单位的抗拉强度。灰铸铁几乎无塑性，其断后伸长率$A<0.5\%$，冲击吸收能量$KV_2=2\sim5J$。但是，灰铸铁缺口敏感性较低，石墨对基体的割裂使振动能不利于传递，可以有效地吸收振动能。抗压强度高、耐磨性好、断面收缩率低、流动性好，可以铸造具有复杂形状的机械零件。因此，灰铸铁广泛用于各种机床的床身及拖拉机、汽车发动机缸体、缸盖等铸件的生产。

2. 球墨铸铁

用球化剂对液态铸铁浇铸前进行球化处理可以得到球墨铸铁，其石墨呈球状。我国常用的球化剂为稀土镁合金。细小圆整的石墨球对钢基体的割裂作用较小，在相同基体的情况下，其力学性能是所有铸铁中最高的。由于经球化剂处理后的铁液结晶过冷倾向变大，具有较大的白口倾向，所以，还需要进行孕育处理，促进石墨化过程的进行，避免出现莱氏体组织。

在铸造条件下获得的球墨铸铁，基体通常为铁素体+珠光体混合组织，要获得纯铁素体球墨铸铁需经低温石墨化退火，使珠光体分解为铁素体和石墨。如果铸态组织中还有共晶渗碳体，需经高温石墨化和低温石墨化二次退火才能获得铁素体球墨铸铁。

球墨铸铁的牌号、力学性能及基体显微组织见表6-2。牌号中QT表示球墨铸铁，是“球铁”二字汉语拼音的字头。后面第一组三位数字表示抗拉强度，第二组数字表示伸长率。球墨铸铁的化学成分为：$w_C=3.0\%\sim4.0\%$、$w_{Si}=2.0\%\sim3.0\%$、$w_{Mn}=0.4\%\sim1.0\%$、$w_P\leqslant0.1\%$、$w_S\leqslant0.04\%$、$w_{Mg}=0.03\%\sim0.05\%$、$w_{RE}=0.03\%\sim0.05\%$。球墨铸铁主要用于制造曲轴、大型管道、受压阀门和泵的壳体、汽车减速器壳以及齿轮、蜗轮、蜗杆等。

按照基体组织可以将球墨铸铁分为铁素体球墨铸铁（如QT400-18）和珠光体球墨铸铁（如QT700-2）。对球墨铸铁进行特殊等温热处理还可以获得更高强度且塑性良好的奥-贝球墨铸铁。

表6-2 球墨铸铁牌号、力学性能及基体显微组织（GB/T 1348—2009）

牌号	抗拉强度/MPa	屈服强度/MPa	断后伸长率（%）	硬度 HBW	基体显微组织
	最小值			（供参考）	
QT350-22	350	220	22	≤160	铁素体
QT400-18	400	250	18	120~175	铁素体
QT400-15	400	250	15	120~180	铁素体
QT450-10	450	310	10	160~210	铁素体
QT500-7	500	320	7	170~230	铁素体+珠光体
QT600-3	600	370	3	190~270	珠光体+铁素体
QT700-2	700	420	2	225~305	珠光体
QT800-2	800	480	2	245~335	珠光体或索氏体
QT900-2	900	600	2	280~360	回火马氏体或屈氏体+索氏体

6.1.2 铸铁的凝固特点与石墨化

铸铁的成分、组织及性能特点的关键在于碳的存在形式。碳含量超过在铁中的溶解度时，铸铁中便有高碳相析出，或是渗碳体，或是自由状态的碳——石墨（Graphite，符号为G），石墨的强度、硬度和塑性都很低。熔融状态的铁液在冷却过程中，由于化学成分和冷却条件的不同，既可从液相中或高温奥氏体中直接析出渗碳体（介稳状态），也可直接析出石墨（稳定状态）。同时，渗碳体加热至高温还可以分解出石墨。可以把表示渗碳体析出规律的 $Fe\text{-}Fe_3C$ 相图和表示石墨析出规律的 Fe-C（G）相图叠画在一起，称之为铁碳合金双重相图，如图6-1所示。图中虚线表示 Fe-C（G）稳定系相图，实线表示 $Fe\text{-}Fe_3C$ 介稳定系相图。按照稳定系可以将 $w_C=4.26\%$ 的铸铁称为共晶铸铁。

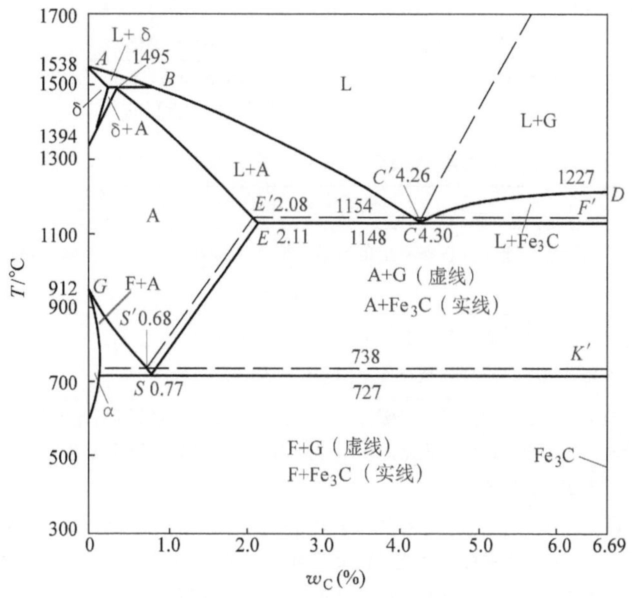

图6-1 铁碳合金双重相图

对于亚共晶铁碳合金，冷却到液相线以下，首先从液态铁液中析出奥氏体，随着温度下降，析出奥氏体的量增多，其含碳量沿着固相线变化，不断增高，直至 E' 或 E 点成分；同时，剩余液相不断减少，含碳量沿液相线变化直至 C' 或 C 点的共晶成分。共晶反应时，液相分解为 E' 或 E 点成分的奥氏体+共晶渗碳体或共晶石墨（$L\rightarrow A+Fe_3C$ 或 $L\rightarrow A+G$）。温度继续下降，E' 或 E 点成分的先析奥氏体及共晶奥氏体由于含碳量超过了碳的溶解度，奥氏体的含碳量沿着 E'—S' 或 E—S 线变化，排出的碳以二次渗碳体（C_{II}）或二次石墨的形式存在。共析反应时，奥氏体分解为铁素体和共析渗碳体或共析石墨。以上各阶段形成的渗碳体在高温下保温时会分解析出石墨。此外，过共晶成分的铸铁可以从高温铁液中直接析出一次渗碳体或一次石墨。

综上分析可见，铸铁组织中石墨的形成过程即石墨化过程可以分为以下两个阶段：

（1）石墨化第一阶段　包括从过共晶铁液中直接析出的初生（一次）石墨；共晶转变过程中形成的共晶石墨；奥氏体冷却析出二次石墨；以及一次渗碳体、共晶渗碳体和二次渗碳体在高温下分解析出的石墨。这一阶段由于温度较高，碳原子扩散能力强，石墨化比较容易实现。

(2) 石墨化第二阶段　包括共析转变过程中形成的共析石墨；共析渗碳体分解析出的石墨。如果第二阶段石墨化能充分进行，则铸铁的基体将完全为铁素体，但是由于温度较低，一般难以实现，因此铸铁在铸态下多为铁素体＋珠光体的混合组织。也可以对铸铁进行专门的石墨化退火，使珠光体中的共析渗碳体分解，获得基体完全为铁素体的铸铁。

影响铸铁石墨化的主要因素是铸铁的化学成分和结晶及冷却过程中的冷却速度。从化学成分对石墨化的影响来看，可以将合金元素分为促进石墨化的元素和阻碍石墨化（促进白口化）的元素，如图6-2所示。可见，C、Si 、Al、Ni、Cu 等为促进石墨化的元素，而 S、V、Cr、Mo、Mn 等为阻碍石墨化的元素。常用合金元素及杂质元素对铸铁石墨化、组织和性能的影响结果见表6-3。

促进石墨化 → Nb ← 阻碍石墨化

Al C Si Ti Ni Cu P Co Zr　Nb　W Mn Mo S Cr V Te Mg Ce B

图6-2　合金元素对铸铁石墨化的影响

表6-3　常用合金元素及杂质元素对铸铁石墨化、组织和性能的影响

元　素	影 响 结 果
C、Si	强烈石墨化元素，能改变石墨析出的数量、形态和大小，随着碳、硅含量的增加，促使石墨聚集和粗大
S	强烈阻碍石墨化的元素，是铸铁中的有害元素，易形成 FeS。FeS 与 Fe 形成低熔点共晶时，易造成偏析，降低晶界强度，出现热裂纹使高温铸件开裂
Mn	阻碍石墨化的元素，促进形成渗碳体；与硫形成 MnS，其熔点高可减弱硫的有害作用；锰可促进珠光体基体形成，从而提高铸铁的强度。但锰量过高，会阻碍第二阶段石墨化，有二次渗碳体沿晶界析出，使铸铁强度降低，脆性增加
P	磷在固溶体中的溶解度很低，且随含碳量的增加而降低，当磷含量超过溶解度极限时，会生成 Fe_3P 以磷共晶形式存在。磷共晶硬而脆，沿晶界分布，增加铸铁的脆性，易在铸件冷却过程中产生裂纹。故磷是铸铁中的有害元素，一般其质量分数控制在0.3%以下
Ni、Cu	促进石墨化，同时促进生成和细化珠光体，对壁厚悬殊的铸件有良好作用。可促进薄壁处石墨化，防止产生白口；对壁厚处，可使奥氏体稳定而获得细密的珠光体，使铸件组织均匀化
Cr、Mo W、V	与碳生成合金碳化物，强烈阻碍石墨化，同时可强化铸铁基体，提高铸铁的强度和耐磨性

从铸铁的常存元素来看，碳和硅是强烈促进石墨化的元素，含碳量增加，可以使铁液中的石墨晶核数目增多；硅溶于铁液和铁素体中，不仅削弱了铁与碳原子的结合力，而且使相变点发生变化，使共晶成分和共析成分的含碳量降低，共晶温度和共析温度提高，这些都有利于石墨化的进行。为了综合考虑碳和硅对铸铁石墨化的影响，将含硅量折合成碳的作用效果加上实际含碳量得到该铸铁的碳当量（CE），即

$$CE = C + \frac{1}{3}Si\ (\%) \tag{6-1}$$

可见，正确调整铸铁的碳当量是控制其组织与性能的基本措施之一。焊接铸铁也要考虑石墨化和焊缝金属的碳当量问题。

铸铁中的锰是阻碍石墨化元素。固溶体或渗碳体中的锰能增强铁碳原子间的结合力，且降低共析温度，促进珠光体的形成。硫是强烈阻碍石墨化的元素，它不仅增强铁碳原子间的结合力，而且形成 FeS，常以低熔点共晶体（Fe + FeS）的形式分布在晶界上，促进铸铁白口化。铸铁中的磷是微弱促进石墨化的元素，但作为杂质元素，形成的 Fe_3P 将与渗碳体或铁素体形成硬而脆的磷共晶，使铸铁强度降低，脆性增大。

从冷却速度对石墨化的影响来看，缓慢冷却有利于石墨化。铸铁的冷却速度与铸模类型、浇注温度、铸件壁厚及铸件尺寸等因素有关。例如，同一铸件，厚壁处为灰铸铁，而薄壁处可能出现白口铸铁。综合化学成分和冷却速度对铸铁石墨化和基体组织的影响，可以得到图 6-3 所示的结果。

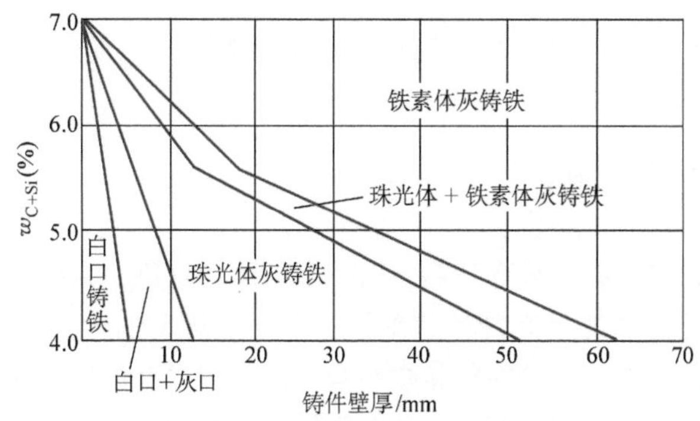

图 6-3 铸件壁厚（冷却速度）**和化学成分**（碳硅总量）**对铸铁组织的影响**

6.1.3 铸铁焊接方法

铸铁焊接常用的方法主要有焊条电弧焊、气焊、CO_2 气体保护电弧焊、手工电渣焊、气体火焰钎焊以及气体火焰粉末喷焊等。近年来，直接将焊接用于零部件的生产在实际工作中的比例越来越大，主要是将球墨铸铁件之间、球墨铸铁与各种钢件或有色金属件之间，采用细丝 CO_2 焊、摩擦焊、激光焊、电子束焊、电阻对焊、扩散焊等方法连接起来。

由于铸铁种类较多，对焊接的要求也多种多样。例如，焊后焊接接头是否要求进行机械加工；对焊缝的颜色是否要求与母材一致；焊后焊接接头是否要求承受很大的工作应力；对焊缝金属及焊接接头的力学性能是否要求与铸铁母材相同；焊接成本的高低等。根据被修复件的结构刚度以及对焊补后机械加工要求的不同，在采用焊条电弧焊或气焊方法时，焊前可以将被修复铸件整体预热到 600 ~ 700℃ 并在此温度下焊接（简称热焊），也可以预热到 400℃（简称半热焊）或不预热焊接（简称冷焊），焊补后缓慢冷却，以防止焊接裂纹并改善焊补区域的机械加工性能。

按照焊缝金属的合金系统和组织组成，可以将焊缝金属进行如图 6-4 所示的分类。为了满足不同要求，可以选择不同类型的焊接材料。例如，铸铁电弧焊可以选择焊缝金属分别为铁基合金、镍基合金及铜基合金三大类焊接材料。而铁基焊接材料中，按照碳含量的不同又可分为铸铁和钢两类。

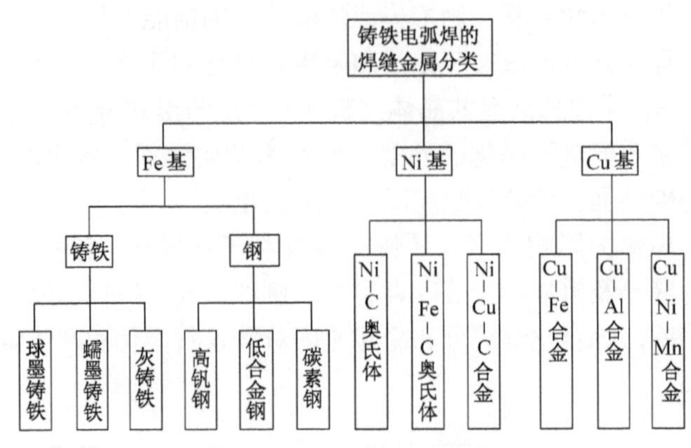

图 6-4　铸铁电弧焊的焊缝金属分类

6.2　铸铁的焊接性分析

铸铁的化学成分特点是碳、硅含量高，硫、磷杂质含量高。灰铸铁的力学性能特点是强度低，塑性差。由于焊接加工具有冷却速度快、焊件受热不均匀造成较大焊接应力等特殊性，导致铸铁的焊接性较差，表现在焊接接头容易出现白口及淬硬组织，容易产生裂纹。由于灰铸铁应用广泛，因此下面以灰铸铁为例对铸铁焊接性问题进行分析。

6.2.1　焊接接头白口及淬硬组织

以 $w_C=3.0\%$、$w_{Si}=2.5\%$ 的常用灰铸铁为例，分析在焊条电弧焊条件下焊接接头各区域的组织变化规律。由于含硅量高，灰铸铁为 Fe-C-Si 三元合金，与图 6-1 的 Fe-C 二元合金相比，三元合金的共晶转变和共析转变是在某一温度区间内进行的。在不同冷却速度条件下，Fe-C-Si 三元合金在共晶转变温度区间可能进行 $L\rightarrow A+G$（稳态）转变或 $L\rightarrow A+Fe_3C$（介稳态）转变；在共析转变温度区间可能进行 $A\rightarrow F+G$（稳态）转变或 $A\rightarrow F+Fe_3C$（介稳态）转变。当冷却速度快时，还会出现 $A\rightarrow M$ 转变。上述转变中，L 为液相，A 为奥氏体，G 为石墨，F 为铁素体，M 为马氏体。可见，可以通过化学成分和冷却速度对组织的影响来讨论铸铁焊接接头各区域的组织变化。

将 Fe-C-Si 三元合金相图的高碳部分与铸铁焊接接头各区域按温度区域对比作图，得到图 6-5 所示的灰铸铁焊接接头组织变化与分区结果。可见，整个焊接接头由焊缝区、热影响区和原始组织区（母材）组成，其中热影响区根据温度范围与组织变化特点又可以分为半熔化区、奥氏体区、部分重结晶区和碳化物石墨化与球化区。

1. 焊缝区

在焊条电弧焊情况下，由于焊缝金属的冷却速度远远大于铸件在砂型中的冷却速度，当焊缝与灰铸铁铸件成分相同时，焊缝将主要由共晶渗碳体、二次渗碳体及珠光体组成，即焊缝为具有莱氏体组织的白口铸铁。白口铸铁硬而脆，硬度高达 500～800HBW，将影响整个焊接接头的机械加工性能，同时促进产生裂纹。在不预热条件下，即使增大焊接热输入，仍然不能完全消除白口。因此，对于同质铸铁焊缝，要求选择合适的焊接材料，调整焊缝化学

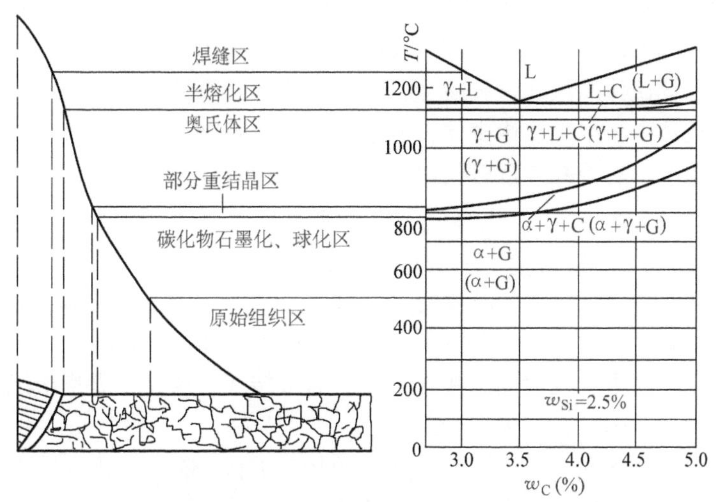

图6-5 灰铸铁焊接接头各区域组织变化与分区结果

成分、增强焊缝金属的石墨化能力，并配合适当的工艺措施使焊缝金属缓冷，促进碳以石墨形式析出。为了达到上述目的，焊接灰铸铁时可以采用热焊或半热焊。由于热焊时的冷却速度仍然高于铸铁铁液在砂型中的冷却速度，为了保证焊缝石墨化，要求同质焊条的碳、硅含量高，使得焊缝中的碳、硅含量稍高于灰铸铁母材，以防止白口。

采用普通低碳钢焊条焊补铸铁是异质材料用于铸铁焊接的最初尝试，由于母材含碳量高，低碳钢焊条含碳量低，为了减小母材对焊缝成分的影响，应采用小电流焊接。但是母材成分在第一层焊缝中所占比例为1/3～1/4，但焊缝平均碳的质量分数高达0.7%～1.0%，属于高碳钢，快冷后焊缝将出现很多脆硬的马氏体，与白口一样，会恶化焊接接头的加工性并增加裂纹敏感性。为了防止铸铁母材过渡到焊缝金属中的碳产生高硬度马氏体的有害作用，可以采取措施降低焊缝含碳量或改变碳的存在形式，使焊缝金属不出现淬硬组织并具有一定塑性。例如，用低碳钢焊条焊接灰铸铁时尽量用小电流，减少母材熔化量，并配合预热等措施减缓冷却速度，防止马氏体相变，以获得珠光体类型组织为主的钢焊缝。也可以选用其他类型焊接材料，使得焊缝成为镍基奥氏体（碳以石墨形式存在）、铁基铁素体（高钒钢焊缝中碳以细小碳化物形式存在）及其他非铁合金等措施。

2. 半熔化区

此区温度范围较窄，处于固相线与液相线之间，为1150～1250℃，焊接时处于半熔化状态，故称之为半熔化区。高温下半熔化区中铸铁母材部分熔化变为液体，一部分固态母材成为高碳奥氏体。冷却时，上述液相铸铁金属将在共晶温度区间转变为高温莱氏体，即共晶渗碳体+奥氏体。继续冷却过程中，奥氏体因碳的溶解度下降而析出二次渗碳体，在共析温度区间奥氏体转变为珠光体，最终得到共晶渗碳体+二次渗碳体+珠光体的白口铸铁。在快冷条件下，还会出现奥氏体转变为马氏体的固态相变。

3. 奥氏体区

该区处于母材固相线与共析温度上限之间，加热温度范围为820～1150℃，不会出现液相，只有固态相变。由于加热温度高，铸铁的钢基体被完全奥氏体化，但距离熔合线远近不同，即热循环的最高温度不同，奥氏体化的温度不同，使得碳在奥氏体中的含量产生差别。

灰铸铁中的片状石墨作为碳库，可以向周围的基体组织提供碳。在奥氏体区温度较高的地方，碳较多地向周围奥氏体扩散使含碳量增高，同时奥氏体晶粒长大；在奥氏体区温度较低的地方，碳向周围奥氏体扩散数量较少使含碳量较低，且奥氏体晶粒较小。在随后的冷却过程中，首先从奥氏体中析出二次渗碳体，而后进行共析转变。若冷却速度较慢时，奥氏体转变为珠光体类型组织；若冷却速度较快时，奥氏体直接转变为马氏体，将使焊接接头的加工性变差。

4. 部分重结晶区

部分重结晶区很窄，加热温度范围约为780 ~ 820℃，从铁-碳二元相图来看，该区处于奥氏体与铁素体双相区。在电弧焊条件下，母材中的珠光体加热时转变为奥氏体，铁素体晶粒长大。冷却过程中，再次发生固态相变，奥氏体又转变回珠光体类型组织。快冷时会出现马氏体，最终得到马氏体 + 铁素体混合组织。

上述分区是依据相图同一成分不同温度时的状态进行分析的，未考虑焊缝与母材成分不同时焊缝底部复杂的物理化学冶金反应，而铸铁焊接的特点恰恰是焊缝金属的多样化而与母材成分有较大差异。对于铸铁同质焊缝而言，为了避免焊缝产生白口，总是提高 C、Si 等强石墨化元素含量，但焊缝底部母材熔化区的成分不可能产生突变，而是从母材半熔化区向焊缝的成分过渡。因此，在焊缝底部存在一个成分主要受母材控制的“未完全混合区”，其物理化学冶金特性与焊缝并不相同，更接近于半熔化区。通常将未完全混合区与半熔化区合称为“熔合区”。由于未完全混合区石墨化元素较焊缝少，冷却时易生成白口，和半熔化区连在一起形成较宽的白口带，可称为“熔合区”白口。异质焊缝的熔合区物理化学反应更为复杂，各种元素与碳的化学亲和力不同，有的可能在浓度梯度推动下发生溶质均匀化过程，如钢焊缝和镍合金焊缝的情况；当焊缝含有较多碳化物元素时，因与碳有结合的倾向，会在化学位、活度梯度推动下发生碳及碳化物形成元素的扩散转移现象，在熔合区形成较多碳化物，如高钒钢焊缝的情况。

很多铸铁件焊补后要求机械加工，一般认为硬度在 300HBW 以下可以进行机械加工。灰铸铁本身为珠光体或珠光体 + 铁素体基体，硬度为 150 ~ 280HBW，具有良好的加工性。但是，焊接接头中出现的高硬度白口（500 ~ 800HBW）及马氏体组织（500HBW 左右）会给机械加工带来很大困难，表现在用高速钢刀具加工不动，用硬质合金刀具磨损严重，并会出现“打刀”或“让刀”现象。在“让刀”的地方加工表面出现凸起，这对导轨等要求很高的滑动摩擦工件表面来说是绝对不允许的。白口铸铁收缩率高，会产生较大的焊接应力，白口与马氏体组织硬而脆，对抑制裂纹的萌生和扩展不利，因此应采取措施防止这些有害组织的出现。

6.2.2 焊接裂纹

铸铁焊接时，裂纹是很容易出现的一种焊接缺陷。与钢类似，铸铁焊接裂纹也可以分为冷裂纹和热裂纹两类，但产生的原因及影响因素有很大差异。铸铁焊接接头一旦出现裂纹，承载能力大大下降，整体结构也不能满足致密性要求，导致焊接失败。因此，对铸铁焊接裂纹的研究具有重要意义。

1. 冷裂纹（热应力裂纹）

产生裂纹的温度在 500℃以下，从出现位置来看，焊缝及热影响区均有较大的冷裂纹敏感性，即使不焊接仅局部加热至高温，冷却后就可能产生裂纹。

（1）冷裂纹产生的原因　铸铁型同质焊缝较长或焊补部位刚度较大时，即使焊缝没有白口或马氏体组织也可能产生冷裂纹。经测定，出现裂纹的温度一般在500℃以下，常伴随脆性断裂的声音。冷裂纹很少在500℃以上产生的原因，一方面是由于铸铁在较高温度下有一定塑性，另一方面是此时焊缝承受的焊接应力也较小。研究表明，铸铁焊缝冷裂纹的裂纹源为片状石墨的尖端位置。片状石墨不仅减小了焊缝金属的有效承载面积，而且其尖端会造成严重的应力集中，根据断裂力学原理可知，即

$$\sigma_m = 2\sigma_0\left(\frac{a}{\rho_t}\right)^{1/2} \tag{6-2}$$

式中，σ_0 为平均拉伸应力；ρ_t 为裂纹尖端的曲率半径；a 为内部裂纹长度的一半；σ_m 为裂纹尖端处的最大应力。

片状石墨相当于内部裂纹，对于尖端曲率半径小的片状石墨而言，应力集中系数 $2(a/\rho_t)^{1/2}$ 可以很大，这使得其尖端处的最大应力 σ_m 的值要比平均应力 σ_0 大好几倍。500℃以下灰铸铁强度低、塑性差，在焊接应力作用下，片状石墨尖端的裂纹源将穿过铁素体与珠光体的基体窄桥向前扩展。由于灰铸铁焊缝止裂能力差，往往形成尺寸较大甚至贯穿焊缝金属的脆性宏观裂纹。

不同石墨形态的铸铁，由于石墨边缘的形状不同，不仅应力集中程度不同，对基体组织割裂程度不同，造成力学性能的差异，而且止裂能力也有较大差别，使得裂纹敏感性不同。灰铸铁的片状石墨边缘（即尖端）非常尖锐，应力集中系数大，抗拉强度低，塑性差，止裂能力也差，故冷裂纹倾向大。球墨铸铁的石墨呈球状，应力集中系数小，抗拉强度较高，塑性和韧性较好，且止裂能力较强，因此冷裂纹倾向比相同组织的灰铸铁低。蠕墨铸铁的石墨比球状石墨长，但边缘较钝，其力学性能和冷裂纹倾向处于灰铸铁和球墨铸铁之间。从裂纹产生条件分析，当焊接应力在石墨边缘局部区域造成的塑性变形，超过了焊缝或母材金属在该区域的塑性变形能力时则引发裂纹。片状石墨尖端由于应力集中严重，基体金属脆化，塑性变形能力差，在较小焊接应力作用下即萌生裂纹并扩展，使得灰铸铁焊缝及母材的冷裂纹倾向较大。

当冶金或工艺因素控制不当，铸铁焊缝出现白口时，由于白口铸铁断面收缩率高，为1.6%~2.0%，比灰铸铁的断面收缩率0.9%~1.3%大很多，所以焊接应力较大，且白口铸铁硬而脆，使得焊缝的冷裂纹倾向增大。

当用低碳钢焊条或细丝 CO_2 气体保护焊焊接灰铸铁得到钢焊缝时，如果工艺不当，焊缝出现高碳马氏体组织，由于强度不高、塑性差，且钢焊缝的收缩率大，使其冷裂纹倾向较大。钢焊缝冷裂纹常垂直于焊缝为横向裂纹，发生温度在400℃以下，可听到开裂声。即使工艺控制得好，焊缝为珠光体类型组织，但网状二次渗碳体难以避免，仍使焊缝具有较大的冷裂纹敏感性。例如，用E5016焊条焊接HT200灰铸铁，小电流时焊缝为针状马氏体，较大电流时焊缝为珠光体类型组织+网状二次渗碳体。表面着色检测表明，焊缝隔一定距离会出现一条较大的横向裂纹，而形成局部白口的半熔化区会出现一些小尺寸纵向裂纹，这是焊缝纵向冷却收缩所致。

用异质焊条焊接灰铸铁，连续焊长焊缝也会产生横向冷裂纹并发出金属断裂声。其中

镍－铜焊缝收缩率高、热应力大，裂纹倾向较大；高钒钢焊缝也会产生横向冷裂纹；铜钢焊缝屈服强度低于灰铸铁且塑性好，冷却收缩时热应力达到其屈服强度时发生塑性变形，热应力不再增大而不裂，抗冷裂纹能力最强。

以上几种异质焊缝的冷裂纹情况和同质焊缝实质相同，都是热应力超过其塑性变形能力时发生的突然断裂行为。对比钢焊接冷裂纹的影响因素可知，铸铁焊接冷裂纹主要受热应力影响。由于焊缝金属的屈服强度和塑性与热应力的增长及其峰值密切相关，使得不同类型的焊缝金属力学性能和焊接应力不同，焊接冷裂纹倾向也不同。

灰铸铁焊条电弧焊热影响区冷裂纹的特点是，大多出现在含有较多渗碳体和马氏体的热影响区，个别情况下也可能出现在热影响区的低温区域。在不预热焊条电弧焊条件下，灰铸铁焊接接头的半熔化区和奥氏体区会出现渗碳体及马氏体等脆硬组织，它们硬度高，但抗拉强度低，当焊接应力超过其抗拉强度时，就会在相应位置出现冷裂纹，尤其是奥氏体区为马氏体和片状石墨的混合组织，容易在石墨尖端萌生裂纹。用灰铸铁底板和无缺口高强度珠光体灰铸铁插销，在 HCL-2 型插销式冷裂纹试验机上进行冷裂纹试验表明，异质焊条小热输入焊接时，奥氏体区快速冷却易形成高碳马氏体，临界断裂应力较母材抗拉强度下降多，插销均断在冷却后为高碳马氏体和片状石墨混合组织的奥氏体区。当采用较大规范焊接时，奥氏体区冷却后为细小珠光体和片状石墨混合组织，此时插销断在强度较低的半熔化区，该区组织为莱氏体。另外，半熔化区白口的断面收缩率比其相邻的奥氏体区断面收缩率大得多，二者界面上必然产生切应力，也会促进冷裂纹的产生。铸铁焊接插销试验还证明，氢对灰铸铁焊条电弧焊热影响区冷裂纹的影响很小，这与铸铁中的石墨能吸附大量氢使得氢在铸铁中的扩散系数小有关。

焊接薄壁（5～10mm）铸铁件时，热影响区的区域变宽，焊接应力作用区域变大，而薄壁铸铁件出现铸造缺陷的可能性也大，即使尺寸较小的气孔、夹渣等缺陷也会对承载能力产生较大影响，此时，有可能在热影响区的低温区产生冷裂纹。有些铸铁件长期在高温下工作，由于石墨化作用，片状石墨生长，变得粗而长，力学性能下降，焊补这种铸件更容易在热影响区低温区出现冷裂纹，甚至在母材中产生冷裂纹。

综上所述，灰铸铁焊接接头冷裂纹与合金结构钢不同，主要受焊接应力即热应力的影响，只要热应力不超过焊缝及热影响区金属的塑性变形能力就不会开裂，白口和马氏体等脆硬组织通过影响焊缝及热影响区金属的力学性能和热应力而促进裂纹，氢的影响不大。为了反映铸铁焊接冷裂纹主要因热应力引起的特点，这种裂纹也称为热应力裂纹。采取减小热应力的措施能有效地防止产生这种裂纹。

用异质焊接材料焊接灰铸铁时，由于钢焊缝和镍基合金焊缝金属比灰铸铁母材力学性能好，但收缩率大，当焊缝金属体积较大或焊接工艺不当时，会造成焊缝底部或热影响区裂纹，严重时会使焊缝金属的部分甚至全部与灰铸铁母材分离，称之为剥离性裂纹。剥离性裂纹产生于熔合区及热影响区，沿焊缝与热影响区交界扩展，通常没有开裂声，个别情况下伴有开裂声，断口呈脆断特征。材质差的低强度灰铸铁石墨片粗大，易从热影响区粗大石墨片处引发裂纹并剥离；深坡口多层焊时熔敷量越大，应力也越大，越易剥离；焊缝金属屈服强度高会在热影响区、熔合区产生较大热应力导致开裂。由上可判断剥离的主要原因是：脆弱的母材、热影响区及熔合区不能承受焊接时过大的热应力引起的。

（2）防止冷裂纹的措施　既然灰铸铁焊接冷裂纹产生的主要原因是热应力，那么防止冷裂纹的措施也应从减小热应力入手。

防止铸铁型同质焊缝出现冷裂纹最有效的措施是对焊补工件进行整体高温预热（600～700℃），使焊缝金属处于塑性状态，并促进焊缝金属石墨化，改善组织，充分降低焊接应力，并要求焊后在相同温度下消除应力。在某些情况下，采用加热减应区法缓解焊接区域的焊接应力，既可以避免高温预热，也能有效地防止冷裂纹，有关内容见下一节。

当铸铁焊缝基体为珠光体和铁素体且石墨化较充分时，高温下碳以石墨形式析出伴随着体积膨胀，可以松弛部分焊接应力，因此铸铁焊缝的抗裂性有所改善。根据前面石墨形态对裂纹倾向的影响规律，为了提高焊缝的抗裂性，可以调节铸铁焊缝的成分，使得石墨以蠕虫状或球状析出，提高焊缝金属的力学性能，避免片状石墨造成的应力集中和脆化。白口倾向很低的铁素体球墨铸铁焊缝塑性好，冷却时焊缝金属发生塑性变形，使热应力难以达到其抗拉强度而避免裂纹。这对于力学性能好的铸铁效果较好，但低强度灰铸铁易发生剥离。

在铸铁型焊缝中提高碳含量，并加入一定量的合金元素，如 Mn（$w_{Mn}=0.75\%$）、Mo（$w_{Mo}=1.17\%$）、Cu（$w_{Cu}=1.85\%$）等，使焊缝金属在快冷条件下高温时能析出石墨，较低温度下基体金属依次发生贝氏体相变和马氏体相变，利用二次连续相变产生的应力松弛效应，可以有效地防止焊缝出现冷裂纹。焊缝金属二次相变产生应力松弛效应的原因，一是在相变过程中金属塑性增加，称为相变塑性，这里利用了奥氏体转变为贝氏体及马氏体时有明显的相变塑性现象；二是贝氏体和马氏体的比体积较奥氏体、珠光体及铁素体的比体积都大，相变过程中的体积膨胀也有利于松弛焊接应力。贝氏体相变的有利作用伴随其相变从500℃左右开始到250℃左右结束；马氏体相变产生的焊缝金属应力松弛一般从200℃左右开始至室温结束。因此，二次连续相变在500℃以下的整个温度范围的连续有益效应，使热应力未能达到焊缝金属的抗拉强度而避免冷裂纹。但是焊缝金属硬度高，相应的焊接材料适用于灰铸铁非加工面焊补，特别是薄壁铸铁件的焊补。

对异质焊缝而言，为了降低热应力，防止冷裂纹和剥离性裂纹，要求焊缝金属应与铸铁有良好的结合性，强度适当，尤其是屈服强度低一些较为有利，并具有较好的塑性和较低的硬度。

钢焊缝冷裂纹主要受母材高含碳量的影响。为了消除或减轻碳的有害作用，提高铸铁焊接时钢焊缝的抗冷裂纹能力，可以采取如下冶金措施。首先，在低碳钢焊条药皮中可以加入大量赤铁矿和大理石等矿物质（如 EZFe-1 焊条），提高电弧和熔渣的氧化性，尽量降低第一层焊缝的含碳量，但效果不能令人满意。其次，采用 EZV 型高钒铸铁焊条，使钢焊缝具有合适的 w_V/w_C 值，由于钒是急剧缩小 γ 相区、扩大 α 相区的合金元素，又是强碳化物形成元素，因此，可以得到在纯铁素体基体上弥散分布细小碳化钒（V_4C_3）的钢焊缝。当焊缝中 $w_V=11\%$ 时，断后伸长率可高达33%，抗拉强度高达580MPa，使焊缝金属具有优异的抗冷裂纹性能。

用镍基或铜基铸铁焊接材料时，焊缝成为塑性良好的非铁合金，对冷裂纹不敏感。镍与铁无限互溶，碳与镍不形成化合物而以石墨形式存在，因此，镍及镍合金是非常好的焊接铸铁的材料。焊缝金属组织是面心立方的奥氏体及石墨，熔合区白口轻微。即便如此，如果不及时消除热应力也会产生裂纹。这是由于焊接热应力随焊缝长度增加而积累，达到一定程度时就开裂而释放应力。因此，用异质焊接材料焊接灰铸铁时，常采用“短段焊”“断续焊”等工艺措施。在开裂前停止焊接，让热量及时传出、散开，并及时锤击焊缝，使焊缝金属发生塑性变形，从而减小和消除热应力。另一个工艺措施是采用小规范焊接。较小的焊接电流既可减小热输入，又可减小熔合区白口及淬硬层宽度，从而减小热应力，有利于防止裂纹。但采用小电流增大了热影响区的淬硬性和脆化倾向，可采取“退火焊道”工艺措施降低热影响区的淬硬性。

白口及马氏体等脆硬组织对冷裂纹的不利影响可以从冶金和工艺因素两方面入手加以解决。例如，前面已经讨论的铸铁焊缝增加碳、硅含量配以缓冷促进石墨化，异质焊缝采用塑性良好的非铁基合金材料等措施。工艺措施对铸铁焊接而言很重要，可以采用预热焊方法防止焊接接头冷裂纹。修复体积较大的缺陷时，为了防止热影响区剥离性裂纹，可以在坡口两侧焊前栽丝，增加焊肉与基体的结合强度。

2. 热裂纹

铸铁焊接的热裂纹大多出现在焊缝上，为结晶裂纹。当焊缝为铸铁时，由于铁液凝固过程中析出石墨，体积膨胀且流动性好，不会产生热裂纹。但采用低碳钢焊条或镍基铸铁焊接材料时，焊缝有较大的热裂纹倾向。

用低碳钢焊条焊接灰铸铁时，即使采用小电流，第一层焊缝碳的质量分数仍高达0.7%～1.0%，含硫量也较高，促进形成FeS与Fe的低熔点共晶物（熔点为988℃），高的焊缝含碳量会增加热裂纹敏感性，导致形成焊缝底部热裂纹甚至宏观热裂纹。这种热裂纹出现时与冷裂纹不同，没有开裂声，打开断口可以观察到表面因为高温氧化形成的蓝紫色特征，微观上主要为沿一次奥氏体晶界开裂的沿晶断口形貌，并存在高温液态薄膜拉开后回缩的皱褶。

用镍基焊接材料焊接铸铁时，由于铸铁母材中含有较多的S、P等杂质，熔入镍基奥氏体焊缝金属后，与奥氏体不锈钢焊接类似，容易形成$Ni\text{-}Ni_3S_2$（熔点为644℃）和$Ni\text{-}Ni_3P$（熔点为880℃）低熔点共晶，且镍基焊缝凝固后为较粗大的单相奥氏体柱状晶，凝固过程中容易使低熔点共晶在奥氏体晶间连续分布，促进热裂纹形成，因此，镍基焊缝对热裂纹有较大敏感性。

镍基焊缝的热裂纹沿奥氏体晶间开裂，属于典型的结晶裂纹。影响镍基焊缝热裂纹倾向的冶金因素主要有：低熔点共晶物的数量多少及其熔点高低，焊缝合金系统及其结晶温度区间的大小。研究表明，随着焊缝硫、磷含量的增加，抗热裂纹性能明显下降；调节焊缝金属中的碳、硅、钴、稀土等合金元素的含量，可以得到抗热裂纹性能较佳的合金系统。

稀土元素钇对镍铁型铸铁焊条的焊缝金属抗热裂纹性能有明显影响。向焊缝加入适量稀土能使抗热裂纹性能提高；但过量加入稀土反而使焊缝的抗热裂纹性能下降。加入适量稀土时，由于稀土元素具有较强的脱硫、脱磷作用，使奥氏体晶间的低熔点共晶物减少，同时还能使晶粒细化，促使石墨呈球状析出，改善焊缝金属的力学性能，因此焊缝具有较高的抗热裂纹性能。但是过量加入稀土钇，会造成钇在晶间偏析，与镍或铁形成低熔点共晶物，恶化焊缝的抗热裂纹性能。

6.2.3 球墨铸铁的焊接性特点

球墨铸铁与灰铸铁的差别在于液态铸铁在出炉浇注前是否加入球化剂，加入适量的镁和稀土铈进行球化处理使石墨呈球状，可得到力学性能良好的球墨铸铁。球墨铸铁焊接性特点表现在两个方面。

1）球墨铸铁中的球化剂有增大铁液结晶过冷度、阻碍石墨化和促进奥氏体转变为马氏体的作用。例如，对灰铸铁熔池而言，在1200～1000℃的冷却速度为18℃/s时，可以防止灰铸铁焊缝出现莱氏体。而焊接球墨铸铁时，即使焊前预热到400℃，使焊接熔池在1200～1000℃内的冷却速度下降到5.4℃/s，球墨铸铁焊缝中仍然有20%左右的莱氏体。而半熔化区冷却速度比焊缝快，更容易出现白口。所以，焊接球墨铸铁时，铸铁型焊缝及半熔化区液态金属结晶过冷度增大，更容易出现莱氏体组织（即白口铸铁），奥氏体区更容易出现马氏体组织。

2）由于球墨铸铁的力学性能远比灰铸铁好，特别是以铁素体为基体的球墨铸铁，塑性和韧性很好，对焊接接头的力学性能要求相应提高。焊接接头中白口铸铁的存在将使冲击韧性大幅度下降，对强度和塑性指标也有较大的不良影响。另外，焊接接头出现白口铸铁的部位容易萌生裂纹，促进形成焊接冷裂纹。

奥-贝球墨铸铁的焊接性比普通球墨铸铁更差。由于铸铁含硅量高，奥-贝球墨铸铁基体（平均碳的质量分数约为0.6%）中的贝氏体与钢中的贝氏体不同，是含碳量很低的单相组织，不含碳化物，故又称之为贝氏体铁素体，它在相变过程中排出的碳使周围的奥氏体碳的质量分数高达1.5%。在熔焊条件下，这种基体组织为焊接热影响区中的奥氏体区形成高碳马氏体提供了条件。有些奥-贝球墨铸铁含有少量合金元素，奥氏体区的淬硬倾向更大。

采用摩擦焊方法焊接球墨铸铁与低碳钢等材料时，由于二者的物理性质、化学成分、组织结构等方面的差别使得焊接性的内容不同于熔焊。首先，球墨铸铁的热导率较高，为201～243W/(m·K)，低碳钢的热导率较低，为107～218W/(m·K)，这使得接头两侧材料的受热情况和热影响区宽度不同，飞边量没有低碳钢摩擦焊时的大。其次，球墨铸铁中的石墨对摩擦焊接头性能有不利影响。在摩擦挤压过程中，球状石墨会在两种材料的摩擦界面形成石墨薄膜，起润滑作用。如果温度不够高，石墨薄膜不会被熔解掉，难以形成真正的金属结合。这就要求提高转数、降低摩擦压力、提高二者界面的温度。但是，球墨铸铁一侧的热影响区温度将超过完全奥氏体化温度，基体组织转变为奥氏体。而且，高温下球状石墨向外扩散碳，使奥氏体增碳，随后冷却时，将转变为马氏体组织。第三，如果是实芯工件，径向温度分布不均匀，外侧由于线速度大、温度高，如果保证内部焊接良好，外侧必然温度过高，不仅出现高碳奥氏体，而且可能局部液化，冷却后出现少量白口。这种焊接接头要求焊后进行热处理以改善力学性能。薄壁铁素体球墨铸铁管与低碳钢管进行摩擦焊较易控制焊接质量，在高焊接热输入的条件下，焊接接头不经焊后热处理就可以获得较好的力学性能。

6.3 铸铁的焊接材料及工艺

铸铁焊接目前仍大量用于铸铁件缺陷的焊补，采用的焊接方法主要有电弧热焊和不预热焊、气焊、手工电渣焊以及气体火焰钎焊或喷焊。可供选择的焊接材料有同质焊条和焊丝、异质焊条和焊丝、铜基钎料及镍基或铁基喷焊粉，其中，焊条可以分为铁基合金、镍基合金及铜基合金三大类。

6.3.1 灰铸铁的焊接材料及工艺特点

1. 同质焊缝（铸铁型）电弧热焊

电弧热焊是铸铁焊接应用最早的一种工艺。将铸铁件预热到600～700℃，在塑性状态下进行焊接，焊接温度不低于400℃，为防止焊接过程中开裂，焊后立即进行消除应力处理及缓冷，这种铸铁焊补工艺称为电弧热焊。对结构复杂且焊补处拘束度大的焊件，采用整体预热；对于结构简单，要焊补的地方拘束度较小的焊件，可以采用大范围局部预热。将灰铸铁高温预热，不仅减小了焊接区域的温差，而且使母材从常温无塑性状态变为具有一定塑性，从而大大减小了热应力，避免开裂。另外，由于高温预热及焊后缓冷，可以使焊缝和半熔化区的石墨化较为充分，焊接接头可以完全避免白口及淬硬组织的产生。使用合适成分的焊条，焊接接头的硬度与母材相近，有优良的加工性与力学性能，颜色也与母材一致，所以，电弧热焊的焊接质量很好。

焊补量大、要求高的大型铸造厂，装备有专门用于铸铁热焊的煤气加热炉，将铸件放在传送带上入炉，依次经过低温（200～350℃）、中温（350～600℃）及高温（600～700℃）加热，使焊件升温缓慢而均匀，然后出炉焊补。焊后再入炉，反过来从高温到低温出炉，以消除焊接应力。小型铸造车间则采用砖砌的明炉，用焦炭、木炭、煤气火焰或氧乙炔焰加热。铸铁件的预热温度可以用表面温度计或红外测温仪检测。

预热温度在300～400℃时称为半热焊。较低的预热温度可以改善焊工的劳动条件，降低焊补成本，对防止焊接热影响区出现马氏体及熔合区白口较有效，改善接头加工性。但是，当铸铁件结构复杂，焊补位置刚度较大时，局部半热焊会增大热应力，促使产生裂纹。

铸铁焊条及其熔敷金属和铸铁焊丝的化学成分分别见表6-4和表6-5。

表6-4　铸铁焊条及其熔敷金属的化学成分（GB 10044—2006）

类别	名称	型号	焊条熔敷金属主要化学成分（质量分数）(%)						备注
			C	Si	Mn	Fe	Ni	Cu	
铁基焊条	灰铸铁焊条	EZC	2.0～4.0	2.5～6.5	≤0.75	余	—	—	
	球墨铸铁焊条	EZCQ	3.2～4.2	3.2～4.0	≤0.80	余	—	—	加球化剂 0.04%～0.15%
镍基焊条	纯镍铸铁焊条	EZNi-1	≤2.0	≤2.5	≤1.0	≤8	≥90	—	其他元素≤1.0%
		EZNi-2	≤2.0	≤4.0	≤2.5	≤8	≥85	≤2.5	w_{Al}≤1.0%
		EZNi-3	≤2.0	≤4.0	≤2.5	≤8	≥85	≤2.5	w_{Al}=1.0%～3.0%
	镍铁铸铁焊条	EZNiFe-1	≤2.0	≤4.0	≤2.5	余	45～60	—	w_{Al}≤1.0
		EZNiFe-2	≤2.0	≤4.0	≤2.5	余	45～60	≤2.5	w_{Al}=1.0%～3.0%
		EZNiFeMn	≤2.0	≤1.0	10～14	余	35～45	≤2.5	w_{Al}≤1.0%
	镍铜铸铁焊条	EZNiCu-1	0.35～0.55	≤0.75	≤2.3	3～6	60～70	25～35	其他元素≤1.0%
		EZNiCu-2	0.35～0.55	≤0.75	≤2.3	3～6	50～60	35～45	其他元素≤1.0%
	镍铁铜铸铁焊条	EZNiFeCu	≤2.0	≤2.0	≤1.5	余	45～60	4～10	其他元素≤1.0%
其他焊条	纯铁及碳钢焊条	EZFe-1	≤0.04	≤0.10	≤0.6	余	—	—	焊芯成分
		EZFe-2	≤0.10	≤0.03	≤0.6	余	—	—	焊芯成分
	高钒焊条	EZV	≤0.25	≤0.70	≤1.5	余	—	—	w_V=8%～13%

注：1. 字母“E”表示焊条，字母“Z”表示用于铸铁焊接，后面用熔敷金属的主要化学元素符号或金属类型代号表示，再细分时用数字表示。

2. 对S、P杂质元素含量的要求见GB 10044—2006《铸铁焊条及焊丝》。

表 6-5　铸铁焊丝的化学成分（GB 10044—2006）

类　别	名　称	型　号	焊丝主要化学成分（%）							备　注
			C	Si	Mn	Fe	Ni	Cu	Al	
铁基焊丝	灰铸铁焊丝	RZC-1	3.2～3.5	2.7～3.0	0.60～0.75	余	—	—	—	
		RZC-2	3.5～4.5	3.0～3.8	0.30～0.80	余	—	—	—	
		RZCH	3.2～3.5	2.0～2.5	0.50～0.70	余	1.2～1.6	—	—	w_{Mo} =0.25%～0.45%
	球墨铸铁焊丝	RZCQ-1	3.2～4.0	3.2～3.8	0.10～0.40	余	≤0.5	≤0.20	—	球化剂 0.04%～0.10%
		RZCQ-2	3.5～4.2	3.5～4.2	0.50～0.80	余	—	—	—	
镍基焊丝	纯镍焊丝	ERZNi	≤1.0	≤0.75	≤2.5	≤4.0	≥90	≤4.0	—	气体保护
	镍铁锰焊丝	ERZNiFeMn	≤0.5	≤1.0	10～14	余	35～45	≤2.5	≤1.0	气体保护
	镍铁焊丝	ET3ZNiFe	≤2.0	≤1.0	3.0～5.0	余	45～60	≤2.5	≤1.0	药芯自保护

注：1. 字母“R”表示填充焊丝，字母“ER”表示气体保护焊焊丝，字母“ET”表示药芯焊丝，后面用熔敷金属的主要化学元素符号或金属类型代号表示，再细分时用数字表示。

2. 对 S、P 杂质元素含量的要求见 GB 10044—2006《铸铁焊条及焊丝》。

铸铁件电弧热焊虽然采取了预热缓冷的工艺措施，但焊缝金属的冷却速度仍然大于铸铁铁液在砂型中的冷却速度。为了保证焊缝石墨化，防止白口，焊缝金属中的碳、硅总量应稍高于母材，以 w_C = 3.0%～3.8%、w_{Si} = 3.0%～3.8% 较好，碳、硅总质量分数为 6.0%～7.6%。半热焊时，预热温度降低，焊接接头冷却速度变快，应进一步提高石墨化元素含量，使 w_C =3.5%～4.5%、w_{Si} =3.0%～3.8% 较合适，二者总质量分数为 6.5%～8.3%，比热焊时稍高。采用的电弧热焊铸铁焊条型号为 EZC，但制造方法有两种：一种是采用铸铁焊芯外涂石墨型药皮（Z248）；另一种采用 H08 低碳钢焊芯外涂石墨型药皮（Z208）。前者直径多在 6mm 以上，后者直径在 5mm 以下。大直径铸铁芯焊条允许大电流施焊，可以加快焊补速度，缩短焊工热焊时间，应用较多。国外发展了铸铁焊接用药芯焊丝，低碳钢外皮内装有石墨、硅铁、铝粉等粉末。采用大电流半自动焊，主要用于壁厚大于 15mm 的灰铸铁件上大、中型缺陷的焊补，焊丝熔敷率高达 20kg/h，提高了生产率。

铸铁电弧热焊工艺包括焊前准备、预热、焊接、焊后缓冷及加工等过程。焊前准备要求清除铸造缺陷内的型砂和夹渣，如果焊补区域有油污，可用氧乙炔焰烧掉，使用扁铲或风铲、角砂轮、工具磨等工具开坡口，坡口底面应圆滑过渡。对尺寸较大或位于铸件边角的缺

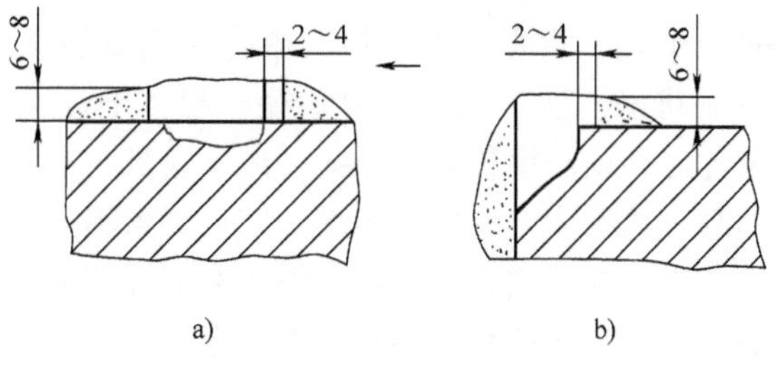

图 6-6　缺陷造型示意图

a）较大缺陷　b）边角缺陷

陷，焊前可以在缺陷周围造型，如图 6-6 所示。由于热焊时熔池尺寸大，存在时间长，造型可以防止铁液流失，增大焊补金属体积，减缓焊补区冷却速度。预热温度主要根据铸铁件的体积、壁厚、结构复杂程度、缺陷位置及加热条件等因素来确定。预热时应注意控制加热速度，使铸铁件温度均匀，减小热应力，防止加热过程中出现裂纹。

铸铁电弧热焊及半热焊一般选用大直径焊条，焊接电流与直径的经验公式为

$$I=(40\sim50)d \tag{6-3}$$

式中，d 为焊条直径（mm）。

焊接时，从缺陷中心引弧，逐渐向外扩展，连续焊接将缺陷焊满。缺陷较大时，逐层焊接直至填满。焊接过程中，注意电弧要适当拉长，保证药皮中的石墨充分熔化，电弧在缺陷边缘处停留时间不要太长，防止母材熔化过多及咬边，铁液表面熔渣过多时，应及时除渣，还要注意焊补过程中保持预热温度。焊后必须采取保温缓冷措施，可以用石棉等保温材料覆盖铸件。对于重要铸件，焊补后最好马上入炉进行消除应力热处理，保温一段时间后随炉冷却。

除了电弧热焊、半热焊以外，还可以在不预热状态下进行铸铁件焊补，优点是焊接材料价格较低，焊补区与母材颜色一致，可以减少能源消耗，改善焊接条件，降低焊补成本，缩短焊补周期。但是，与热焊和半热焊相比，焊接熔池及热影响区冷却速度快，容易产生白口及淬硬组织，焊接接头裂纹倾向也较大。为了解决上述焊接性问题，从焊接材料入手，要提高焊条药皮的石墨化能力，使焊缝含有较高的碳、硅，还可以加入多元少量有孕育作用的合金元素，如 Ca、Ba、Al 等，它们可以形成高熔点的硫化物、氧化物质点，作为石墨形核的异质核心，促进石墨化，防止白口。此外，通过冶金处理，可以在焊接灰铸铁时改变焊缝石墨的形态，从细小的片状石墨变为蠕虫状，甚至球状，并使基体为铁素体 + 珠光体组织，提高焊缝的抗冷裂纹性能。配合上述焊接材料，必须增大焊接热输入，采用大电流、连续焊工艺，降低焊缝的冷却速度。还要注意，不预热焊对缺陷体积有要求。若缺陷体积偏小则热输入不足，冷却速度快，促进形成焊缝及半熔化区白口，促进奥氏体区形成马氏体。还可以使用具有贝氏体和马氏体连续相变松弛应力效应的焊条进行灰铸铁不预热电弧焊，提高铸铁型焊缝的抗冷裂纹性能。

同质焊条不预热焊一般采用灰铸铁芯焊条（如 Z248），大电流、慢速、往复运条连续焊，焊缝高出母材 5mm 以上，利用强大的电弧热延长焊缝及熔合区 1200℃~800℃停留时间并减慢冷却速度，形成一个小范围的局部热焊。焊缝成分为：$w_C=3.0\%\sim3.8\%$、$w_{Si}=4.2\%\sim5.0\%$、$w_{Al}=0.3\%\sim0.5\%$、$w_S\leqslant0.04\%$、$w_P\leqslant0.10\%$。这样的成分有较强的石墨化能力，焊补区体积≥$8cm^2\times0.7cm$ 时焊缝无白口、熔合区白口轻微或无白口，焊缝、熔合区、热影响区硬度均接近于母材，加工性好；力学性能相当于普通灰铸铁，有一定的抗裂性；工艺较简单，劳动条件好，生产率较高，节能，成本较低，自 20 世纪 70 年代在全国推广使用以来在机械行业相当大的程度上取代了热焊。同质焊条不预热焊既不像同质焊条热焊那样能防止过大的热应力，也不像异质焊条电弧冷焊工艺那样能消除热应力，只能采用分段焊或加热减应区法减小热应力，实践证明大多数情况下甚至刚度较大时也有可能避免裂纹。例如，大型机床已加工床面长 800mm 裂纹焊补成功。

2. 气焊

电弧热焊及半热焊主要适用于壁厚大于 10mm 铸件上缺陷的焊补，薄壁件宜用气焊。氧

乙炔火焰温度比电弧温度低很多，而且热量不集中，需要很长时间才能将焊补处加热到熔化温度，使得受热面积较大，相当于局部预热焊接条件。采用适当成分的铸铁焊丝，对薄壁铸件上的缺陷进行焊补时，由于冷却速度慢，焊缝容易获得灰铸铁组织，焊接热影响区也容易避免白口及淬硬组织。但是，焊件受热面积大，焊接热应力较大，有一定的裂纹倾向，故气焊适用于拘束度小的薄壁件缺陷的焊补。拘束度大时，宜采用整体预热的气焊热焊法，预热温度为600～700℃，焊后缓冷。一些汽车或拖拉机发动机缸体及缸盖材质为灰铸铁，上面的铸造缺陷就是用连续式加热炉进行高温预热后，采用气焊方法修复的。

灰铸铁气焊焊丝的化学成分见表6-5。RZC-1型焊丝的碳、硅总质量分数为6.0%，适用于热焊；RZC-2型焊丝提高了石墨化元素含量，可用于不预热气焊。还要与牌号为CJ201的铸铁气焊熔剂配合使用，保证熔合良好。RZCH型合金铸铁焊丝含有一定数量的合金元素，焊缝强度较高，适用于高强度灰铸铁及合金铸铁等气焊，焊后可以根据需要进行热处理。焊补铸铁宜选用功率较大的大、中号气焊炬，使用中性焰或弱碳化焰防止碳、硅的氧化烧损。

采用气焊方法焊补灰铸铁缺陷时，由于硅容易被氧化生成酸性氧化物SiO_2，其熔点高达1713℃，粘度较大，流动性不好，会造成焊缝夹渣等缺陷，应设法去除。去除的方法是加入以碱性氧化物（如Na_2CO_3、$NaHCO_3$、K_2CO_3等）为主要组成的熔剂，互相结合成为低熔点熔渣，容易浮到熔池表面，便于清除。以Na_2CO_3为例，与SiO_2的反应如式（6-4）所示，即

$$2Na_2CO_3+2SiO_2=2(Na_2O)\cdot SiO_2+2\,CO_2\uparrow \tag{6-4}$$

为了降低预热温度，并且有效地防止裂纹，可以采用加热减应区法焊补铸铁，适用于焊条电弧焊或气焊焊补铸铁件上拘束度较大部位的裂纹等缺陷。加热减应区法是在焊件上选定一处或几处适当的部位，作为所谓的“减应区”，焊前、焊后及焊接过程中，对其进行加热和保温，以降低或转移焊接接头拘束应力，防止裂纹的工艺方法。采用加热减应区法焊补铸铁，成败的关键在于正确选择“减应区”，以及对其加热、保温和冷却的控制。选择原则是使减应区的主变形方向与焊缝金属冷却收缩方向一致。焊前对减应区加热能使缺陷位置获得最大的张开位移，焊后使减应区与焊补区域同步冷却。

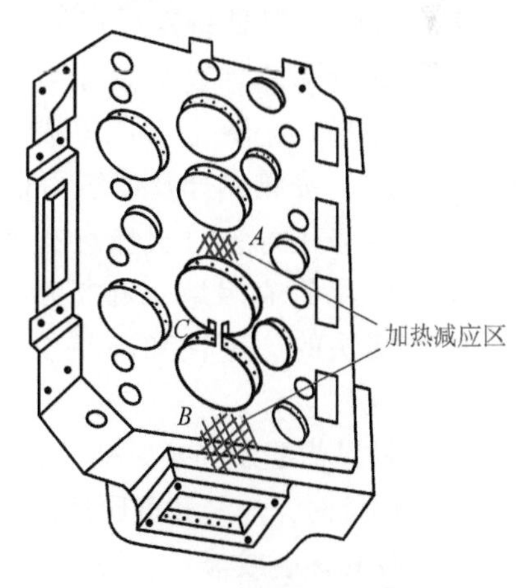

图6-7 加热减应区气焊法修复缸盖裂纹

为了增强减应区的变形能力，提高该区温度是有利的，但不应超过铸铁的相变温度，控制在600～700℃较好。如图6-7所示，灰铸铁发动机缸盖在C处出现裂纹，若用一般气焊法只焊补该处，因拘束度较大，焊后仍可能开裂。选择A、B两处作为减应区，焊前用三把气焊炬对A、B、C三处同步加热，温度达到600℃左右时，对C处继续加热使之熔化并形成坡口以保证焊透。继续提高A、B两处减应区温度至650℃。焊后使三处同步冷却，可以获得良好的焊补质量，不会出现裂纹。

加热减应区法气焊修复铸铁缺陷是比较简便的方法，适用于焊补铸件上拘束度较大部位的裂纹等缺陷。例如，各种发动机缸体孔壁间的裂纹，各种轮类铸铁件上断裂的轮辐、轮缘

及壳体上轴孔壁间的裂纹等。正确运用加热减应区法可以提高焊补成功率。

3. 手工电渣焊

电渣焊具有加热与冷却缓慢的特点，适合铸铁焊补要求，手工电渣焊设备简单，应用灵活，对重型机器厂、机床厂灰铸铁厚件较大缺陷的焊接修复是比较合适的。

电渣焊过程中有大量液体金属及熔渣，而铸铁焊接要求缓冷，可根据缺陷的实际情况，采用造型法使焊缝强迫成形。焊补铸铁时，可以使用石墨块造型，外堆型砂防漏并有助于缓冷。石墨型熔点高，不会被高温熔渣熔化，可以保证焊补区域成形良好。如图 6-8 所示，使用石墨电极，在石墨电极与母材之间引燃电弧熔化焊剂造渣，渣池达到一定深度后转入正常的电渣焊过程。填充材料可以用与母材成分相近的铸铁棒或干净的铸铁屑。用铸铁棒时，先用石墨电极造渣，而后更换为金属电极——铸铁棒，在渣池的电阻热作用下铸铁棒不断熔化，填满缺陷。用铸铁屑作填充材料时，一直使用石墨电极，施焊过程中不断均匀地将铸铁屑加入到渣池中。

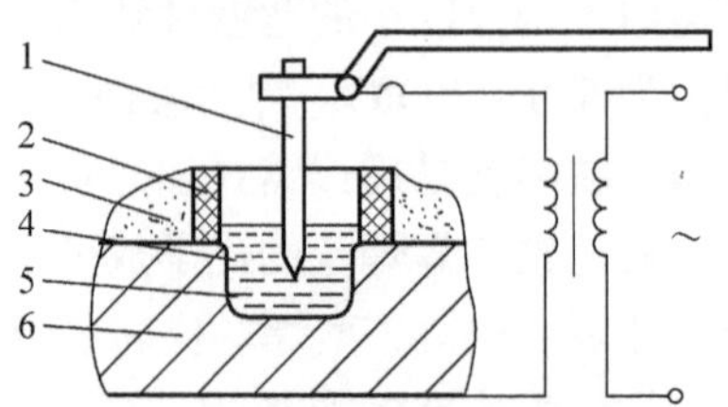

图 6-8 手工电渣焊示意图

1—电极 2—石墨型 3—铸造型砂
4—渣池 5—金属熔池 6—铸铁件

手工电渣焊过程中应注意：

1）造渣后可持续通电加热一段时间，提高铸铁件的温度，相当于预热的作用。

2）电极要不断沿缺陷四周运动，使各部位受热、熔化均匀，直至焊满缺陷为止。

手工电渣焊焊补灰铸铁件，工艺合适时焊补区硬度低，无白口及马氏体组织，机械加工性优良，力学性能可满足灰铸铁要求，焊缝金属颜色与母材一致。但是，焊前造型及造渣过程比较麻烦。

4. 异质焊缝（非铸铁型）电弧冷焊

铸铁电弧冷焊是铸铁焊接的发展方向。要获得异质焊缝，应采用新的焊接材料。一条途径是尽量降低焊缝含碳量获得钢焊缝，另一条途径是寻求新的异质焊接材料，改变碳的存在形式，防止出现淬硬组织，提高焊缝金属的力学性能。非铸铁型焊缝也称为异质焊缝，按照成分及组织可以分为镍基、铁基和铜基三类（见图 6-4）。由于相应的焊接材料与灰铸铁母材成分差别很大，多采用小规范电弧冷焊，但母材中的碳及杂质元素不可避免地因熔化和扩散进入焊缝金属，促进焊接接头形成白口及淬硬组织，进而影响接头的加工性和冷裂纹、热裂纹敏感性，因此，不同的铸铁异质焊接材料各有其特殊性。

（1）铁基焊缝及焊接材料　焊接结构钢常用的普通低碳钢焊条 E4303、E5015 或 E5016 用于铸铁焊接时，焊缝和奥氏体区容易出现淬硬组织，熔合区白口宽度较大，焊接接头有较大的冷裂纹和热裂纹倾向，而且气孔倾向较大，焊接质量不好，不能作为主要铸铁焊接材料。但有时可利用它与铸铁易结合的特性使用，因此，发展了几种铁基铸铁焊条。细丝 CO_2 气体保护焊也在铸铁焊补方面有一些应用。

表 6-4 中的 EZFe-1 型焊条（Z100）是纯铁焊芯氧化性药皮铸铁焊条，可以降低焊缝含碳量，但第一层焊缝金属含碳量仍较高，熔合区白口较宽，焊接接头加工性差，裂纹倾向较大，只能应用在灰铸铁钢锭模等不要求加工和致密性，受力较小部位的铸造缺陷焊补。EZFe-2 型焊条是低碳钢焊芯铁粉型铸铁焊条，在低氢型药皮中加入一定量的低碳铁粉，有

助于减少母材熔化量，降低焊缝含碳量，但焊接接头的白口、淬硬组织和裂纹问题没有解决。EZV型焊条（Z116、Z117）是低碳钢焊芯、低氢型药皮高钒铸铁焊条。药皮中加入大量钒铁，焊缝为碳化钒均匀分散在铁素体焊缝中的高钒钢。钒是急剧缩小γ相区、扩大α相区的元素，又是强烈的碳化物形成元素，当焊缝中的 w_V/w_C 值合适时，碳几乎完全与钒化合生成弥散分布的碳化钒，基体组织为铁素体。这种焊缝金属具有很好的力学性能和抗裂性，抗拉强度可达558～588MPa，伸长率高达28%～36%，还可以满足球墨铸铁焊接的要求。但是，由于钒从焊缝、碳从母材同时向熔合线方向扩散，在焊缝底部形成了一条主要由碳化钒颗粒组成的高硬度带状组织，加上半熔化区白口较宽，使焊接接头加工性差。上述EZFe和EZV型焊条主要用于非加工面缺陷的焊补。

采用H08Mn2SiA细丝（ϕ0.8～1.0mm）CO_2 或 CO_2+O_2 气体保护焊焊补灰铸铁，在汽车、拖拉机修理行业得到了一定应用。采用小电流（<85A）、低电压（18～20V）和较快的焊接速度（10～12m/h），可以减少母材熔化量，降低焊缝含碳量和焊接应力，但接头加工性不好，主要用于非加工面缺陷的焊补。

（2）镍基焊缝及焊接材料　镍是奥氏体形成元素，镍和铁能完全互溶，铁镍合金中 $w_{Ni}>30\%$ 时，γ相区将扩展到室温，得到硬度较低的单相奥氏体组织。镍还是较强的石墨化元素，且与碳不形成碳化物。镍基焊缝高温下可以溶解较多的碳，随着温度下降，部分过饱和的碳将以石墨形式析出，石墨析出伴随着体积膨胀，有利于降低焊接应力，防止焊接热影响区产生冷裂纹。镍基焊缝中的镍可以向半熔化区扩散，对缩小白口宽度、改善焊接接头加工性非常有效。因此，尽管镍基铸铁焊接材料价格贵，但在实际工作中仍然应用广泛。

镍基铸铁焊条所用的焊芯有纯镍、镍铁（$w_{Ni}=55\%$，余为Fe）和镍铜（$w_{Ni}=70\%$，余为Cu）三种，按照熔敷金属主要化学成分分为纯镍铸铁焊条、镍铁铸铁焊条、镍铜铸铁焊条和镍铁铜铸铁焊条等四种（见表6-4），均采用石墨型药皮，可以交、直流两用，进行全位置焊接。镍基铸铁焊条的最大特点是奥氏体焊缝硬度较低，半熔化区白口层薄，可呈断续分布，适用于加工面缺陷的焊补。

1）纯镍铸铁焊条。如EZNi-1（Z308），优点是在电弧冷焊条件下焊接接头加工性优异。焊接工艺合适时半熔化区白口宽度仅为0.05mm左右，且呈断续分布，是所有铸铁异质焊接材料中最窄的，使得热影响区硬度较低，加工性好。焊缝为奥氏体加点状石墨，硬度低，塑性较好，抗热裂纹性能较好。焊接接头的抗拉强度为147～196MPa，与HT150和HT200灰铸铁母材强度相当。这种焊条在铸铁焊条中价格最贵，主要用于对焊补后加工性能要求高的缺陷焊补，或用做其他焊条的打底层。

2）镍铁铸铁焊条。如EZNiFe-1（Z408），熔敷金属铁的质量分数高达40%～55%，价格较低。由于铁的固溶强化作用，其熔敷金属力学性能较高，抗拉强度可达到390～540MPa，断后伸长率一般大于10%，主要用于高强度灰铸铁和球墨铸铁的焊接。这种焊条的焊缝金属抗热裂纹性能优于其他镍基铸铁焊条，而且第一层焊缝金属被母材稀释后 $w_{Ni}=35\%\sim40\%$。由图6-9所示的镍铁合金的线胀系数随成分的变化规律可见，此时焊缝金属的线胀系数较低，且与铸铁母材接近，有利于降低焊接应力。由于焊缝金属含镍量较低，半熔化区白口层比纯镍焊条的焊缝稍宽，小电流焊接时半熔化区白口宽度为0.10～0.15mm，热影响区最高硬度小于300HBW，使焊接接头的加工性比EZNi型焊条稍差。由于焊缝强度较高，用这种焊条焊接刚度较大部位的缺陷或焊补量较大时，有时在焊接接头的熔合区出现剥离性裂纹。另外，镍铁合金焊芯电阻率高，像不锈钢焊条一样，焊接时有红尾现象，如果继续焊接则因焊条熔化速度加快而影响焊接质量，为了解决这一问题，发展了镍铁铜铸铁焊条EZNiFeCu（Z408A）。

3）镍铜铸铁焊条。EZNiCu-1（Z508）采用Monel合金焊芯，故又称之为蒙乃尔焊条。由于含镍量处于纯镍铸铁焊条和镍铁铸铁焊条之间，使焊接接头的半熔化区白口宽度和接头的加工性能也介于二者之间。但镍铜合金的收缩率较大（约为2%），容易引起较大的焊接应力，产生焊接裂纹。该焊条的灰铸铁焊接接头抗拉强度较低，为78～167MPa，仅适用于强度要求不高的加工面缺陷的焊补。

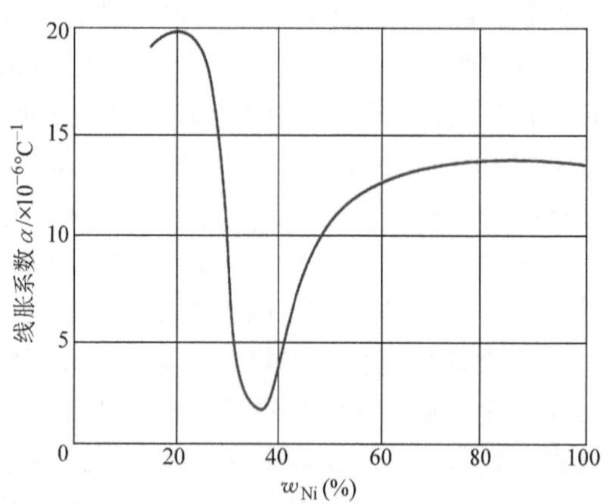

图6-9　镍铁合金的线胀系数随成分的变化图

镍基焊缝的共同特点是含碳量较高，组织为奥氏体＋石墨。适当的含碳量不仅可以提高焊缝金属的抗热裂纹性能，还作为脱氧剂能防止焊缝气孔，此外，可以防止半熔化区的碳向焊缝扩散，有利于减小白口宽度。碳以石墨形式析出时可以缓解焊接应力，降低焊缝金属的热裂纹倾向。因此，这类焊条均采用石墨型药皮，主要用于不同厚度铸铁件加工面上中、小缺陷的焊补。三种镍基铸铁焊条的焊接接头力学性能比较见表6-6。

表6-6　三种镍基铸铁焊条的焊接接头力学性能比较

焊条型号	焊缝金属抗拉强度/MPa	灰铸铁对接接头抗拉强度/MPa	焊缝金属硬度HV	热影响区硬度HBW
EZNi	≥245	147～196	130～170	≤250
EZNiFe	≥392	球墨铸铁对接接头强度294～490	160～210	≤300
EZNiCu	≥196	78～167	150～190	≤300

由于镍基材料焊接铸铁效果较好，工业发达国家还开发了几种镍基铸铁焊丝，既有气体保护焊焊丝，还有自保护型药芯焊丝。采用小直径镍基铸铁焊丝（ϕ0.8～ϕ1.2mm）时，控制焊接电流和焊接速度，可以降低焊接热输入，使焊接热影响区变窄，减少白口及淬硬组织，焊接效果比镍基铸铁焊条更好，列入GB 10044—2006《铸铁焊条和焊丝》中（见表6-5）。例如，ERZNi型实芯纯镍铸铁焊丝主要用于灰铸铁自动焊；ERZNiFeMn型实芯镍铁锰铸铁焊丝可以获得强度高、塑性好的焊缝金属，适宜于焊接强度较高的球墨铸铁件；ET3ZNiFe型自保护药芯镍铁焊丝通常用于厚母材或采用自动焊工艺的场合，与EZNiFe型焊条相比，降低了含硅量，提高了含锰量，有利于改善焊缝金属的抗热裂纹性能并提高其强度和塑性。这些镍基铸铁焊丝不仅可以用于铸铁件的修复，还可以用于铸铁结构件的自动化焊接，推进了铸铁焊接的应用和发展。

(3) 铜基焊缝及焊接材料　除了表6-4中给出的铁基和镍基铸铁焊条外，有些情况下还可以用铜基焊接材料焊补铸铁缺陷。铜与碳不形成碳化物，也不溶解碳，而且铜的强度低、塑性很好，铜基焊缝金属的固相线温度低，这些特性对防止焊接接头冷裂纹及熔合区剥离性裂纹很有利。但纯铜焊缝金属抗拉强度低，粗大柱状的单相 α 组织对热裂纹比较敏感。可以加入少量铁解决上述两个问题。例如，铜基焊缝中的铜铁含量比为80∶20时，强度可提高到147～196MPa，且抗热裂纹性能大幅度提高。这是由于高温下铁在铜中的溶解度较小，熔池凝固时首先析出富铁的 γ 相，对后结晶的 α 铜有细化晶粒作用，双相组织焊缝的抗热裂纹性能必然提高。富铁相强度高，使焊缝强度提高。

以纯铜为焊芯，低氢型药皮的Z607铸铁焊条，通过在药皮中加入较多低碳铁粉使焊缝中的铜铁含量比达到80∶20，又称为铜芯铁粉焊条。但焊接铸铁时，母材中的碳等元素不可避免地进入焊缝，使富铁相含碳量增高，在焊接快冷条件下，形成在铜基体上分布有马氏体等高硬度组织的机械混合物焊缝。同时，铜为弱石墨化元素，半熔化区白口层较宽，整个焊接接头加工性不良。这种焊条抗裂性好，适用于非加工面上刚度较大部位的缺陷焊补。Z612焊条系铜包钢芯、钛钙型药皮铸铁焊条，其成分及性能特点与Z607焊条相同，焊补铸铁效果很好。

除了专用铜基铸铁焊条以外，还可将铜合金焊条直接用于焊接铸铁。例如，铜合金焊条ECuSn-B（T227），含 w_{Sn}7.0%～9.0%和少量磷，焊后得到以锡磷青铜为基体加富铁相的焊缝，接头白口较窄，可以机械加工。但铜基焊缝的颜色与铸铁母材相差较大，对焊补区有颜色要求时不宜采用。

（4）异质焊缝电弧冷焊工艺　要获得满足技术要求的铸铁焊接接头，在正确选择焊接材料的基础上，还要制订合适的焊接工艺。焊接工艺内容包括：焊前准备、焊接参数的选择、焊接方向及焊道顺序，以及采取的特殊措施。异质焊缝电弧冷焊工艺要点可以归纳为四句话："短段断续分散焊，较小电流熔深浅，每段锤击消应力，退火焊道前段软"。

焊前准备是指用机械方法将缺陷表面清理干净，制备适当大小的坡口等工作。焊补处的油污等脏物可用碱水、汽油刷洗，或用气焊火焰清除。对于裂纹缺陷，可以用肉眼或放大镜观察，必要时采用渗煤油、着色等无损检测方法检测其两端的终点，在前方3～5mm处钻止裂孔（ϕ5～ϕ8mm），防止在预热及焊接过程中裂纹向前扩展。可以用机械方法开坡口，也可以直接用电弧或氧乙炔焰开坡口，应在保证焊接质量的前提下尽量减小坡口角度，减少母材的熔化量及焊材填充量。

使用异质焊接材料进行铸铁电弧冷焊时，在保证焊缝金属成形及与母材熔合良好的前提下，尽量用小规格焊条和小规范施焊，并采用短弧焊、短段焊、断续焊、分散焊及焊后立即锤击焊缝等工艺措施，适当提高焊接速度，不做横向摆动，并注意选择合理的焊接方向及顺序。其目的是降低焊接应力，减小半熔化区和热影响区宽度，改善接头的加工性及防止裂纹产生。

为了降低铸铁母材对焊缝成分及性能的影响，焊接电流可按照经验公式选择，即

$$I=(29\sim34)d \tag{6-5}$$

式中，d 为焊条直径（mm）。

还应采用较低的电弧电压（短弧焊）和较快的焊接速度进行焊接。薄壁铸件散热慢，每次焊接的焊缝长度为10～20mm，厚壁件可增加到30～40mm。为了避免焊补处温升过高、应力增大，可采用断续焊。待焊接区域冷却至不烫手时（50～60℃）再焊接下一段。每焊完一段，趁焊缝金属高温下塑性良好时，立即用较钝的尖头小锤快速锤击焊缝，使之产生明显塑性变形，消除伴随冷却收缩而增大的热应力。锤击力的大小因铸铁材质、壁厚及焊缝尺

寸而定。

对于结构复杂或厚大灰铸铁件上的缺陷焊补，焊接方向和顺序的合理安排非常重要，应本着从拘束度大的部位向拘束度小的部位焊接的原则。如图 6-10 所示，灰铸铁缸体侧壁有 3 处裂纹缺陷，焊前在裂纹 1 和 2 端部钻止裂孔，适当开坡口。焊接裂纹 1 时，应从闭合的止裂孔一端向开口端方向分段焊接。裂纹 2 处于拘束度较大部位，由于裂纹两端的拘束度比中心大，可采用从裂纹两端交替向中心分段焊接工艺，有助于减小焊接应力。还要注意，止裂孔最后焊接。

当铸铁件的缺陷尺寸较大、情况复杂、焊补难度大时，可以采用镶块焊补法、栽丝焊补法及垫板焊补法等特殊焊补技术。图 6-10 所示中的缺陷 3 由多个交叉裂纹组成，如逐个焊补，则难以避免出现焊接裂纹。可以将该缺陷整体加工掉，按尺寸准备一块厚度较薄的低碳钢板。焊前将低碳钢板冲压成凹形，如图 6-11a 所示。或者用平板在其中间切割一条窄缝，如图 6-11b 所示。目的是降低拘束度。焊补时低碳钢板容易变形，有利于缓解焊接应力，防止焊接裂纹，此即为镶块焊补法。按图 6-11b 给出的顺序分段焊接，最后用结构钢焊条将中间的切缝焊好，保证缸体壁的致密性。

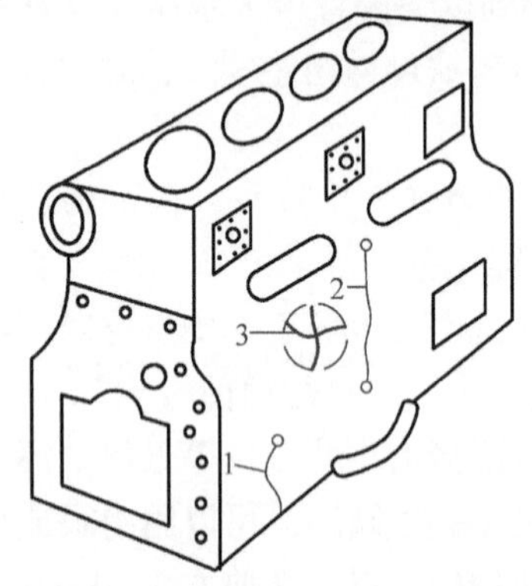

图 6-10　灰铸铁缸体侧壁裂纹的焊补

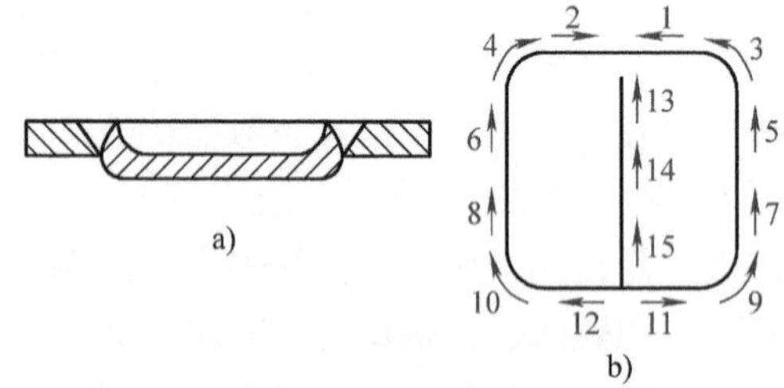

图 6-11　镶块焊补法

a）凹形低碳钢板镶块　b）平板低碳钢板镶块

厚壁铸铁件大尺寸缺陷焊补时，需要开坡口进行多层焊，这将导致焊接应力积累。由于焊补量大，为了降低成本采用钢基焊缝时，焊缝金属强度高，收缩率大，容易产生剥离性裂纹，使焊补失败。即使焊接后不开裂，使用过程中也可能因承载能力不足而失效。此时可采用栽丝焊补法，通过碳素钢螺栓将焊缝金属与铸铁母材连接起来，既防止焊接裂纹，又提高了焊补区域的承载能力。如图 6-12 所示。焊前在坡口内钻孔，攻螺纹，螺栓直径根据壁厚在 8 ~ 16mm 之间选择，拧入深度约等于直径尺寸，螺栓高出坡口表面 4 ~ 6mm 两排均匀分布。一般而言，螺栓的总截面积可取为坡口表面积的 25% ~ 35%。施焊时，先围绕每个螺栓按冷焊工艺要求焊接，最后将坡口焊满。这种方法的不足之处是工作量很大，对焊工要求高，焊补工期长。坡口尺寸更大时，甚至可

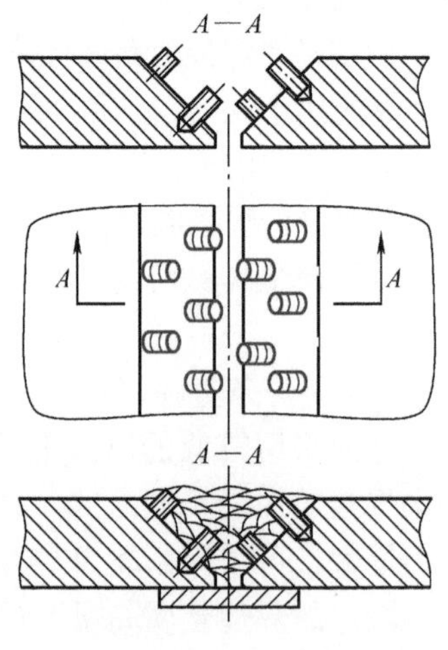

图 6-12　栽丝焊补法

以在坡口内放入低碳钢板，用焊缝强度高、抗裂性好的铸铁焊条（如 EZNiFe、EZV 焊条）将铸铁母材和低碳钢板焊接起来，称之为垫板焊补法。这种方法可以大大减少焊缝金属量，有利于降低焊接应力，防止裂纹，还节省了大量焊接材料，缩短焊补工期。用这种方法完成了许多大型设备的修复，如质量为 180t 的 16m 立车，卡盘断裂后采用焊接方法成功修复。

5. 灰铸铁的钎焊与喷焊

从上述灰铸铁的焊接性讨论来看，由于熔焊加热和冷却速度比在铸造条件下快，使焊接接头存在白口及淬硬组织、焊接裂纹两大问题。采用钎焊方法焊补铸铁缺陷，因为加热温度低，将完全避免上述焊接性问题。灰铸铁钎焊对准备工作的要求较高，需将缺陷表面的氧化物、油污完全清理干净，露出金属光泽。使用铜基钎料，氧乙炔火焰作热源，对加工面铸造缺陷进行焊补。

灰铸铁钎焊可以使用常用的铜锌钎料 BCu62ZnNiMnSi-R，市售牌号为（HL104），其化学成分为：$w_{Cu}=61\%\sim63\%$、$w_{Sn}=0.1\%$、$w_{Si}=0.1\%\sim0.3\%$、$w_{Ni}=0.3\%\sim0.5\%$、$w_{Mn}=0.1\%\sim0.3\%$，余量为 Zn。少量硅在弱氧化焰作用下很快生成 SiO_2，与钎剂（硼酸和硼砂之比为 1∶1 的混合物）成分一起形成低熔点的硅酸盐，覆盖在液态钎料表面，阻碍锌的蒸发，减小对人体的危害。这种钎料价格较便宜，钎焊接头抗拉强度一般为 120～150MPa，稍低于常用灰铸铁强度值。但是，金黄色钎缝硬度太低，与灰铸铁颜色差别大，而且钎料的固相线温度为 850℃，液相线温度为 875℃，钎焊时需要把灰铸铁加热到 900℃左右，超过了灰铸铁的共析上限温度，快冷条件下热影响区会出现一些马氏体或贝氏体，影响接头的加工性。在新的国家标准中，这种铜锌钎料类似于型号为 BCu58ZnSn（Ni）（Mn）（Si）的铜锌钎料（参见 GB/T 6418—2008），可以参考使用。

由于低温下铜、锌与铁的固溶度很小，影响铜锌液态钎料在灰铸铁表面的润湿性和扩散能力，因此用上述铜锌钎料钎焊灰铸铁时，接头强度偏低。为了改善铜锌钎料钎焊灰铸铁的接头性能，大幅度增加锰和镍的含量，发展了一种 Cu-Zn-Mn-Ni 钎料，其化学成分为：$w_{Cu}=48\%\sim52\%$、$w_{Sn}=0.3\%\sim0.8\%$、$w_{Ni}=3.0\%\sim4.0\%$、$w_{Mn}=8.5\%\sim9.5\%$、$w_{Al}=0.2\%\sim0.6\%$，余量为 Zn。该铜锌钎料中加入了较多的锰和镍，利用这两种元素在铜和铁中固溶度均较大的性质，可以提高液态钎料在灰铸铁表面的润湿性，促进钎料成分向灰铸铁中扩散，从而提高接头强度。另外，可以降低钎焊温度，有助于防止热影响区高硬度组织，还使得钎缝变为灰白色，接近灰铸铁的颜色。Cu-Zn-Mn-Ni 灰铸铁钎料应配合使用以下成分的钎剂：$w_{H_3BO_3}=40\%$，$w_{Li_2CO_3}=16\%$，$w_{Na_2CO_3}=24\%$，$w_{NaF}=7.4\%$，$w_{NaCl}=12.6\%$。

氧乙炔火焰钎焊时，先用弱氧化焰预热铸铁件，有助于去除焊补表面的石墨。添加钎剂时温度控制在 600℃以下，钎剂全部熔化后，铸件温度升高到 650～700℃时，改用中性焰，直至完成钎焊。使用 Cu-Zn-Mn-Ni 钎料钎焊灰铸铁 HT200 时，接头最高硬度小于 230HBW，抗拉强度 $R_m \geqslant 196$MPa，拉伸试件均断在灰铸铁上。而且钎焊接头机械加工性优异，钎缝颜色基本接近灰铸铁。

还可以采用氧乙炔火焰粉末喷焊修复铸铁件在机械加工中出现的小缺陷。使用带粉斗的特制喷焊枪，常用型号为 SPH-2/h，根据不同硬度要求选用表 6-7 列出的两种粉末。F103 为镍基喷焊粉，喷焊层硬度为 20～30HRC，加工性良好，颜色接近母材。F302 为铁基喷焊粉，可用于已淬火机床床身导轨面缺陷的修复，喷焊层与导轨面硬度相当，精磨后颜色与母材相近。喷焊前把母材表面的氧化物、铁锈及油污清除干净，边缘尖角处应倒角。喷焊时先用火焰把待修复处预热到300℃左右，预喷粉厚度达0.2mm左右，保护母材表面防止高温氧化，喷焊填满缺陷后继续对喷焊区域加热几分钟完成修复工作。

表6-7 铸铁喷焊用粉末成分和熔化温度

牌号	化学成分（质量分数）(%)							熔化温度 T_m/℃
	C	Cr	Si	B	Mo	Fe	Ni	
F103	≤0.15	8.0~12.0	2.5~4.5	1.3~1.7	—	≤8	余	约1050
F302	1.0~1.5	8.0~12.0	3.0~5.0	3.5~4.5	4.0~6.0	余	28.0~32.0	约1100

6.3.2 球墨铸铁的焊接工艺特点

球墨铸铁焊接主要是铁素体球墨铸铁和珠光体球墨铸铁的焊接，而奥-贝球墨铸铁应用的增多也要求解决相应的焊接材料和焊接工艺。

球墨铸铁由于含有球化剂，加剧了焊缝和半熔化区液相金属的过冷倾向，促进形成白口铸铁。球化剂元素还增加奥氏体的稳定性，促进奥氏体区形成马氏体组织。因此，球墨铸铁的焊接性比灰铸铁差。铁素体球墨铸铁的抗拉强度为400~500MPa，伸长率高达10%~18%；珠光体球墨铸铁抗拉强度提高到600~800MPa，伸长率下降到2%~3%；铁素体+珠光体混合组织的球墨铸铁，力学性能处于二者之间。球墨铸铁良好的力学性能对焊接提出了较高要求。近年来国内外推广应用铸态铁素体球墨铸铁，也向焊接领域提出了在焊态下获得纯铁素体基体球墨铸铁焊缝的要求。此外，球墨铸铁力学性能接近于钢，焊接方法不仅用于球墨铸铁件铸造缺陷的修复，还用于球墨铸铁与其他金属之间的焊接结构制造。

1. 气焊

由于气焊具有火焰温度低、焊接区加热及冷却缓慢的特点，对降低焊接接头的白口及淬硬组织形成倾向有利。另外，可以减少球化剂的蒸发，有利于保证焊缝获得球墨铸铁组织。表6-5给出的气焊用球墨铸铁焊丝分为RZCQ-1和RZCQ-2两种，均含有少量球化剂。球化剂分为轻稀土镁合金和钇基重稀土合金两种。用不同球化剂的球墨铸铁焊丝进行小缺陷气焊焊补时，由于熔池存在时间短，焊缝均球化良好。但焊接较大缺陷时，熔池存在时间较长，由于钇的沸点高，抗球化衰退能力强，更利于保证焊缝石墨球化，实际应用较多。这种焊丝球墨铸铁厂可以自行浇铸，推荐成分为：$w_C=3.14\%$、$w_{Si}=3.96\%$、$w_{Mn}=0.47\%$、$w_P=0.114\%$、$w_S=0.009\%$、$w_Y=0.170\%$。所谓球化衰退是指焊接熔池停留一定时间后球化效果下降甚至消失的现象。

气焊球墨铸铁焊态下组织为珠光体+铁素体+球状石墨，工艺合适时半熔化区无白口。由于焊接熔池体积小，冷却速度快，与球墨铸铁母材相比，焊缝中的球状石墨尺寸较小，但数量较多，这也与球化剂中含有的硅、钙等元素的孕育作用有关。增加了石墨形核的异质核心，使球状石墨数量增加。焊后经正火热处理，焊接接头的抗拉强度为622MPa，伸长率为2.7%，可以满足珠光体球墨铸铁的力学性能要求。焊后经退火热处理，焊接接头的抗拉强度为467MPa，伸长率为10%，可以满足铁素体球墨铸铁的力学性能要求。

按照传统球墨铸铁铸造生产工艺，铁素体球墨铸铁和珠光体球墨铸铁都是通过对铸态球墨铸铁件进行相应的热处理获得的。这种条件下，焊补工艺一般安排在铸造清砂之后，工艺要点是防止焊接接头裂纹，焊后热处理与铸件的整体热处理同时进行。铸造及焊补工艺流程为：铸造→清砂→焊补→热处理→机械加工→检查出厂。

随着铸造技术的进步，可以在铸态下直接获得铁素体球墨铸铁和珠光体球墨铸铁，这就要求焊态下也要得到铁素体或珠光体球墨铸铁焊缝。在气焊条件下，通过选用合适的焊丝，工艺方面注意控制焊缝金属的冷却速度，可以避免焊缝白口，获得接近珠光体球墨铸铁的焊缝组织并防止裂纹。对于铸态铁素体球墨铸铁件，研究表明，可以通过加强对焊缝金属孕育处理，形成更多的异质石墨核心，并加强石墨化，得到焊态铁素体焊缝金属。例如，焊缝化学成分为：$w_C = 3.34\%$、$w_{Mn} = 0.4\%$、$w_{RE} = 0.073\%$、$w_S = 0.015\%$、$w_P = 0.026\%$，当$w_{Si} \geqslant 3.40\%$时，能可靠地消除焊缝中的共晶渗碳体。继续少量增加焊缝金属含硅量，铁素体增多，珠光体减少，且石墨球数量增加。加入少量铝，由于Al_2O_3可以作为球状石墨的异质核心，使基体组织中铁素体又有所增加，焊缝中铝的质量分数为0.27%较好。再往球墨铸铁焊缝金属中加入微量铋（$w_{Bi}=0.009\% \sim 0.012\%$），由于Bi与Ce能形成高熔点的金属间化合物$Ce_4Bi_3$、CeBi、$Ce_3Bi$，熔点分别为1630℃、1520℃、1400℃，它们都可以作为球状石墨的异质核心。利用铋的球化和孕育作用，使石墨球数明显增加，基体组织含碳量减少，仅出现少量珠光体，可以认为焊态焊缝已经成为铁素体球墨铸铁。观察焊接接头的半熔化区和奥氏体区，未出现白口和马氏体组织。

在上述基础上，可以用少量铜、锰、镍、锡等元素，对球墨铸铁焊缝合金化，在焊态下可以获得珠光体球墨铸铁焊缝。而使用RZCQ型球墨铸铁焊丝，焊缝基体为铁素体+珠光体混合组织。

气焊的缺点主要是焊接生产率较低。

2. 同质焊缝（球墨铸铁型）电弧焊

由于母材和焊接材料中都存在一定量的球化剂，严重阻碍石墨化，焊条电弧焊时焊缝和半熔化区容易出现白口铸铁。这不仅影响焊接接头机械加工性能，而且促进焊接接头出现裂纹。因此，要求完全避免白口需要高温预热（如700℃）。如果焊后铸铁件要进行整体热处理，可以考虑较低温度预热（如500℃）。由于高温预热消耗能量大，焊补条件差，故采取冶金和工艺措施，以期在不预热焊接条件下获得无白口的球墨铸铁焊接接头，是焊接工作者努力的方向，许多国家都进行了研究，取得了一些进展。

我国采用的球墨铸铁焊条型号为EZCQ，制造方法有两种：一是采用铸铁焊芯外涂强石墨化药皮（Z258），二是采用低碳钢焊芯外涂强石墨化药皮（Z238），药皮中加入适量球化剂。球墨铸铁焊条在使用时，要求将母材预热到500℃以上，焊后保温缓冷。

球墨铸铁焊条电弧焊的困难在于：

1）很难获得石墨稳定球化的焊缝。电弧温度很高，而所有的球化元素熔点、沸点都较低，容易蒸发，且与氧的亲和力很强，易氧化，难以稳定过渡到熔池中；熔池温度也较高，随着熔池存在时间增长而氧化、蒸发；空气、水分也会从坡口间隙、裂缝间隙侵入熔池加剧氧化，球墨铸铁熔池液体金属流失或倾倒出来会立即剧烈燃烧发光就是证明。

2）已知的球化元素都增大白口倾向，在石墨球化的同时促进焊缝白口。

如何防止石墨球化元素在焊接时的蒸发、氧化，提高熔池抗球化衰退能力、减小白口倾向，成为研制高球化稳定性、低白口倾向同质铸铁焊条的关键。我国于20世纪80年代初研究采用强脱氧、强脱硫、强孕育来达到石墨球化稳定、白口倾向小的目的。由于将强烈阻碍石墨化和阻碍球化的元素 S 降低到很低的水平，并限制了白口倾向较大的球化元素的加入，选择采用 C、Si、Al、Ca、Ba、Ce 等强脱氧元素或兼有强脱硫能力，因而也有强孕育能力，并试验确定了合适的含量或加入量，不仅稳定了球化，而且由于石墨结晶晶核数量大增，球状石墨也相应增加，白口倾向大为降低。

为了符合球墨铸铁焊接的要求，加入微量球化元素可获得稳定的球状石墨。当用稀土镁时因 Mg 的沸点仅为 1107℃，大部分蒸发氧化，焊缝中 Mg 残留含量不稳定而且很低，有时其质量分数小于 0.009%；而以 Ce 为主的轻稀土因 Ce 沸点高达 2930℃，蒸发量少得多，在强脱氧脱硫条件下过渡较多而稳定，其质量分数在 0.01%~0.02%之间，实验证明在这样微量条件下没有增大白口倾向。Ce 也生成 CeO_2、CeS 作为石墨结晶核心，还可以促进石墨化。但用重稀土 Y 做球化元素时，虽然同样可达到稳定球化的效果，力学性能也很好，但白口倾向有所增大。

使用 Ce-Ca-Ba 三元合金球化剂时，钙和钡与硫和氧的亲和力大，容易形成相应的硫化物和氧化物，可以作为石墨的结晶核心起孕育作用，使焊缝中石墨球数增加，基体组织中铁素体增多，莱氏体减少。铝是最强的石墨化元素，在球墨铸铁焊缝中加入适量铝，由于共晶转变的含碳量降低而转变温度升高，促进碳以石墨形式析出。铝的氧化物也可以作为球状石墨结晶核心起孕育作用，结果使球状石墨数量成倍增加，焊缝基体组织中铁素体量增加。以这种技术路线研制的球墨铸铁焊条（Z268），其石墨化能力与 RZCQ-1 及 RZCQ-2 焊丝气焊球墨铸铁相当，而略逊于 Z248 焊补灰铸铁。

对于厚大件球墨铸铁的不预热连续焊，随着缺陷尺寸变小焊缝硬度会升高，所以，只能在一定的结构、刚度、壁厚条件下采用不预热焊。

3. 异质焊缝（非球墨铸铁型）电弧焊

球墨铸铁同质焊缝焊条电弧焊时，焊接材料价格较低，但一般要求高温预热，缺陷体积较小时，采用不预热焊难以保证焊补质量。因此，可以将一些力学性能好的灰铸铁异质焊接材料用于球墨铸铁电弧冷焊，如镍铁铸铁焊条和高钒铸铁焊条。特别是制造球墨铸铁与球墨铸铁、球墨铸铁与其他金属焊接结构件的发展，进一步推动了镍基铸铁焊接材料和工艺的发展。

高钒铸铁焊条（EZV 型）的焊缝组织对冷却速度不敏感，细小的碳化钒（V_4C_3）对铁素体的弥散强化作用使焊缝金属具有较好的力学性能，可以满足多种球墨铸铁对焊缝金属的力学性能要求。但是，焊接接头半熔化区白口铸铁层较宽，焊缝底部有一条碳化钒颗粒组成的高硬度带状组织，使接头加工性差，只在非加工面缺陷焊补时有一些应用。

球墨铸铁异质焊接材料主要采用镍铁铸铁焊条（EZNiFe 型），第一层焊缝金属中镍的质量分数约为 40%，线胀系数较小，有利于降低焊接应力防止裂纹。在镍基铸铁焊条中，该焊条抗热裂纹性能最好，力学性能最高，但用于球墨铸铁电弧冷焊，焊缝的力学性能仍需提高。例如，焊接 QT400-18 球墨铸铁时塑性不足，焊接 QT600-3 球墨铸铁时抗拉强度不够。市售镍铁铸铁焊条成分差别较大，用于灰铸铁焊接时，对焊缝力学性能要求不高都可以用，用于球墨铸铁焊接时应注意选用质量好的镍铁焊条。

研究 C-Fe-Ni 三元合金焊缝的热裂纹敏感性时，得到焊缝中碳的质量分数为 2.38% 时抗热裂纹性能好。由于含碳量较高，碳以石墨形式析出，石墨呈点片状存在时，焊缝强度必然较低。因此，提高镍铁铸铁焊条的抗热裂纹性能及其焊缝金属的力学性能，关键是使焊缝具有合适的稀土含量，利用其球化作用促使石墨呈球状析出。

经过试验研究，具有球状石墨的焊缝金属抗拉强度达到430MPa，伸长率高达22.7%，完全可以满足QT400-18球墨铸铁的力学性能要求。在焊缝金属中加入适量的碳化物形成元素钛和铌，将在奥氏体基体中弥散析出很多TiC、NbC小颗粒，同时细化奥氏体晶粒，这种奥氏体+碳化物小颗粒+球状石墨混合组织的焊缝金属，抗拉强度达到600MPa，伸长率仍较高，满足QT600-3球墨铸铁的力学性能要求。但是QT600-3球墨铸铁母材的屈服强度为420MPa，而焊缝的屈服强度较低为340MPa，对焊接接头进行拉伸试验发现焊缝先屈服，由于变形集中在焊缝区域使得接头的抗拉强度下降。再加入其他合金元素可以进一步提高焊缝金属的屈服强度。但是，由于焊缝为多种合金元素强化的C-Fe-Ni奥氏体，与母材成分差别大，在焊缝底部存在一个成分变化大的区域——未完全混合区，该区为焊接接头的一个薄弱环节，限制了焊接接头强度的提高。另外，半熔化区白口层也使得焊接接头力学性能下降。

镍铁铸铁焊条用于球墨铸铁焊接结构件制造时，由于生产率低，焊条头丢弃使材料成本增加，以及焊条红尾影响焊接质量等原因，工业发达国家发展了适用于自动焊接的药芯焊丝和实芯焊丝。前已述及，ERZNiFeMn型实芯气体保护焊焊丝和ET3ZNiFe型药芯焊丝均可用于球墨铸铁自动焊接。药芯焊丝直径多为2.4mm，实芯焊丝常用直径为0.8～1.2mm。药芯焊丝可以用CO_2气体保护或自保护，焊接电流为330～380A，熔敷效率较高，但半熔化区白口较宽。实芯焊丝用氩气保护，常用电流在100A左右，焊接熔滴为短路过渡，焊接热影响区很窄，接头加工性良好。为了提高自动焊接效率并防止裂纹，最好将球墨铸铁件预热到315～350℃。

6.3.3 其他铸铁的焊接特点

1. 奥-贝球墨铸铁

以奥氏体和贝氏体为基体的球墨铸铁简称为奥-贝球墨铸铁，其力学性能优异。目前，奥-贝球墨铸铁的生产主要是通过等温热处理获得的。奥-贝球墨铸铁铸件上的缩孔、夹砂等缺陷可以采用焊接方法修复。使用前面介绍的球墨铸铁同质焊条，在热焊或冷焊条件下进行焊补，焊后进行热处理。较好的焊补工艺是：铸造后焊补，然后整体热处理。我国已研制出了非合金化及低合金奥-贝球墨铸铁电弧焊焊条，并对焊态下获得奥-贝球墨铸铁焊缝的冶金和工艺因素进行了研究，建立了模拟奥-贝球墨铸铁焊缝连续冷却转变图（SWCCT图）。

2. 蠕墨铸铁焊接

蠕墨铸铁是蠕虫状石墨铸铁的简称。蠕虫状石墨头部较圆，不像片状石墨那样尖锐，使力学性能比灰铸铁有明显改善。抗拉强度高于灰铸铁，热传导性、加工性及减振性接近灰铸铁，常用于制造有热交换及温度梯度较大的工件，如汽车发动机的排气管、大型柴油机缸盖等，代替灰铸铁，明显提高了使用寿命。可以采用与球墨铸铁焊接时成分相近的焊接材料焊接蠕墨铸铁，并使焊缝含有少量钛，利用其对球状石墨生长时的干扰作用获得蠕虫状石墨。焊接方法有气焊、同质焊条电弧热焊及不预热焊，以及用镍基铸铁焊条进行电弧冷焊。

3. 白口铸铁焊接

白口铸铁主要用于冷硬铸铁轧辊，内部一般为球墨铸铁，经特殊铸造工艺使外表形成10～35mm厚的白口铸铁层。外层白口铸铁耐磨性好，内部球墨铸铁能承受较高工作应力而不断裂。白口铸铁轧辊的失效形式为热疲劳，首先出现网状裂纹，而后呈片状剥落。由于白口铸铁焊接性差，要求焊缝金属与白口铸铁要有良好的熔合性，线胀系数与白口铸铁接近，以防止焊接裂纹，还要保证焊缝金属的硬度和耐磨性。如果采用电弧冷焊工艺并使焊缝金属与母材相同为低合金白口铸铁，则焊缝冷裂纹严重。因而发展了适用于白口铸铁轧辊电弧冷焊的特殊焊条。

首先用与镍铁铸铁焊条相近的焊条打底，焊缝为奥氏体+球状石墨组织，塑性较好，与母材熔合良好。工作层采用合金系为C-Cr-Mo-Ni-W-V的焊条，焊缝组织为$M+B_L+A_{残}+$碳化物，其冲击韧性远高于白口铸铁，耐磨性好。由于白口铸铁裂纹倾向大，工艺上采取的特殊措施称为分块孤立堆焊工艺，即将缺陷底部划分为若干小块，首先堆焊各个孤立小块，最后再将各块间隙填满。堆焊打底层时，要求焊接电流稍大些，保证熔合良好，并注意每小段焊道焊完后马上锤击。用合金系为C-Cr-Mo-Ni-W-V的焊条堆焊工作层，厚度一般为10~12mm。

思考题

1. 工业上常用的铸铁有哪几种？简述碳在每种铸铁中的存在形式和石墨形态有何不同，对力学性能各有什么影响。
2. 影响铸铁型焊缝组织的主要因素有哪些？
3. 分析灰铸铁电弧焊焊接接头形成白口与淬硬组织的区域特点、原因及危害。
4. 分析灰铸铁同质焊缝产生冷裂纹（热应力裂纹）的原因及防止措施。铸铁冷裂纹与钢的焊接冷裂纹相同吗？
5. 说明用镍基铸铁焊条电弧冷焊铸铁时，焊缝易产生热裂纹的原因及防止措施。
6. 比较分析三种镍基铸铁焊条的特点。
7. 球墨铸铁焊接性特点是什么？焊接过程中应采用什么样的工艺措施？
8. 简述采用铸铁同质焊条对焊接工艺有何要求。
9. 说明铸铁异质焊缝焊条电弧冷焊工艺要点“短段断续分散焊，较小电流熔深浅，每段锤击消应力，退火焊道前段软”的具体内容。
10. 某气缸体侧壁（非加工面）在使用过程中出现6条裂纹，如图6-10所示，图中3所标示的4条小裂纹比较密集。缸体材料为灰铸铁，壁厚为12mm，请拟定焊修方案（包括焊接材料选择与焊接工艺制订）。

第7章 先进材料的焊接

先进材料是指采用先进技术新近开发或正在开发的具有独特性能和特殊用途的材料。它的发展和应用对推动科技进步、促进社会发展起着重要的作用。例如，新型的金属结构材料、高温合金、先进陶瓷材料及增强基复合材料的开发与应用，为发展能源、开发太空和海洋、探索航空航天等领域提供了重要的物质基础。先进材料的焊接成形也受到人们的密切关注。

7.1 先进材料的分类及性能特点

7.1.1 先进材料的分类

先进材料涉及面很广，并且不断地被开发和应用。当前发展的新材料根据其使用性能大致可分为结构材料和功能材料两大类。功能材料包括半导体材料、信息材料、超导材料、形状记忆合金、储能材料等；结构材料具有高强度、高韧性、耐高温、耐蚀等优异的性能。与焊接技术相关的主要是先进结构材料。本章介绍的先进材料主要是高温合金、先进陶瓷材料和复合材料。

1. 高温合金

高温合金又称耐热合金或热强合金，它的种类很多，一般是以铁、镍、钴为基，添加多种合金元素得到不同用途的高温合金。常用的添加元素有钴、铬、钨、钼、铌、钽、钛、铝、钒、铪、硼或锆等。固溶强化和沉淀强化（时效硬化）是高温合金的基本强化手段。我国研制成功了一系列用 W、Mo、Nb 等元素复合强化的镍基和铁基高温合金，如 GH1016、GH3039、GH1140、GH3044 等。在钴基和少数铁基高温合金中（如 GH2036），也有以碳化物作为强化相的，第二相强化在高温合金中起着非常重要的作用，如 GH2302、GH4049、K214、K401 等。

高温合金的主要要求是具有耐热性。耐热性包括热稳定性和热强性两种性能。热稳定性是指高温下抗氧化、抗燃气腐蚀的能力；热强性是指高温下抵抗塑性变形和断裂的能力。高温合金中的铁、钛、钴、镍、钒、钨、钼、铌等合金元素强化了固溶体，通过合金化使合金沉淀硬化、强化晶界等，提高了合金的热强性。

2. 先进陶瓷材料

陶瓷是指以各种金属的氧化物、氮化物、碳化物、硅化物为原料，经适当配料、成形和高温烧结等人工合成的无机非金属材料。先进陶瓷在组成、性能、制造工艺及应用等方面都与传统陶瓷截然不同，组成已由原来的 SiO_2、Al_2O_3、MgO 等发展到了 Si_3N_4、SiC 和 ZrO_2 等。采用先进的物理、化学方法能够制备出超细陶瓷材料粉末。烧结方法也已由普通的大气烧结发展到在控制气氛中的热压烧结和微波烧结等先进成形方法。先进陶瓷具有特定的精细组织结构和性能，在现代工程和高新技术中起着重要的作用。

3. 复合材料

复合材料是指由两种或两种以上的物理和化学性质不同的物质，按一定方式、比例及分布方式组合而成的一种多相固体材料。复合材料一般有两个基本相：一个是连续相，称为基体；另一个是分散相，称为增强相。增强相包括颗粒增强、晶须增强及纤维增强，分别以下标 p、w、f 表示。例如，碳化硅粒子增强铝基复合材料表示为 SiC_p/Al。按照基体材料的不同，复合材料有树脂基复合材料、金属基复合材料、陶瓷基复合材料和碳-碳复合材料等，与焊接密切相关的是金属基复合材料。

7.1.2 先进材料的性能特点

先进材料的性能特点与高新技术密切相关。首先从先进材料的合成和制造工艺来看，高温合金、先进陶瓷、复合材料等是通过一些高技术手段获得的极端条件（如超高压、超高温、超高速冷却速度等）作为必要的制备方法；其次是这些材料的研究和发展与计算机技术及自动控制技术的发展和应用密切相关，对材料质量控制要求也非常严格。因此，先进材料具有高强度、耐高温、耐腐蚀、抗氧化等一系列优点。

与普通合金相比，高温合金是为在承受较大的机械应力和要求具有良好表面稳定性的环境下进行高温服役而研制的一类合金，一般要求能在 600 ~ 1200℃ 的高温下抗氧化或耐腐蚀，并能在一定应力作用下长期工作。高温合金主要采用固溶强化、第二相强化（沉淀强化）和晶界强化三种方式来提高强度。定向凝固合金和单晶高温合金实质上都是采用定向凝固技术，通过对合金凝固过程的控制，使合金具有定向的柱状晶组织或单晶组织。这类合金具有更高的蠕变强度、优良的抗氧化和抗热疲劳性能。由于稀土元素的加入，增加了沉淀相的尺寸稳定性，工作温度比普通合金的工作温度高出 28 ~ 50℃。通常工作温度每提高 25℃ 相当于提高航空发动机叶片高温寿命约 3 倍。

与金属材料相比，陶瓷材料的热胀系数比较低，一般在 10^{-5} ~ 10^{-6}/K 的范围；熔点（或升华、分解温度）高很多，有些陶瓷可在 2000 ~ 3000℃ 的高温下工作且保持室温时的强度，而大多数金属在 1000℃ 以上就基本上丧失了强度性能。因此，陶瓷作为高温结构材料用于航空发动机、切削刀具和耐高温部件等，具有广阔的前景。

与单一材料相比，复合材料的最大特点是具有优异的综合性能和可设计性。它是根据预期的性能指标将不同材料通过复合工艺按一定的设计要求复合在一起，充分发挥其优点，如比强度和比模量高，耐高（低）温、耐热冲击，线胀系数小、尺寸稳定性好、耐磨等，如图 7-1 所示。复合材料在航空、航天等高新技术中发挥了重要的作用，并在能源、交通运输、化工和机械等领域得到了广泛的应用。

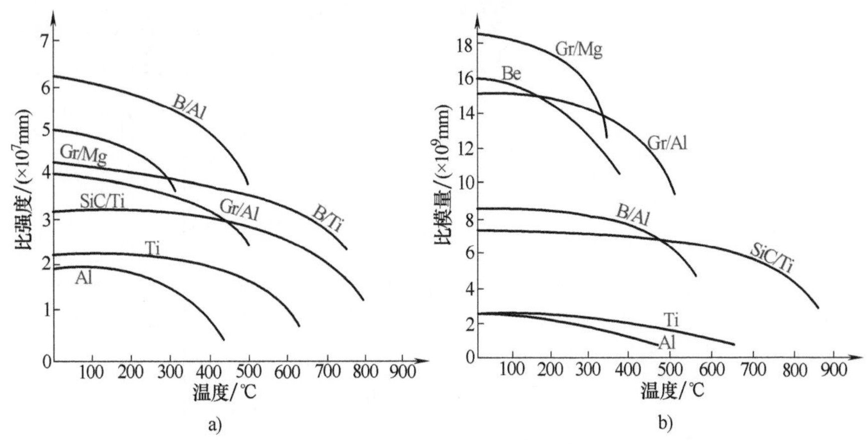

图7-1 温度对复合材料比强度和比模量的影响

a）比强度 b）比模量

7.2 高温合金的焊接

高温合金是指以Fe、Ni或Co为基，在700～1200℃以上及一定应力条件下长期工作的高温金属材料，具有优异的高温强度，良好的抗氧化、耐腐蚀和抗疲劳等综合性能。这类合金的合金化程度很高，可使用温度和熔点差距小，又称为热强合金、耐热合金或超合金。近年来，随着定向凝固和单晶高温合金、氧化物弥散强化高温合金等先进高温合金的发展和应用，对这些合金的焊接提出了更高的要求。

7.2.1 高温合金的分类及性能

1. 高温合金的分类

高温合金按基体成分可以分为镍基、铁基和钴基合金；按其强化方式可分为固溶强化和沉淀强化高温合金；按生产工艺可分为变形、铸造、粉末冶金和机械合金化高温合金。常用高温合金的化学成分见表7-1。

表7-1 常用高温合金的化学成分

牌号	化学成分（质量分数）(%)												
	C	Cr	Ni	W	Mo	Nb	Al	Ti	Fe	Mn	Si	B	其他
GH1015	≤0.08	19～22	34～39	4.8～5.8	2.5～3.2	1.0～1.6	—	—	余	≤1.5	≤0.6	≤0.01	Ce≤0.05
GH1140	0.06～0.12	20～23	35～40	1.4～1.8	2.0～2.5	—	0.2～0.6	0.7～1.2	余	≤0.7	≤0.8	—	Ce≤0.05
GH1131	≤0.10	19～22	25～30	4.8～6.0	2.8～3.5	0.7～1.3	—	—	余	≤1.2	≤0.8	≤0.005	N 0.15～0.30

（续）

牌号	化学成分（质量分数）(%)											
	C	Cr	Ni	W	Mo	Nb	Al	Ti	Fe	Mn	Si	B	其他
GH2132	≤0.08	13.5~16.0	24~27	—	1.0~1.5	—	≤0.4	1.7~2.3	余	≤2.0	≤1.0	≤0.01	V 0.1~0.5
GH150	≤0.08	14~16	45~50	2.5~3.5	4.5~6.0	0.9~1.4	0.8~1.3	1.8~2.4	余	≤0.4	≤0.4	≤0.01	Ce≤0.02 Cu≤0.07 Zr≤0.05
GH3030	≤0.12	19~22	余	—	—	—	≤0.15	0.1~0.3	≤1.0	≤0.7	≤0.8	—	Cu≤0.2
GH3039	≤0.08	19~22	余	—	1.8~2.3	0.9~1.3	0.3~0.7	0.3~0.7	≤3.0	≤0.4	≤0.8	—	Cu≤0.2
GH3044	≤0.10	23~26	余	13.0~16.0	≤1.50	—	≤0.50	0.3~0.7	≤4.0	≤0.5	≤0.8	—	—
GH3128	≤0.05	19~22	余	7.5~9.0	7.5~9.0	—	0.4~0.8	0.4~0.8	≤2.0	≤0.5	≤0.8	≤0.005	Ce≤0.05 Zr≤0.05
GH22	0.05~0.15	20~23	余	0.2~1.0	8.0~10.0	—	≤0.5	≤0.15	1.7~2.0	≤1.0	≤1.0	≤0.01	Co 0.5~2.5 Cu≤0.5
GH4169	≤0.08	17~21	50~55	—	2.8~3.3	—	0.2~0.6	0.65~1.15	余	≤0.4	≤0.35	≤0.006	Nb 4.75~5.5
GH99	≤0.08	17~20	余	5.0~7.0	3.5~4.5	5~8	1.7~2.4	1.0~1.5	≤2.0	≤0.4	≤0.5	≤0.005	Ce≤0.02 Mg≤0.01
GH141	0.06~0.12	18~20	余	—	9.0~10.5	10~12	1.4~1.8	3.0~3.5	≤5.0	≤0.5	≤0.5	≤0.01	—
K213	0.1	15	36	5.5	—	—	1.75	3.5	余	—	—	0.08	—
K401	0.1	14~17	余	7~10	≤0.3	—	4.5~5.5	1.5~2.0	≤0.2	—	—	0.03~0.1	—
K406	0.1~0.2	14~17	余	—	4.5~6.0	—	3.25~4.0	2.0~3.0	≤5.0	—	—	0.05~0.10	Zr≤0.1
DZ22	0.12~0.16	8~10	余	11.5~12.5	—	0.75~1.25	4.75~5.25	1.75~2.25	≤0.35	—	—	0.01~0.02	Hf 1.0~2.0 Zr≤0.1
DD3	≤0.01	9~10	余	5.0~6.0	3.5~4.5	—	5.5~6.2	1.7~2.4	≤0.5	—	—	0.005	Zr 0.005

（1）镍基高温合金　镍基高温合金是以镍为基体（质量分数一般大于50%），在650~1000℃范围内具有较高的强度和良好的抗氧化、抗燃气腐蚀能力的高温合金，是高温合金中发展最快、应用也最广泛的一种。

镍基高温合金中可以溶解较多的合金元素，且能保持较好的组织稳定性。同时，这些合金元素可以形成共格有序的 A_3B 型金属间化合物 γ'[Ni_3(Al, Ti)] 相作为强化相，使合金得到有效的强化，获得比铁基高温合金和钴基高温合金更高的高温强度。它能够满足应力水平较高发动机的使用要求，可用于高推重比发动机涡轮盘、压气机盘、燃烧室内衬、导向叶片等高温部件。

（2）铁基高温合金　铁基高温合金是在 Fe-Ni-Cr 合金基体上添加合金元素（如 W、Mo、Al、Ti 等）发展起来的。Ni 是形成和稳定奥氏体的主要元素，并在时效处理过程中形成 Ni_3(Ti、Al) 沉淀强化相，Cr 主要用来提高抗氧化性、抗燃气腐蚀性，W、Mo 用来强化固溶体，Al、Ti、Nb 用于沉淀强化，C、B、Zr 等元素则用于强化晶界。铁基高温合金按制造工艺可分为变形高温合金和铸造高温合金，按强化方式可分为固溶强化型和沉淀强化型高温合金。铁基高温合金的基体为奥氏体，主要的沉淀强化相有 γ'[Ni_3(Ti、Al)] 和 γ''(Ni_3Nb) 相两类。此外，还有微量碳化物、硼化物、Fe_2Mo 相和 δ 相等。

与镍基高温合金组织相比，铁基合金中相组织较复杂，稳定性较差，容易析出 η（如 Ni_3Ti）、σ(如 Fe_xCr_y) 等有害相，但在适当的温度范围内具有良好的综合性能，而且成本低，因此在航空发动机上被广泛用于燃烧室、涡轮盘、机匣和轴类等零部件。

（3）钴基高温合金

钴基高温合金是钴的质量分数为 40%～65% 的奥氏体高温合金。在 730～1100℃ 条件下具有一定的高温强度、良好的抗热腐蚀和抗氧化能力。适于制作航空喷气发动机、工业燃气轮机、舰船燃气轮机的导向叶片和喷嘴导叶以及柴油机喷嘴等。

与其他高温合金不同，钴基高温合金不是由与基体牢固结合的有序沉淀相来强化，而是由已被固溶强化的奥氏体基体和基体中分布的少量碳化物组成。钴基高温合金中碳化物的热稳定性较好。温度上升时，碳化物集聚长大速度比镍基合金中的 γ 相长大速度要慢，重新回溶于基体的温度较高（最高可达 1100℃），因此在温度上升时，钴基合金的强度下降一般比较缓慢。

2. 高温合金的性能特点

高温合金的性能主要是室温和高温下的强度和塑性，以及工作高温下有很高的持久性能、蠕变和疲劳强度。表 7-2 列出部分高温合金的热处理工艺及典型力学性能。

表 7-2　高温合金的热处理工艺及典型力学性能

牌号	热处理工艺	试验温度/℃	拉伸性能			持久性能	
			抗拉强度 R_m/MPa	屈服强度 $R_{p0.2}$/MPa	断后伸长率 A/%	抗拉强度 R_m/MPa	时间 t/h
GH1015	1150℃ AC	20	636 (737)	(314)	40 (48)	—	—
		800	(318)	(194)	(77)	(118)	(100)
		900	176 (189)	(137)	40 (103)	68 (55)	20 (100)
GH1140	1080℃ AC	20	637 (637)	(255)	40 (46)	—	—
		700	225 (422)	(232)	40 (47)	(235)	(100)
GH1131	1130～1170℃ AC	20	735 (830)	—	34 (43)	—	—
		900	177 (215)	—	40 (63)	(97)	(100)

（续）

牌号	热处理工艺	试验温度/℃	拉伸性能			持久性能	
			抗拉强度 R_m/MPa	屈服强度 $R_{p0.2}$/MPa	断后伸长率 A/%	抗拉强度 R_m/MPa	时间 t/h
GH2132	900～1000℃ AC +700～720℃ AC	20	885	—	20	—	—
		650	686	—	15	392	100
GH150	1120℃ AC	20	707（1231）	—	30（23）	—	—
		800	633（644）	—	10（28）	246（245）	30（97）
GH3030	980～1020℃ AC	20	686（730）	—	30（44）	—	—
		700	294（266）	—	30（72）	（103）	（100）
GH3039	1200℃ AC	20	735（841）	（436）	40（48）	—	—
		800	245（284）	（137）	40（76）	（78）	（100）
GH3044	1200℃ AC	20	735（785）	（314）	40（60）	—	—
		900	196（226）	（118）	30（50）	68（51）	100（100）
GH3128	交货状态	20	735（891）	—	40（54）	—	—
		950	176（198）	—	40（99）	55（42）	20（100）
GH22	交货状态	20	725（795）	304（368）	35（48）	—	—
		815	（327）	（219）	（89）	110	24
GH99	1140℃ AC	20	1128（1046）	（604）	30（50）	—	—
		900	373（478）	（361）	15（40）	118（118）	30（100）
GH141	1065℃×4h AC+760℃×16h AC	20	1176（1014）	882	12（15）	—	—
		800	735（779）	637	15（18）	（300）	（100）
GH188	1180℃ WC或AC	20	860（958）	380（483）	45（56）	—	—
		815	（580）	—	（66）	165（154）	23（100）
GH605	交货状态	20	890	370	35	—	—
		815	—	—	—	165	23
	1120℃ WC	20	940	—	60	—	—
		800	480	—	30	165	100

注：1. 表中数据均为薄板的性能；AC为空冷，WC为水冷。

2. 表中数据为技术条件规定的数值；括号中为试验数值。

在先进航空发动机中，高温合金的应用已从常规镍基合金发展成定向凝固、单晶和氧化物弥散强化高温合金，高温性能大幅度提高。在航空航天工业部门中，高温合金主要用于涡轮发动机的高温部件，如燃烧室的火焰筒、点火器和机匣、加热燃烧室的加热屏以及涡轮燃气导管等均采用了板材冲压焊接结构，工作温度800℃的GH3039、GH1140合金，工作温度900℃的GH1015、GH1016、GH1131、GH3044和时效强化的GH99合金，此外少量采用工作温度980℃的GH170和GH188合金。涡轮部件中的涡轮盘主要采用了GH4169和GH4133合金。涡轮叶片和导向叶片大部分采用铸造高温合金，如K403、K417、K6C、DZ22、DZ125等。

7.2.2 高温合金的焊接性分析

1. 焊接裂纹

(1) 结晶裂纹 高温合金具有不同程度的结晶裂纹敏感性。结晶裂纹敏感性常采用变拘束十字形裂纹敏感性试验方法进行评价。表 7-3 为常用高温合金氩弧焊工艺的裂纹敏感性。由表可见，固溶强化的高温合金具有较小的结晶裂纹敏感性。裂纹敏感性系数 $K<10\%$，适宜制造复杂形状的焊接构件。铝、钛的质量分数较低（$<4\%$）的沉淀强化高温合金具有中等的结晶裂纹敏感性，裂纹敏感性系数 $K=10\%\sim15\%$，属于可焊合金，适宜制造结构简单的焊件。铝、钛含量高的沉淀强化合金和铸造高温合金具有较大的结晶裂纹敏感性，裂纹敏感性系数 $K>15\%$，是难焊合金，不适宜制造熔焊的焊件，只适用于采用真空钎焊和扩散焊等特殊焊接工艺。

表 7-3 常用高温合金氩弧焊工艺的裂纹敏感性

合金牌号	Al+Ti 总的质量分数（%）	B 的质量分数（%）	焊丝牌号	裂纹敏感性系数 K（%）
GH3033	0.50	—	HGH3033	5.5
GH3044	1.20	—	HGH3044	6.0
GH1140	1.55	—	HGH1140，HGH3113	7.5，5.0
GH3128	1.60	0.005	HGH3128	8.0
GH2132	2.70	0.010	HGH2132	8.8
GH99	3.35	0.005	GH99	8.3
GH150	3.1	0.006	GH150，GH533	13.0，7.8
GH2018	3.0	0.015	GH2018	15.0
K406	6.25	0.10	HGH3113	25.2
K403	8.9	0.018	HGH3113	35.2
K417	10.0	0.018	HGH3113	47.2

固溶强化型合金中的强化元素 W、Mo、Cr、Co、Al 等在镍中的溶解度很大，几乎全溶入基体中，形成面心立方的 γ 固溶体。在焊接过程中，合金不产生相变，对形成结晶裂纹无直接影响。但微量元素聚集于晶界，会形成低熔共晶组织，导致结晶裂纹形成。微量元素 S、P、C、B 会明显增大其结晶裂纹敏感性，Si 和 Mg 元素稍微增大其裂纹敏感性，尤其多种元素共同作用，更会显著增大其裂纹敏感性。

沉淀强化高温合金的裂纹敏感性随 B、C 含量的增加而增大。Al、Ti、Nb 是沉淀强化高温合金的主要强化元素。Al、Ti 对高温合金的焊接性有较大的影响，随着两者含量的提高，合金的焊接性变差。在 Al 和 Ti 总量相近的情况下，高 Al 和 Ti 之比的合金具有高的裂纹敏感性，应控制 Al 和 Ti 之比小于 2。

Al、Ti 含量对高温合金焊接性的影响如图 7-2 所示。图中将高温合金分为三类：A 类为易焊合金，为 Al 和 Ti 含量低（$w_{Al+Ti}<2\%$）的固溶强化合金；B 类为可焊合金，为 Al 和 Ti 含量较高（$w_{Al+Ti}=4\%$）的沉淀强化合金；C 类为难焊合金，为 Al 和 Ti 含量更高（$w_{Al+Ti}>6\%$）的沉淀强化铸造合金或工艺性差的变形合金，此时合金的裂纹敏感性显著增加，焊接性变差。

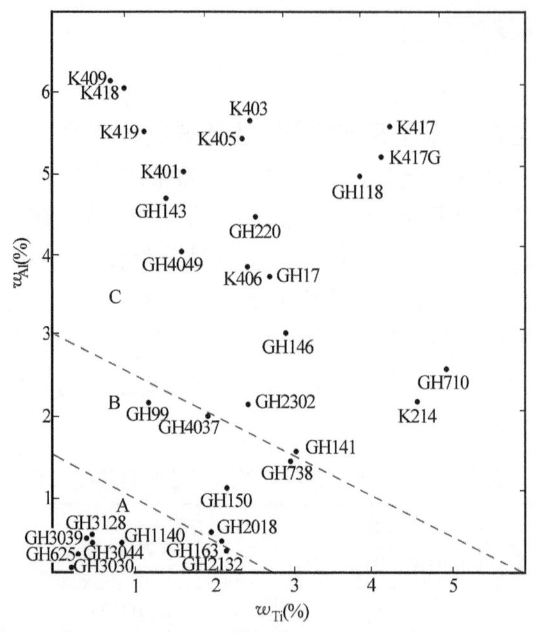

图 7-2 Al、Ti 含量对高温合金焊接性的影响

A—易焊合金 B—可焊合金 C—难焊合金

高温合金的状态也会影响其裂纹敏感性。固溶状态的合金比时效状态的合金具有较小的裂纹敏感性（表 7-4）。

表 7-4 GH2018 合金不同热处理状态的裂纹敏感性

焊前热处理状态	合金拉伸性能		裂纹敏感性系数 K（%）	工 艺 条 件
	抗拉强度/MPa	断后伸长率（%）		
1130℃固溶	686	48	15.2	用变拘束十字形试验方法，板厚 1.5mm，氩弧焊工艺
1130℃固溶 +（1130℃ +16h）时效	1176	25	27.0	

图 7-3 所示的各种镍基高温合金的焊接性比较，是综合考虑了合金化学成分对镍基合金焊接性的影响而得到的。Al、Ti 含量越高，越容易产生结晶裂纹；Cr、Co 可以降低产生焊接结晶裂纹的敏感性。

消除焊接结晶裂纹可以采取的措施首先是选用较小的焊接电流，减小焊接热输入，改善熔池结晶形态，减小枝晶间偏析。其次，采用抗裂性优良的焊丝，如 HGH3113、SG-1、SG-5、GH533 等。最后建议在固溶状态或淬火软化状态下进行焊接。

（2）液化裂纹　高温合金中由于合金元素较多，大部分高温合金都具有液化裂纹的倾向，随着合金元素含量的增加，其合金液化裂纹越显著。液化裂纹产生在近缝区，具有沿晶开裂，从熔合区向热影响区扩展的特征。由于合金中较多的强化元素在晶界上会形成碳化物相，其中部分为共晶组织，部分相会产生溶解和析出相变。焊接时，靠近焊接熔池的某些相被迅速加热到固-液相区的温度范围，晶界上的相来不及发生转变，在原相界面上形成液膜，于是造成晶界液化。晶界液化的液膜承受不住拘束应力的作用，则被拉裂形成液化裂纹。

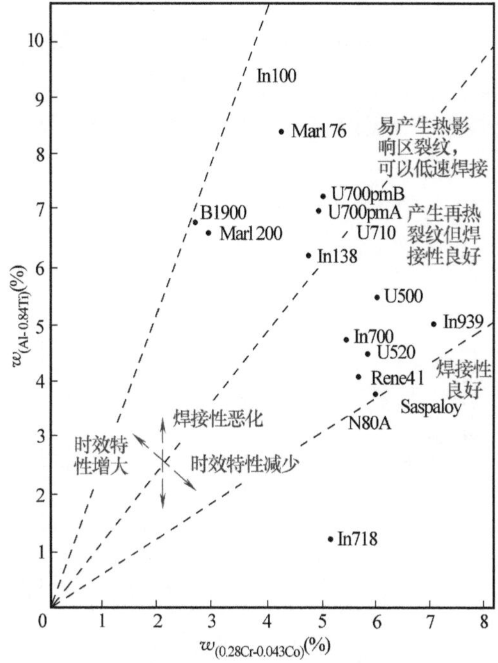

图 7-3　各种镍基高温合金的焊接性

避免液化裂纹的办法是尽可能降低热输入和减小过热区及母材高温停留时间。

(3) 应变时效裂纹　铝、钛含量高的沉淀强化高温合金和铸造高温合金焊接后，在时效处理过程中，熔合区附近会产生一种沿晶扩展的裂纹，称为应变时效裂纹。应变时效裂纹的形成与焊接残余应力和拘束应力引起的应变以及时效过程中塑性损失引起的应变时效有关。

不同的焊接工艺对应变时效裂纹敏感性也不相同。手工氩弧焊的裂纹敏感性最大，电子束焊的裂纹敏感性最小。经测定在垂直于焊缝方向上，手工氩弧焊焊缝和近缝区存在较大的拉应力，其最大应力接近合金的屈服应力；电子束焊的残余拉应力最小，焊后采用机械方法消除拉应力，形成压应力则可消除应变时效裂纹。

消除应变时效裂纹的措施为：

① 选择含 Al、Ti 较低，或用 Nb 代替部分 Al、Ti 的高温合金。

② 在接头设计时，选用合理的接头形式和焊缝分布，减小焊件的拘束度。

③ 控制焊接参数，调节焊接热循环，避免热影响区中碳化物作用使相变产生而引起脆性。

④ 焊后对焊缝和热影响区进行合理的锤击或喷丸处理，改拉应力状态为压应力状态。

2. 气孔

镍基高温合金焊接中的另一个主要问题是焊缝金属中易出现气孔。焊接坡口处清理不彻底而残存油污、氧化物及涂料等，是产生气孔的重要原因。保护气体流量不足或氩气纯度偏低也能引起焊缝中出现气孔。例如，纯镍和不含 Cr 的镍基高温合金焊接时，由于它们的液态金属粘度大，若被含有杂质的气体或空气混入电弧气氛中，溶入液态金属形成的气泡很难析出，就很容易在焊缝金属凝固过程中产生气孔。

图 7-4 所示为氮（N_2）含量对焊缝中产生气孔倾向的影响。Monel 合金或工业纯镍中，

N_2 的体积分数在0.1%~0.2%时容易出现气孔。若 N_2 的体积分数在0.5%以上，就会产生大量的集中气孔。但是，含Cr的Inconel 600合金焊接时，电弧气氛中 N_2 的体积分数即使达到10%也不会产生气孔。即含Cr的镍基高温合金焊接时，有较强的抵抗产生 N_2 气孔的能力。因此，在焊接工业纯镍和不含Cr的镍基高温合金时，要尽量避免空气的侵入。

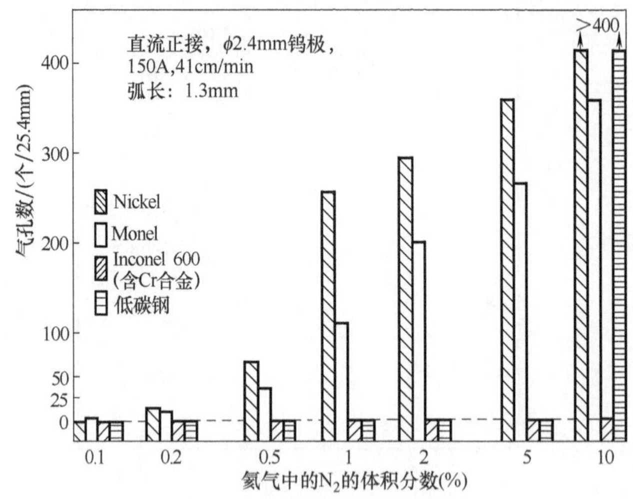

图7-4 氮（N_2）含量对焊缝中气孔倾向的影响

为了避免空气侵入电弧气氛，要采用短弧焊和避风焊接。在焊丝中加入能形成氮化物、氧化物、碳化物的合金元素，也可以避免焊缝中气孔产生。为此，加入强碳化物形成元素Ti是最有效的，加入Al、Mn、Si也有一定的效果。

3. 接头组织不均匀

固溶强化高温合金的组织比较简单，这类合金焊接后，焊缝金属由变形组织变为铸态结晶组织。由于焊接熔池冷却速度快，焊缝金属会因晶内偏析形成层状组织。当偏析严重时，会在枝晶间形成共晶组织。接头热影响区产生沿晶界的局部熔化和晶粒长大，其程度依合金成分和焊接工艺不同而异。例如，GH3044合金比GH3039合金的晶粒长大明显，在焊缝两侧形成两条粗晶带，直接影响接头的拉伸和抗疲劳性能。

镍基高温合金的组织为单相奥氏体组织，焊接中不会发生相变，但加热会使晶粒明显长大。特别是焊接热影响区加热到1150℃以上晶粒会急剧长大，危害接头区的力学性能，甚至在焊接状态下引发低塑性裂纹。

加热不仅可使晶粒长大，还会析出一些脆硬析出相。例如，Inconel X750镍基合金在927℃热处理后，会析出很多析出相。这些析出相有 Ni_3Al、碳化物 $Cr_{23}C_6$ 和TiC等。析集在晶界的脆性析出物会引发微裂纹，降低接头力学性能。

沉淀强化型高温合金和铸造高温合金的组织比较复杂，这类合金的焊接接头组织，不论是焊缝还是热影响区的组织结构都比较复杂。焊缝金属经历了熔化凝固的过程，原来的 γ' 或 γ''、碳化物相、硼化物相等均溶入基体中，形成单一的 γ 相（即Ni的固溶体）。焊缝金属冷却速度快，形成横向枝晶很短、主轴很长的树枝状晶，在树枝状晶间和主轴之间存在较大的成分偏析，在焊缝中会产生共晶成分的组织。接头热影响区在周期性加热的温度梯度很大的热循环区域会引起 γ'、γ''强化相溶解，碳化物相转变，使热影响区的组织变得十分复杂，影响高温合金的性能。

γ′相（Ni_3Al）为面心立方有序超点阵结构，对镍基高温合金有着特殊的意义。它在 Ni 的固溶体｛100｝面析出，在 <100> 方向长大。γ′相的晶格常数与基体几乎一样，相差在 0.5%以下。适当增加 Al、Ti、Nb、Ta 等元素的含量，材料的蠕变断裂强度将有明显提高，这是由于这些元素能显著提高 γ′相和 γ 相的固溶温度（图 7-5）。其中 Al 能够提高 γ′相的析出速度，对 γ′相的析出强化影响最大（图 7-6）。但若 Al 含量太高，γ′相虽然易于析出，但却易于聚集长大，反而失去强化效果。

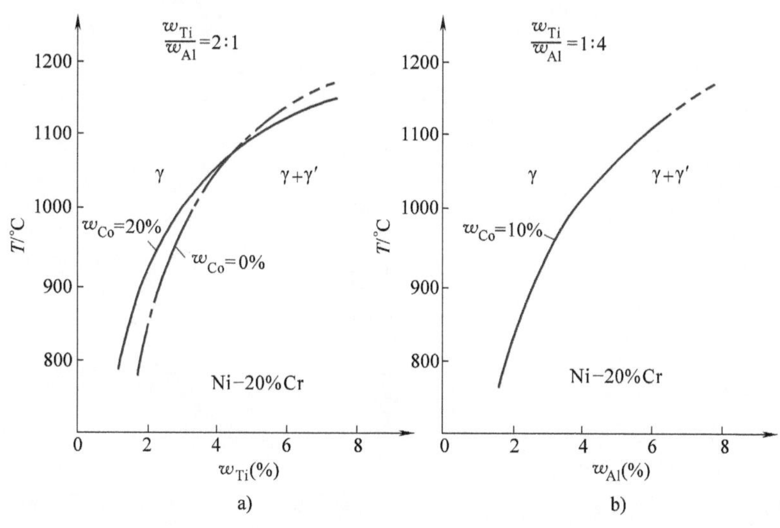

图 7-5　Ti 或 Al 含量对 γ′相固溶温度的影响

a）Ti 的影响　b）Al 的影响

Al 的析出强化与其溶解度的关系如图 7-7 所示。由图可见，在给定的温度下（此处为 900℃），Al 含量相当于该温度下的溶解度时，可使合金得到最高的热强性（即出现热强度峰值）。

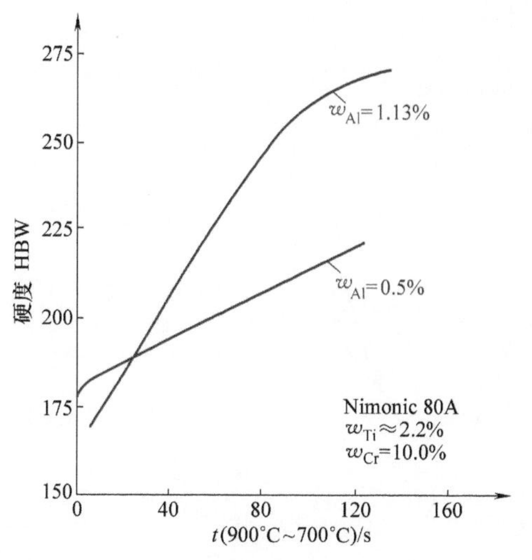

图 7-6　Al 对析出强化的影响

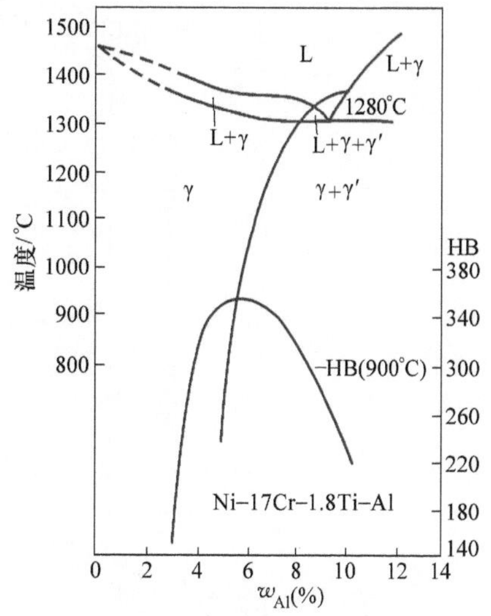

图 7-7　Al 的析出强化与溶解度的关系

Ti 含量对析出强化的影响与 Al 含量的影响类似，也有一个最佳值（图 7-8）。Ti 含量少时，γ′相的数量不足以产生足够的强化效果；但 Ti 含量较多时，开始优先析出 α′亚稳定相使合金脆化而降低热强性。

4. 焊接接头性能的变化

图 7-9 所示为试验温度对 γ′相（Ni_3Al）屈服强度的影响。一般，合金的屈服强度随温度的上升而下降，但 γ′相（Ni_3Al）的屈服强度却出现随温度的上升而升高的特异现象，在 700℃左右达最大值之后，又随温度的上升而下降。从 -196℃到 700℃，屈服强度几乎提高了 6 倍。

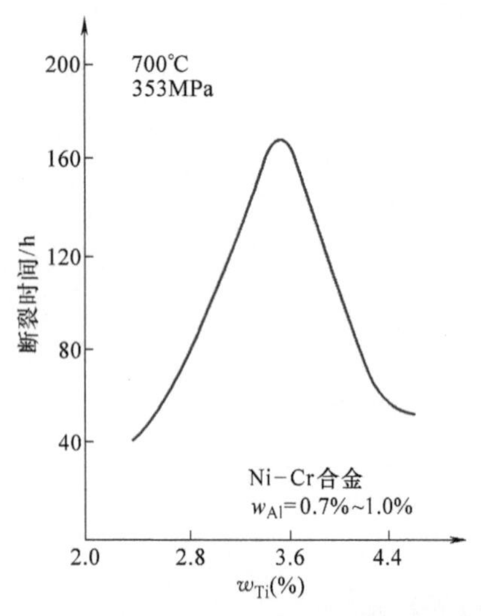

图 7-8　Ti 的析出强化与含量的关系

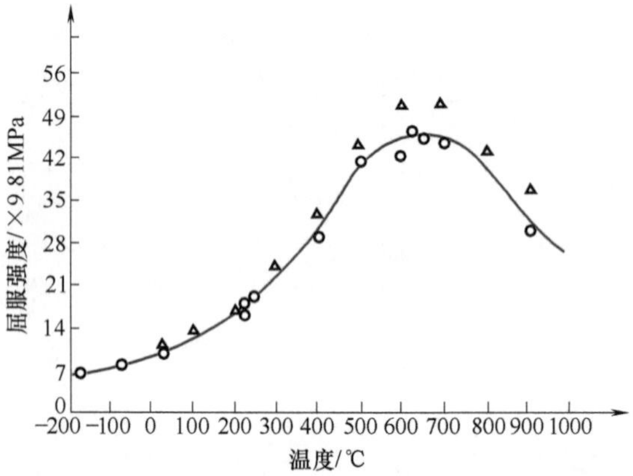

图 7-9　温度对 γ′相（Ni_3Al）屈服强度的影响

γ′相除自身的强化和使合金得以强化之外，它还有相当的塑性。图 7-10 所示为温度对 γ′相（Ni_3Al）单晶在 <001> 位相上断后伸长率和断面收缩率的影响。这种塑性和温度之间

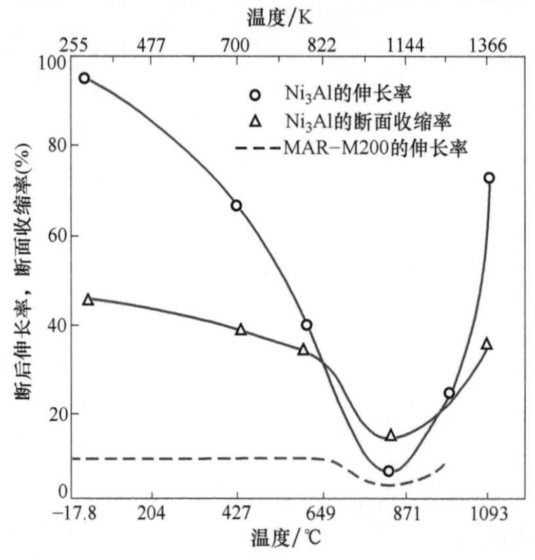

图 7-10　温度对 γ′相（Ni_3Al）单晶在 <001> 位相上伸长率和断面收缩率的影响

的关系是随着温度的提高，先降低、后升高，也存在一个低谷（约为 816℃）。这一规律与屈服强度的变化相对应。

对高温合金焊接接头的要求与母材相同，应抗氧化、耐腐蚀，具有良好的高温强度、塑性和疲劳性能，而且希望接头与母材等强。热影响区中晶粒长大、γ′强化相和碳化物的溶解形成了弱化区，直接影响接头强度。在拉伸过程中，弱化区与硬化区阻碍试样的均匀变形。焊缝的存在也同样影响接头的均匀变形，使大部分塑性变形发生在弱化区，最终颈缩和断裂大多数发生在热影响区。

7.2.3　高温合金的焊接工艺特点

高温合金的焊接通常采用惰性气体保护焊（TIG、MIG）、等离子弧焊（PAW）、电子束焊（EBW）、钎焊和扩散焊，很少采用焊条电弧焊和埋弧焊，也不宜采用氧乙炔气焊。

几种镍基高温合金适宜的焊接方法见表 7-5。

表 7-5　几种镍基高温合金适宜的焊接方法

合金种类	合金示例	电弧焊	电子束焊	钎焊	扩散焊
Ni 基合金	Ni200（纯镍 Ni200）	√	√	√	√
Ni-Cu 合金	Monnel（蒙乃尔合金）	√	√	√	√
耐蚀 Ni 合金	Pastlloy C（NS3303）	√	√	√	√
固溶强化型合金	Inconel 600（NS3312）	√	√	√	√
弱析出强化型合金	Inconel 718（GH4169）	√	√	√	√
强析出强化型合金	Inconel 713C（因科乃尔 713C）	—	—	√	√
微细粒子弥散强化型合金	MA6000	—	—	√	√

注：“√”表示适宜。

1. 氩弧焊（TIG、MIG）

（1）钨极氩弧焊（TIG）

1）焊接特点。固溶强化型高温合金钨极氩弧焊具有良好的焊接性，焊接时，只要采取较小的焊接热输入和稳定的电弧，则可避免结晶裂纹，获得质量良好的接头。沉淀强化型高温合金钨极氩弧焊焊接性较差，要求在固溶状态下进行焊接。焊接接头设计和焊接顺序要合理，使焊接件具有较小的拘束度；采用较小的焊接电流，改善焊接熔池结晶状态，避免形成热裂纹。

高温合金钨极氩弧焊熔池的熔深较小，不到奥氏体不锈钢熔深的 2/3。因此在接头设计时，应加大坡口、减小钝边高度和适当加大根部间隙，在操作中应注意防止未焊透和根部缺陷。定向凝固、单晶和氧化物弥散强化高温合金难以用熔化焊（包括 GTAW、GMAW、等离子弧焊等）实现可靠的连接。

2）焊接材料。焊接固溶强化型高温合金和铝钛含量较低的沉淀强化合金时，可选用与母材化学成分相同或相近的焊丝，以获得与母材性能相近的接头。焊接铝钛含量较高的沉淀强化合金或拘束度大的焊接件时，为防止裂纹产生，推荐选用抗裂性好的 Ni-Cr-Mo 系合金焊丝，如 HGH3113、SG-1、SG-5 等。这类焊缝金属不能经热处理进行强化，接头强度低于母材。钴基高温合金可采用与母材成分相同或 Ni-Cr-Mo 系合金的焊丝。

保护气体可采用氩、氦或氩-氦混合气体。氩气成本低、密度大，保护效果好，是常用的保护气体。氩气中加入体积分数5%以下的氢气，在焊接过程中有还原作用，但只用于第一层焊道或单道焊的焊接，否则会产生气孔。铈钨极的电子发射能力强、引弧电压低、电弧稳定性好、许用焊接电流大、烧损率低，因此一般选用铈钨极。钨极直径应根据焊接电流选定，并加工成尖锥形。

3）焊接参数。焊前应彻底清除焊接处和焊丝表面的氧化物、油污等，并保持清洁。定位焊宜在夹具上进行，以保证装配质量。为使焊接区快速冷却，常采用激冷块和垫板。垫板开有适宜尺寸的成形槽。成形槽一般为弧形，槽内有均匀分布的通入保护气体的小孔，以保证焊缝背面成形良好。激冷块和垫板用纯铜制成。焊接钴基合金时，应采用表面镀铬的纯铜垫板。焊缝两端可预装能拆除的引弧板和收弧板，材料牌号和母材相同，以避免引弧和收弧缺陷。

焊接时采用直流电流、正极性和高频引弧，焊接电流可控制递增和衰减。典型高温合金钨极氩弧焊的焊接参数见表7-6。在保证焊透的条件下，应采用较小的焊接热输入。多层焊时，应控制层间温度。保证电弧稳定燃烧，焊枪保持在接近垂直的位置。弧长尽量短，不加焊丝时，弧长小于1.5mm；加焊丝时，弧长与焊丝直径相近。薄件焊接时，焊枪不做摆动。多层焊时，为使熔敷金属与母材和前焊道充分熔合，焊枪可做适当摆动。

表7-6　典型高温合金钨极氩弧焊的焊接参数

母材厚度/mm	焊丝直径/mm	钨极直径/mm	保护气体		焊接电流/A
			气体种类	气体流量/L·min^{-1}	
0.5	0.5~0.8	1.0~1.5	Ar	8~10	15~25
0.8	0.8~1.0	1.0~1.5	Ar	8~10	20~45
1.0	1.0~1.2	1.5~2.0	Ar	8~12	35~60
1.2	1.0~1.6	1.5~2.0	Ar	8~12	45~70
1.5	1.2~2.0	1.5~2.0	Ar	10~15	50~85
1.8	1.6~2.0	2.0~2.5	Ar	10~15	65~100
2.0	2.0~2.5	2.0~2.5	Ar	12~15	75~110
2.5	2.0~2.5	2.0~2.5	Ar或He	12~15	95~120
3.0	2.5	2.5~3.0	Ar或He	15~20	100~130
5.0	2.5	2.0~3.0	Ar或He	15~20	120~150

薄板高温合金焊件焊前无须预热，厚板件因拘束度大，焊前可以适当预热，焊后应及时进行消除应力热处理，以防止出现裂纹。钴基合金件推荐采用钨极氩弧焊，焊接时应注意低熔点元素的污染。铸造高温合金的焊接性很差，一般不采用此方法焊接。这类合金若需要与其他合金组合焊接时，除应防止焊缝产生热裂纹外，还应注意防止热影响区产生液化裂纹。焊接时应采用很小的焊接热输入，熔敷金属尽量少和熔深尽量小，焊前预热，焊后立即进行消除应力热处理。

高温合金钨极氩弧焊接头的力学性能较高，接头强度系数可达90%以上。焊接接头的抗氧化性和热疲劳性能与母材接近。镍基高温合金钨极氩弧焊接头的力学性能见表7-7。

表7-7　镍基高温合金钨极氩弧焊接头的力学性能

合金牌号	焊接方法	试样状态	试验温度/℃	拉伸性能		持久性能	
				抗拉强度/MPa	强度系数 K_σ/%	拉伸应力/MPa	时间 t/h
GH3039	手工 TIG	焊态	20	794	98	—	—
			800	276	97	58.8	>100
	自动 TIG		20	818	100	—	—
			800	346	92	58.8	100
GH3044	手工 TIG		20	763	98	—	—
			900	299	97	51.0	83
	自动 TIG		20	765	95	—	—
			900	265	95	51.0	50
GH22	手工 TIG	焊态	20	800	100	—	—
			650	586	100	294	>200
	自动 TIG		20	806	100	—	—
			650	514	98	294	>250
GH99	手工 TIG	焊态	20	970	95	—	—
			900	478	91	117	47
		焊后固溶时效	20	1097	96	—	—
			900	499	98	117	52
GH141	手工 TIG	焊态	20	980	92	—	—
			900	480	95	117	>100
		焊后固溶时效	20	1250	98	—	—
			900	520	97	117	98
GH1015	手工 TIG	焊态	20	785	100	—	—
			900	180	92	51	150
	自动 TIG		20	735	—	—	—
			900	211	51	51	151

注：持久性能 t 为相应持久拉伸应力下的断裂时间（h）。

（2）熔化极氩弧焊（MIG）

1）焊接特点。固溶强化型高温合金可用熔化极氩弧焊进行焊接，高 Al、Ti 含量的沉淀强化型高温合金和铸造高温合金因裂纹敏感性较大，不推荐采用这种焊接方法。考虑高温合金因过热产生晶粒长大和热裂纹敏感性，建议采用喷射过渡形式。

2）焊接材料。为避免形成结晶裂纹可选用抗裂性良好的 Ni-Cr-Mo 系合金焊丝，焊丝直径取决于熔滴过渡形式和母材厚度。当采用脉冲喷射过渡形式时，焊丝直径选用1.0～1.6mm。

保护气体可用纯氩气、氦气或氩-氦混合气体。气体流量大小取决于接头形式、熔滴过渡形式和焊接位置，一般控制在15～25L/min。为减小飞溅和提高液态金属的流动性，推荐采用氩气中加入体积分数为15%～20%氦的混合气体。

3）接头形式。用熔化极氩弧焊（MIG）方法焊接高温合金时，要求坡口角度大，钝边高度小，根部间隙大。例如，带衬垫（环）的 V 形坡口，坡口角度为80°～90°。U 形对接坡口，底部半径 $R=5\sim8$mm，坡口向外扩3～3.5mm，钝边高度为2.2～2.5mm。

4）焊接工艺。焊前清理同 TIG。高温合金熔化极氩弧焊的焊接参数见表7-8。在焊接过程中，应保持焊丝与焊缝呈90°，以获得良好的保护和焊缝成形。焊接时应适当控制电弧长度，以减小飞溅。为防止未熔合和咬边，焊丝摆动于两端时可短时停留。采用适当焊接工艺的接头强度系数可达90%以上。

表7-8　高温合金熔化极氩弧焊的焊接参数

母材厚度/mm	熔滴过渡形式	焊丝		保护气体	焊接位置	焊接电流/A	电弧电压/V	
		直径/mm	熔化速度/m·min^{-1}				平均值	脉冲
6	喷射	1.6	5.0	氩气	平焊	265	28~30	—
	脉冲喷射	1.1	3.6	氩气或氦气	立焊	90~120	20~22	44
	短路	0.9	6.8~7.4	氩气或氦气		120~130	16~18	—
3	短路	1.6	—	氩气或氦气	平焊	160	15	—
		1.6	4.7			175	15	—

2. 等离子弧焊（PAW）

用等离子弧焊焊接固溶强化和Al、Ti含量较低的时效强化高温合金时，可以填充焊丝也可以不加焊丝，均可获得质量良好的焊缝。一般厚板采用小孔型等离子弧焊，薄板采用熔透型等离子弧焊，箔材用微束等离子弧焊。焊接电源采用陡降外特性的直流正极性高频引弧，焊枪的加工和装配要求精度较高，并有很高的同心度。等离子气流和焊接电流均要求能递增和衰减控制。

焊接时，采用氩气和氩气中加适量氢气作为保护气体和等离子气体，加入氢气可以使电弧功率增加，提高焊接速度。加入氢气的体积分数一般在5%左右，要求不大于15%。焊接时是否采用填充焊丝要根据需要确定。选用填充焊丝的牌号与钨极惰性气体保护焊的选用原则相同。

高温合金等离子弧焊的焊接参数与焊接奥氏体不锈钢基本相同，应注意控制焊接热输入。镍基高温合金等离子弧焊的焊接参数示例见表7-9。在焊接过程中应控制焊接速度，速度过快会产生气孔，还应注意电极与压缩喷嘴的同心度。高温合金等离子弧焊接头的力学性能较高，接头强度系数一般大于90%。

表7-9　镍基高温合金等离子弧焊的焊接参数示例

合　金	厚度/mm	小孔直径/mm	等离子气流量/L·min^{-1}	焊接电流/A	电弧电压/V	焊接速度/cm·min^{-1}
76Ni-16Cr-8Fe	5.0	—	6.0	155	31	43
	6.6	—	6.0	210	31	43
46Fe-33Ni-21Cr	3.2	—	4.7	115	30	46
	4.8	—	4.7	185	27	41
	5.8	—	6.0	185	32	43
Ni 200	8.3	3.5	4.7	310	31.5	22.9
	7.3	3.5	4.7	250	31.5	25.4
	6.0	3.5	4.7	245	31.5	35.6
	3.2	3.5	4.7	160	31.5	50.8

（续）

合　　金	厚度 /mm	小孔直径 /mm	等离子气流量 /L·min^{-1}	焊接电流 /A	电弧电压 /V	焊接速度 /cm·min^{-1}
Monel 400	6.4	3.5	5.9	210	31.5	35.6
Inconel 600	6.6	3.5	5.9	210	31.5	43.2
	5.0	3.5	5.9	155	31.5	43.2

3. 电子束焊（EBW）

1）焊接特点。采用电子束焊不仅可以成功地焊接固溶强化型高温合金，也可以焊接电弧焊难以焊的沉淀强化型高温合金。焊前状态最好是固溶状态或退火状态。对某些液化裂纹敏感的合金应采用较小的焊接热输入，而且应调整焦距，减小焊缝弯曲部位的过热。

2）接头形式。电子束焊接头可以采用对接、角接、端接、卷边接，也可以采用丁字接和搭接形式。推荐采用平对接、锁底对接和带垫板对接形式。接头的对接端面不允许有裂纹、压伤等缺陷，边缘应去毛刺，保持棱角。端面加工的表面粗糙度值为 Ra≤3.2μm。

3）焊接工艺。焊前对有磁性的工作台及装配夹具均应退磁、其磁感应强度不大于 2×10^4T。焊件应仔细清理，表面不应有油污、油漆、氧化物等杂质。经存放或运输的零件，焊前还需要用绸布蘸丙酮擦拭焊接处，零件装配应使接头紧密配合和对齐，局部间隙不超过0.08mm或材料厚度的0.05倍，错位不大于0.75mm。当采用压配合的锁底对接时，过盈量一般为0.02～0.06mm。

装配好的焊件应先进行定位焊。定位焊焊点位置应布置合理，保证装配间隙不变。定位焊焊点应无焊接缺陷，且不影响电子束焊接。对冲压的薄板焊件，定位焊更为重要，应布置紧密、对称、均匀。

焊接参数根据母材牌号、厚度、接头形式和技术要求确定。推荐采用低热输入和小焊接速度的工艺。表7-10为典型高温合金电子束焊的焊接参数。

表7-10　典型高温合金电子束焊的焊接参数

合金牌号	厚度 /mm	接头形式	焊机功率 /kW	电子枪类型	工作距离 /mm	束流 /mA	加速电压 /kV	焊接速度 /m·min^{-1}	焊道数
GH4169	6.25	对接	60kV，300mA	固定枪	100	65	50	1.52	1
	32.0				82.5	350		1.20	
GH188	0.76	锁底对接	150kV，40mA		152	22	100	1.00	

4）焊接缺陷及防止。高温合金电子束焊的焊接缺陷主要是热影响区的液化裂纹及焊缝中的气孔、未熔合等。热影响区的裂纹多分布在焊缝钉头转角处，并沿熔合区延伸。形成裂纹的几率与母材裂纹敏感性及焊接参数和焊件刚度有关。

防止焊接裂纹的措施有：采用含杂质低的优质母材，减少晶界的低熔点相；采用较低的焊接热输入，防止热影响区晶粒长大和晶界局部液化；控制焊缝形状，减小应力集中；必要时填加抗裂性好的焊丝。

焊缝中的气孔形成与母材纯净度、表面粗糙度、焊前清理有关，并且在非穿透电子束焊时容易在根部形成长气孔。防止气孔的措施有：加强铸件和锻件的焊前检验，在焊接端面附近不应有气孔、缩孔、夹杂等缺陷；提高焊接端面的加工精度；适当限制焊接速度；在允许的条件下，采用重复焊接的方法。

电子束焊的焊缝偏移容易导致未熔合和咬边缺陷。其防止措施有：保证零件表面与电子束轴线垂直；对夹具进行完全退磁，防止残余磁性使电子束产生横向偏移，形成偏焊；调整电子束的聚焦位置。电子束焊固有的焊缝下凹缺陷，可以采用双凸肩接头形式和填加焊丝的方法弥补。

5）接头性能。高温合金电子束焊接头的力学性能较高，焊态下接头强度系数可达95%左右，焊后经时效处理或重新固溶、时效处理的接头强度可与母材相当。但接头塑性不理想，仅为母材的60%～80%，表7-11为几种高温合金电子束焊接头的力学性能。

表7-11　高温合金电子束焊接头的力学性能

<table>
<tr><th rowspan="2">母材牌号</th><th rowspan="2">焊前状态</th><th rowspan="2">焊后状态</th><th colspan="3">室温拉伸</th><th colspan="3">600℃拉伸</th></tr>
<tr><th>屈服强度/MPa</th><th>抗拉强度/MPa</th><th>断后伸长率(%)</th><th>屈服强度/MPa</th><th>抗拉强度/MPa</th><th>断后伸长率(%)</th></tr>
<tr><td rowspan="2">GH4169</td><td rowspan="2">固溶</td><td>焊态</td><td>525
(95%)</td><td>845
(98%)</td><td>38.3
(77%)</td><td>453
(84%)</td><td>656
(91%)</td><td>34.3
(69%)</td></tr>
<tr><td>双时效处理</td><td>1215
(96%)</td><td>1348
(99%)</td><td>18.9
(84%)</td><td>965
(95%)</td><td>1016
(97%)</td><td>23.6
(81%)</td></tr>
<tr><td rowspan="4">GH4169
+GH907</td><td rowspan="2">固溶</td><td>焊态</td><td>544</td><td>801</td><td>29.7</td><td>362</td><td>593</td><td>33.9</td></tr>
<tr><td>按GH4169规范时效处理</td><td>1033</td><td>1083</td><td>9.98</td><td>757</td><td>847</td><td>9.75</td></tr>
<tr><td rowspan="2">固溶+时效</td><td>按GH4169规范时效处理</td><td>960</td><td>1008</td><td>12.88</td><td>740</td><td>789</td><td>13.8</td></tr>
<tr><td>按GH907规范时效处理</td><td>918</td><td>994</td><td>13.2</td><td>661</td><td>782</td><td>14.8</td></tr>
<tr><td>GH4033</td><td>固溶</td><td>焊态</td><td>475</td><td>800</td><td>20.6</td><td>—</td><td>—</td><td>—</td></tr>
</table>

注：表中括号内的百分数表示焊缝的强度系数或塑性系数。

4. 钎焊和扩散焊

（1）钎焊　高温合金中含有较多的Cr、Al、Ti等活性元素，在合金表面形成稳定的氧化膜，会影响钎料的润湿和填缝能力，因此去除氧化膜和在高温下防止合金再氧化成为高温合金钎焊的首要问题；另外，钎料中也含有铬等活性元素，呈液态的钎料更要求防止氧化，因此高温合金一般采用真空钎焊和保护气氛炉中钎焊。

高温合金钎焊用钎料主要有镍基、钴基、铜基和银基钎料等。镍基和钴基钎料具有良好的抗氧化性、耐蚀和热强性能，并具有较好的钎焊工艺性能，经钎焊热循环不会产生开裂，因此适用于高温合金部件的钎焊，是应用最多的钎料。

非晶态镍基箔状钎料带宽为20～100mm、厚度为0.025～0.05mm，带材具有柔韧性，可冲剪成形，使用量容易控制，装配也方便。粘带镍基钎料是由粉状镍基钎料和高分子粘接剂混合经轧制而成。粘带钎料宽度为50～100mm、厚度0.1～1.0mm。粘带钎料中的粘接剂在钎焊后不留残渣，不影响钎焊质量。它可以控制钎料用量且能使其均匀加入，适宜用于焊接面积大和结构复杂的焊件。

铜基和银基钎料可用于工作温度 200 ~ 400℃ 铁基和镍基固溶合金结构件。铜基钎料不能用于钎焊钴基合金，因为铜会污染钴基母材，引起微裂纹。铜磷钎料不适用于钎焊高温合金。铜基和银基钎料仅用于工作温度低、受力很小的一般高温制件，如导管等。

金基钎料适用于钎焊各类高温合金。这类合金具有优异的钎焊工艺、塑性、抗氧化性和耐蚀性，高温性能较好，与母材作用弱等优点，在航空、航天和电子工业得到广泛的应用。典型的金基钎料有 BAu80Cu 和 BAu82Ni。但这类钎料中含有较多的贵金属，价格昂贵。锰基钎料可用于在 600℃ 工作的高温合金构件。这类钎料塑性良好，可制成各种形状，与母材作用弱，但其抗氧化性较低。

高温合金钎焊一般不采用对接形式，推荐采用搭接接头，通过调整搭接长度增大接触面积，提高接头强度。接头的搭接长度一般为组成接头中薄件厚度的 3 倍，对于在 700℃ 以下工作的接头，其搭接长度可增大到薄件厚度的 5 倍。

接头的装配间隙对钎焊质量和接头强度有影响。间隙过大时，会破坏钎料的毛细作用，钎料不能填满接头间隙，钎缝中存在较多硼、硅脆性共晶组织，还可能出现硼对母材晶界渗入和熔蚀问题。高温钎焊接头的间隙一般为 0.02 ~ 0.15mm，适宜的间隙可根据母材的物理化学性能、母材与钎料的浸润性和钎焊工艺等因素通过试验确定。

焊前应彻底清除焊件和钎料表面上的氧化物、油污和其他外来物，并在储运和装配、定位等工序中保持清洁。焊件应精密装配，保证装配间隙，控制钎料加入量，并用适当的定位方法保持焊件和钎料的相对位置。高温合金钎焊前的状态推荐为固溶或退火状态，尤其是对铝、钛含量较高的时效强化合金。

钎焊时，要求钎焊焊接参数与母材的固溶处理制度相匹配。钎焊温度过高，会造成晶粒长大，影响合金性能；温度过低达不到固溶处理的效果。由于高温合金焊件使用于高温条件下，有时要承受大的应力，为适应这种使用条件，提高钎缝组织的稳定性和重熔温度、增强接头强度，常在钎焊后进行扩散处理。

几种高温合金钎焊接头的力学性能见表 7-12。

表 7-12　几种高温合金钎焊接头的力学性能

合金牌号	钎料牌号	钎焊条件	试验温度/℃	接头强度		备注
				抗拉强度/MPa	屈服强度/MPa	
GH1140	BNi70CrSiMoB (HLNi-2)	1200℃氩气保护钎焊	20	—	570	钎料中 w_{Nb} ≤0.1%
			900	—	73.5	
GH3044	BNi70CrSiBMo (HLNi-2)	1080 ~ 1180℃真空钎焊	20	—	234	—
			900	—	162	
			1100	—	74	
	BNi77CrSiB (GHL-6)	1100℃氩气保护焊	20	—	300	
			800	—	270	
			900		114	

（续）

合金牌号	钎料牌号	钎焊条件	试验温度/℃	接头强度		备　注
				抗拉强度/MPa	屈服强度/MPa	
GH4169	BAu82Ni（HLAuNi17.5）	1030℃真空钎焊	20 538	— —	320 220	—
GH141	BNi70CrSiB（HL-5）	1170℃真空钎焊	25 648 870	370 400 245	230 255 150	—
GH188	BNi70CrSiB（HL-5）	1170℃真空钎焊	20 648 870	— — —	308 260 90	—
K403 + GH3044	BNi70CrSiB（HL-5） BNi77CrBSi + 40% Ni 粉	1080 ~ 1180℃真空钎焊 1200℃氩气保护焊	— 800 900 20 900 1000	σ①/MPa 49.0 9.8 310 220 150	t/h① ≥80 ≥70 — — —	钎料中 $w_C \leqslant 0.5\%$
K403	BNi77CrBSi	1130℃真空钎焊	950	270	—	—

① σ 为持久拉伸应力（MPa）；t 为相应拉伸应力下的断裂时间（h）。

（2）扩散焊　固相扩散焊几乎可以焊接各类高温合金，如机械合金化型高温合金，含高 Al、Ti 的铸造高温合金等。高温合金中含有 Cr、Al 等元素，表面氧化膜很稳定，难以去除，焊前必须进行严格加工和清理，甚至要求表面镀层后才能进行固相扩散连接。

高温合金的热强性高，变形困难，同时又对过热敏感，因此必须严格控制焊接参数，才能获得与母材等强的焊接接头。扩散焊的主要焊接参数是焊接温度、焊接压力和保温时间以及接头扩散处理时的温度和时间等。高温合金扩散焊时，需要较高的焊接温度和压力，焊接温度为 0.8 ~ 0.85T_m（T_m 为合金的熔化温度）。

焊接压力通常为略低于相应温度下合金的屈服应力。其他参数不变时，焊接压力越大，界面变形越大，表面粗糙度值变小，有效接触面积增大，接头性能越好，但焊接压力过高，会使设备结构复杂，造价昂贵。焊接温度较高时，接头性能提高，但过高时会引起晶粒长大，塑性降低。表 7-13 和图 7-11 分别为几种高温合金固相扩散焊的焊接参数及焊接压力和温度对接头力学性能的影响。

表 7-13　高温合金固相扩散焊的焊接参数

合金牌号	焊接温度/℃	焊接压力/MPa	焊接时间/min	真空度/Pa
GH3039	1175	29.4 ~ 19.6	6 ~ 10	3.3×10^{-2}
GH3044	1000	19.6	10	
GH99	1150 ~ 1175	39.2 ~ 29.4	10	
K403	1000	19.6	10	

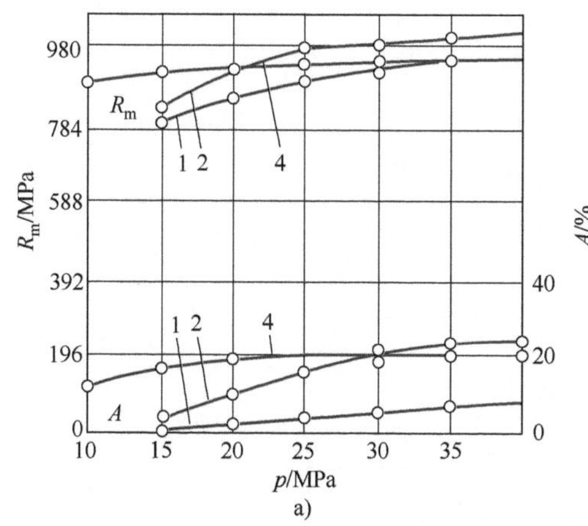

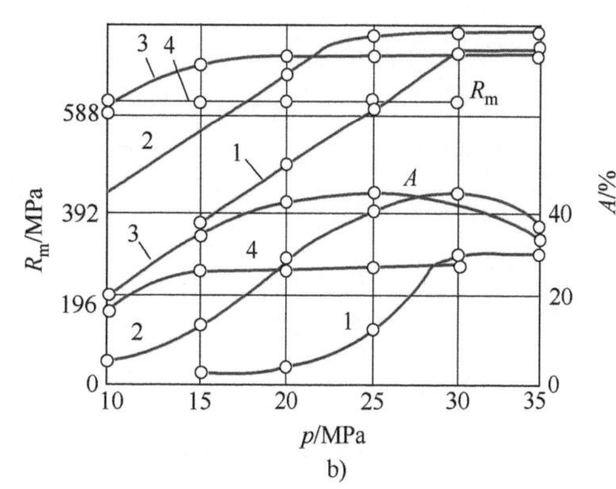

图 7-11　焊接压力和温度对接头力学性能的影响

a）GH99　b）GH3039

1—1000℃　2—1150℃　3—1175℃　4—1200℃

固态扩散焊含铝、钛高的沉淀强化高温合金时，由于结合面上会形成 Ti(CN)、$NiTiO_3$ 沉淀物，造成接头性能降低，若加入较薄的 Ni-35% Co 中间层合金，则可以获得组织均匀的接头，同时可以降低焊接参数变化对接头质量的影响。

（3）过渡液相扩散连接（TLP）　过渡液相扩散连接是用一种特殊成分、熔化温度较低的中间层作为连接合金，放置在焊接面之间，施加小的压力或不施加压力，并在真空条件下加热到中间层合金熔化，液态的中间层合金润湿母材，形成均匀的液态薄膜，经一定的保温时间后，中间层合金与母材之间发生扩散，形成牢固的连接。由此可见它是与钎焊不同的连接方法。这种方法尤其适用于焊接性较差的铸造高温合金。

过渡液相扩散焊所用的中间层合金应保证焊接工艺过程顺利进行，即应有合适的熔化温度（大约为母材熔点 T_m 的 0.8 ~0.9 倍），能使接头区在连接温度下达到等温凝固；扩散接头组织与母材相近，不产生新的有害相。中间层合金成分还应保证接头性能与母材相近，达到使用性能要求。一般中间层合金以 Ni-Cr-Mo 或 Ni-Cr-Co-W（Mo）为基，加入适量 B 或 Si 而构成。例如，DZ22 定向凝固高温合金使用中间层合金 Z2P 和 Z2F；DD3 单晶合金使用 D1F。有时中间层合金中也适当加入或调整固溶强化元素 Co、Mo、W 的比例，如 Ni_3Al 基高温合金的中间层合金 I6F、I7F、D1F。中间层合金的品种有粉状和非晶态箔材。非晶态箔材的厚度为 0.02 ~0.04mm。

过渡液相扩散焊的焊接参数有中间合金成分、连接温度、保温时间和压力、真空度等。压力参数仅是以焊件接合面能保持良好接触为目的，可以不加压力或施加很小的压力，往往是加静压力。这样可防止工件在连接时发生宏观变形，连接设备也可以大大地简化。连接温度和保温时间参数对接头质量影响很大，它取决于母材性能、中间层合金成分和熔化温度。对要求质量高、强度高的接头，应选择较高的连接温度和较长的保温时间，使中间层合金与母材充分扩散，消除焊缝中 B、Si 的共晶组织。中间层合金的厚度以能形成均匀液态薄膜为原则，一般选用 0.02 ~0.05mm 为宜。

表 7-14 为几种高温合金过渡液相扩散焊的焊接参数。DZ22 为定向凝固高温合金，

DD3 是我国研制的第一代单晶合金，DD6 为第二代单晶合金，IC6 和 IC10 为定向凝固 Ni_3Al 基高温合金。过渡液相扩散焊采用的中间层分别以所焊合金母材为基，加入 B 作为降熔元素，使用形式为非晶态箔材或粉末。

表 7-14　几种高温合金过渡液相扩散焊的焊接参数

合金牌号	中间层合金及厚度/mm	连接温度/℃	压力/MPa	保温时间/h
GH22	Ni　0.01	1158	0.7～3.5	4.0
DZ22	Z2P，粉末，接头间隙 0.1	1210	无	24
	Z2F，非晶态箔，0.04×2 层	1210	无	24
DD3	D1P，粉末，接头间隙 0.1	1250	无	24
	D1F，非晶态箔，0.02×2 层	1250	无	24
DD6	XH3，粉末，接头间隙 0.1	1290	—	12～24
IC6	I7P，粉末，接头间隙 0.1	1260	—	36
	7B，粉末，接头间隙 0.1	1260	—	36
IC10	XH12，粉末，接头间隙 0.1	1270	—	24

过渡液相扩散焊的接头组织主要由 Ni-Cr 固溶体、γ′强化相组成，有时含少量共晶组织。由于接头组织与母材基本一致，使接头力学性能较为理想，高温持久强度性能也较高，见表 7-15。

表 7-15　高温合金过渡液相扩散焊接头的高温性能

母材	中间层合金	接头间隙/mm	焊接参数	持久性能			断裂位置
				试验温度/℃	应力/MPa	持久寿命/h	
DZ22	Z2P	0.1	1210℃×36h	980	166	51～77	接头
	Z2F	0.04×2	1210℃×24h	980	166 186	126～203 80～166	接头
DD3	D1P	0.1	1250℃×24h	980	181 204	246.5～268 90～113	母材
	D1F	0.02×2	1250℃×24h	980	181 204	198～379.5 124～137	—
DD6	XH3	0.1	1290℃×(12～24h)	980 1100	225 112	>100 >100	接头
IC6	I7P	0.1	1260℃×36h	980	100 140	62.5～213 39.5	接头
				1100	36	38～63	
		0.1	1260℃×24h	1100	50	11	接头
	7B	0.1	1260℃×36h	1100	36	89.5～119.5	接头
IC10	XH2	0.1	1270℃×24h	1100	50	>91	接头

过渡液相扩散焊主要用于焊接沉淀强化高温合金、定向凝固和单晶铸造高温合金以及 Ni_3Al 化合物基高温合金、氧化物弥散强化高温合金等，如定向凝固和单晶高温合金的航空发动机涡轮叶片、涡轮导向叶片等受力高温部件。

7.3　陶瓷材料与金属的焊接

陶瓷具有许多独特的性能，如耐高温、高强度、耐磨损、耐蚀等。这类材料可广泛用于机械、电子、宇航、医学、能源等领域，成为现代高技术材料的重要组成部分，同时陶瓷材料的焊接也日益受到人们的高度重视。在工业生产中应用比较多的是陶瓷与金属的焊接结构件，尤其在核工业和电真空器件生产中，陶瓷与金属的焊接占据着非常重要的地位。这里主要阐述陶瓷与金属的焊接性问题。

7.3.1　陶瓷的分类及性能

根据陶瓷的应用特性，可分为结构陶瓷和功能陶瓷两大类。结构陶瓷强调材料的力学性能等，在工程领域得到广泛应用。常用的结构陶瓷主要有氧化铝、氮化硅、碳化硅以及部分稳定氧化锆陶瓷。结构陶瓷按其化学组成分为氧化物陶瓷和非氧化物陶瓷两大类，见表 7-16。功能陶瓷包括电子陶瓷、高温陶瓷、光学陶瓷、高硬度陶瓷等。

表 7-16　常见结构陶瓷的分类

种　类		组成材料
氧化物陶瓷		Al_2O_3、MgO、ZrO_2、SiO_2、UO_2、BeO 等
非氧化物陶瓷	碳化物	SiC、TiC、B_4C、WC、UC、ZrC 等
	氮化物	Si_3N_4、AlN、BN、TiN、ZrN 等
	硼化物	ZrB_2、WB、TiB_2、LaB_6 等
	硅化物	$MoSi_2$ 等

陶瓷的化学和组织结构十分稳定。在它的离子晶体中，金属原子被非金属原子包围，受到非金属原子的屏蔽，因而形成极为稳定的化学结构。一般情况下，不再与介质中的氧发生作用，甚至在 1000℃的高温下也不会氧化。由于化学结构稳定，大多数陶瓷具有较强的抵抗酸、碱、盐类的腐蚀，以及抵抗熔融金属腐蚀的能力。

表 7-17 列出了常用结构陶瓷的物理性能和力学性能。陶瓷材料多为离子键构成的晶体（如 Al_2O_3）或共价键组成的共价晶体（如 Si_3N_4、SiC），这类晶体结构具有明显的方向性。多晶体陶瓷的滑移系很少，受外力作用时几乎不能产生塑性变形，常发生脆性断裂，抗冲击能力较差。由于离子晶体结构的关系，陶瓷的硬度和室温弹性模量较高。陶瓷内部存在大量的气孔，致密程度比金属差很多，所以抗拉强度很低。但因为气孔在受压时不会导致裂纹扩展，所以陶瓷的抗压强度还是比较高。脆性材料铸铁的抗拉强度与抗压强度之比一般为1∶3，而陶瓷则为 1∶10 左右。

表 7-17 常用结构陶瓷的物理性能和力学性能

材料	熔点 /℃	密度 /$g \cdot cm^{-3}$	弹性模量 /GPa	线胀系数 /$10^{-6} \cdot K^{-1}$	热导率 /$W \cdot cm^{-1} \cdot K^{-1}$	电阻率 /$\Omega \cdot cm$	介电常数 /MHz	抗弯强度 /MPa
氧化铝 (Al_2O_3)	2025	3.9	382	9.2	0.314	$>10^{14}$	9.35	370~450
氧化锆 (ZrO_2)	2550	3.5	205	>10	0.0195	$>10^{14}$	—	650
氮化硅 (Si_3N_4)	1900	3~3.2	320	3	0.3	$>10^{13}$	9.4~9.5	65
氮化硼 (BN)	3000	2.27	—	7.5	—	$>10^{14}$	3.4~5.3	—
氮化铝 (AlN)	2450	3.32	279	4.5~5.7	0.7~2.7	$>10^{14}$	8.8	40~50
碳化硅 (SiC)	2600	3.2	450	4.6~4.8	0.81	$10 \sim 10^3$	45	78~90

7.3.2 陶瓷与金属的焊接性分析

陶瓷与金属焊接时，由于陶瓷材料与金属原子结构之间存在本质的差别，加上陶瓷本身特殊的物理化学性能，因此，陶瓷与金属的焊接存在不少问题。陶瓷的线胀系数比较小，与金属的线胀系数相差较大，陶瓷与金属焊接时，接头区域会产生残余应力，残余应力较大时还会使接头处产生裂纹，甚至引起断裂破坏。陶瓷与金属焊接中的主要问题包括裂纹、界面润湿性差等。

1. 焊接裂纹

陶瓷与金属的化学成分和物理性能有很大差别，特别是线胀系数差异很大，如 SiC 和 Si_3N_4 的线胀系数分别只有 4×10^{-6}/K 和 3×10^{-6}/K，而 Al 和 Fe 的线胀系数则分别高达 23.6×10^{-6}/K 和 11.7×10^{-6}/K。此外，陶瓷的弹性模量也很高。在焊接加热和冷却过程中陶瓷、金属各自产生差异较大的膨胀和收缩，在接头附近产生较大的热应力，造成接头区产生裂纹。尤其是用高能密束热源进行熔焊时，靠近接头的陶瓷一侧产生高应力区，很容易在焊接过程或焊后产生裂纹。

陶瓷与金属的焊接一般是在高温下进行，因此，焊接温度与室温之差也是增加接头残余应力的重要因素。为了减小陶瓷与金属焊接接头的应力集中，在陶瓷与金属之间加入塑性材料或线胀系数接近陶瓷线胀系数的金属作为中间层是有效的方法。例如，在陶瓷与 Fe-Ni-Co 合金之间，加入厚度为 20μm 的 Cu 箔作为中间层，温度 1050℃、保温时间 10min、压力 15MPa 下可得到抗拉强度达 72MPa 的扩散焊接头。

中间层多选择弹性模量和屈服强度较低、塑性好的材料，通过中间层金属本身的塑性变形减小陶瓷中的应力。采用弹性模量和屈服强度较低的金属作为中间层是将陶瓷中的应力转移到中间层。同时使用两种不同的金属作为复合中间层也是降低焊接应力的有效办法之一。一般是以 Ni 作为塑性金属，W 作为低线胀系数材料使用。

常用作中间层的金属主要有 Cu、Ni、Nb、Ti、W、Mo、铜镍合金、钢等。对这些金属的要求主要是线胀系数与陶瓷相近，并且在构件制造和工作过程中不发生同素异构转变，以免引起线胀系数的突变，破坏陶瓷与金属的匹配而导致焊接失败。中间层可以直接使用金属箔片，也可以采用真空蒸发、离子溅射、化学气相沉积（CVD）、喷涂、电镀等方法将金属粉末预先置于陶瓷表面，再与金属进行焊接。

陶瓷与金属扩散焊时采用中间层，不仅减小了接头产生的残余应力，还可以降低加热温度，减小压力和缩短保温时间，促进扩散和去除杂质元素。Al_2O_3 陶瓷与铁素体不锈钢 06Cr13 扩散焊时，中间层厚度对接头残余应力的影响如图 7-12 所示。

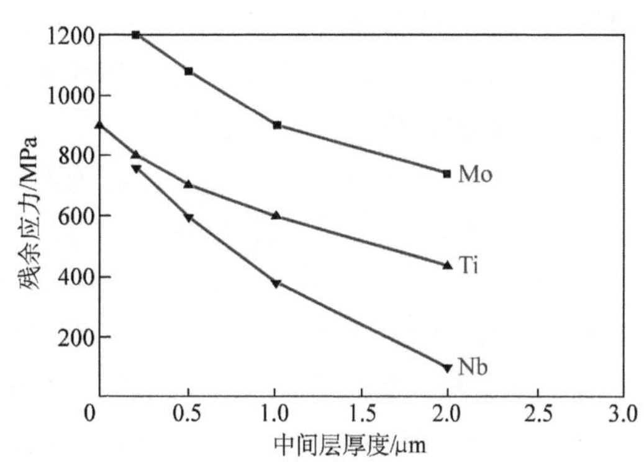

图 7-12　中间层厚度对接头残余应力的影响（1300℃，30min，100MPa）

中间层厚度增大，残余应力降低，Nb 与氧化铝陶瓷的线胀系数最接近，作用最明显。但是，中间层的影响有时比较复杂，如果界面有化学反应，中间层的作用会因反应物类型与厚度的不同而有所变化。中间层选择不当甚至会引起接头性能恶化。例如，由于化学反应激烈形成脆性反应物而使接头抗弯强度降低，或由于线胀系数不匹配而增大残余应力，或使接头耐蚀性能降低等。

陶瓷与金属钎焊时，为了最大限度地释放钎焊接头的应力，选用一些塑性好、屈服强度低的钎料，如纯 Ag、Au 或 Ag-Cu 钎料等；有时还选用低熔点活性钎料，例如，用 Ag52-Cu20-In25-Ti3 和 In85-Ti15 铟基钎料真空钎焊 AlN 和 Cu。铟基钎料对 AlN 陶瓷有很好的润湿性，控制钎焊温度和时间可以形成组织性能较好的钎焊接头，如图 7-13 所示。

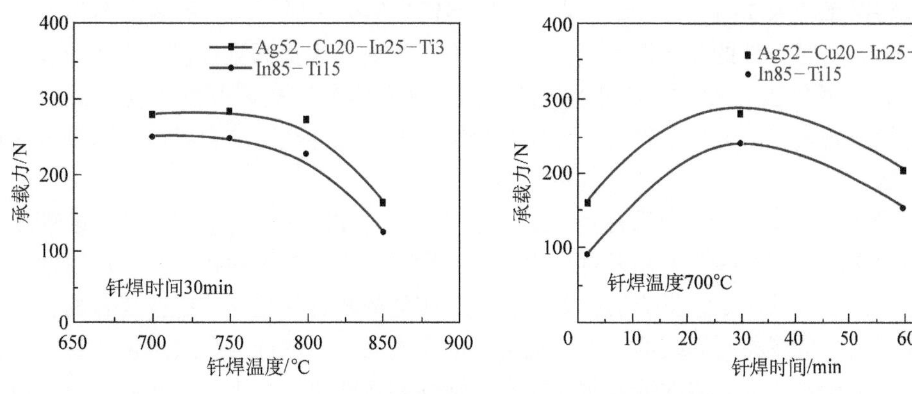

图 7-13　钎焊温度和时间对接头承载力的影响

为避免陶瓷与金属接头出现焊接裂纹，除添加中间层或合理选用钎料外，可采用以下工艺措施：

1）合理选择被焊陶瓷与金属，在不影响接头使用性能的条件下，尽可能使两者的线胀系数相差最小。

2）应尽可能地减小焊接部位及其附近的温度梯度，控制加热和冷却速度；降低冷却速度，以利于应力松弛而使应力减小。

3）采取缺口、凸起和端部变薄等措施合理设计陶瓷与金属的接头结构。

2. 界面润湿性差

陶瓷材料含有离子键或共价键，表现出非常稳定的电子配位，很难被金属键的金属钎料润湿，所以用通常的熔焊方法使金属与陶瓷产生熔合是很困难的。为了使陶瓷与金属达到钎焊的目的，最基本的条件之一是使钎料对陶瓷表面润湿，或提高对陶瓷的润湿性，最后达到钎焊连接。例如，采用活性金属 Ti 在界面形成 Ti 的化合物，获得良好的润湿性。

为了改善被焊陶瓷表面的润湿性，可采用如下两种方法：

（1）陶瓷表面的金属化处理（也称为陶瓷金属化法） 陶瓷表面的金属化处理有Mo-Mn法、蒸发法、喷溅法、离子注入法等。

1）Mo-Mn 法。Mo-Mn 法是在 Mo 粉中加入质量分数为 10% ~ 25% 的 Mn 以改善金属镀层与陶瓷润湿性的一种方法。Mo-Mn 法由陶瓷表面处理、金属膏剂化、配制与涂敷、金属化烧结、镀镍等工序组成，是最常用的一种陶瓷表面金属化法。

2）蒸发法。蒸发法是利用真空镀膜机在陶瓷上蒸镀金属膜的一种方法。蒸镀陶瓷时，将清洗好的陶瓷包上铝箔，只露出需金属化的部位，放入真空室内。当真空度达到 4×10^{-3}Pa后，将陶瓷预热到 300 ~ 400℃，保温 10min。先蒸镀 Ti，然后蒸镀 Mo，最后在 Ti、Mo 金属化层上再电镀一层厚度为 2μm 的镍。蒸发金属化法的优点是温度低（300 ~ 400℃），能适应各种不同的陶瓷。

3）喷溅法。喷溅法是将陶瓷放入真空容器中并充入氩气，在电极之间加直流电压，形成气体辉光放电，利用气体放电产生的正离子轰击靶面，将靶面材料溅射到陶瓷表面上形成金属化膜的一种方法。喷溅法能在较低的沉积温度下制备高熔点的金属层，适用于各种陶瓷，特别是 BeO 陶瓷的表面金属化。

4）离子注入法。离子注入法是将 Ti 等活性元素的离子直接注入陶瓷中，使陶瓷形成可以被一般钎料润湿的表面的一种方法。以 Al_2O_3 陶瓷为母材，离子注入剂量范围为 2×10^{16} ~ 3.1×10^{17} ions/cm^2 时，Ti 的注入深度可达 50 ~ 100nm，陶瓷表面润湿性得到大大改善。

（2）活性金属化法 在钎料中加入活性元素，使钎料与陶瓷之间发生化学反应，使陶瓷表面分解形成新相，产生化学吸附，形成结合牢固的陶瓷与金属结合界面，这种方法称为活性金属化法。

活性金属化法常用的活性金属是过渡族金属，如 Ti、Zr、Hf、Nb、Ta 等。过渡族金属具有很强的化学活性，这些金属元素对氧化物、硅酸盐等具有较大的亲和力，可以通过化学反应在陶瓷表面形成反应层。反应层主要由金属与陶瓷的复合物组成，这些复合物在大多数情况下能表现出与金属相同的结构，可以被熔化的金属润湿，达到与金属焊接的目的。由于过渡族金属元素比较活泼，活性钎焊时应注意对活性元素的保护。因为这些元素一旦被氧化后就不能再与陶瓷发生反应。因此活性钎焊过程一般是在 10^{-2} Pa 以上的真空或在高纯惰性保护气氛中进行的，一次完成钎焊过程。

陶瓷与金属钎焊用钎料含有活性元素 Ti、Zr 或 Ti、Zr 的氧化物和碳化物，它们对氧化物陶瓷具有一定的活性，在一定的温度下能够直接发生反应。用于钎焊陶瓷与金属的高温活性钎料见表 7-18。二元系钎料以 Ti-Cu、Ti-Ni 为主，这类钎料蒸气压较低，700℃时小于 1.33×10^{-3}Pa，可在 1200 ~ 1800℃温度范围内使用。三元系钎料以 Ti-Cu-Be 或 Ti-Cr-V 为主，其中 49Ti-49Cu-2Be 具有与不锈钢相近的耐蚀性，并且蒸气压较低，在防泄露、防氧化的真空密封接头中使用。不含 Cr 的 Ti-Zr-Ta 系钎料，可以成功地钎焊 MgO 和 Al_2O_3 陶瓷与金属，这种钎料获得的接头能够在 1000℃ 以上的高温下工作。采用 Ag-Cu-Ti 系钎料，直接钎焊陶瓷与无氧铜，接头抗剪强度可达 70MPa。

表 7-18 钎焊陶瓷与金属用的高温活性钎料

钎 料	熔化温度/℃	钎焊温度/℃	用途及接头性能
92Ti-8Cu	790	820 ~ 900	陶瓷-金属
75Ti-25Cu	870	900 ~ 950	陶瓷-金属
50Ti-50Cu	960	980 ~ 1050	陶瓷-金属
49Ti-49Cu-2Be	—	980	陶瓷-金属
72Ti-28Ni	942	1140	陶瓷-陶瓷、陶瓷-石墨、陶瓷-金属
48Ti-48Zr-4Be	—	1050	陶瓷-金属
47.5Ti-47.5Zr-5Ta	—	1650 ~ 2100	陶瓷-钽
54Ti-25Cr-21V	—	1550 ~ 1650	陶瓷-陶瓷、陶瓷-石墨、陶瓷-金属
68Ti-28Ag-4Be	—	1040	陶瓷-金属
66Ag-27Cu-7Ti	779	820 ~ 850	陶瓷-钛
85Nb-15Ni	—	1500 ~ 1675	陶瓷-铌（R_m = 145MPa）
83Ni-17Fe	—	1500 ~ 1675	陶瓷-钽（R_m = 140MPa）

采用 Ag-Cu-1.75Ti 钎料在氩气中钎焊 Si_3N_4 陶瓷和 Cu 的研究表明，金属 Cu 表面越光滑，Si_3N_4/Cu 钎焊接头的抗剪强度越高。钎焊时稍施加压力（2.5kPa），使先熔化的富 Ag 钎料被挤出，剩余的钎缝中富 Cu 相增多，减缓接头应力，可以明显提高接头的抗剪强度。但压力进一步增大后，钎料挤出太多，Ti 不足以与陶瓷反应并润湿陶瓷，会降低接头强度。

3. 界面反应

陶瓷与金属接头在界面间存在原子结构能级的差异，陶瓷与金属之间是通过过渡层（扩散层或反应层）而焊接结合的。两种材料之间的界面反应对接头的形成和性能有极大的影响。接头界面反应的组织结构是影响陶瓷与金属焊接性的关键。

陶瓷与金属扩散焊时，陶瓷与金属界面发生反应形成化合物，所形成的化合物种类与焊接条件（如温度、表面状态、中间合金及厚度等）有关。不同类型陶瓷与金属接头中可能出现的界面反应产物见表 7-19。

表 7-19 不同类型陶瓷与金属接头中可能出现的界面反应产物

接头组合	界面反应产物	接头组合	界面反应产物
Al_2O_3/Cu	$CuAlO_2$、$CuAl_2O_4$	Si_3N_4/Al	AlN
Al_2O_3/Ni	NiO · Al_2O_3	Si_3N_4/Ni	Ni_3Si、Ni（Si）
SiC/Nb	Nb_5Si_3、$NbSi_2$、Nb_2C、$Nb_5Si_3C_x$、NbC	Si_3N_4/Fe-Cr	Fe_3Si、Fe_4N、Cr_2N、CrN、Fe_xN
SiC/Ti	Ti_5Si_3、Ti_3SiC_2、TiC	AlN/V	V（Al）、V_2N、V_5Al_8、V_3Al

扩散条件不同，界面反应产物不同，接头性能有很大差别。加热温度提高，界面扩散反

应充分，使接头强度提高。用厚度0.5mm的铝做中间层对氧化铝与钢进行扩散焊时，加热温度对扩散接头抗拉强度的影响如图7-14所示。

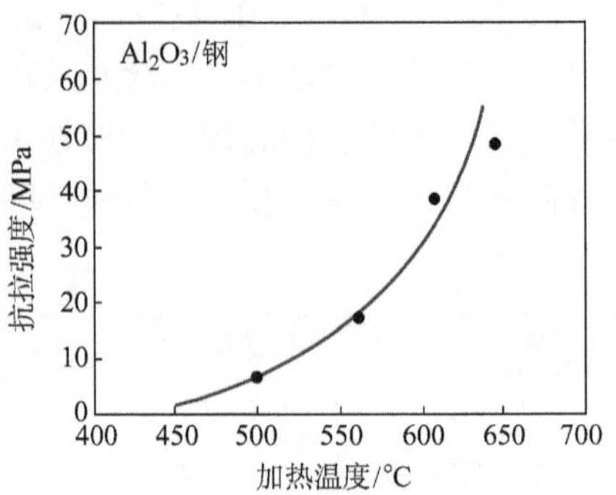

图7-14 加热温度对扩散接头抗拉强度的影响

但是，温度过高可能使陶瓷性能发生变化，或出现脆性相而使接头性能降低。此外，陶瓷与金属扩散焊接头的抗拉强度与金属的熔点有关，在氧化铝与金属的接头中，金属熔点提高，接头抗拉强度增大。

陶瓷与金属扩散焊接头抗拉强度与保温时间（t）的关系为：$R_m = B_0 t^{1/2}$，其中，B_0为常数。但是，在一定的加热温度下，保温时间存在一个最佳值。Al_2O_3/Al扩散焊接头中，保温时间对接头抗拉强度的影响如图7-15a所示。用Nb做中间层扩散焊SiC时，时间过长后出现了强度较低、线胀系数与SiC相差很大的$NbSi_2$相，而使接头抗剪强度降低，如图7-15b所示。用V做中间层扩散连接AlN时，保温时间过长后也由于V_5Al_8脆性相的出现而使接头抗剪切强度降低。

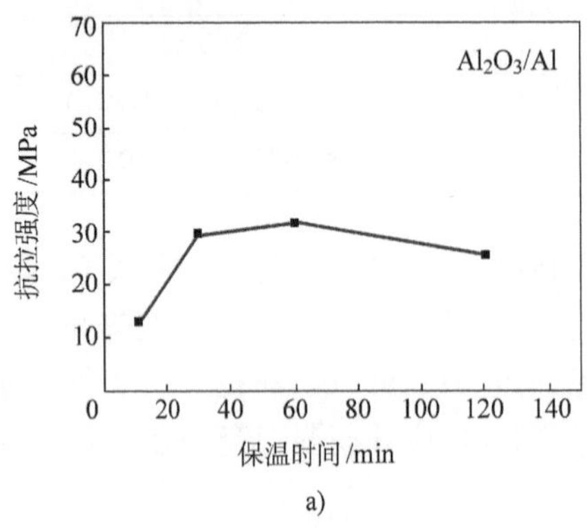

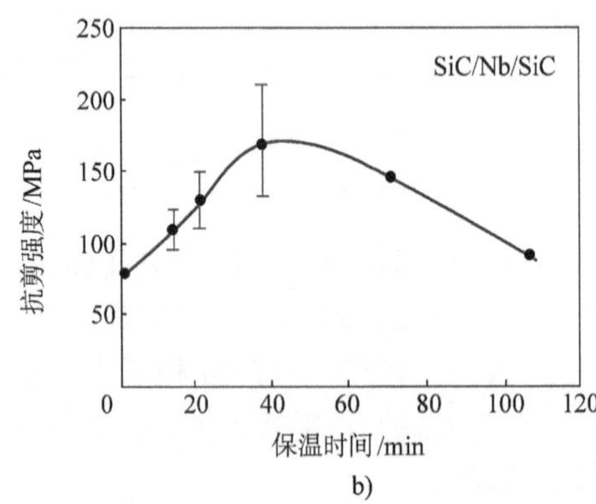

图7-15 保温时间对接头抗拉强度的影响

a）对抗拉强度的影响 b）对抗剪强度的影响

扩散焊中施加压力是为了使接触面处产生塑性变形，减小表面不平整、破坏表面氧化膜、增加表面接触面积，为原子扩散提供条件。为了防止陶瓷与金属焊接结构件发生较大的变形，扩散焊时所加的压力一般较小（<100MPa），这一压力范围足以减小表面不平整和破坏表面氧化膜。在一定范围内增大压力可以使接头强度提高，如Cu或Ag与Al_2O_3陶瓷、Al与SiC陶瓷的焊接，施加压力对接头抗剪强度的影响如图7-16a所示。

压力的影响与材料的类型、厚度以及表面氧化状态有关。贵金属（如金、铂）与Al_2O_3陶瓷焊接时，金属表面的氧化膜非常薄，随着压力的提高，接头强度提高到一个稳定值。压力对接头抗弯强度的影响如图7-16b所示。

表面粗糙度对扩散焊接头强度的影响十分显著。因为表面粗糙会在陶瓷中产生局部应力集中而容易引起脆性破坏。表面粗糙度对接头抗弯强度的影响如图7-17所示，表面粗糙度值由0.1μm变为0.3μm时，接头抗弯强度从470MPa降低到270MPa。

界面反应与焊接环境条件有关。在真空扩散焊中，避免O、H等参与界面反应，有利于

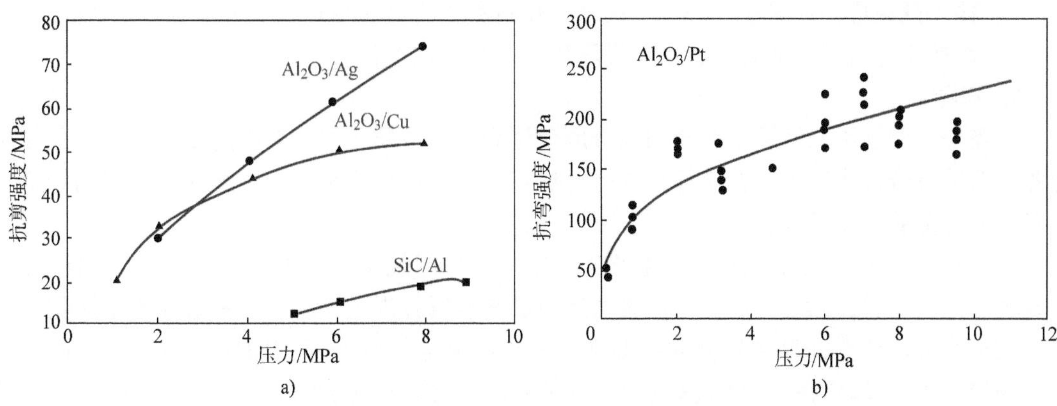

图 7-16　压力对扩散焊接头强度的影响

a）对抗剪强度的影响　b）对抗弯强度的影响

提高接头的强度。图 7-18 所示为用 Al 做中间层连接 Si_3N_4 时，环境条件对接头强度的影响。氩气保护下焊接接头强度最高，抗弯强度超过 400MPa。空气中焊接时接头强度低，界面处由于氧化产生 Al_2O_3，沿 Al/Si_3N_4 界面产生脆性断裂。虽然加压能破坏氧化膜，但当氧分压较高时会形成新的氧化物层，使接头强度降低。由于高温下 Si_3N_4 陶瓷容易分解形成孔洞，在 N_2 中焊接可以限制 Si_3N_4 陶瓷的分解，N_2 压力高时接头抗弯强度较高。在 1MPa 氮气中焊接的接头抗弯强度比在 0.1MPa 氮气中焊接的接头抗弯强度提高 30% 左右。

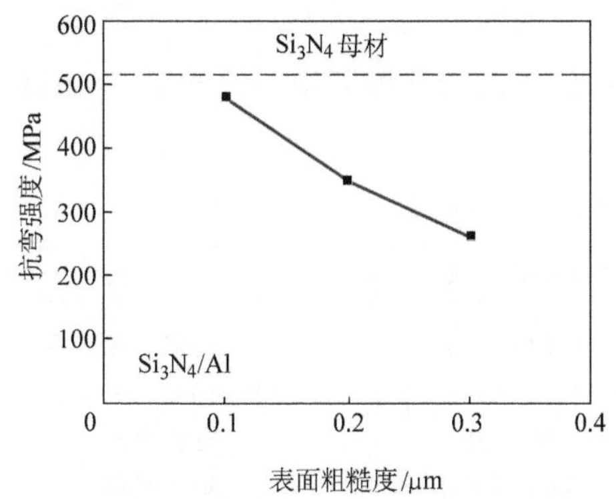

图 7-17　表面粗糙度对接头抗弯强度的影响

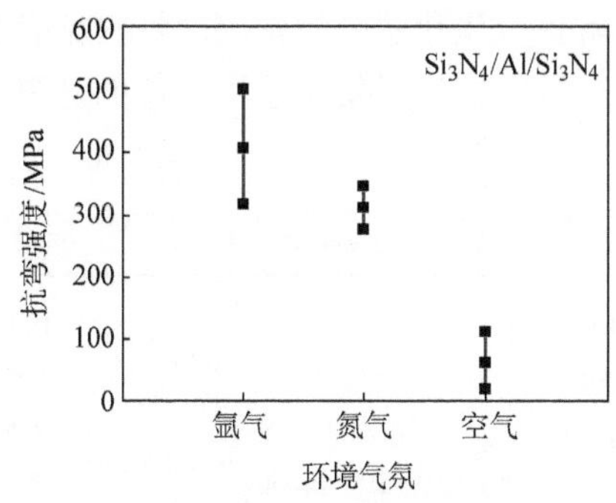

图 7-18　环境条件对接头抗弯强度的影响

7.3.3　陶瓷与金属的焊接工艺特点

陶瓷与金属的焊接结构无论是用在电器制造、电子器件方面，还是用在核能、航空航天等工业部门，随着应用范围的逐渐扩大，对陶瓷与金属焊接接头性能的要求也越来越高。陶瓷与金属的焊接方法包括钎焊、扩散焊、电子束焊、摩擦焊等。其中应用较多的方法是钎焊和扩散焊。无论采用哪种焊接工艺，陶瓷与金属焊接接头的性能须满足如下基本要求：

1）所形成的陶瓷与金属的焊接接头，必须具有较高的强度。

2）焊接接头必须具有真空气密性。

3）接头残余应力应最小，焊接接头在使用过程中应具有耐热、耐蚀和热稳定性能。

4）焊接工艺应尽可能简化，工艺过程稳定，生产成本低。

1. 钎焊

陶瓷与金属常用的钎焊工艺有陶瓷金属化法和活性金属化法。其中陶瓷金属化法是先在陶瓷表面进行合金化后再用普通钎料进行钎焊；活性金属化法是采用添加活性元素的钎料直接对陶瓷与金属进行钎焊。

（1）陶瓷金属化法钎焊工艺　陶瓷金属化法是采用烧结或其他方法在陶瓷表面涂敷一层金属作为中间层，然后再用钎料把表面涂敷层和金属钎焊在一起。陶瓷表面的金属化不仅可以用于改善非活性钎料对陶瓷的润湿性，还可在高温钎焊时保护陶瓷不发生分解产生孔洞。例如，Si_3N_4 陶瓷在 10^{-3}Pa 真空中，1100℃以上时就要发生分解，产生显微孔洞。通过将 Si_3N_4 表面涂敷 Ag-Cu-Ti 金属层，再用 Pd-Ni-Ti 钎料在 1250℃下钎焊可有效防止 Si_3N_4 的分解，接头室温抗弯强度可达 163MPa，700℃时还可以保持 105MPa；而无涂敷层的钎焊接头室温抗弯强度只有 62MPa。

陶瓷与金属钎焊多是在氢气炉或真空中进行，采用陶瓷金属化法钎焊真空电子器件时，对钎料有如下基本要求：

1）钎料不含有饱和蒸气压高的化学元素，如 Zn、Cd、Mg 等，以免钎焊过程中这些化学元素污染电子器件或造成电介质漏电。

2）钎料中 w_O 不能超过 0.001%，以免在氢气中钎焊时生成水气。

3）钎焊接头要有良好的松弛性，能最大限度地减小陶瓷与金属线胀系数差异而引起的热应力。

陶瓷金属化法钎焊常用的钎料见表 7-20。陶瓷金属化法钎焊应用广泛的是 BAg72Cu 钎料。也可以根据需要，选用其他的钎料。

表 7-20　陶瓷金属化法钎焊常用的钎料

钎　料	成分（质量分数）(%)	熔点/℃	钎焊温度/℃	用　途
Cu	100	1083	1110～1140	陶瓷-陶瓷、陶瓷-铜
Ag	>99.99	961	990～1100	陶瓷-陶瓷、陶瓷-钛
Ag-Cu	Ag72、Cu 28	779	810～830	陶瓷-金属
Ag-Cu	Ag 50、Cu 50	824	880～900	陶瓷-金属
Ag-Cu-Pd	Ag 65、Cu 20、Pd 15	852	920～950	陶瓷-金属
Ag-Cu-Pd	Ag 58、Cu 32、Pd 10	824	880～900	陶瓷-金属
Ag-Cu-In	Ag 63、Cu 27、In 10	685	740～770	陶瓷-金属
Au-Cu	Au 80、Cu 20	889	920～950	陶瓷-陶瓷、陶瓷-钛
Au-Ni	Au 82.5、Ni 17.5	950	980～1000	陶瓷-镍
Au-Ag-Cu	Au 60、Ag 20、Cu 20	835	880～900	陶瓷-铜

（2）活性金属化法钎焊工艺　活性金属化法钎焊工艺简便，能满足陶瓷高温状态的使用要求。活性金属化法钎焊的关键是采用活性钎料，在钎料能够润湿陶瓷的前提下，还要考虑高温钎焊时陶瓷与金属热膨胀差异引起的裂纹，以及夹具定位等问题。表 7-21 是陶瓷/金属活性金属化法钎焊工艺的特点及应用。

表 7-21　陶瓷/金属活性金属化法钎焊工艺的特点及应用

钎料加入方式	钎焊温度 /℃	保温时间 /min	陶瓷材料	金属材料	工艺特点及应用
在陶瓷表面预涂厚度为 20 ~ 40μm 的 Ti 粉，然后用厚度为 0.2mm 的 Ag72Cu28 钎料施焊	850 ~ 880	3 ~ 5	氧化物及非氧化物陶瓷，如 Al_2O_3、SiC、SiN 等	Cu、Ti、Nb	对陶瓷润湿性良好，接头气密性好。常用于高强度陶瓷和软金属的焊接。缺点是钎料含 Ag 多，蒸气压高，易沉积于陶瓷表面，降低接头的绝缘性
用厚度为 10 ~ 20μm 的 w_{Ti} = 71.5%、w_{Ni} = 28.5% 的箔片做钎料施焊	980 ~ 1000	3 ~ 5	氧化物陶瓷	Ti	钎焊温度较高，蒸气压较低，对陶瓷润湿性良好。缺点是钎焊温度范围窄，零件表面需严格清理
用 w_{Ti} = (25 ~ 30)%、其余为 Cu 的箔片或粉末作钎料施焊	900 ~ 1000	2 ~ 5	氧化物及非氧化物陶瓷，如 Al_2O_3、SiC 等	Cu、Ti、Ta、Nb、Ni-Cu	钎焊温度较高，蒸气压低，对陶瓷润湿性良好，合金脆硬，适用于高强度陶瓷与金属的焊接

活性金属化法钎焊所用的钎料通常以 Ti 作为活性元素，可适用于钎焊氧化物陶瓷和非氧化物陶瓷。有些钎料中还含有 In，以改善流动性和提高活性元素的活度。除 Ag、Cu 钎料外，还有一些以 Sn 或 Pb 为基的活性钎料。使用较方便的钎料是 50 ~ 200μm 箔状钎料，优点是形状、尺寸容易与接头配合，活性元素分布均匀。

除考虑钎料的选择外，活性金属化法钎焊工艺还应注意对活性元素的保护。活性元素极易被氧化，被氧化后就不再与陶瓷发生反应，因此活性金属化法钎焊一般都在真空或纯度很高的保护气氛中进行，钎焊时的真空度一般高于 10^{-2}Pa。

为提高陶瓷与金属钎焊接头的性能，应严格控制钎焊温度（一般在钎料的液相线温度以上 50 ~ 100℃）和保温时间。钎焊温度一般为 800 ~ 1100℃，即使是采用熔点较低的 Sn 或 Pb 基活性钎料，由于需要足够的热力学活性，也应在这个温度范围下钎焊。

2. 扩散焊

陶瓷与金属可以采用扩散焊的方法实现焊接。其主要优点是接头强度高，工件变形小；不足之处是保温时间长、成本高、试件尺寸和形状受到真空室限制。陶瓷与金属的扩散焊既可在真空中，也可在氢气中进行。通常金属表面有氧化膜时更易产生相互间的化学作用。因此在真空室中充以还原性的活性介质（使金属表面仍保持一层薄的氧化膜）可以提高扩散焊接头的强度。

影响扩散焊接头强度的主要因素是加热温度、保温时间、压力、被焊件的表面状态以及陶瓷与金属之间的化学反应和物理性能（如线胀系数等）的匹配，其中加热温度对扩散过程的影响最显著。陶瓷与金属扩散焊时的加热温度一般达到金属熔点的 80% 以上。

扩散焊时，元素之间相互扩散引起的化学反应可以形成足够的界面结合。反应层的厚度（X）与加热温度和保温时间的关系为

$$X = K_0 t^n \exp(-Q/RT) \tag{7-1}$$

式中 K_0 为常数；t 为保温时间（s）；n 为时间指数；Q 为扩散激活能（J/mol）；T 为加热温度（K）；R 为气体常数，$R=8.314\text{J/mol}\cdot\text{K}$。

表 7-22 列出了常见陶瓷与金属扩散焊的焊接参数及接头强度。

表 7-22 常见陶瓷与金属扩散焊的焊接参数及接头强度

材料	加热温度/℃	保温时间/min	压力/MPa	中间层及厚度	环境气氛	抗拉强度/MPa	抗剪强度/MPa	抗弯强度①/MPa
Al_2O_3/Al	600	1.7~5	7.5~15	—	H_2	—	—	95（A）
Al_2O_3/Cu	1025~1050	155	1.5~5	—	H_2	—	—	<153（A）
Al_2O_3/Ni	1350	20	100	—	H_2	—	—	<200（A）
Al_2O_3/Fe	1375	1.7~6	0.7~10	—	H_2	—	—	220~231（A）
Al_2O_3/低碳钢	1450	120	<1	Co	真空	—	3~4	—
Al_2O_3/Nb	1600	60	8.8	—	真空	—	—	120（B）
Al_2O_3/Ag/Al_2O_3	900	120	6	—	真空	—	68	—
Al_2O_3/Cu/Al_2O_3	1025	15	50	—	真空	—	—	177（B）
Al_2O_3/Ni/Al_2O_3	1250	60	15~20	—	真空	75~80	—	—
Si_3N_4/WC-Co	610	30	5	Al	真空	—	—	<208（A）
	1050~1100	180~360	3~5	Fe-Ni-Cr	真空	—	—	>90（A）
Si_3N_4/Al/Si_3N_4	630	300	4	—	真空	—	100	—
Si_3N_4/Ni/Si_3N_4	1150	0~300	6~10	—	真空	—	20	—
SiC/Nb	1400	30	1.96	—	真空	—	87	—
SiC/Nb/Cr18Ni8	1400	60	—	—	真空	125	—	—
ZrO_2/Si_3N_4	1000~1100	90	>14	>0.2mmNi	真空	—	57	—
ZrO_2/Cu/ZrO_2	1000	120	6	—	真空	97	—	—

① A 代表四点弯曲试验，B 代表三点弯曲试验。

3. 电子束焊

电子束焊是利用高能密度的电子束，轰击焊件使局部加热、熔化而将工件焊接起来。20 世纪 60 年代以来，国外已开始将电子束焊应用到陶瓷与金属焊接中，这种方法扩大了选用材料的范围，也提高了陶瓷与金属焊件的气密性和力学性能。

陶瓷与金属的电子束焊由于是在真空条件下进行的，所以能防止空气中的氧、氮等污染，利于陶瓷与活性金属的焊接，焊件的气密性良好。电子束经聚焦能形成很细小的直径，可小到0.1~1.0mm 范围，功率密度可提高到 10^7~10^9W/cm^2。电子束穿透力很强，加热面积很小，焊缝熔宽小、熔深大，熔宽与熔深之比可达到 1∶10 ~ 1∶50。这样不仅焊接热影响区小，而且应力变形也极其微小，能够保证焊后结构的精度。

陶瓷与金属的真空电子束焊接时，焊件的接头形状有多种形式，比较合适的接头形式以平焊为宜，也可采用搭接或套接。工件之间的装配间隙应控制在 0.02 ~ 0.05mm，不能过大，否则可能产生未焊透等缺陷。陶瓷与金属真空电子束焊接工艺过程包括：

1）把工件表面处理干净，放在预热炉内预热。

2）当真空室的真空度达到 10^{-2}Pa 之后，开始对工件预热，在 30min 内由室温上升到 1200 ~ 1800℃。

3）在预热恒温下，让电子束扫射被焊工件的金属一侧，开始焊接。

4）焊后降温退火，预热炉要在 10min 之内使电压降到零，然后使焊件在真空炉内自然冷却 1h 以后出炉。

陶瓷与金属真空电子束焊时，加速电压、电子束电流、工作距离（焊件至聚焦筒底的距离）、聚焦电流和焊接速度等焊接参数对接头质量影响很大，尤其对焊缝熔深和熔宽的影响更加敏感。选择合适的焊接参数可以使焊缝形状、强度、气密性等达到设计要求。陶瓷与 07Cr19Ni11Ti 不锈钢电子束焊的焊接参数见表 7-23。

表 7-23　陶瓷与 07Cr19Ni11Ti 不锈钢电子束焊的焊接参数

陶瓷/金属	母材厚度/mm	电子束电流/mA	加速电压/kV	焊接速度/$m \cdot min^{-1}$	预热温度/℃	冷却速度/℃ · min^{-1}
Al_2O_3/07Cr19Ni11Ti	4 + 4	8	10	62	1250	20
Al_2O_3/07Cr19Ni11Ti	6 + 6	8	12	60	1200	22
Al_2O_3/07Cr19Ni11Ti	10 + 10	12	14	55	1200	25

陶瓷与金属目前多应用真空电子束焊接，多用于陶瓷与难熔金属（W、Mo、Ta、Nb 等）的焊接，且要使陶瓷的线胀系数与金属的线胀系数相近。例如，高纯度 Al_2O_3 陶瓷与难熔金属 W、Mo 电子束焊时，由于电子束的加热斑点很小，可以集中在一个非常小的面积上加热，这时只要采取焊前预热、焊后缓慢冷却以及合理设计接头形式等措施，就可以获得合格的焊接接头。为避免接头出现焊接裂纹，也可用厚度 0.5mm 的 Nb 箔片作为中间过渡层进行电子束焊。

7.4　金属基复合材料的焊接

金属基复合材料是以金属作为基体的复合材料，增强相可以是纤维，也可以是晶须、颗粒等弥散分布的填料。金属基复合材料的焊接性不但取决于基体性能、增强相的类型，而且与双相界面性质和增强相的几何特征有密切的关系。

7.4.1　金属基复合材料的分类及性能

金属基复合材料的分类方法主要有三种。根据增强相形态，可分为连续纤维增强、非连续增强和层板金属基复合材料；根据基体材料，可分为铝基、钛基、镁基、锌基、铜基等复合材料；根据材料用途，可分为结构复合材料、功能复合材料和智能复合材料。

1. 连续纤维增强金属基复合材料

连续纤维增强金属基复合材料纤维的端点位于复合材料的边界，纤维排布有明显的方向性，复合材料具有各向异性。与非连续纤维增强金属基复合材料相比，连续纤维增强复合材料在纤维方向上具有特别高的强度和模量。因此，这对结构设计很有利，是宇航领域中的一种理想的结构材料。

连续纤维增强金属基复合材料常用的纤维有 B 纤维、C 纤维、SiC 纤维、Al_2O_3 纤维、B_4C 纤维、W 纤维等。这些纤维具有很高的强度、模量及很低的密度，用于增强金属时，可使强度显著提高，而密度变化不大。表 7-24 和表 7-25 给出了几种连续纤维增强金属基复合材料的性能。

表 7-24　B 纤维增强 Al 基复合材料的性能

基体	纤维体积分数（%）	纵向		横向		纵向断裂应变（%）
		抗拉强度/MPa	弹性模量/GPa	抗拉强度/MPa	弹性模量/GPa	
纯 Al	25	737 ~ 837	146.9	98 ~ 117	88.8	—
	35	960 ~ 1020	191.5	88 ~ 117	118.8	—
	50	1200 ~ 1270	245.0	69 ~ 79	139.1	—
1100Al	20	519 ~ 540	136.7	98 ~ 117	77.9	—
2024Al	52	1721.0	—	—	—	—
	64	1527.6	—	—	—	0.72
	70	1927.6	—	—	—	—
6061Al	50	1343.4	217.2	—	—	0.695

表 7-25　SiC 纤维增强 Ti 基复合材料的性能（SiC 体积分数为 28%）

复合材料	试验温度/℃	纤维排列方向/(°)	抗拉强度/MPa	比例极限/MPa	断裂应变/μm·mm^{-1}	弹性模量/GPa		线胀系数/10^{-6}·K^{-1}
						拉伸	弯曲	
SiC 纤维增强 Ti-6Al-4V（SiC_f/Ti-6Al-4V）	室温	0	979.2	806.1	—	250	—	—
		15	930.1	806.1	—	240	—	—
		30	779.2	716.6	—	220	—	—
		45	737.9	516.8	—	210	—	—
		90	655.1	365.2	—	190	—	—
涂敷 SiC 的硼纤维增强 Ti-6Al-4V（$B_{SiC,f}$/Ti-6Al-4V）	21	0	965	—	3440	286.2	2.37	1.39
		15	689	—	3220	253.8	2.29	—
		45	454.7	—	4220	215.2	2.19	—
		90	289.4	—	3130	205.5	1.15	1.75
SiC 纤维增强 6061Al（SiC_f/6061Al）	室温	0	585	415	—	131	—	—

2. 非连续增强金属基复合材料

非连续增强金属基复合材料是由短纤维、晶须、颗粒为增强相与金属基体组成的复合材料，其中应用最广的是 Al 基复合材料，如 SiC_p/Al、SiC_w/Al、Al_2O_{3p}/Al、Al_2O_{3f}/Al 等。非连续增强金属基复合材料最大的特点是可以用常规的粉末冶金、液态金属搅拌、液态金属挤压铸造、真空压力浸渍等方法制备。可采用传统的金属二次加工技术和热处理强化技术进行加工成形，制造方法简便，成本低，适合于大批量生产，在汽车、电子、航空、仪表等工业中有广阔的应用前景。

非连续增强金属基复合材料的增强相包括单元素（如 C、B、Si 等）、氧化物（如 Al_2O_3、TiO_2、SiO_2、ZrO_2 等）、碳化物（SiC、B_4C、TiC、VC、ZrC 等）、氮化物（Si_3N_4、BN、AlN 等）的颗粒、晶须及短纤维。基体金属包括 Al、Mg、Ti 等轻金属，Cu、Zn、Ni、Fe 等重金属及金属间化合物，使用最多的是轻金属（主要是 Al）。增强相在基体中随机分布，其性能呈各向同性。非连续增强相的加入，明显提高了金属的耐磨、耐热性、高温力学性能、弹性模量等。表 7-26 给出了几种非连续增强金属基复合材料的性能。

表 7-26　几种非连续增强金属基复合材料的性能

材　料	增强相的体积分数（%）	密度 /g·cm^{-3}	弹性模量 /GPa	屈服强度 /MPa	抗拉强度 /MPa	伸长率（%）
Al_2O_{3p}/6061Al	10	2.80	81	297	338	7.6
	15	—	88	386	359	5.4
	20	—	99	359	379	2.1
Al_2O_{3p}/2024Al	10	—	84	483	517	3.3
	15	—	92	476	503	2.3
	20	—	101	483	503	0.9
SiC_w/6061Al	20	—	120	440	585	14
	30	—	140	570	795	2
SiC_p/6113Al	20	2.80	104.8	379.2	—	5.0
SiC_p/6092Al	25	2.82	113.8	379.2	—	4.0
SiC_p/7475Al	15	2.85	97.9	586.1	—	3.0
B_4C_p/6061Al	12	2.69	97.9	310.3	—	5.0
B_4C_p/6092Al	15	2.68	95.2	379.2	—	5.0

7.4.2　金属基复合材料的焊接性分析

金属基复合材料的基体是一些塑、韧性好的金属，焊接性一般较好；增强相则是一些高强度、高熔点、低线胀系数的非金属纤维或颗粒，焊接性一般较差。金属基复合材料焊接时，不仅要解决金属与基体的结合，还要考虑金属与非金属之间的结合。因此，金属基复合材料的焊接问题，关键是非金属增强相与金属基体以及非金属增强相之间的结合。

1. 界面反应

金属基复合材料的金属基体与增强相之间，在较大的温度范围内是热力学不稳定的，焊接加热到一定温度时，两者的接触界面会发生化学反应，生成对材料性能不利的脆性相，这种反应称为界面反应。例如，B_f/Al 复合材料加热到430℃左右时，B 纤维与 Al 发生反应，生成 AlB_2 反应层，使界面强度下降。C_f/Al 复合材料加热到580℃左右时发生反应，生成脆性针状组织 Al_4C_3，使界面强度急剧下降。SiC_f/Al 复合材料在固态下不发生反应，但在基体 Al 熔化后也会反应生成 Al_4C_3。此外，Al_4C_3 还与水发生反应生成乙炔，在潮湿环境中接头处易发生低应力腐蚀开裂。因此，防止界面反应是这类复合材料焊接中要考虑的首要问题，可通过冶金和工艺两方面措施来解决。

（1）冶金措施　加入一些活性比基体金属更强的元素或能阻止界面反应的元素来防止界面反应。例如，加入 Ti 可以取代 SiC_f/Al 复合材料在焊接时 Al 与 SiC 反应，不仅避免了有害化合物 Al_4C_3 的产生，而且生成的 TiC 还能起强化相的作用；提高基体 Al 中的 Si 含量或利用 Si 含量高的焊丝也可抑制 Al 与 SiC 之间的界面反应。

金属基复合材料瞬间液相扩散焊时，为避免界面反应发生，应选用能与复合材料的基体金属生成低熔点共晶或熔点低于基体金属的合金作为中间层。例如，焊接 Al 基复合材料时，可采用 Ag、Cu、Mg、Ge、Zn 及 Ga 金属或 Al-Si、Al-Cu、Al-Mg 及 Al-Cu-Mg 合金作为中间层。采用 Ag、Cu 等纯金属做中间层时，瞬间液相扩散焊的焊接温度应超过 Ag、Cu 与基体金属的共晶温度。共晶反应时焊接界面处的基体金属熔化，重新凝固时增强相被凝固界面推移，增强相聚集在结合面上，降低接头强度。因此，应严格控制焊接时间及中间层的厚度。而采用合金做中间层时，只要加热到合金的熔点以上就可形成瞬时液相。

（2）改善焊接工艺　通过控制加热温度和焊接时间可以避免或限制界面反应的发生或进行。例如，采用低热量输入或固态焊的焊接方法，严格控制焊接热输入，降低熔池的温度并缩短液态 Al 与 SiC 的接触时间，可以控制 SiC_f/Al 复合材料的界面反应。

1）钎焊。采用钎焊时，由于温度较低，基体金属不熔化，加上钎料中的元素阻止作用，不易引起界面反应。采用 Al-Si、Al-Si-Mg 等硬钎料焊接 B_f/Al 复合材料时，由于钎焊温度为577～616℃，而 B 与 Al 在550℃就可能发生明显的界面反应，生成脆性相 AlB_2，降低接头强度。而在纤维表面涂一层厚度 0.01mm SiC 的 B 纤维增强 Al 基复合材料（$B_{SiC,f}$/Al）时，由于 SiC 与 Al 之间的反应温度较高（593～608℃），可完全避免界面反应。

2）扩散焊。采用扩散焊时，为防止界面反应发生，必须严格控制加热温度、保温时间和焊接压力。随着温度的增加，界面反应越容易发生，反应层的增大速度加快，但加热到一定时间以后，反应层厚度增大速度变慢，如图7-19所示。SCS-6是一种专用于增强钛基复合材料的 SiC 纤维，直径约140μm，表面有一层厚度3μm的富 C 层。

3）中间层。采用中间层可以避免界面上纤维的直接接触，使界面易于发生塑性流变，因此利用直接扩散焊及瞬间液相扩散焊能较容易地实现焊接。但是直接扩散焊时所需的压力仍较大，金属基体一侧变形过大；采用瞬间液相扩散焊时，所需的焊接压力较低，金属基体一侧变形较小。采用 Ti-6Al-4V 钛合金中间层扩散焊接含有体积分数30%的 SiC 纤维增强的 Ti-6Al-4V 复合材料时，中间层厚度对接头强度的影响如图7-20所示。

当中间层厚度为80μm时，复合材料接头的抗拉强度达到850MPa。再增加中间层的厚度，接头的强度不再增大。这是由于接头的强度由基体金属间的结合强度控制，当中间层厚度达到80μm后，基体金属间的结合已达到最佳状态，再增加厚度时基体金属的结合情况不再发生变化，整个接头的强度也就不再变化。

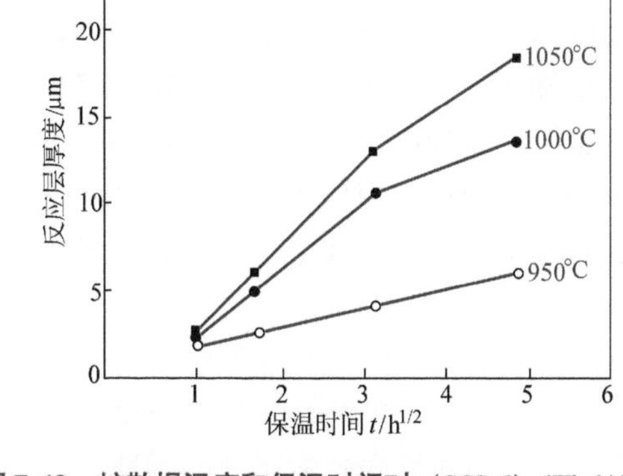

图 7-19　扩散焊温度和保温时间对 $(SCS\text{-}6)_f$/Ti-6Al-4V 复合材料界面反应层厚度的影响

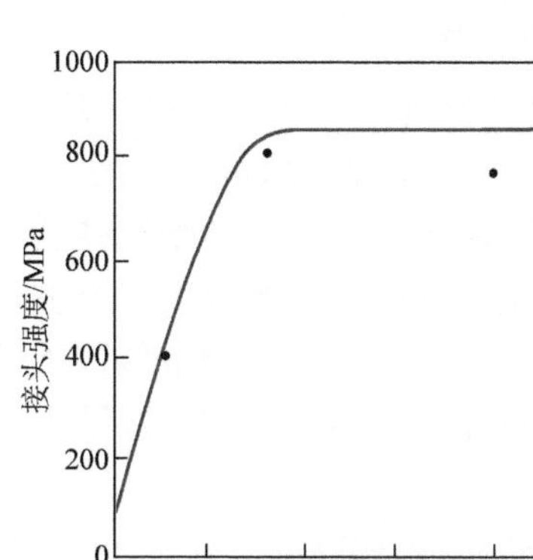

图 7-20　中间层厚度对接头强度的影响

还可以采用一些非活性的材料作为增强相，如用 Al_2O_3 或 B_4C 取代 SiC 增强 Al 基复合材料 Al_2O_3/Al、B_4C/Al，使得界面较稳定，焊接时一般不易发生界面反应。

2. 熔池流动性和界面润湿性差

基体金属与增强相的熔点相差较大，熔焊时基体金属熔池中存在大量未熔化的增强相，这大大增加了熔池的粘度，降低了熔池金属的流动性，不但影响了熔池中的传热和传质过程，还增大了气孔、裂纹、未熔合和未焊透等缺陷的敏感性。

采用熔焊方法焊接纤维增强金属基复合材料时，金属与金属之间的结合为熔焊机制，金属与纤维之间的结合属于钎焊机制，因此要求基体金属对纤维具有良好的润湿性。当润湿性较差时，应添加能改善润湿性的填充金属。例如，采用高 Si 焊丝不仅可改善 SiC_f/Al 复合材料熔池的流动性，还能提高熔池金属对 SiC 颗粒的润湿性；采用高 Mg 焊丝也有利于改善 Al_2O_3/Al 复合材料熔池金属对 Al_2O_3 的润湿作用。

采用电弧焊方法焊接非连续增强金属基复合材料时，基体金属不同时，复合材料焊接熔池的流动性也明显不同。基体金属 Si 含量较高时，熔池的流动性较好，裂纹及气孔的敏感性较小；Si 含量较低时，熔池的流动性差，容易发生界面反应。因此，为改善焊接熔池的流动性，提高接头强度，应选用 Si 含量较高的焊丝。

采用软钎焊焊接金属基复合材料时，由于钎料熔点低，熔池流动性好，可将钎焊温度降低到纤维性能开始变差的温度以下。采用 95% Zn-5% Al 和 95% Cd-5% Ag 钎料对复合材料 B_f/Al 与 6061Al 铝合金进行氧乙炔火焰软钎焊的研究表明：用 95% Zn-5% Al 钎料焊接的接头具有较高的高温强度，适用于 216℃温度下工作，但钎焊工艺较难控制；用 95% Cd-5% Ag 钎料焊接的接头具有较高的低温强度（93℃以下），而且焊缝成形好，焊接工艺易于控制。

共晶扩散钎焊是将焊接表面镀上中间扩散层或在焊接表面之间加入中间层薄膜，加热到适当的温度，使母材基体与中间层之间相互扩散，形成低熔点共晶液相层，经过等温凝固以及均匀化扩散等过程后形成一个成分均匀的接头。因此，采用共晶扩散焊、形成低熔点共晶液相层也能增强熔池的流动性。适用于 Al 基复合材料共晶扩散钎焊的中间层有 Ag、Cu、Mg、Ge 及 Zn 等，中间层的厚度一般应控制在 1.0μm 左右。

3. 接头强度低

金属基复合材料基体与增强相的线胀系数相差较大，在焊接加热和冷却过程中会产生很大的内应力，易使结合界面脱开。由于焊缝中纤维的体积分数较小且不连续，致使焊缝与母材间的线胀系数也相差较大，在熔池结晶过程中易引起较大的残余应力，降低接头强度。

焊接过程中如果施加压力过大，会引起增强纤维的挤压和破坏。此外，电弧焊时，在电弧力的作用下，纤维不但会发生偏移，还可能发生断裂。两块被焊接工件中的纤维几乎是无法对接的，因此在接头部位，增强纤维是不连续的，接头处的强度和刚度比复合材料本身低得多。

采用 Al-Si 钎料钎焊 SiC_w/6061Al 时，保温过程中 Si 向复合材料的基体中扩散。随着基体金属扩散区 Si 含量的提高，液相线温度相应降低。当降低至钎焊温度时，母材中的扩散区发生局部熔化。在随后的冷却凝固过程中 SiC 颗粒或晶须被推向尚未凝固的焊缝两侧，在此形成富 SiC 层，使原来均匀分布的组织分离为由富 SiC_w 区和贫 SiC_w 区所组成的层状组织，使接头性能降低。

钎焊时复合材料纤维组织的变化与钎料和复合材料之间的相互作用有关。经挤压和交叉轧制的 SiC_w/6061Al 复合材料中，Si 的扩散较明显；但在未经过二次加工的同一种复合材料的热压坯料中，Si 扩散程度很小，不会引起基体组织的变化。

连续纤维增强金属基复合材料在纤维方向上具有很高的强度和模量，保证纤维的连续性是提高纤维增强金属基复合材料焊接接头性能的重要措施，这就要求焊接时必须合理设计接头形式。采用对接接头时，由于焊缝中增强纤维的不连续性，不能实现等强匹配，接头的强度远远低于母材。采用搭接接头时，接头强度可通过调整搭接面积来改善，随搭接面积的增加而增加。当搭接面积增加到一定值时接头的承载能力可达到母材的承载能力。但搭接接头增加了焊接结构的质量，而且接头形式是非连续的，因此其应用受到限制。理想的接头形式是台阶式和斜口式的对接接头，这种接头的特点是将不连续的纤维分散到不同的截面上。台阶的数量和斜口的角度可根据工件的受力情况进行设计。为保证增强纤维的连续性，合理的焊接接头形式如图 7-21 所示。

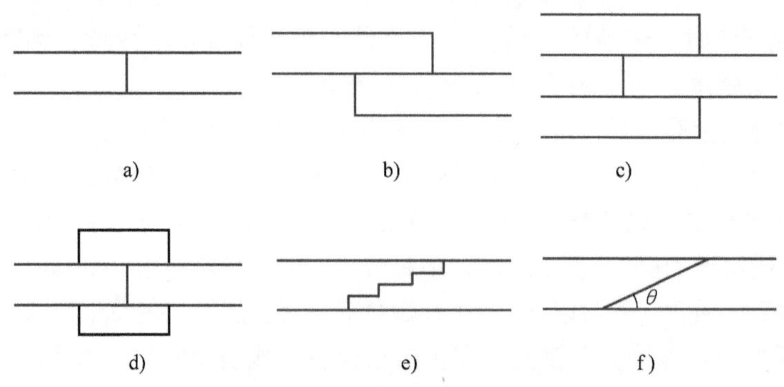

图 7-21 连续纤维增强金属基复合材料合理的接头形式

a) 对接 b) 单搭接 c) 双搭接

d) 双盖板对接 e) 台阶式对接 f) 斜口式对接

瞬间液相扩散焊时中间层类型、厚度以及工艺参数影响接头的强度。表 7-27 列出了利用不同中间层焊接的体积分数为15%的 Al_2O_3 颗粒增强的6061Al复合材料接头的强度。用Ag与BAlSi-4做中间层时能获得较高的接头强度。用Cu做中间层时对焊接温度较敏感，接头强度不稳定。

表7-27　体积分数为15%的 Al_2O_3 颗粒增强的6061Al复合材料接头的强度

中间层		焊接参数		强度/MPa		
材质	厚度/μm	加热温度/℃	保温时间/s	抗剪强度	屈服强度	抗拉强度
Ag	25	580	130	193	323	341
Cu	25	565	130	186	85	93
BAlSi-4	125	585	20	193	321	326
Sn-5Ag	125	575	70	100	—	—

焊接时间较短时，中间层来不及扩散，结合面上残留较厚的中间层，限制接头抗拉强度的提高。随着焊接时间的增长，残余中间层逐渐减少，强度逐渐增加。当焊接时间增长到一定值时，中间层消失，接头强度达到最大。继续增加焊接时间时，由于热循环对复合材料性能的不利影响，接头强度不但不再提高，反而降低。

瞬间液相扩散焊压力对接头强度有很大的影响。压力太小时，塑性变形小，焊接界面与中间层不能达到紧密接触，接头中会产生未焊合的孔洞，降低接头强度；压力过高时将液态金属自结合界面处挤出，造成增强相偏聚，液相不能充分润湿增强相，也会导致形成显微孔洞。例如，用厚度0.1mm的Ag做中间层，在580℃×120s条件下焊接 Al_2O_3/Al复合材料时，当焊接压力为0.5MPa时接头抗拉强度约为90MPa，而当压力大于或小于0.5MPa时，结合界面上均存在明显的孔洞，接头强度降低。

此外，非连续增强金属基复合材料焊接时，除界面反应、熔池流动性差等问题外，还存在较强的气孔倾向、结晶裂纹敏感性和增强相的偏聚问题。由于熔池金属粘度大，气体难以逸出，因此，焊缝及热影响区对形成气孔很敏感。为了防止气孔，需在焊前对复合材料进行真空除氢处理。此外，由于基体金属结晶前沿对颗粒的推移作用，结晶最后阶段液态金属的SiC颗粒含量较大，流动性很差，易产生结晶裂纹。粒子增强复合材料在重熔后，增强相粒子易发生偏聚，如果随后的冷却速度较慢，粒子又被前进中的液/固界面所推移，致使焊缝中的粒子分布不均匀，降低了粒子的增强效果。

7.4.3　金属基复合材料的焊接工艺特点

1. 连续纤维增强金属基复合材料的焊接特点

连续纤维增强金属基复合材料的焊接方法主要有氩弧焊、激光焊、钎焊、扩散焊等。表7-28给出了连续纤维增强复合材料常用的焊接方法及接头强度。

（1）氩弧焊（TIG、MIG）　用氩弧焊焊接连续纤维增强金属基复合材料时，只能采用对接接头及搭接接头。由于连续增强金属基复合材料熔池的流动性很差，为了能够焊透，需要开大角度坡口，坡口角度通常为60°~90°。

连续纤维增强金属基复合材料氩弧焊的主要问题是易引起界面反应、易导致纤维断裂等。为了防止界面反应，常采用脉冲TIG、MIG进行焊接，并严格控制焊接热输入、缩短熔池存在时间。添加适当的填充焊丝，可降低电弧对增强纤维的破坏程度。

表 7-28　连续纤维增强复合材料常用的焊接方法及接头强度

焊接接头	焊接方法	接头形式	抗拉强度/MPa
W_f/Ti 接头	TIG	对接	612
B_f/Al 接头	钎焊	搭接 双盖板对接 斜口对接	590 820 640
B_f/Al 与 Ti-6Al-6V-2Sn 接头	钎焊	双搭接	496
SiC_f/Al 接头	扩散焊	对接	60
	激光焊	堆焊	—
SiC_f/Al 与 Al 接头	扩散焊	对接	60
SiC_f/Ti 接头	激光焊	对接	550
	扩散焊	对接	850
		12°斜口对接	1380
		双盖板对接	1300
SiC_f/Ti 与 Ti-6Al-6V 接头	激光焊	—	850～900

W_f/Ti 复合材料手工交流 TIG 焊的焊接参数及接头力学性能见表 7-29。

表 7-29　W_f/Ti 复合材料手工交流 TIG 焊的焊接参数及接头力学性能

纤维体积分数（%）	母材厚度/mm	试件类型	电弧电流/A	焊接电压/V	焊接速度/$mm \cdot s^{-1}$	抗拉强度/MPa	屈服强度/MPa	伸长率（%）
0	2.5	母材 对接 板上堆焊	60	10	2.54	612 640 701	477 503 568	29.0 17.5 14.0
4.5	2.5	母材 对接 板上堆焊	60	10	2.54	705 700 894	568 558 734	15.8 11.7 4.5
9.8	2.5	母材 板上堆焊	60	10	2.54	714 905	656 119	3.4 4.0

（2）钎焊　钎焊是金属基复合材料焊接的主要方法之一。钎焊温度较低，基体金属不熔化。一般采用搭接接头。

纤维增强铝基复合材料的钎焊包括硬钎焊、软钎焊和共晶扩散钎焊。硬钎焊可采用真空钎焊和浸沾钎焊工艺。例如，将单层的 $B_{SiC,f}$/Al 复合材料带之间夹上 Al-Si 钎料箔，密封在真空炉中加热到 577～616℃，并施加 1030～1380Pa 的压力，保温一定时间后就可得到复合材料平板，用这种方法制造的纤维体积分数为 45% 的 $B_{SiC,f}$/Al 复合材料的抗拉强度为 978～1290MPa。共晶扩散钎焊时，增强纤维阻碍了中间层元素向基体中的扩散，使扩散速度和元素均匀化程度急剧降低，接头处容易形成脆性层。所以，应严格控制中间层厚度，适当延长扩散均匀化的时间，防止接头强度降低。通常中间层的厚度控制在 1.0μm 左右。

纤维增强钛基复合材料的钎焊必须考虑钎焊过程热循环对增强纤维与基体之间反应的影

响，以及钎料通过结合界面扩散到复合材料内部后对纤维的影响。采用 Ti-Cu15-Ni15、Ti-Cu15非晶态钎料及由两片纯钛夹 50% Cu-50% Ni 合金轧制成的复合钎料钎焊 SCS-6/β21S（SCS 是一种专门用于增强钛基复合材料的 SiC 纤维，直径为 140μm，表面有一层厚度 3μm 的富 C 层；β21S 是一种成分为 Ti-15% Mo-2. 7Nb-3% Al-0. 25% Si 的钛合金），严格控制加热温度（1100℃）、升温速度（50℃/s）和保温时间（120s），能得到室温和高温强度较高的 SCS-6/β21S 复合材料钎焊接头。

（3）激光焊 纤维增强复合材料激光焊时，可将加热区控制在很小的范围内，还可将熔池存在的时间控制得很短，而且激光束不直接照射纤维时，纤维受到的机械冲击力很小，因此只要适当控制激光束的照射位置就可防止增强纤维断裂及移位。但激光焊的熔池温度很高，电阻率较大的增强相优先被加热，容易引起增强相熔化、溶解、升华及界面反应，不适于易发生界面反应的复合材料，如 C_f/Al 及 SiC_f/Al 等，只能焊接一些化学相容性较好的复合材料，如 SiC_f/Ti 等。

纤维增强复合材料激光焊的关键是严格控制激光束的位置，应使增强纤维处于激光束照射范围之外。例如，焊接 SiC_f/Ti-6Al-4V 复合材料与钛合金 Ti-6Al-4V 时，应将激光束适当偏向钛合金一侧，使 SiC 纤维处于熔池中的小孔外，避免 SiC 的熔化和升华。激光束位置对接头性能的影响如图 7-22 所示。激光焊接头强度主要取决于焊接参数及激光束中心与复合材料边缘之间的距离（d）。激光焊参数一定时，有一最佳距离范围 d^*，在该距离范围内，接头抗拉强度较大（图 7-22）。

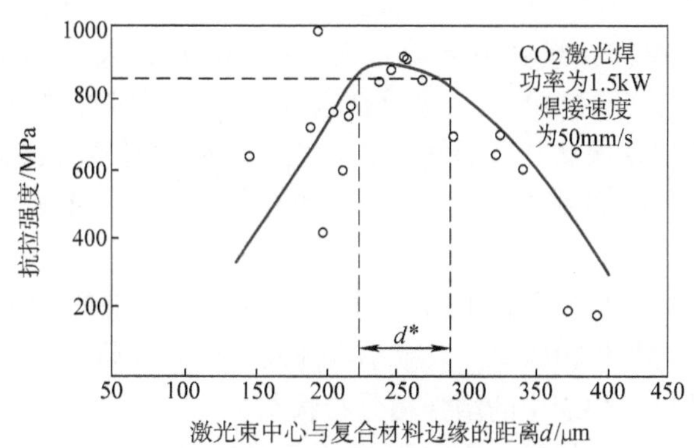

图 7-22 激光束位置对接头性能的影响

当 $d<d^*$ 时，SiC 纤维损伤程度增大，且增强纤维附近产生 C 和 Si 的偏析，致使接头强度下降。当 $d>d^*$ 时，易导致未熔合且复合材料与 Ti 合金的结合界面处易出现晶界，降低接头强度。

2. 非连续增强金属基复合材料的焊接特点

非连续增强金属基复合材料保持了连续纤维增强金属基复合材料的大部分优点，而且制造工艺简单、原材料成本低、便于二次加工，因此近年来发展极为迅速。这类材料的焊接性虽然比连续纤维增强金属基复合材料好，但与单一金属及合金的焊接性相比仍是非常困难的。

非连续增强金属基复合材料可采用熔焊、固相焊、钎焊三类焊接方法。表 7-30 为非连续增强金属基复合材料不同焊接方法的比较。

表 7-30 非连续增强金属基复合材料不同焊接方法的比较

焊接方法		优点	缺点
熔焊	TIG 焊、MIG 焊	1）可通过选择适当的焊丝来抑制界面反应，改善熔池金属对增强相的润湿性 2）焊接成本低，操作方便，适用性强	1）增强相与基体间发生界面反应的可能性较大 2）采用均质材料的焊丝焊接时，焊缝中颗粒的体积分数较小，接头强度低 3）气孔敏感性较大
	电子束焊	1）不易产生气孔 2）焊缝中增强相分布极为均匀 3）焊接速度快	1）焊接参数控制不好时增强相与基体间会发生界面反应 2）焊接成本较高
	激光焊	不易产生气孔，焊接速度快	难以避免界面反应
固相焊	扩散焊	1）通过利用中间层可优化接头性能，基体与增强相间不会发生界面反应 2）可焊接异种材料	生产率低、成本高，参数选择较困难
	摩擦焊	1）通过焊后热处理可获得与母材等强度的接头 2）可焊接异种金属 3）不会发生界面反应	只能焊接尺寸较小、形状简单的部件
钎焊		1）加热温度低，界面反应的可能性小 2）可焊接异种金属及复杂部件	需要在惰性气氛或真空中焊接，并需要进行焊后热处理

（1）氩弧焊（TIG、MIG） 非连续增强金属基复合材料可采用钨极氩弧焊（TIG），也可采用熔化极氩弧焊（MIG）。厚度小于 3mm 时采用 TIG 焊，大于 3mm 时采用 MIG 焊。

SiC_p/Al 或 SiC_w/Al 复合材料的气孔敏感性很强，氩弧焊时焊缝及热影响区易产生大量的氢气孔，严重时甚至出现层状分布的气孔。因此，焊前须对复合材料进行真空去氢处理。处理工艺是在 10^{-2}~10^{-4}Pa 的真空下，加热到 500℃，保温 24~48h。非连续增强金属基复合材料的焊接工艺要点如下：

1）利用有机溶剂清理坡口附近的油污，并采用钢丝刷清理表面的氧化膜。

2）采用脉冲 TIG 或脉冲 MIG 焊，以减小热输入，加上脉冲电弧对熔池的搅拌作用，可部分改善熔池的流动性以及焊缝中的增强相分布状态。

3）基体金属中 Si 含量较低时，应选用 Si 含量较高的焊丝，以免发生界面反应，提高接头性能。

4）焊接下一道焊缝前，应清除当前道焊缝的焊渣及残留的增强相颗粒。

5）控制层间温度为 150℃。

6）对于双面 V 形坡口，焊接背面焊道之前，应刨焊根检查根部是否熔透，确保熔透后再进行焊接。

几种非连续增强金属基复合材料氩弧焊（TIG、MIG）的焊接参数及接头性能见表 7-31。

采用氩弧焊（TIG、MIG）焊接 Al_2O_{3p}/Al 复合材料时，主要问题是熔池粘度大、流动性差、溶池金属对 Al_2O_3 增强相的润湿性不好等。因此，应采用 Mg 含量较高的填充材料，以增加熔池流动性、改善熔池金属对 Al_2O_3 增强相的润湿性。

（2）扩散焊 由于表面氧化膜的存在，非连续增强铝基复合材料直接扩散焊需要较高的温度、压力和真空度，但采用加中间层的方法，可在较低的温度和较小的压力下实现扩散焊接，而且可将原来结合界面上的增强相-增强相接触改变为增强相-基体接触，提高接头强度性能。

表 7-31　几种非连续增强金属基复合材料氩弧焊的焊接参数及接头性能

陶瓷/金属	纤维的体积分数(%)	焊接参数				焊前处理方式	热处理条件	抗拉强度/MPa	屈服强度/MPa	伸长率(%)
		焊接方法	焊接电流/A	电弧电压/V	焊丝					
$SiC_w/6061Al$	18.4	TIG	145～160	12～14	4043	真空去氢	焊态	181	75	3.7
						未处理	焊态	105	34	1.4
		MIG	100～110	19～20	5356	真空去氢	焊态	252	143	2.2
$SiC_p/2028Al$	20	TIG	145～155	11～13	4047	—	固溶＋时效	218	138	4.7
Al_2O_{3p}/Al	15	MIG	235～305	22～26	5356	真空去氢	焊态	228	132	6.6

非连续增强铝基复合材料扩散焊的关键是选择合适的中间层。应能在较小的变形下去除中间层的氧化膜，使之易于发生塑性流变，且与基体金属及增强相不发生不利的相互作用。常用的中间层金属及合金有 Ag、Cu、Al-Cu、Al-Mg、Al-Cu-Mg 等。

利用 Ag、Cu 等金属做中间层，共晶反应时界面处的基体金属发生熔化，凝固时增强相聚集在结合面上，降低了接头强度。因此应严格控制保温时间及中间层的厚度。采用Al-Cu、Al-Mg 等合金做中间层时，只要加热到合金的熔点以上就能保证基体金属的少量熔化，可避免颗粒的偏聚。采用不同中间层复合材料扩散焊的焊接参数及接头强度见表 7-32。

表 7-32　采用不同中间层复合材料扩散焊的焊接参数及接头强度

接　头	增强相的体积分数(%)	中间层	中间层厚度/μm	焊接参数			接头强度/MPa		
				加热温度/℃	保温时间/s	压力/MPa	抗拉强度	屈服强度	剪切强度
$Al_2O_{3p}/6061Al$	15	Ag	25	580	130	—	341	323	193
	15	Cu	25	565	130	—	93	85	86
	15	Sn-5Ag	125	575	70	—	—	—	100
$Al_2O_{3p}/6062Al$	15	Ag	16	870	1800	2	188	—	—
	15	Cu	5	873	1800	2	181	—	—
	15	Al-Cu-Mg	30	873	1800	2	180	—	—

非连续增强复合材料扩散焊的加热温度不宜太高，在保证出现少量液相的条件下，尽量采用较低的温度，以防止高温对增强相的不利作用。保温时间主要取决于中间层的厚度。保温时间过短，中间层来不及扩散，残留较厚的中间层会阻碍接头强度的提高。用厚度为 0.1mm 的 Ag 做中间层，在 580℃、压力 0.5MPa 条件下焊接体积分数 30% 的 Al_2O_3 短纤维增强铝基复合材料。当保温时间为 20s 时，接头界面残留较多的中间层，接头抗拉强度仅为 56MPa；当保温时间增加至 100s 时，接头抗拉强度达到最大值 95MPa。因此，扩散焊接非连续增强复合材料时应以提高接头性能为目的，综合选择加热温度、保温时间和压力。

思考题

1. 高温合金的种类有哪些？其强化方式是什么？

2. 高温合金焊接时容易产生何种形式的裂纹，其原因是什么？如何防止？

3. 高温合金焊接时接头组织性能会发生哪些变化？试分析其原因。

4. 不同类型的高温合金焊接时可分别采用的焊接方法有哪些，在焊接工艺上有何特点？

5. 陶瓷与金属焊接时主要问题是产生裂纹，试分析裂纹产生的主要原因。从焊接工艺上应采取哪些措施避免裂纹产生？

6. 分析为什么采用常规的熔焊方法很难实现陶瓷-金属的可靠连接，采用固相焊方法时如何提高陶瓷-金属接头的性能？

7. SiC 陶瓷与 Al 钎焊时常用的钎料有哪些？可采用哪些方式填加钎料？

8. 陶瓷与金属的扩散焊工艺特点有哪些？如何选择合适的扩散焊的焊接参数？

9. 连续增强金属基复合材料和非连续增强金属基复合材料的焊接性有何差异，为什么？针对这两种材料焊接性的不同，各应采用何种焊接方法，为什么？

10. 金属基复合材料常用的增强相有哪些？这些增强相对金属基复合材料的焊接性有何影响？

第8章

异种材料的焊接

采用异种材料制造的焊接结构，不仅能满足不同工作条件对材质提出的不同要求，而且可节约大量的贵重材料，降低成本，发挥不同材料的性能优势。异种材料焊接结构在机械、化工、电力及核工业等行业得到广泛应用，异种材料的焊接也越来越受到重视。异种材料焊接的种类很多，本章主要阐述异种钢以及钢与有色金属焊接的基本概念。

8.1 异种材料的分类、组合及焊接性特点

8.1.1 异种材料的分类和组合

1. 异种材料焊接的分类、组合及特点

材料种类繁多，性能各异，按工程实际需要，异种材料的分类和组合在工程中是多种多样的。从材料的组合与特点看，异种材料的分类和焊接组合主要包括异种钢的焊接、钢与有色金属的焊接、异种有色金属的焊接、金属与非金属的焊接等几种情况，见表8-1。

表8-1 异种材料焊接的分类、组合及特点

分类	异种材料焊接组合	焊接问题	实例
1	异种钢	焊缝化学成分不均匀、熔合区塑性降低(脆性层)、易产生裂纹(应力分布不均匀)	如珠光体钢与奥氏体钢的焊接、复合钢的焊接结构等
2	钢与有色金属	氧化导致的未熔合、气孔、裂纹，熔合区易产生脆性相，接头力学性能低	如钢与铝的焊接、钢与铜的焊接等
3	异种有色金属	氧化性导致的未熔合、脆性相、气孔、裂纹等	如铜与铝的焊接、铝与钛的焊接等
4	金属与非金属	界面结合（润湿性）差，易产生脆性相、裂纹、接头性能下降	如钢与石墨的焊接、金属与陶瓷的焊接、金属间化合物与钢的焊接等

各种类型的钢铁材料在现代工业中应用最广泛，不同化学成分和金相组织的异种钢焊接在工程结构中也应用较多，这类结构件主要分以下几种情况：

（1）母材金相组织相同，但焊缝金属与母材合金系及组织性能不同的异种钢焊接构件　例如，低碳钢与铬钼耐热钢、18-8 不锈钢与高镍奥氏体钢（如 Cr25Ni20、Cr16Ni36）之间的焊接。这一类构件实际上属于同种钢焊接构件，母材一般为珠光体钢、奥氏体钢或铁素体钢等。当采用的焊接材料与母材基体的化学成分有较大差异时，也会产生类似于异种钢焊接中出现的问题。

（2）母材金相组织不同的异种钢焊接构件　最常见的有珠光体钢与铬镍奥氏体钢、珠光体钢与高铬铁素体钢的焊接结构件等。在石油化工、交通运输、电力及机械制造业中，经常遇到把不同强度级别和性能的钢材焊接在一起的要求。异种钢常见组合为不同珠光体钢的焊接，以及珠光体钢与铁素体钢、珠光体钢与奥氏体钢的焊接。

（3）复合钢焊接结构件　这类结构件是用低碳钢或低合金钢做基层，用不锈钢或有色金属（Ti、Cu、Al 等）做复层，采用复合轧制、爆炸焊、堆焊等工艺制成的双金属复合板材。根据使用条件要求，复层材料一般由耐磨、耐腐蚀的材料制成。

2. 其他异种材料焊接结构件

工程结构中还有许多种不同用途的异种材料焊接结构件，例如：

（1）用于耐磨的异种金属焊接构件　如高碳钢、各种合金钢、高锰钢、超合金、硬质合金等。这些材料主要用于制造建筑机械、发动机、冶金机械、刀具等耐磨部件。

（2）用于耐热的异种金属焊接构件　如不锈钢、耐热钢、镍基合金、钴基合金、耐热超合金、复合材料、金属间化合物以及钽、铌、钼合金等各种超高温材料等。这些材料主要用于制造锅炉、发动机、炼钢、各种机械、汽轮机、核电站等耐热部件。

（3）用于耐腐蚀的异种金属焊接构件　如各种不锈钢、镍基合金、铜、铝、钛、钽及其合金等。这些材料主要用于制造石油化工、轻工、原子能、海洋工程装备及医疗器械等耐蚀部件。

（4）用于减轻装备重量的异种金属焊接构件　如钛、铝、镁及其合金等。这些材料主要用于航空航天、运载火箭、导弹、运输设备等结构件。

（5）提高电磁性能的异种金属焊接构件　如银、铜、铍及其合金等。这些材料主要用于制造电器、计算机、电子工业零件等结构件。

在异种材料的焊接组合中，最常见的是异种钢的焊接，其次是钢与有色金属的焊接以及异种有色金属的焊接。从接头形式看有三种基本情况，即两种不同金属母材的接头、母材金属相同而填充金属不同的接头，以及复合金属板的组合焊接接头。

8.1.2　异种材料的焊接性特点

异种材料的焊接是指将不同化学成分、不同组织性能的两种或两种以上金属，在一定的工艺条件下焊接成规定设计要求的构件，并使形成的接头满足预定的服役要求。异种材料的焊接性取决于两种材料的组织结构、物理化学性能等，两种材料的这些性能差异越大，焊接性越差。

1. 异种材料焊接的困难

异种材料的焊接与同种材料焊接相比，有很大的不同。因为材料的物理、化学性能及化学成分等有显著差异，异种材料焊接从焊接性和操作技术上都比同种材料难焊。异种材料焊接时存在的主要困难如下：

1）异种材料的线胀系数不同，容易引起热应力，而且这种热应力不易消除，会使接头处产生裂纹或很大的焊接变形。

2）异种材料焊接过程中，由于金相组织的变化以及新生成的物相结构或脆性化合物，可使焊接接头的性能恶化，给焊接带来很大的困难。

3）异种材料焊接熔合区和热影响区的力学性能较差，特别是塑性和韧性明显下降。

4）由于接头塑韧性的下降以及焊接应力的存在，异种材料焊接接头容易产生裂纹，尤其是焊接熔合区和热影响区更容易产生脆化，甚至发生断裂。

2. 影响异种材料焊接性的因素

（1）热物理性能的差异　两种材料热物理性能的差异主要是指熔化温度、线胀系数、热导率等的差异，它们将影响焊接热循环过程、结晶条件，降低焊接接头的质量。当异种材料热物理性能的较大差异使熔化和结晶状态不一致时，就会给焊接造成一定的困难；两种材料的线胀系数相差较大时，会使异种材料接头区产生较大的焊接热应力和变形，易使焊缝或热影响区产生裂纹；异种材料电磁性相差较大时，焊接电弧不稳定，焊缝成形不好甚至形成不了焊缝。

（2）结晶化学性能的差异　结晶化学性能的差异主要是指晶格类型、晶格参数、原子半径、原子的外层电子结构等的差异，即通常所说的“冶金学上的不相容性”。两种被焊材料在冶金学上是否相容，取决于它们在液态和固态时的互溶性以及这两种材料在焊接过程中是否产生新相结构或金属间化合物（脆性相）。

在液态下两种互不相溶的金属或合金难以采用熔焊的方法进行焊接，如铁与镁、铁与铅、铅与铜等。例如，焊接铁与铅时，不仅两种材料在固态时不能相互溶解，而且在液态时彼此之间也不能相互溶解，液态金属呈层状分布，冷却后各自单独进行结晶。在这类异种材料的结合部位，不能形成任何中间相结构。这类异种材料组合从熔化到冷凝过程中极易产生分层脱离，难以结合在一起。

只有在液态和固态下都具有良好互溶性的异种金属或合金，才能在熔焊时形成良好的焊接接头。一般来说，当两种金属的晶格类型相同，晶格常数、原子半径相差不超过 10%～15%，电化学性能比较接近时，其溶质原子才能够固溶于基体形成连续固溶体，实现其冶金结合；否则易形成金属间化合物，使焊接性能大幅度降低。

材料的熔化温度、线胀系数、热导率和电阻率等物理性能直接影响焊接结晶条件和接头质量。为了改善异种材料的焊接性，防止在异种材料焊接接头冷却过程中产生的脆性相变和组织转变造成焊接冷裂纹，对不能形成无限固溶体的异种材料和合金，可在两种被焊材料之间加入过渡层合金，所选择的过渡层合金应该满足与两种被焊金属均能形成固溶体的要求。

（3）材料的表面状态　材料的表面状态，如表面氧化层（氧化膜）、结晶表面层、吸附的氧离子和水分、油污、杂质等，直接影响异种材料的焊接性，应给予充分重视。生产中往往由于表面氧化膜和其他吸附物的存在会给焊接带来极大的困难。

此外，焊接异种材料时，必定会产生一层成分、组织及性能与母材不同的过渡层，过渡层的性能对焊接接头的整体性能有很大的影响。过大的熔合比，会增加母材对焊缝金属的稀释率，使过渡层更为明显；焊缝金属与母材的化学成分相差越大，熔池金属越不容易充分混合，过渡层越明显；熔池金属液态存在的时间越长，越容易混合均匀。所以，焊接异种材料时需要采取相应的工艺措施来控制过渡层，以保证接头的性能。

为了获得满足使用性能要求的异种材料焊接接头，可以采取下列一些工艺措施：

1）尽量缩短被焊材料在液态停留的时间，以防止或减少生成金属间化合物。熔焊时，可以利用使热源更多地向熔点高的工件输热等方法来调节加热温度和接触时间。

2）焊接时要加强对被焊材料保护，防止或减少周围空气的侵入。

3）采用与两种被焊材料都能很好结合的中间过渡层或向焊缝中加入某些合金元素，以阻止脆性化合物相的产生和提高接头的力学性能。

3. 异种材料焊接方法

异种材料焊接常用的方法分为熔焊和固相焊两大类。

（1）熔焊　熔焊在异种材料焊接中应用很广，主要的熔焊方法有焊条电弧焊、气体保护焊、电子束焊、激光焊等。对于相互溶解度有限、物理化学性能差别很大的异种材料，由于熔焊时的互扩散作用会导致接头部位的化学成分和金相组织不均匀或生成脆性化合物，所以异种材料熔焊时应降低稀释率，尽量用小电流、高焊速，或在坡口一侧或两侧堆焊中间合金过渡层。

焊条电弧焊工艺简便，操作灵活，适应性强，一般中、小结构件均可使用，关键是要正确选择焊接材料、焊接参数和掌握工艺要点。氩弧焊方法多用于异种有色金属或钢与有色金属的焊接。薄件用钨极氩弧焊（TIG），厚件用熔化极氩弧焊（MIG）或混合气体保护焊（MAG）。

电子束焊接异种材料的主要特点是热源密度集中，温度高，焊缝窄而深，热影响区小，熔合比小，可用于制造异种材料的厚壁或薄壁构件。激光焊是一种高能束的焊接方法，有许多异种材料接头采用激光焊，能获得令人满意的焊接接头。

（2）固相焊　固相焊时基体金属通常并不熔化，焊接温度低于金属的熔点。有的也加热至半熔化状态，然后加压将液态金属挤出，但仍以固相结合而形成接头。异种材料焊接常采用的固相焊方法主要有冷（热）压焊、扩散焊、摩擦焊等。

铝与钢、铜与钢、铜与铝等异种金属，采用冷（热）压焊方法能获得良好的焊接接头，尤其是薄板之间的冷压焊。扩散焊的特点是在真空室内在一定的压力下加热而完成异种材料的焊接。应指出，以扩散为主导因素的扩散焊和以塑性变形为主导因素的固相焊在连接机理、方法和工艺上是有很大区别的。特别是近年来，随着各种新型结构材料（如先进陶瓷、金属间化合物、复合材料、非晶材料等）的迅猛发展，扩散焊的研究和应用受到人们关注，新的扩散焊工艺不断涌现，如过渡液相扩散焊、超塑性扩散焊等。扩散焊不仅可实现异种金属之间的焊接，而且可以焊接非金属材料与金属材料的接头，如石墨、陶瓷、金属间化合物、复合材料等与金属的连接。工件形状和尺寸符合摩擦焊要求的大多数异种金属零件可采用摩擦焊方法施焊。

除了熔焊和固相焊外，还可以采用钎焊来连接异种材料构件。特别是针对用熔焊方法极难连接的先进陶瓷、复合材料等，钎焊具有一定的优越性。

4. 异种焊接材料的选用

为了保证异种材料焊接接头在使用中的可靠和安全性，选择焊接材料时不仅要保证焊接接头强度，而且还应保证具有较高的塑韧性。因此，在选择焊接材料时，常常不得不选用强度稍低，但塑韧性较好的熔敷金属。这时焊缝成为焊接接头中的一层“软的”中间层，根据焊缝金属的“约束强化”理论，仍能获得使用性能良好的焊接接头。

异种金属焊接材料的选择取决于焊接构件的形式、使用要求和寿命等因素。当母材和焊接材料的金相组织不属于同一种类型时，焊接接头中可能出现严重的组织、成分和力学性能的不均匀性以及出现过大的焊接应力。这种过大的焊接应力是由于线胀系数的不同引起的，因此不能通过热处理的方法消除，会使异种材料焊件的使用性能和可靠性大大降低。严格地说，完全均质的焊接接头实际上是不存在的，因为焊缝金属与基体金属之间总会有化学成分和组织性能上的某些不均匀性，特别是对于异种材料的焊接，但这并不严重影响结构的使用性能。

焊接异种材料时，焊接材料的选择一般原则包括：

1）保证焊接接头的使用性能，即保证焊缝金属与基体金属具有良好的力学性能，可根据接头两侧焊接性较差或强度较低的材料选择焊接材料。

2）保证焊缝金属具有一定的致密性，无气孔、夹杂或仅有单个小气孔与夹杂，但数量在单位长度内不超过规定值。

3）应具有良好的工艺焊接性，即在焊接接头区内不出现热裂纹和冷裂纹，能够适应各种空间位置的焊接，有一定的生产率等。

4）保证焊缝金属具有所要求的特性，包括耐热性、热强性、耐蚀性和耐磨性等。

5）为了改善异种金属焊接性能，对不能形成固溶体的异种金属，可在两种被焊金属之间加能形成固溶体的中间过渡层。

例如，异种珠光体耐热钢钢焊接时，按强度较低一侧钢材的强度要求选择焊接材料，熔敷金属成分与强度较低一侧钢材成分接近，但焊缝的热强性应等于或高于母材金属。某些情况下，为防止焊后热处理或在使用过程中熔合区出现碳的迁移，应选用成分介于两种母材金属之间的焊接材料。

碳钢与低合金钢焊接时，焊接材料的选择主要是保证焊接接头的常温力学性能，而对于热稳定钢主要是保证焊接接头的高温力学性能。对于耐热钢异种材料的焊接，焊接材料的选择应保证焊缝金属的合金成分和强度性能与耐热钢母材相一致。如果焊件焊后需要经过退火等热处理工艺，应选择合金成分或强度级别稍高的焊接材料。

低合金钢与奥氏体钢、不锈复合钢板复层的焊接，应按照熔敷金属的组织类型选择焊接材料。一般选用铬、镍含量较高且塑性和抗裂性较好的 Cr25-Ni13 型奥氏体焊材，以免因产生脆性淬硬组织而导致焊接裂纹。

高温下工作的热稳定钢不应选用奥氏体焊条，否则可能形成脆性化合物层和脱碳层或增碳层。如果异种珠光体钢构件焊接接头区在工作温度下可能产生扩散层，最好在坡口上堆焊中间过渡层，过渡层中碳化物形成元素（Cr、V、Nb、Ti 等）含量应高于基体金属。

8.2　异种钢的焊接

生产中常见的各种异种钢焊接组合，包括奥氏体钢与珠光体钢（碳钢、低合金钢、Cr-Mo耐热钢等）的焊接，珠光体钢与马氏体钢的焊接，铁素体钢与奥氏体钢的焊接等。其中珠光体钢与奥氏体钢的焊接最为常见（包括复合钢的焊接）。本节以奥氏体-珠光体异种钢焊接为例，阐述异种钢焊接的焊接性问题。

8.2.1 异种钢的焊接性分析

在石油化工、造纸、纺织机械及轻工制酒设备中，许多焊接结构采用奥氏体不锈钢与低合金钢异种金属焊接制造。例如，各种容器、罐体内壁与腐蚀介质接触的部位采用奥氏体不锈钢，而基座、外壳、法兰等不与腐蚀介质接触的部位采用碳钢或低合金钢（珠光体钢）。这种奥氏体-珠光体异种钢的焊接结构能节省大量不锈钢，降低装备的成本，在生产中应用广泛。奥氏体-珠光体异种钢的焊接也受到人们的重视。奥氏体-珠光体异种钢的焊接性分析涉及以下几方面的问题。

1. 焊缝成分的稀释（熔合比）

焊缝金属实际上是熔敷金属与熔化的基体金属混合在一起的合金。基体金属（母材）溶入焊缝后使其合金元素比例发生变化，焊缝中合金元素比例减小称为“稀释”，若比例增加则称为“合金化”。稀释或合金化的程度取决于熔合比，即基体金属在焊缝中所占的百分比。熔合比取决于多种因素，包括坡口形式、焊接参数和金属的熔化特性、导热性等。异种材料多层焊接时，基体金属在焊缝中的比例，每一焊层之间都各不相同，因此引起焊缝金属化学成分和组织性能的变化。

焊条电弧焊和堆焊时基体金属在焊缝中所占的比例（熔合比）见表8-2。坡口角度越大，熔合比越小，堆焊时的熔合比达到最小值，但熔合比在各堆焊层之间的变化很大；反之，坡口角度越小，熔合比越大，而熔合比在各焊层之间的变化很小。

表8-2 焊条电弧焊和堆焊时基体金属的熔合比 (%)

焊　　层	焊条电弧焊的坡口角度			焊条电弧堆焊
	15°	60°	90°	
1	48~50	43~45	40~43	30~35
2	40~43	35~40	25~30	15~20
3	36~39	25~30	15~20	8~12
4	35~37	20~25	12~15	4~6
5	33~36	17~22	8~12	2~3
6	32~36	15~20	6~10	<2
7~10	30~35	—	—	—

异种金属接头两侧都熔化时，焊缝中某元素的质量分数 w_w 计算式为

$$w_w = (1-\theta)w_d + k\theta w_{b1} + (1-k)\theta w_{b2} \tag{8-1}$$

式中，w_w 为某元素在焊缝金属中的质量分数（%）；w_d 为某元素在熔敷金属中的质量分数（%）；w_{b1} 为某元素在母材 1 中的质量分数（%）；w_{b2} 为某元素在母材 2 中的质量分数（%）；k 为两种母材的相对熔合比，$k=F_1/F_2\times100\%$，F_1、F_2 分别为熔化的两种母材在焊缝截面中所占的面积；θ 为熔合比（%）。

相对熔合比 k 可以根据焊接热源的不同位置或金属的热物理性能变化确定。若为多层焊，打底焊缝成分仍按式（8-1）计算，其他各层焊缝成分计算公式变为（以母材 1 一侧焊缝为例）

$$w_w^{n+1} = (1-\theta)w_d + k\theta w_{b1} + (1-k)\theta w_w^n \tag{8-2}$$

式中，w_w^{n+1} 为第 $n+1$ 层焊缝中合金元素的质量分数（%）；w_w^n 为第 n 层焊缝中合金元素的质量分数（%）。

异种钢焊接时，可以采用常规的焊接方法。选择焊接方法时除考虑生产条件和生产效率外，应考虑选择熔合比最小的焊接方法。各种焊接方法对母材熔合比的影响如图 8-1 所示。埋弧焊由于焊接热输入较大，熔合比（稀释率）比其他焊接方法要大一些，但焊接生产率高，在异种钢焊接中也是一种常用的焊接方法。

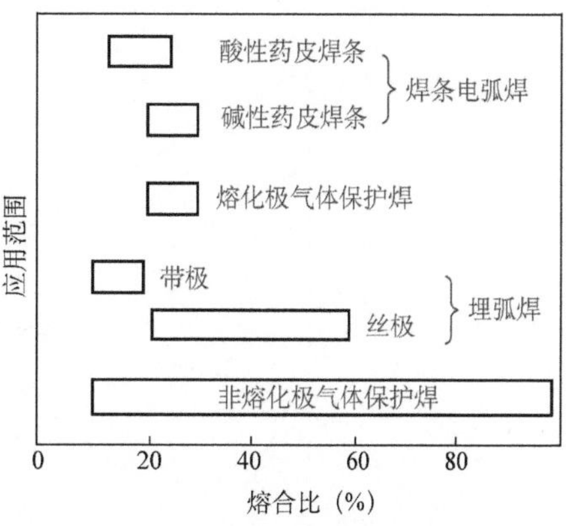

图 8-1　焊接方法对母材熔合比的影响

异种奥氏体钢焊接时，主要是依据焊件的工作条件（如温度、介质种类等），以及奥氏体钢本身的物理化学性能选用相应的奥氏体不锈钢焊条。

图 8-2 为奥氏体异种钢的焊缝组织图，纵坐标和横坐标分别为镍当量 $Ni_{eq} = Ni + 30C + 0.5Mn + 30N(\%)$ 和铬当量 $Cr_{eq} = Cr + Mo + 1.5Si + 0.5Nb + V(\%)$。图中无剖面线的中心区域表示适于大多数使用条件的焊缝金属成分，该区域焊缝金属的组织是奥氏体 +（3% ~ 8%）铁素体。

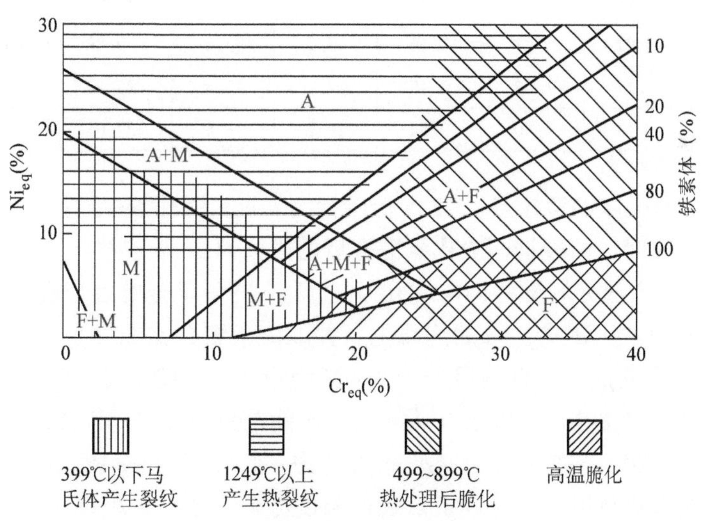

图 8-2　奥氏体异种钢的焊缝组织图

例如，Q235 + 12Cr18Ni9 奥氏体钢对接焊的接头形式一般开 V 形坡口，如图 8-3 所示。两种母材熔合比均为 20%，母材总熔合比为 40%。Q235 + 12Cr18Ni9 焊接的 Schaffler 焊缝组织图如图 8-4 所示。Q235 钢、12Cr18Ni9 钢及几种奥氏体焊条的铬当量、镍当量列于表 8-3中。

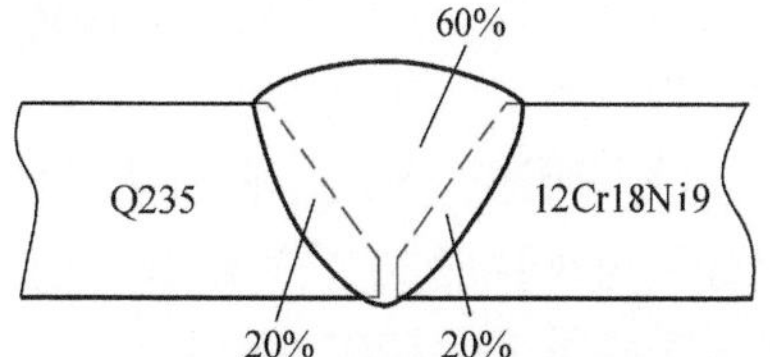

图 8-3　Q235 + 12Cr18Ni9 奥氏体钢对接焊的接头形式

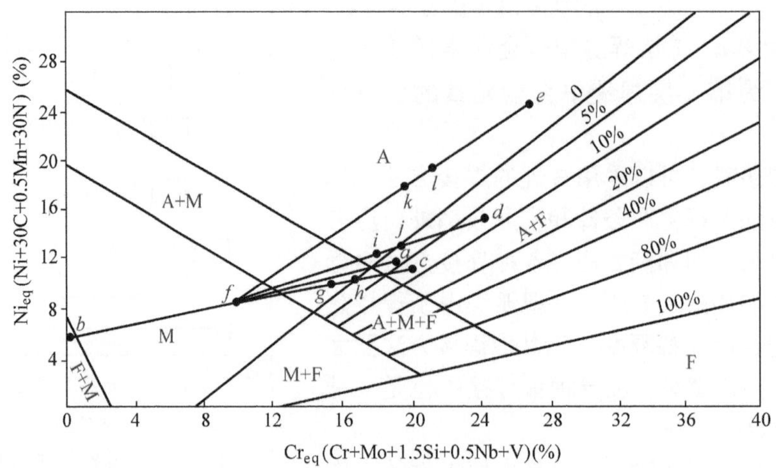

图 8-4　Q235 + 12Cr18Ni9 焊接的 Scheaffler 焊缝组织图

表 8-3　Q235 钢、12Cr18Ni9 钢及奥氏体焊条的铬当量、镍当量

母材及焊材	化学成分（质量分数）(%)					Cr_{eq} (%)	Ni_{eq} (%)	组织图上符号
	C	Mn	Si	Cr	Ni			
12Cr18Ni9	0.07	1.36	0.66	17.8	8.65	18.79	11.56	*a*
Q235	0.18	0.44	0.35	—	—	0.53	5.62	*b*
E308-16（A102）	0.07	1.22	0.46	19.2	8.50	19.89	11.15	*c*
E309-15（A307）	0.11	1.32	0.48	24.8	12.8	25.52	16.76	*d*
E310-15（A407）	0.18	1.40	0.54	26.2	18.8	27.01	24.9	*e*

设 12Cr18Ni9 奥氏体钢为 *a* 点，Q235 低碳钢为 *b* 点，并作 *a*—*b* 连线。利用钨极氩弧焊且没有熔敷金属填充时，两种钢同等比例混合后的成分为 *a*—*b* 连线中点 *f*，这就是待焊母材的平均成分。具有 *f* 点成分的母材再与成分为 *c*、*d*、*e* 的焊条金属熔合后，即构成焊缝金属，具体组成应位于 *f*—*c*、*f*—*d* 或 *f*—*e* 的连线上，并取决于熔合比的大小。将 *f*—*c* 线按熔合比找出 30%～40% 的线段 *g*—*h*，此线段处于 A + M 组织区。由此可见，Q235 + 12Cr18Ni9 焊接时，采用 E308-16（Cr18-Ni8）焊条（为 *c* 点）不能避免焊缝中马氏体组织的出现。

采用 E310-15（Cr25-Ni20）高铬镍焊条时（为 *e* 点），在 *f*—*e* 线上的熔合比 30%～40% 为 *k*—*l*，处于单相奥氏体区，从提高抗热裂性角度考虑，这种组织也不理想。采用 E309-15（Cr25-Ni13）焊条时（为 *d* 点），在 *f*—*d* 线上的熔合比 30%～40% 为 *i*—*j*，此线段为 A + 5% F组织，此种焊缝为奥氏体 + 铁素体双相组织，抗裂性较好，是异种钢焊接时常采用的一种焊条。

综上所述，奥氏体钢与珠光体钢焊接时，由于珠光体钢母材的稀释作用，使焊缝的化学成分和组织性能发生了很大的变化。为了确保焊缝成分合理（保证塑性、韧性和抗裂性），通过选择填充金属成分和控制熔合比，能在相当宽的范围调整焊缝的成分和组织性能。应指出，奥氏体与珠光体异种钢焊接时，由于母材热物理性能不同和电弧偏吹的存在，两者的熔化量不可能完全相同，珠光体钢一侧的熔化量可能要大一些。这时，Scheaffler 焊缝组织图

中的 f 点位置实际上要向左侧移动，对熔合比的限制要更严格一些。

2. 熔合过渡区的形成

（1）马氏体脆性层　Scheaffler 焊缝组织图中的焊缝化学成分包括焊缝不同部位的成分。实际上，焊缝中间部位与焊缝边缘的化学成分有很大的差别，具有浓度梯度特征。熔合区在焊接冶金上是非常重要的区域。熔池边缘靠近固态母材处，液态金属的温度较低、流动性差，该处熔化的母材与填充金属不能充分混合，在熔池靠近焊缝边界的很窄范围内存在一个"不完全混合区"，不完全混合区与半熔化区共同组成"熔合区"。而且越靠近半熔化区的不完全混合区，母材成分所占的比例越大，不完全混合区越明显。不同的母材及焊缝金属的不完全混合区会因不同的冶金特性而产生不同的缺陷。由于这种成分上的过渡变化区是因熔池凝固特性而造成的，故称为凝固过渡层。

异种钢焊接时，焊条电弧焊焊缝的凝固过渡层宽度约 0.2 ~0.6mm，埋弧焊焊缝的凝固过渡层宽度约 0.25 ~0.5mm。凝固过渡层中的 Cr_{eq}、Ni_{eq} 比焊缝平均成分的 Cr_{eq}、Ni_{eq} 要小得多。当镍当量低于 5% 后，会出现高硬度的马氏体脆性层，位于紧靠珠光体钢一侧的焊缝边缘。

异种钢焊接接头塑性和韧性降低的主要原因是熔合区出现马氏体脆性层。熔合区马氏体脆性层的宽度与焊接工艺和填充材料等有关。奥氏体异种钢焊缝中 Cr、Ni 元素向珠光体母材一侧扩散，以及邻近熔合区的母材中碳原子由于受 Cr 的亲和作用向焊缝中的扩散，靠近焊缝边界（熔合区）的成分具有浓度梯度陡变的特征。

低碳钢（20 钢）与 Cr25-Ni20 奥氏体焊缝（E310-15）熔合区附近合金元素的成分分布如图 8-5 所示。由图可见，因焊缝中的 Cr、Ni 含量较高，达到了 Scheaffler 焊缝组织图中单相奥氏体的含量，形成奥氏体组织。凝固过渡层中的 Cr、Ni 含量不足以形成单相奥氏体，快速冷却时可能形成脆性马氏体组织。

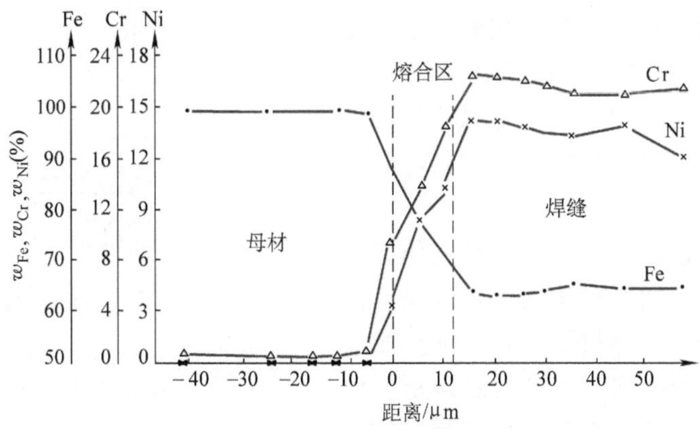

图 8-5　低碳钢与 Cr25-Ni20 焊缝熔合区附近合金元素的分布

异种钢凝固过渡层合金元素含量的变化必然引起组织性能变化，该过渡区虽然很窄，但对焊接接头的力学性能有重要的影响。

凝固过渡层的宽度主要受焊接工艺和填充金属化学成分的影响，采用高 Ni 含量的焊条能够减小马氏体脆性层的宽度。凝固过渡层中的母材比例与合金元素含量的变化如图 8-6 所示。离焊接熔合线越近，珠光体钢的稀释作用越强烈，过渡层中 Cr、Ni 含量越少。一般情况下，过渡层中 Ni 的质量分数低于 5% ~6% 的区域，将产生马氏体组织。

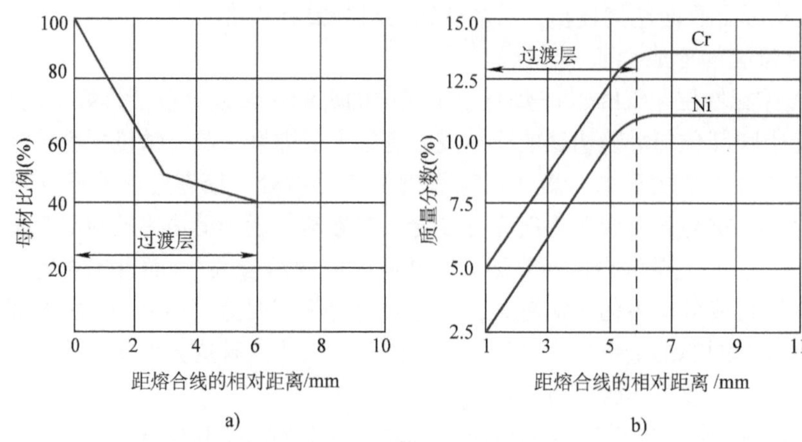

图 8-6　在奥氏体焊缝靠近碳钢一侧的过渡层

a）母材比例的变化　b）合金元素质量分数的变化

奥氏体焊缝中 Ni 含量对马氏体脆性层宽度的影响如图 8-7 所示，马氏体脆性层的宽度与焊缝中的 Ni 含量成反比。例如，填充材料为 E308-15（Cr18-Ni9）焊条时，脆性层的宽度达 100μm；采用奥氏体化能力较强的 E309-15（Cr25-Ni13）或 E16-25MoN-15（Cr15-Ni25）焊条时，脆性层宽度显著减小；当采用镍基填充材料时，脆性层可完全消失。

在焊条电弧焊条件下，马氏体脆性层的硬度很高，可达 500HV 左右，A + M 区的硬度稍低。焊接接头运行过程中，过渡层中的高硬度马氏体脆性层，可能导致熔合区破坏，从而降低焊接结构运行的可靠性。对于在低温下工作和承受冲击载荷的珠光体和奥氏体异种钢接头，应选用 Ni 含量较高的焊条，以减小熔合区附近马氏体脆性层的宽度和接头冲击韧性降低的幅度。

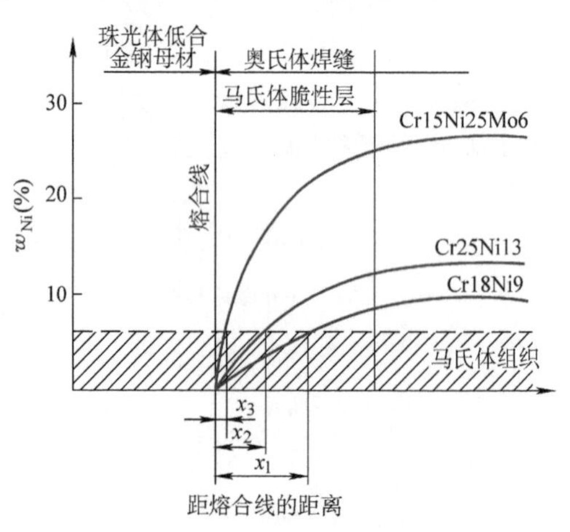

图 8-7　奥氏体焊缝中 Ni 含量对马氏体脆性层宽度的影响

（2）碳迁移扩散层　奥氏体和珠光体异种钢在焊接过程中，特别是接头处于热处理及高温运行过程中，熔合区附近存在碳的扩散迁移，在熔合区靠珠光体钢一侧产生脱碳层，而在相邻的靠奥氏体焊缝一侧产生增碳层。这种脱碳层与增碳层总称为碳迁移过渡层。高温下长时间加热时，母材脱碳层由于碳元素的减少，珠光体组织将转变成铁素体组织而软化，同时促使脱碳层处的晶粒长大，沿熔合区生成粗晶粒层，导致性能脆化。增碳层中的碳除溶入焊缝以外，剩余的碳以铬的碳化物形态在晶界处析出。碳及其他元素的扩散迁移不完全是在浓度梯度推动下进行的溶质均匀化，而与元素间的亲和力有关，即取决于化学位。化学位与活度密切相关，活度越大化学位就越大。碳及某些元素的扩散方向及速度是在活度梯度推动下自动进行的，使体系自由能降低。

焊缝金属中 Cr 的质量分数从 0.6% 增加到 5% 时，对珠光体钢母材脱碳层宽度的影响最为显著，进一步提高 Cr 含量则影响减小。当焊缝金属中 Ni 的质量分数提高到 25% 时，脱碳层宽度显著减小，同时也减小了焊缝一侧增碳层的宽度。珠光体母材中含一定数量的碳化物形成元素（如 Cr、Ti、W、V、Nb 等），能显著减弱碳的扩散迁移。如果碳的扩散迁移量过大，采用轻微腐蚀就能显示出来。在金相显微镜下，靠近熔合区的珠光体钢一侧存在白亮低碳带，而在不锈钢焊缝一侧存在暗色高碳区。

珠光体和奥氏体异种钢焊接时，熔合区附近出现软化和硬化现象是由碳的扩散迁移造成的。扩散迁移的结果使靠近熔合区的珠光体钢一侧出现脱碳层（铁素体）而软化，在焊缝一侧出现增碳层而硬化，使接头区塑性显著降低，从而降低了焊接结构安全运行的可靠性。

碳的扩散迁移对接头的常温和高温瞬时强度的影响较小，但对持久强度影响较大，而且断裂大部分发生在熔合区脱碳层上。随着碳扩散的发展，接头在熔合区发生脆性断裂的倾向增大。在高温下长期运行过程中，在脱碳层上还容易产生晶间腐蚀。

为了防止碳在熔合区附近的扩散迁移，可采取下列防止措施：

1）采用过渡层。用含碳化物形成元素（V、Nb、Ti 等）的焊条或高镍奥氏体焊条，预先在珠光体钢一侧坡口上堆焊厚度为 5～8mm 的过渡层，以防止珠光体钢中的碳向熔合区迁移，然后再用奥氏体填充材料将过渡层与奥氏体钢焊接起来。在珠光体钢坡口上堆焊过渡层，不但可防止扩散层出现，还可省去预热和减小裂纹敏感性。过渡层的厚度对于非淬火钢为 5～6mm，对于淬火钢可增加到 9mm。过渡层材料在焊接时应不发生淬硬。当钢板厚度超过 30mm 时，为了减小熔合区裂纹倾向，可增加过渡层厚度。

2）采用中间过渡段。中间过渡段的材质与被焊异种钢应有良好的焊接性，通常选用含强碳化物形成元素的珠光体钢。采取一定的焊接工艺将中间过渡段分别与两种材质焊接起来。

3）采用 Ni 含量高的填充材料。Ni 元素能有效阻止碳的迁移，选用镍基焊条或 Ni 含量高的焊丝焊接异种奥氏体钢可以防止或减小扩散层，获得优质焊接接头。

3. 接头区应力状态

珠光体钢与奥氏体钢的线胀系数有明显差别，在 20～600℃ 温度范围，珠光体钢的线胀系数为 $(13.5 \sim 14.5) \times 10^{-6}K^{-1}$，而奥氏体钢的为 $(16 \sim 18.5) \times 10^{-6}K^{-1}$。奥氏体钢的线胀系数比珠光体钢大 30%～50%，热导率却只有珠光体钢的 1/3。这两种材质构成的接头，在焊后冷却、热处理以及使用过程中，在熔合区附近均产生很大的应力。图 8-8 所示是异种钢接头熔合区附近焊接应力的分布。在焊态时，Cr25-Ni20 奥氏体焊缝承受拉应力，珠光体母材（20Cr3MoWV）受压应力。焊后回火处理，并不能消除残余应力，只是引起焊接应力重新分布。这与同种金属的焊接是不同的。

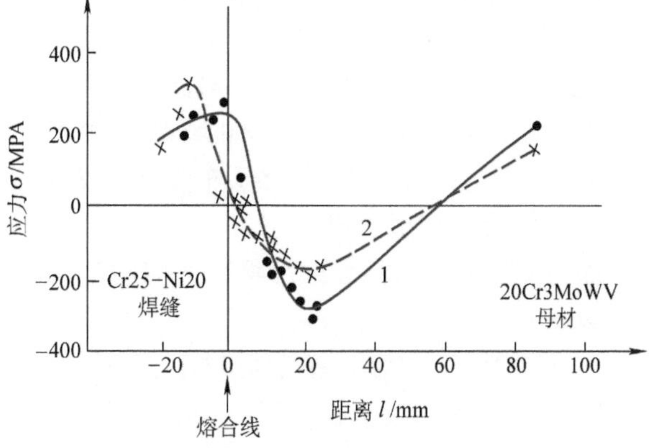

图 8-8 异种钢接头熔合区附近焊接应力的分布

1—焊态 2—700℃ ×2h 回火

异种钢接头在回火加热时发生了应力松弛过程，但在随后冷却过程中，随着弹性性能的恢复，异种钢焊接接头不均匀的热收缩性会重新引起残余应力，这属于“回火残余应力”。异种钢接头熔合区附近的回火残余应力特征，仍然是奥氏体焊缝受拉应力，珠光体钢母材受压应力。

异种钢接头区残余应力的存在是影响接头强度和使用性能的重要因素。特别是奥氏体和珠光体异种钢接头在周期性加热和冷却条件下工作时承受严重的热交变应力，结果沿珠光体钢一侧熔合区产生热疲劳裂纹，并沿着弱化了的脱碳层扩展，导致接头过早断裂。这时，应避免使异种钢接头处在这种工况下。

若不得不采用异种钢接头，应选用线胀系数介于珠光体钢与奥氏体钢之间的镍基合金作为焊接材料，可以减轻热交变应力的产生。此外，由于碳钢或低合金钢通过塑性变形降低应力的能力较弱，高温应力集中在奥氏体钢母材一侧更有利。所以可选用线胀系数接近低合金钢的镍基填充材料。

8.2.2 异种钢的焊接工艺特点

1. 焊接方法及焊接材料

珠光体钢与奥氏体钢焊接时，常规的焊条电弧焊和气体保护焊都可采用。选择焊接方法除考虑生产条件和生产效率外，还应考虑选择熔合比最小的焊接方法，要保持珠光体钢一侧的坡口面熔深最小。

通过选择焊接材料克服珠光体钢对焊缝金属稀释带来的不利影响；抑制碳化物形成元素的不利影响，防止外在拘束条件下的焊缝中产生冷、热裂纹，保证接头力学性能和使用性能；保证良好工艺性能和生产效率，尽可能降低成本。根据焊接接头的使用条件，在考虑稀释对焊缝金属成分的影响后，选用合适的填充金属合金成分。针对奥氏体和珠光体异种钢的焊接特点，一般选用 Cr23-Ni13 系焊条，如 E309-15、E309-16 等。多道焊时，根据各焊道稀释的变化，可采用多种填充金属。

2. 焊接工艺要点

焊接珠光体和奥氏体异种钢接头时，应尽量降低熔合比，避免焊缝金属被稀释。为此应减小焊条或焊丝直径，采用大坡口、小电流、快速多层焊等工艺。由于接头两侧母材的线胀系数不同，可借助适当的系统设计和接头布置以改变应力分布。长焊缝应分段跳焊。

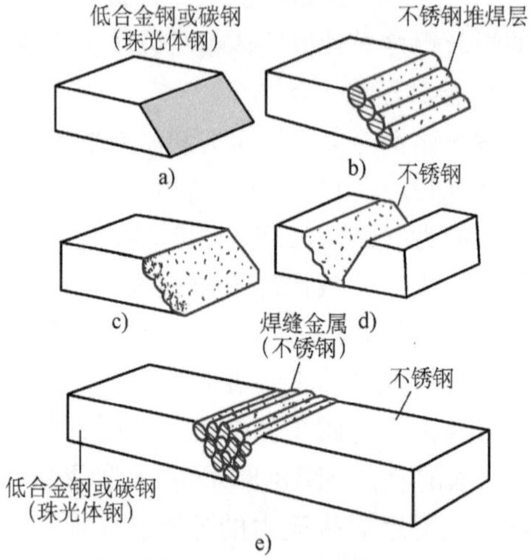

珠光体和奥氏体异种钢焊接中的问题及防止措施如下：

1）焊缝中易出现脆性马氏体组织，通过选择焊接材料的合金系可以避免马氏体组织的产生。

2）为了防止熔合区马氏体脆性层，在珠光体钢一侧坡口面上堆焊一层 Cr23-Ni13 过渡层，如图 8-9 所示；避免在奥氏体钢上堆焊碳钢或低合金钢的隔离层，因为这样将导致硬脆的马氏体组织形成。

图 8-9 在珠光体钢一侧堆焊隔离层

a）坡口表面 b）堆焊表面 c）经打磨或机械加工的坡口面 d）装配后 e）焊后

3）为了防止异种钢熔合区附近碳的扩散迁移，可采用含碳化物形成元素的珠光体钢做过渡段，或用含V、Nb、Ti的焊条在珠光体钢坡口上堆焊第一隔离层，再用奥氏体焊条堆焊第二隔离层，可以防止或减小碳迁移扩散层，使接头性能大为改善。

如果珠光体钢淬硬倾向大，为了防止产生冷裂纹，焊前应进行预热，预热温度比单独焊接同类珠光体钢时要低些。由于珠光体钢与奥氏体钢线胀系数不同，焊后在接头处产生很大的残余应力，可通过适当的合金系和焊接次序减小作用于接头处的应力。一般不进行焊后热处理。

常见的奥氏体-珠光体异种钢焊接中出现的问题、产生原因及防止措施见表8-4。

表8-4　常见的奥氏体-珠光体异种钢焊接中的问题、产生原因及防止措施

异种钢组合	焊接方法	焊接问题	产生原因	防止措施
奥氏体钢+低碳钢（如12Cr18Ni9Ti+Q235、022Cr18Ni10+Q235）	焊条电弧焊	熔合区塑性下降，出现淬硬组织	熔合区产生马氏体脆性层	采用过渡层、中间过渡段、Ni含量高的填充材料
	MIG对接焊	焊缝产生气孔，表面硬化	保护气体不纯，填充材料发潮，碳的扩散迁移	焊前烘干填充材料，提高保护气体纯度，采用过渡层
	电弧堆焊	熔合区塑性下降，出现淬硬组织	马氏体脆性层的生成	控制焊接层间温度，限制马氏体数量
奥氏体钢+耐热钢（如06Cr18Ni10+2.25Cr1Mo、Cr23Ni13+Cr-0.5Mo、Cr23Ni13+0.25Cr-0.5Mo）	焊条电弧焊	熔合区裂纹	马氏体脆性层的生成	控制母材熔合比，采用过渡层、过渡段
	电弧带极堆焊	焊缝高温裂纹，熔合区塑性下降	碳的扩散迁移，脆性层的产生，母材熔合比不当	采用过渡层、过渡段、Ni含量高的填充材料，控制母材熔合比
	无保护气体电弧堆焊	焊缝高温裂纹，熔合区塑性下降	碳的扩散迁移，脆性层的产生	采用过渡层、过渡段、Ni含量高的填充材料

8.2.3　不锈复合钢的焊接

不锈复合钢板是由较厚的珠光体钢（基层）和较薄的不锈钢（复层）复合轧制而成的双金属板。基体多为碳钢或低合金钢，复层多为奥氏体不锈钢，如12Cr18Ni9Ti、Cr18Ni12Mo2Ti、Cr23Ni28Mo3Cu3Ti等，主要满足耐蚀性能的要求。复层通常是在容器里层，厚度一般只占复合钢板总厚度的10%~20%。

复合钢板的焊接过程，一般是复层和基层各自进行焊接，焊接中的主要问题在于基层与复层交接处的过渡层焊接。

1. 不锈复合钢的焊接性分析

（1）焊缝容易产生结晶裂纹　复合钢焊缝金属在结晶过程中冷却到固相线附近的高温时，液态晶界在焊接应力作用下易产生结晶裂纹。影响产生结晶裂纹的因素主要有：

1）稀释率。由于基层钢板的含碳量高于复层，复层要受基层的稀释作用，使异质焊缝中奥氏体形成元素减少，含碳量增多，焊缝结晶时易产生微裂纹。

2）结晶区间。奥氏体钢结晶温度区间很大，熔池结晶时在枝晶的晶界上存在的 S、P、Si 等低熔点共晶产物呈液态薄膜状分布，这种液态薄膜在拉应力作用下易产生裂纹。

若焊接材料选择不合适或焊接工艺不恰当，复合钢基层与复层交接的过渡层焊缝可能严重被稀释，形成马氏体淬硬组织。

在化工容器中，复层总是处在容器内部，处于基层受拉复层受压的工作状态。过渡层焊缝的淬硬组织对整个接头的强度性能影响不大，但对裂纹却很敏感。因此，焊接过渡层时，要使用 Cr、Ni 当量较高的焊接材料，保证焊缝金属为奥氏体和一定量的铁素体组织，以提高抗裂性，使之即使受到基层的稀释，也不会产生马氏体淬硬组织；同时，应采用合适的焊接方法和焊接工艺，减小基层一侧熔深和熔合比。

（2）热影响区易产生液化裂纹　复合钢焊接时，奥氏体钢热影响区由于受焊接热循环影响，低熔点杂质或共晶液化，在焊接应力作用下产生液化裂纹。焊接热影响区受熔池金属的热膨胀作用产生压应力，当电弧移开后，随着温度的降低，压应力变成拉应力。只有在压应力变为拉应力之后，热影响区晶界上存在的低熔点杂质或共晶产物的液膜被拉开才产生裂纹。

如果晶界析出物的熔点高，即使受焊接热循环作用瞬时产生液态薄膜，但在压应力作用下已完成结晶，当转变为拉应力作用时晶界间已不存在液态薄膜了，所以就不会产生裂纹。

防止复合钢的焊缝及热影响区产生结晶裂纹和液化裂纹的主要措施如下：

1）合理选择填充材料，如 Cr、Ni 当量较高的焊接材料。

2）正确制定焊接工艺，控制焊接热输入。

（3）熔合区脆化　焊接奥氏体系复合钢时，熔合区出现脆化的原因主要有以下几个方面：

1）结构钢焊条的影响。用 E4303、E4315 或 E5015 焊条焊接基层钢板时，由于焊接热循环作用使复合钢局部熔化的合金元素渗入焊缝。在熔合区附近狭小区域中，搅拌作用不充分而产生马氏体淬硬组织，使熔合区硬度和脆性增加。

2）不锈钢焊条的影响。用 E308-16、E347-16 或 E347-15 焊条焊接复合钢板时，容易熔化基层钢板，使焊缝金属成分稀释，焊缝金属为奥氏体 + 马氏体组织，使塑性和耐蚀性降低，而熔合区的脆性也明显增加。

3）碳迁移的影响。焊接时碳由低 Cr 的基层钢板（碳钢或低合金钢）向高 Cr 的不锈钢复层焊缝金属扩散迁移，在基层和复层交接的过渡层焊缝熔合区形成增碳层和脱碳层，引起熔合区的脆化或软化。

为了防止碳的扩散迁移，可在基层和复层之间采用“隔离焊缝”。生产中常选用含 Nb 的铁素体焊条在基层钢板上焊接“隔离焊缝”，然后用奥氏体钢焊条焊接复层，最后用结构钢焊条焊接基层。这种工艺措施可有效地防止碳的迁移，避免在过渡层熔合区附近出现脱碳层和增碳层，从而减小熔合区的脆化，使复合钢板焊接接头具有较高的力学性能。

2. 焊接材料

不锈复层钢板焊接材料的选用见表 8-5。表中列出了基层、复层和过渡层焊接推荐采用的焊条类型。

表 8-5 不锈复层钢板焊接材料的选用

复合钢的组合	基层	过渡层	复层
Q235/0Cr13	E4303 E4315	E309-16（Cr23-Ni13） E309-15（Cr23-Ni13）	E308-16（Cr19-Ni10） E308-15（Cr19-Ni10）
Q345/06Cr13 Q390/06Cr13	E5003、E5015 E5515-G	E309-16（Cr23-Ni13） E309-15（Cr23-Ni13）	E347-16（Cr19-Ni10Nb） E347-15（Cr19-Ni10Nb）
12CrMo/06Cr13	E5515-B1	E309-16（Cr23-Ni13） E309-15（Cr23-Ni13）	E347-16（Cr19-Ni10Nb） E347-15（Cr19-Ni10Nb）
Q235/12Cr18Ni9Ti	E4303 E4315	E309-16（Cr23-Ni13） E309-15（Cr23-Ni13）	E347-16（Cr19-Ni10Nb） E347-15（Cr19-Ni10Nb）
Q345/12Cr18Ni9Ti Q390/12Cr18Ni9Ti	E5003、E5015 E5515-G	E309-16（Cr23-Ni13） E309-15（Cr23-Ni13）	E347-16（Cr19-Ni10Nb） E347-15（Cr19-Ni10Nb）
Q235/Cr18Ni12Mo2Ti	E4303 E4315	E309Mo-16 （Cr23-Ni13Mo2）	E318-16 （Cr18-Ni12Mo2Nb）
Q345/Cr18Ni12Mo2Ti Q390/Cr18Ni12Mo2Ti	E5003、E5015 E5515-G	E309Mo-16 （Cr23-Ni13Mo2）	E318-16 （Cr18-Ni12Mo2Nb）

复层钢板的基层和复层分别选用各自适用的焊接材料进行焊接。关键是接近复层的过渡区部分，必须考虑基层的稀释作用，应选用 Cr、Ni 当量较高的奥氏体填充金属来焊接过渡区部分，以免出现马氏体脆硬组织。复合钢板较薄时（如总厚度≤8mm），可以用奥氏体焊条或填充金属焊接复合钢的全厚度，这时也须考虑基层材料的稀释作用。

3. 复合钢的焊接工艺要点

根据复合钢板材质、接头厚度、坡口尺寸及施焊条件等确定焊接工艺，通常选用焊条电弧焊、埋弧焊、氩弧焊、CO_2 气体保护焊等。目前常用氩弧焊焊接复层和过渡层，用埋弧焊或焊条电弧焊焊接基层。

（1）坡口形式和焊接顺序

1）坡口形式。对于复合钢板接头设计和坡口形式，薄件可采用 I 形坡口，较厚的复合钢板可采用 V 形、U 形、X 形、V 和 U 复合坡口。一般尽可能采用 X 形坡口双面焊。也可以在接头背面一小段距离内进行机械加工，去掉复层金属（图 8-10），以确保焊第一道基层焊道不受复层金属的过大稀释，防止脆化基层珠光体钢的焊缝金属。复合钢板焊接角接头的形式如图 8-11 所示。

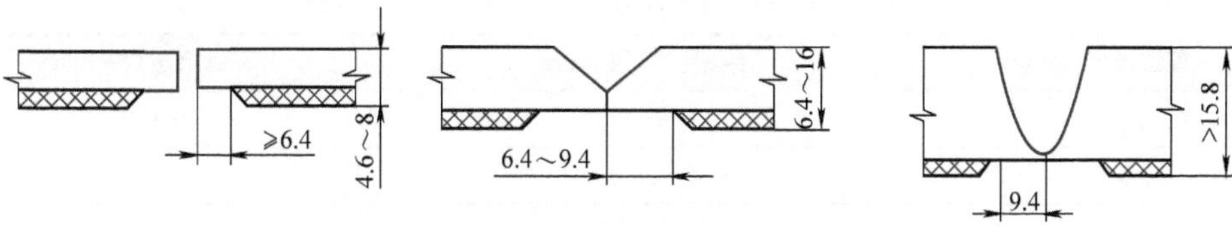

图 8-10 去掉复层金属的复合钢板焊接坡口形式

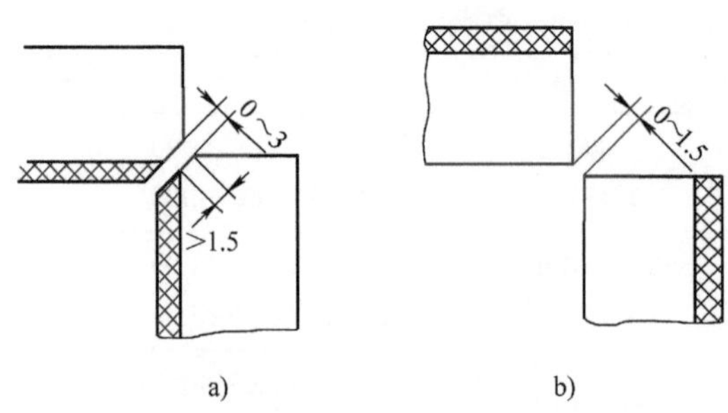

图 8-11 复合钢板焊接角接头形式

a）复层在内侧 b）复层在外侧

2）焊接顺序。先焊基层，再焊过渡层，最后焊复层，如图 8-12 所示，以保证焊接接头具有较好的耐腐蚀性。同时考虑过渡层的焊接特点，尽量减少复层一侧的焊接量。

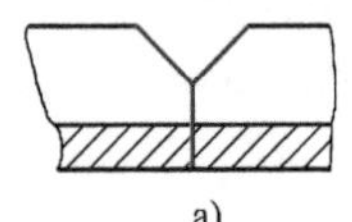

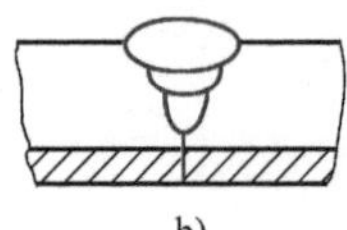

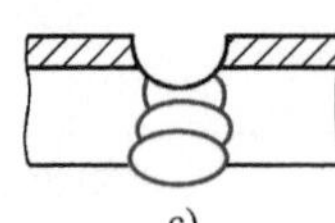

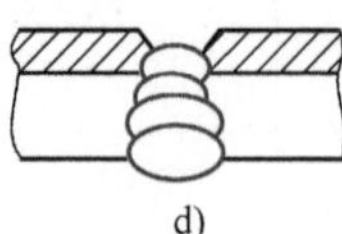

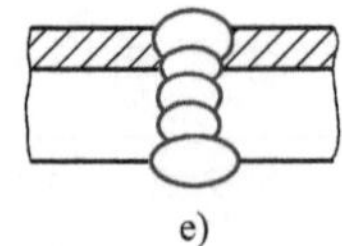

图 8-12 复合钢板的焊接顺序

a）装配 b）焊基层 c）复层清根 d）焊过渡层 e）焊复层

角接接头无论复层位于内侧或外侧，均先焊接基层。复层位于内侧时，在焊复层以前应从内角对基层焊根进行清根。复层位于外侧时，应对基层最后焊道进行打磨修光。焊复层时，可先焊过渡层，也可直接焊复层，依复合钢板厚度而定。

为了防止第一道基层焊缝金属溶入奥氏体钢，可预先将接头附近的复层金属加工掉一部分。过渡区高温下有碳扩散迁移发生，结果在交接区形成高硬度的增碳层带和低硬度的脱碳层带，使过渡区形成了复杂的组织状态，造成复合板的使用性能下降。

焊接过渡层时，为了减少基层对过渡层焊缝的稀释作用，可采用小电流，降低熔合比，选用 Cr、Ni 当量高的奥氏体焊接材料。当复合板厚度小于 25mm 时，基层也可全用 E309-16（Cr25-Ni13）焊条，但焊接残余应力大，消耗不锈钢焊条多。当复合板厚度大于 25mm 时，可先用结构钢焊条焊接基层，用纯铁焊条焊一层过渡层，最后用不锈钢焊条焊接复层。

（2）工艺要点 首先必须保证复合钢工件的装配质量，一般对接接头间隙约 1.5 ~ 2mm，保证不错边。错边量过大将直接影响过渡层和复合层的焊接质量。对于复合钢筒体件装配接头的错边量允许值见表 8-6。

表 8-6 复合钢筒体件装配接头的错边量允许值

复层厚度 /mm	纵缝错边量 /mm	环缝错边量 /mm
2 ~ 2.5	≤0.5	≤1.0
3 ~ 5	≤1.0	≤1.5

装配时的定位焊在基层钢上进行，定位焊焊缝不可产生裂纹和气孔，否则应铲去重焊。定位焊所用焊条及焊接参数与焊接时使用的相同。

先焊基层，第一道基层焊缝不应熔透到复层金属，以防焊缝金属发生脆化或产生裂纹。基层钢焊接时，仍按基层钢常规焊接电流施焊。对于过渡层的焊接，为了减少母材对焊缝的稀释率，在保证焊透的条件下，应尽量采用小电流焊接。

基层焊完后，用碳弧气刨、铲削或磨削法清理焊根，经 X 射线检验合格后，才能焊接过渡层。最后将复层焊满。要尽量减少焊缝的稀释，采用小直径焊条和窄焊道。自动焊时，采用摆动焊丝或多丝焊以减小熔合比，尽量采用直流正接。焊过渡层焊缝时，必须盖满基层焊缝，且要高出基层与复层交界线约 1mm，焊缝成形要平滑，不可凸起，否则需将凸起部分用手动砂轮打磨平整。Q235/12Cr18Ni9Ti 复合板的焊接参数见表 8-7。

表 8-7　Q235/12Cr18Ni9Ti 复合板的焊接参数

焊缝层次		焊条		焊条直径/mm	焊接电流/A	电弧电压/V
		牌号	型号			
基层	1	J427	E4315	3.2	110～130	22
	2			4	140～160	24
	3			4	150～180	26
过渡层	4	A302	E309-16（Cr23-Ni13）	4	130～140	22
复层	5	A312	E309Mo-16（Cr23-Ni13Mo2）	4	140～150	22

（3）焊后热处理　不锈复合钢热处理时，在复合交接面上会产生碳元素从基层向复层的扩散，并随温度升高、保温时间增长而加剧。结果在基层一侧形成脱碳层，在不锈钢复层一侧形成增碳层，使其局部硬化，韧性下降。基层与复层的线胀系数相差很大，加热、冷却过程中，厚度方向上产生很大残余应力，在不锈钢表面形成拉伸应力，易导致应力腐蚀开裂。

所以在不锈复合钢的焊接接头中，一般不进行消除应力热处理。但是，在极厚的复合钢的焊接中，往往要求中间退火和消除应力热处理。消除焊接残余应力的热处理最好在基层焊完后进行，热处理后再焊接过渡层和复层。若需整体热处理时，确定热处理温度时应考虑对复层耐蚀性的影响、过渡区组织不均匀性及异种钢物理性能的差异。热处理温度一般为 450～650℃（多数情况下选择下限温度而延长保温时间）。

退火后的冷却过程会产生热应力，所以退火并不能达到消除复合钢焊接接头区残余应力的预期效果。但在相当高的温度下退火时，由于焊缝金属在常温下的屈服应力降低，使不锈钢复层部分的残余应力有所降低。另外，退火可以消除基层部分的残余应力。

也可采用喷丸处理复合钢的不锈钢复层部分，使材料表面形成残余压应力，从而防止应力腐蚀裂纹的产生。

8.3　钢与有色金属的焊接

铝、铜、镍、钛等有色金属具有良好的耐蚀性、较高的比强度以及在低温下能保持良好的力学性能等特点。这些有色金属与钢焊接制成具有优良的导电、导热及耐蚀性能的异种金属结构件，有利于提高复合零部件的性能，对延长焊接产品的使用寿命、节约贵金属材料起着重要的作用。

8.3.1 钢与有色金属的焊接性特点

钢与有色金属的热物理性能相差很大，尤其是熔点和线胀系数的显著差别，加之有色金属元素与钢中的 Fe 易生成脆性化合物或低熔点共晶组织。因此，钢与有色金属焊接时接头处容易产生脆性相和很大的应力，导致出现焊接裂纹，降低接头性能。从焊接性角度分析，钢与有色金属的焊接涉及以下几方面的问题。

1. 焊接裂纹

钢与有色金属的熔点、热导率、线胀系数、力学性能都有很大的差别。焊接时低熔点的母材先熔化，而高熔点的母材仍处于固体加热状态，二者难以熔合。而且焊接过程中接头处会产生很大的热应力，增加裂纹倾向。此外，有色金属高温时容易氧化，形成高熔点的氧化膜，这些氧化膜既能形成焊缝夹渣，又直接影响焊缝的熔合，也会导致产生焊接微裂纹。

钢与铜、镍焊接时焊缝易产生热裂纹，这与接头处生成的低熔点共晶、晶界偏析以及线胀系数相差较大有关。这些低熔点共晶（如 $Cu+Cu_2O$、$Ni+Ni_3S_2$、$Ni+Ni_3P$ 等）在焊缝中的晶界偏析，削弱了晶粒间的联系，容易引起较大的焊接应力，导致热裂纹出现。

焊缝中的氧及 S、P 等杂质含量增加，会增大裂纹倾向。例如，采用无氧焊剂（$w_{SiO_2}\leqslant 2\%$、$w_{CaF_2}=75\%\sim80\%$、$w_{NaF}=17\%\sim25\%$、$w_S\leqslant0.05\%$、$w_P\leqslant0.03\%$）焊接钢与镍时，由于焊缝中的 S、P 等有害杂质减少，焊缝裂纹倾向显著减小，比用氧化能力强的低 Si 焊剂抗裂性高许多。图 8-13 所示为焊缝含镍量和焊剂的氧化能力对低碳钢与镍焊接接头裂纹倾向的影响。可见，采用氧化性强的焊剂，接头热裂纹敏感性很强，而无氧焊剂热裂纹倾向小。

为提高焊缝抗裂性，常向焊缝中加入一些合金元素，如 Mo、Mn、Al、Ti 及 Nb 等，以抑制生成低熔点共晶、细化晶粒、打乱结晶方向。这些元素也是脱氧剂，尤其是 Ti、Al 脱氧能力更强，能明显降低焊缝中的含氧量。Mn 能与 S 形成 MnS，减少 S 的有害作用。Mo 是提高活化能力的元素，能抑制高温焊缝金属多边化裂纹，提高有色金属与钢焊缝金属的抗裂能力。低碳钢与纯镍 T 形接头中，不同 Mn、Mo 含量对焊接裂纹倾向的影响如图 8-14 所示。

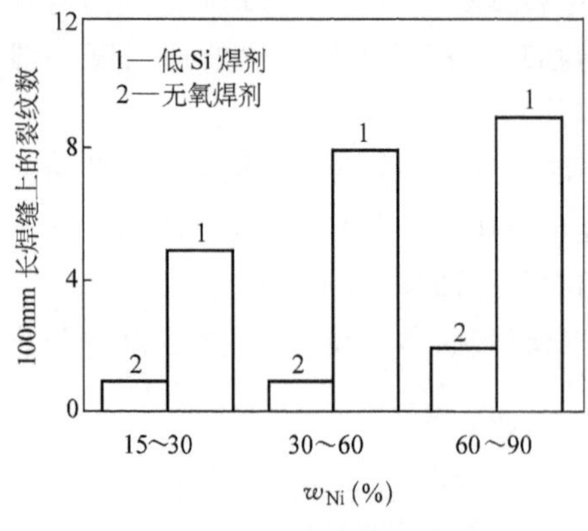

图 8-13 焊缝含镍量和焊剂的氧化能力对低碳钢与镍焊接接头裂纹倾向的影响

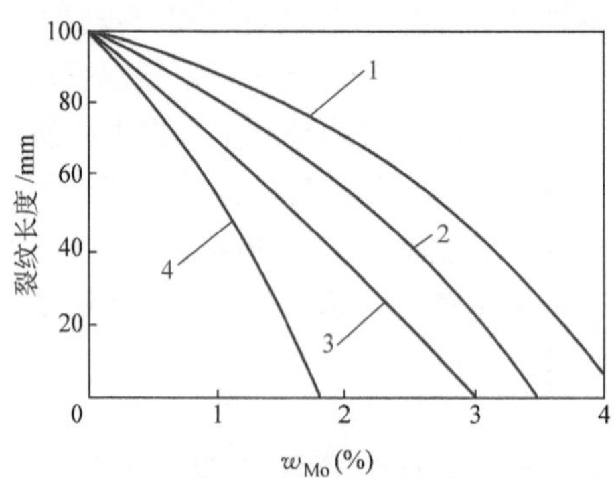

图 8-14 不同 Mn、Mo 含量对焊接裂纹倾向的影响

1—$w_{Mn}=1.28\%\sim1.42\%$　2—$w_{Mn}=1.8\%\sim2\%$

3—$w_{Mn}=2.24\%\sim2.65\%$　4—$w_{Mn}=2.75\%\sim7\%$

为防止钢与有色金属焊接时产生裂纹，可采取的工艺措施如下：

1）选用与钢和有色金属均具有良好焊接性的金属作为焊接材料。例如，钢与铜及其合金焊接时，用镍基焊条或镍-铜合金焊丝作为焊接材料进行连接。

2）预先堆焊过渡层。在有色金属母材、钢母材或同时在两种母材的坡口面上预先堆焊过渡层，然后再进行焊接。堆焊的过渡层材料应与有色金属能够互溶，结晶性能又与钢比较接近。

3）采用有色金属复合板作为中间过渡母材。以钢为基层，有色金属为复层，用复合轧制或爆炸焊的方法制成复合板，然后将钢母材与有色金属复合板的基层焊在一起、有色金属母材与复合板的复层作为同种材料焊在一起。根据复合金属板厚度，先将接头处加工成 V 形或 K 形坡口，然后再进行焊接。

4）焊后进行退火消除应力处理。退火处理工艺根据材料、焊件的结构形式和接头的应力状态等因素决定。退火处理最好在真空或氩气中进行，在空气中退火热处理后的零件要进行酸洗，以清除焊件表面的氧化膜。

2. 生成脆性化合物

钢与有色金属焊接时，由于 Al、Cu、Ti 等在 Fe 中的溶解度不同，接头处除形成固溶体外，还会形成脆性化合物，影响接头性能。例如，钢与钛焊接时，Fe 在 Ti 中的溶解度极低，室温下仅为 0.05%～0.1%（图 8-15）。当 $w_{Fe}>0.1\%$ 时，焊缝金属中容易形成脆性金属间化合物 FeTi、Fe_2Ti，使接头塑韧性严重下降，脆性增加。

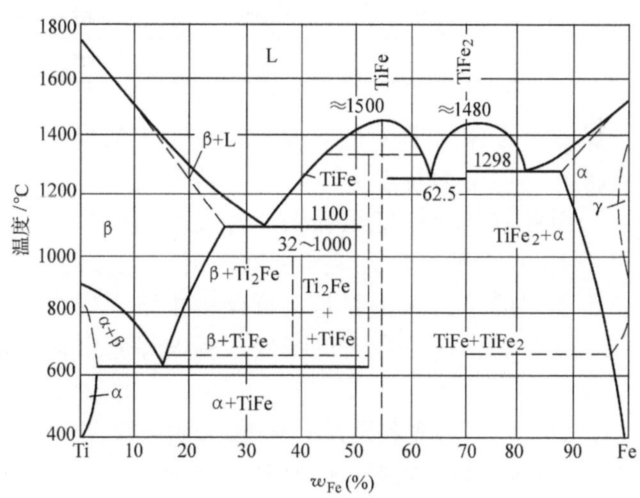

图 8-15　Fe-Ti 合金相图

焊接时，为了防止接头处产生金属间化合物，通常是在钢表面覆上一层过渡金属，并且过渡金属要求与母材基体有很好的结合性。常采用的工艺措施如下：

1）在钢表面镀上与有色金属相匹配的厚度约 30～40μm 的第三种金属作为过渡层，使钢一侧为钎焊，有色金属一侧为熔焊。

2）选择合适的填充材料，填充材料必须与有色金属具有较高的溶解度，但与钢母材的热物理性能又比较接近。

3）低熔点有色金属与钢对接焊时，采用V形或K形坡口，坡口开在钢母材一侧。焊接热源偏向有色金属一侧（电弧指向钢一侧），以使接头两侧受热情况均衡，防止过渡层金属蒸发。

4）采用Ar、He等惰性气体保护或在真空中进行焊接。

3. 焊缝中的气孔

钢与钛、镍及其合金焊接时，焊缝中很容易产生气孔。这是因为Ti、Ni基体在高温下易吸收和溶解较多的H、O、N，熔池凝固结晶时这些气体来不及析出，就会形成气孔。

氧对焊缝气孔倾向有较大的影响。采用埋弧焊焊接纯镍与Q235钢获得的铁镍焊缝（焊缝中不加其他合金元素）中，氧含量对气孔倾向的影响见表8-8。在N和H含量变化不大的情况下，焊缝中含氧量越高，焊缝中的气孔数量越多。

表8-8 镍/钢埋弧焊焊缝中气体含量和气孔数量的关系

镍/钢	焊缝化学成分（质量分数）(%)				100mm长焊缝上气孔平均数量
	Ni	O	N	H	
Ni/Q235	62.8	0.1150	0.0006	0.0004	200
Ni/Q235	60.2	0.0580	0.0006	0.0002	60
Ni/Q235	68.9	0.0200	0.0005	0.0004	1.5
Ni/Q235	69.8	0.0250	0.0005	0.0007	1.5
Ni/Q235	72.8	0.0012	0.0005	0.0006	1
Ni/Q235	70.1	0.0015	0.0005	0.0005	1

钢与镍焊接时，焊缝中的Ni含量对气孔倾向也有很大的影响。氧在铁和镍中的溶解度是不同的，氧在液态镍中的溶解度大于在液态铁中的溶解度，而氧在固态镍中的溶解度却比在铁中小。因此氧的溶解度在镍结晶时发生的突变，比在铁结晶时的突变更加明显。所以焊缝中Ni的质量分数为15%~30%时气孔倾向较小，而含镍量大时，气孔倾向明显增大。由于焊缝中的碳主要是从低碳钢中溶入的，当焊缝中镍的质量分数进一步提高到60%~90%时，钢的溶入量降低，所以焊缝中含碳量也减少，气孔倾向明显降低。

Ti与钢焊接时，Ti从250℃开始吸收氢，从600℃开始吸收氮，使焊接区被这些气体污染而产生气孔。因此，钛与钢焊接的加热区域须用惰性气体保护。

为防止钢与钛或钢与镍及其合金焊接时产生气孔，可向焊缝金属中加入Mn、Cr、Mo、Al等合金元素。这是因为Mn、Al等元素在焊接过程中有强烈的脱氧作用，同时Cr、Mo还能使焊缝金属提高对气体的溶解度，Al还能固定氮，并把氮稳定在金属化合物中。所以，有色金属与不锈钢焊接比有色金属与碳钢焊接时的抗气孔能力强。例如，纯镍与钢焊接时，若焊缝金属中含有$w_{Ni}=30\%\sim40\%$、$w_{Mn}=1.8\%\sim2.0\%$、$w_{Mo}=3.4\%\sim4.0\%$时，焊缝具有很高的抗裂性和抗气孔能力，接头抗拉强度$R_m\geqslant529$MPa，接头的冷弯角可达180°。

有色金属与钢焊接中常出现的问题、产生原因及防止措施见表8-9。

表 8-9　有色金属与钢焊接中常出现的问题、产生原因及防止措施

有色金属/钢	焊接方法	主要焊接问题	产生原因	防止措施
铝青铜/碳钢	TIG 焊	碳钢一侧出现热影响区裂纹、渗透裂纹	铜向奥氏体晶界侵入，低熔点共晶的形成	控制焊接热输入，正确选择填充材料，控制 w_{Mn}/w_S，选用双金属件作过渡接头
铝青铜/碳钢	MIG 焊	焊接裂纹、热影响区硬化	Fe 的偏析，低熔点共晶的形成	控制焊接热输入，正确选择焊丝，控制 w_{Mn}/w_S 和送丝速度，选用双金属件做过渡接头
	脉冲 TIG 焊	焊接裂纹	焊接应力的产生，散热不均匀	控制焊接热输入，特别是脉冲参数，正确选择填充材料，控制 w_{Mn}/w_S
铜/钢	扩散焊	铜母材一侧未焊透	加热温度不够，压力不足，焊接时间短，接头装配位置不正确	提高加热温度、压力及焊接时间，接头装配应合理
钛/碳钢	焊条电弧焊	焊接裂纹、氧化	焊缝中形成脆性化合物，氧化能力强	正确选择填充材料、焊接方法及工艺措施，焊前清理，加强保护
镍合金/碳钢	TIG 焊	焊缝内部气孔、裂纹	焊缝 Ni 含量高，晶粒粗大，低熔点共晶聚集，冷速过快，气体来不及逸出	通过填充材料向焊缝中加入变质剂，如 Mn、Cr，控制冷却速度，接头处清理干净

8.3.2　钢与铝及铝合金的焊接

由于铝及铝合金的密度小、比强度高，具有良好的导电性、导热性和耐蚀性，因此，近年来采用铝/钢异种金属焊接结构的产品越来越多，并在航空、造船、石油化工、原子能和车辆制造工业中显示出独特的优势和良好的经济效益。

1. 焊接性分析

铝与铁的性能相差很大，其物理性能和化学性能的比较见表 8-10。焊接过程中铝与钢的接头处会产生很大的热应力，增加裂纹倾向。

表 8-10　铝、铜与铁物理和化学性能的比较

特　性	Al	Cu	Fe	特　性	Al	Cu	Fe
周期表中的类别	ⅢA	ⅠB	ⅧB	熔点/℃	660	1083	1535
原子序数	13	29	26	沸点/℃	2519	2310	2450
相对原子质量	26.98	63.54	55.85	线胀系数/$10^{-6}\cdot K^{-1}$	24	16.8	12
原子外层电子数目	3	1	2	热导率/$W\cdot(m\cdot K)^{-1}$	217.7	395.8	66.7
晶格类型	面心立方	面心立方	α-体心立方 γ-面心立方	比热容/$J\cdot(kg\cdot K)^{-1}$	899.2	376.8	481.5
晶格常数 /nm	$a=0.404$	$a=0.361$	$a_\alpha=0.286$ $a_\gamma=0.365$	电阻率 /$10^{-6}\cdot\Omega\cdot cm$	2.66	1.72	12
原子半径 /nm	0.182	0.128	0.141	密度 /$g\cdot cm^{-3}$	2.7	8.98	7.85

钢与铝及其合金焊接时，由于 Fe 在固态 Al 中的溶解度极小（图 8-16），室温下，Fe 几乎不溶于 Al，所以冷却过程中会产生 $FeAl_3$，并且随着 Fe 含量的增加，还会出现 $FeAl_2$、

FeAl、Fe_2Al 等脆性金属间化合物，降低了接头的塑韧性，甚至会引起焊接裂纹。因此，铝合金的力学性能和焊接性受含铁量的影响较大。铝中加入铁尽管会提高强度和硬度，但也降低了铝合金的塑性，增大了接头脆性，使焊接性变差。铝在铁中的溶解度比铁在铝中的溶解度大很多倍，含大量铝的钢，具有良好的抗氧化性和耐蚀性，但脆性增大，特别是铝的质量分数超过 3% 时具有较大的脆性，也会严重影响焊接性。

夹渣也是钢与铝及其合金焊接中的主要问题之一。铝在高温时容易氧化，形成高熔点的 Al_2O_3 氧化膜，Al_2O_3 既能形成焊缝夹渣，又直接影响钢与铝的熔合。

2. 焊接工艺要点

(1) 焊接方法和焊接材料　钢与铝及其合金熔焊一般采用氩弧焊、电子束焊等方法。此外，采用摩擦焊、超声波焊、扩散焊和冷压焊等方法，也可以得到良好的接头。例如，碳钢与纯铝的冷压焊接头强度可达 80～100MPa；Al-Mg 合金与 18-8 奥氏体不锈钢冷压焊的接头强度可达 200～300MPa。但采用固相焊方法，焊件的形状受到一定的限制。

钢与铝及其合金氩弧焊时，焊丝的选择对接头强度有很大的影响。选择含少量硅的纯铝焊丝作为填充材料，可以形成优质焊接接头，抗拉强度和疲劳强度可达到铝母材水平。铝与钢的焊接不宜使用 Al-Mg 合金焊丝，因为镁不溶于铁，镁与铁的结合力很弱，而且镁还强烈促进脆性化合物的形成，这都会降低接头的强度性能。

(2) 焊前准备　焊前必须彻底清理待焊工件表面，消除氧化物薄膜。对铝件的表面处理可以用 15%～20% NaOH 或 KOH 溶液浸蚀，浸蚀后用清水冲洗，然后在 20% 的 HNO_3 水溶液中钝化，冲洗和干燥之后，放在干净的环境中待焊。

为了得到优质的钢与铝焊接接头，避免中间脆性化合物的形成，氩弧焊时可在钢表面预先涂敷 Zn、Sn、Ag 金属过渡层。试验表明，采用浸渍法在钢表面涂敷厚度 100～120μm 的锌过渡层，获得的 Q235 钢与纯铝接头强度较高，且涂敷的锌过渡层较厚，可提高接头强度，如图 8-17 所示。

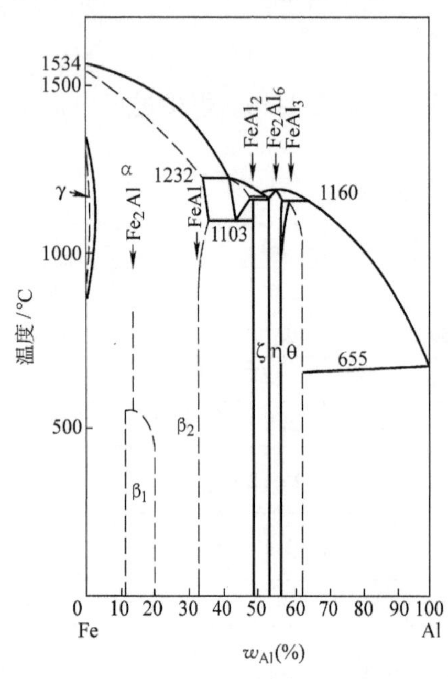

图 8-16　Fe-Al 合金相图

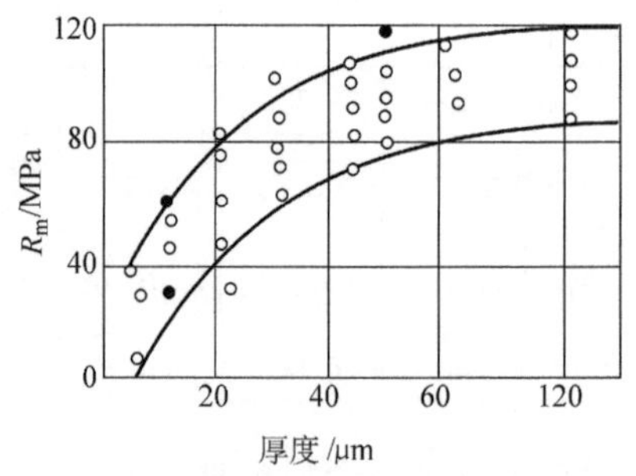

图 8-17　涂敷层厚度对钢与铝接头强度的影响

有些情况下只有一层涂敷金属层还不足以消除钢与铝焊接时产生的脆性化合物，这时需要涂敷Cu（Ag）+Zn复合过渡层，即在涂敷 Zn 层之前先涂敷一层 Cu 或 Ag 等金属。由于焊丝的熔点高于 Zn 的熔点，焊接加热时 Zn 层先熔化，漂浮在液体表面上，而 Al 在 Zn 层下与 Cu 或 Ag 层发生反应，同时 Cu 或 Ag 溶解于铝中，可以形成结合良好的焊接接头，接头强度提高到 147 ~176MPa。

（3）焊接工艺及参数　钢与铝及其合金氩弧焊时，电弧要指向铝及其合金一侧的焊丝上，以减小和防止 Zn 过渡层过多或过早地被熔化。尤其是在焊第一层焊缝时，更要注意涂敷层不能过多或过早地烧损，必须使电弧指向填充焊丝上，以防止电弧直接熔化 Zn 过渡层。铝与钢氩弧堆焊和对接焊的电弧位置如图 8-18 所示。

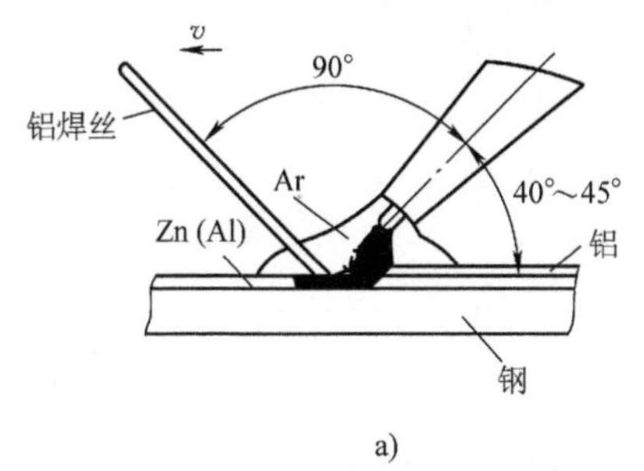

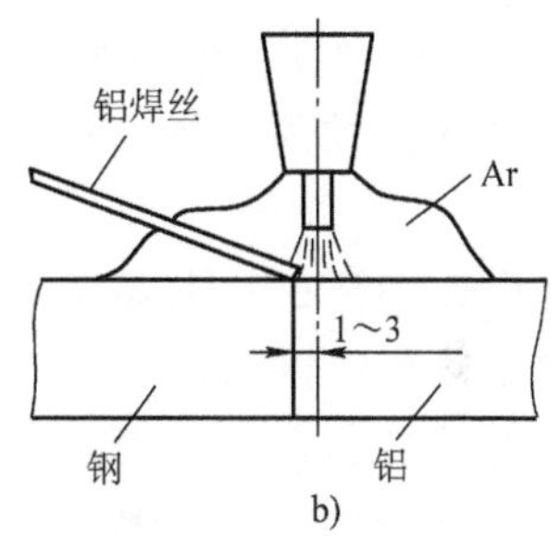

图 8-18　铝与钢氩弧堆焊和对接焊的电弧位置

a）氩弧堆焊　b）对接焊

为了避免中间脆性化合物层的形成，必须提高焊接速度，但焊接速度太快时会产生未焊透和其他的焊接缺陷，如气孔、熔合不良、夹渣等。5A06 防锈铝与 Q235 钢氩弧焊的焊接参数见表 8-11。

表 8-11　5A06 防锈铝与 Q235 钢氩弧焊的焊接参数

铝/钢	厚度 /mm	电极直径 /mm	焊接电流 /A	电弧电压 /V	焊接速度 /cm · s^{-1}	填充金属化学成分（质量分数）（%）
5A06/Q235	3	3（钨极）	110 ~130	16	0.18 ~0.22	Ni 3.5、Zn 7、Si 4 ~5、Al 余量
	6 ~8		130 ~160	18	0.18 ~0.24	
	9 ~10		180 ~200	20	0.18 ~0.28	

采用摩擦焊时，为防止产生脆性化合物，应尽量缩短接头的加热时间并施加较大的挤压力，以便将可能形成的化合物或低熔点共晶挤出接头区。但加热时间不能过短，以免塑性变形量不足而不能形成完全结合的焊缝。

采用冷压焊焊接钢与铝及其合金，有两种焊接工艺：一种是在 Al + Al_3Fe 的共晶温度以上焊接；另一种工艺是先在钢件上涂敷 Cu、Ag 或 Zn，然后再进行冷压焊。采用第一种工艺时，加热温度可控制在 654 ~660℃，这时铝还处于固态下，而共晶体已成为液态。采用第二种工艺时，先在钢件上涂敷铜，然后在 654 ~660℃下铜与铝接触时，产生 Cu-Al 共晶液相而形成接头。由于 Ag 比 Cu 不易氧化，也可镀 Ag，使 Ag-Al 固溶体与 Fe-Al 固溶体形成共晶点为 585℃的共晶液相，使共晶温度大大低于铝的熔点。

8.3.3 钢与铜及铜合金的焊接

制造某些金属结构时，常需要把钢与铜及其合金焊接在一起。钢与铜及其合金的焊接以及在钢上堆焊铜合金，不仅能制造使用性能合理的焊接结构，而且能节省大量铜材。

1. 焊接性分析

铜与铁高温时的晶格类型、晶格常数、原子半径、原子外层电子数等比较接近（表8-10），这对促进Cu与Fe的原子间扩散、界面结合和钢与铜的焊接性是有利的，而铜与铁的熔点、热导率、线胀系数等的较大差异不利于钢与铜的焊接。

钢与铜及其合金焊接时，Fe与Cu在液态时无限互溶，固态时有限互溶（图8-19），不形成金属间化合物，当Fe向Cu中扩散时，形成有限溶解度的固溶体，利于焊接过程的进行。

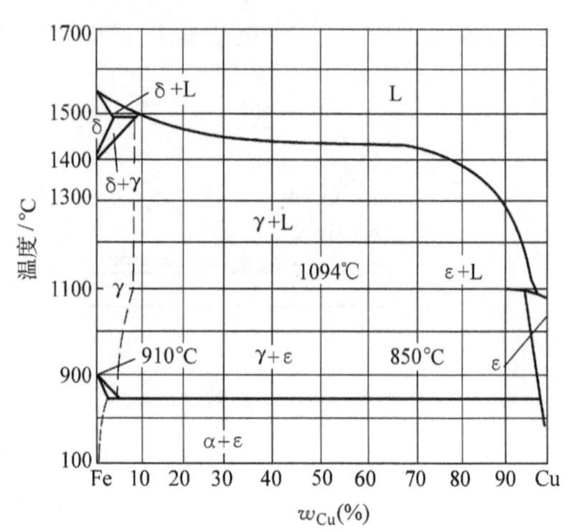

图8-19 Fe-Cu合金相图

钢与铜焊接存在的主要问题是焊缝易产生热裂纹、热影响区易产生渗透裂纹。热裂纹主要与低熔共晶、晶界偏析以及钢与铜的线胀系数相差较大有关。焊缝中出现低熔点共晶或铜的晶界偏析，在较大的焊接应力作用下，易导致热裂纹产生。不锈钢与铜及其合金焊接时，在与液态铜合金相接触的钢中易形成渗透裂纹。这种裂纹是在高温时形成的，且被铜有色金属填充。渗透裂纹可单独存在，或沿晶界呈网状分布，长度可从几微米到几十毫米。

钢与铜焊缝金属的化学成分对渗透裂纹的形成及裂纹长度有很大影响。用TIG焊把铜及铜合金堆焊在低碳钢上，不同填充材料对渗透裂纹深度和低碳钢接头性能的影响见表8-12。用Ni、Al和Si合金化的铜合金的渗透裂纹比锡青铜的裂纹少。含大量Ni的Ni-Cu合金（NiCu28）没有产生渗透裂纹。试验表明，当焊缝中$w_{Ni}>16\%$时，在铜与低碳钢接头的低碳钢一侧不产生渗透裂纹。

表8-12 铜填充材料对渗透裂纹深度和低碳钢接头性能的影响

填充材料	渗透裂纹深度/mm	对接头力学性能的影响
铜镍焊丝（NiCu28）	0	无
无氧铜焊丝	0.7	不明显
铝青铜焊丝（QAl9-2）	0.5	不明显
硅青铜焊丝（QSi3-1）	0.5	不明显
白铜焊丝（B5）	0.5	不明显
HAl 66-6	0.7	不明显
锡青铜（QSn7-0.2）	1.5	降低力学性能
锡青铜（QSn4-3）	2.0	显著降低力学性能

18-8不锈钢的组织状态对渗透裂纹也有很大影响。液态铜可浸润奥氏体，但不浸润铁素体，所以铁素体的存在将使渗透裂纹受阻。铜与不锈钢焊接，铜处于液态温度下时，如果不锈钢的组织为单相奥氏体，容易产生渗透裂纹；如果为奥氏体+铁素体双相组织，则不容易产生渗透裂纹。因此，不锈钢与铜及其合金焊接时，18-8型奥氏体+铁素体不锈钢与25-20单相奥氏体不锈钢相比，具有较高的抗渗透裂纹的能力。

2. 焊接工艺要点

(1) 焊接方法和焊接材料　钢与铜及其合金的焊接，可以采用焊条电弧焊、埋弧焊、钨极氩弧焊和电子束焊等。钢与铜及其合金薄板结构件采用TIG焊，厚度大于10mm的结构件采用埋弧焊，焊接时不必预热。此外，低碳钢与铜可直接进行电子束焊，电子束焊接热能密度大，熔化金属量少，热影响区窄，接头质量高，生产率高。由于镍与铜能以任何比例互溶，而镍与铁在结晶性能方面比较接近，所以电子束焊时最好采用Ni-Cu或Ni-Al合金作为中间过渡层。

低碳钢与铜及其合金采用焊条电弧焊时，可选用低碳钢焊条，但为了获得具有良好塑性和抗裂性的焊接接头，最好选用铜焊条，并严格控制焊缝中铁的溶入量。一般$w_{Fe}=10\%\sim40\%$时，可获得质量优良的焊接接头。例如，铜与低碳钢焊接时，选用ECu焊条（T107），获得的焊缝不易产生裂纹。硅青铜或铝青铜与低碳钢焊接时，应选用ECuSi（T207）或ECuAl（T237）焊条，焊缝可获得双相组织，这种双相组织的焊缝金属强度和抗裂性均高于纯铜。白铜与低碳钢焊接时，可选用$w_{Ni}=5\%\sim6\%$的焊接材料作为填充材料，并采用直流正接。焊缝中的w_{Fe}可达32%，焊缝金属的抗裂性较高。

不锈钢与铜及其合金采用焊条电弧焊时，若选用奥氏体不锈钢焊条易引起热裂纹，应选用Ni70-Cu30的镍-铜焊条或镍基焊条，也可选用铜焊条ECuAl（T237）。铜及其合金与钢埋弧焊和氩弧焊时应尽量选用Ni-Cu合金焊丝（蒙乃尔合金）和含Si、Al的铜合金焊丝（如HSCuAl、HSCuSi等）。铜与不锈钢焊接常用的焊丝见表8-13。

表8-13　铜与不锈钢焊接常用的焊丝

焊丝材料	型号	牌号	主要成分（质量分数）
含锡黄铜	HSCuZn-3	HS221	Sn 1.0%、Si 0.3%、Zn38.7%、Cu余量
硅青铜	HSCuSi	QSi 3-1	Si 2.75%~3.5%、Mn 1.0%~1.5%、Cu余量
锡青铜	HSCuSn	QSn 4-3	Sn 3.5%~4.5%、Zn 2.7%~3.8%、Cu余量
铝青铜	HSCuAl	QAl 9-2	Al 8.0%~10%、Mn 1.5%~3.5%、Cu余量
		QAl 9-4	Al 8.0%~10%、Fe 2.4%~4.0%、Mn 1.5%~3.5%、Cu余量
蒙乃尔合金	—	—	Ni 70%、Cu 30%

由于钢与铜合金的种类不同，焊接接头的组织与性能也不同。通常情况下，对接头的性能要求不是很高。碳素结构钢与铜采用氩弧焊焊接时，正确选用填充材料和焊接参数，接头强度一般都能达到铜母材的强度。

(2) 坡口形式　低碳钢与铜及其合金采用焊条电弧焊焊接时，低碳钢板厚度小于4mm，一般不开坡口，厚度大于4mm时要开V形坡口，坡口角度为60°~70°，钝边为1~2mm，可不留间隙。厚度大于10mm的钢与铜及其合金异种结构件采用埋弧焊焊接时，由于铜与钢的热导率相差较大，应开不对称V形坡口，坡口角度为60°~70°，铜一侧角度稍大于钢一侧，钝边为3mm，间隙为0~2mm，如图8-20a所示。焊接坡口中可以放置铝丝或镍丝，作为填充焊丝，如图8-20b所示。

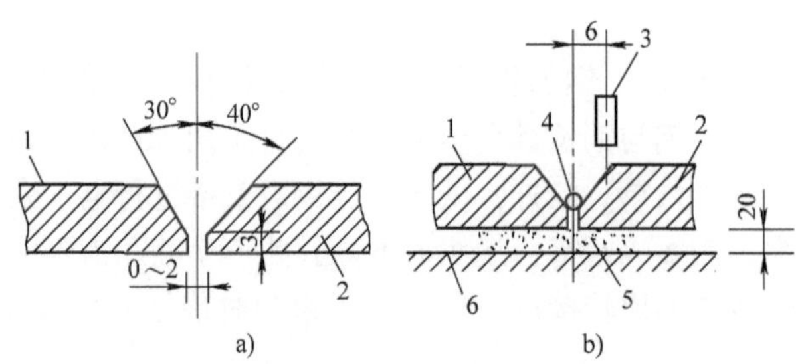

图8-20 低碳钢与铜接头及坡口形式

1—低碳钢 2—纯铜 3—添加焊丝

4—躺放焊丝 5—焊剂垫 6—平台

（3）焊接工艺及参数 焊前要严格清理钢与铜焊件、焊丝表面。钢与铜及其合金焊接时应采用小直径焊条或焊丝、小电流、快速焊，不摆动的焊接工艺。采用不同的方法焊接钢与铜及其合金的焊接参数见表8-14。

表8-14 用不同方法焊接钢与铜及其合金的焊接参数

铜/钢	焊接方法	厚度/mm	接头形式	焊条（丝）型号（牌号）	焊条直径/mm	焊接电流/A	电弧电压/V
纯铜/Q235	焊条电弧焊	3+3	对接不开坡口	E4303（J422）	2.5	66~70	25~27
纯铜/Q235		3+3	对接不开坡口	ECu（T107）	3.2	120~140	23~25
无氧铜/Q235		8+3	T形	ECu（T107）	3.2	140~160	25~26
白铜/Q235		3+3	对接不开坡口	ECuSn-B（T227）	3.2	120	24
		12+4	T形	ECuSn-B（T227）	4	280	30
纯铜/1Cr18Ni9Ti		3	对接不开坡口	Ni-Cu焊条	3.2或4	100~160	25~27
纯铜/Q235	埋弧焊	10+10	对接V形坡口	T2	4	600~660	40~42
		12+12	对接V形坡口	T2	4	700~750	42~43
纯铜/1Cr18Ni9Ti		10+10	对接V形坡口	T2	4	600~650	36~38
		20+20	对接V形坡口	T2	5	820~850	45~46
无氧铜/Q235	TIG焊	3+10	角接头	QSi 3-1	4	300	28~30

施焊过程中，控制焊接电弧必须指向铜及其合金一侧，而偏离钢一侧，距坡口中心距离约为5~8mm，尽量减少钢一侧的熔化量。采用熔-钎焊工艺连接钢与铜合金，即对铜及其合金一侧属于熔焊连接，对钢一侧则属于钎焊连接。

思考题

1. 珠光体钢与奥氏体钢焊接时，从焊接性角度分析应注意哪几个问题，为什么？

2. 如果低合金结构钢焊缝根部第 1 层用不锈钢焊条焊接，第 2 层用结构钢焊条焊接，分析这种组合焊缝是否合理？两层焊缝交界区的组织性能有什么特点？所用的不锈钢焊条应选用何种合金系，为什么？

3. 什么是碳迁移过渡层？焊接异种钢时如何防止碳的扩散迁移？

4. 低合金钢（如 Q345）与 06Cr18Ni10Ti 不锈钢焊接时，为什么有时要在低合金钢母材一侧的坡口面上堆焊过渡层？

5. 异种钢焊接时，可否在奥氏体钢一侧坡口面上用低合金钢或碳钢焊条堆焊过渡层，然后再与低合金钢或碳钢焊接？为什么？

6. 为什么采用熔焊方法很难实现有色金属与钢的可靠连接？分析有色金属与钢焊接时出现的问题有哪些，应采取什么措施？

7. 低合金钢与不锈钢焊接时，应选择什么型号或合金系的填充材料？

8. 珠光体-奥氏体异种钢焊接时，过渡区出现脆化是什么原因，如何防止？

9. 简述复合钢板的焊接程序。采用焊条电弧焊焊接 06Cr13 与 Q235 复合钢板时，应选用什么型号或合金系的焊条焊接过渡层？

10. 采用埋弧焊焊接 20g 与 07Cr19Ni11Ti 的复合钢板，针对基层、复层和过渡层，给出焊丝与焊剂的型号（或牌号）及焊接工艺要点。

11. 简述钢与有色金属焊接，在焊接性分析方面应考虑哪几个问题？

参考文献

[1] 周振丰. 焊接冶金学（金属焊接性）[M]. 北京：机械工业出版社，2000.
[2] 许祖泽. 新型微合金钢的焊接 [M]. 北京：机械工业出版社，2004.
[3] 田志凌. 超细晶粒钢（超级钢）的发展与焊接. 第十一次全国焊接会议论文集 [C]. 哈尔滨：中国机械工程学会焊接学会，2005.
[4] 李亚江. 特殊及难焊材料的焊接 [M]. 北京：化学工业出版社，2003.
[5] H Granjon. Survey of cracking tests [J]. Welding in the World，1979，17（3-4）：81～90.
[6] 田燕，等. 焊接区断口金相分析 [M]. 北京：机械工业出版社，1991.
[7] Bailey N. Weldability of high strength steels [J]. Welding and Metal Fabrication，1993，8：389～393.
[8] 于启湛. 钢的焊接脆化 [M]. 北京：机械工业出版社，1992.
[9] 陈伯蠡. 金属焊接性基础 [M]. 北京：机械工业出版社，1982.
[10] 张文钺. 焊接物理冶金 [M]. 天津：天津大学出版社，1991.
[11] 李亚江，邹增大，陈祝年，等. 焊接热循环对 HQ130 钢热影响区组织及性能的影响 [J]. 金属学报，1996，32（5）：532～537.
[12] 邹增大，李亚江，尹士科. 低合金调质高强度钢焊接及工程应用 [M]. 北京：化学工业出版社，2000.
[13] 尹士科，王征林，张晓牧，等. 焊接接头性能调控与应用 [M]. 北京：兵器工业出版社，1993.
[14] 张文钺，杜则裕，等. 国产低合金高强钢冷裂判据的建立 [J]. 天津大学学报，1983，3：61～67.
[15] 铃木春义. 钢材的焊接裂纹（冷裂纹）[M]. 梁桂芳，译. 北京：机械工业出版社，1981.
[16] 张玉凤. 静载下焊缝强度匹配对构件抗断裂性能影响的研究 [J]. 天津大学学报，1985，3：13～23.
[17] 陈伯蠡. 焊接冶金原理 [M]. 北京：清华大学出版社，1991.
[18] 李亚江，王娟，刘鹏. 低合金钢焊接及工程应用 [M]. 北京：化学工业出版社，2003.
[19] 王永达，谢仕柜. 低合金钢焊接基本数据 [M]. 北京：机械工业出版社，1994.
[20] Li Yajiang，Wang Juan，Liu Peng. Fine structure in the inter-critical heat-affected zone of HQ130 super-high strength steel [J]. Bulletin of Materials Science，2003，26（2）：273～278.
[21] Sindo Kou. Welding Metallurgy [M]. New York：A Wiley-Interscience Publication，2002.
[22] 岡毅民. 中国不锈钢腐蚀手册 [M]. 北京：冶金工业出版社，1992.
[23] 埃里希·福克哈德. 不锈钢焊接冶金 [M]. 栗卓新，朱学军，译. 北京：化学工业出版社，2004.
[24] Raberisteiner G. The welding of fully austenitic stainless steels with high Mo contents [J]. Welding in the World，1989，27（1/2）：2～12.
[25] 细井纪舟他. SUS304Lの粒界腐蚀じ及ばすP. Siの粒界偏析の影响 [J]. 铁と钢，1990，76（6）：948～953.
[26] 张其枢，堵耀庭. 不锈钢焊接 [M]. 北京：机械工业出版社，2003.
[27] David S A，et al. Effect of rapid solidification on stainless steel weld metal microstructures and its implication on the Schaeffer diagram [J]. Welding Journal，1987，66（10）：289s～300s.
[28] Thier H，et al. Solidification modes of weldments in corrosion resistant steels-how to make them visible [J]. Metal Construction，1987. 19（3）：127～130.
[29] Shankar V，Gill T，et al. Effect of nitrogen addition on microstructure and fusion zone cracking in type 316 stainless steel weld metals [J]. Materials Science and Engineering，2003，343A：170～181.

[30] Li L, Messler R W. Segregation of phosphorus and sulfur in heat-affected zone hot cracking of type 308 stainless steel [J]. Welding Journal, 2002, 81 (5): 78s ~ 84s.

[31] Li, Leijun, et al. Effects of phosphorus and sulfur on susceptibility to weld hot cracking in austenitic stainless steels [J]. Welding Research Council Bulletin, 2003, 488: 1 ~ 26.

[32] 李国栋，栗卓新，魏琪，等. 不锈钢埋弧焊单面焊双面成形工艺及其接头性能的研究 [J]. 兰州理工大学学报，2004，30 (8)：101 ~ 104.

[33] 美国金属学会. 金属手册 [M] 2版. 北京：机械工业出版社，1984.

[34] 吴玖. 双相不锈钢 [M]. 北京：冶金工业出版社，2002.

[35] Kamiya O, et al. Effect of microstructure on fracture toughness of SUS329J1 duplex stainless steel welds [J]. Welding Research Abroad, 1990, 36 (11): 2 ~ 7.

[36] 刘延材. 铁素体-奥氏体型双相不锈钢的焊接性 [J]. 焊接学报，1988，9 (12)：213 ~ 218.

[37] Tamura H, et al. Effect of δ-ferrite on low temperature toughness of type 316L austenitic stainless steel welds metal [J]. Welding Research Abroad, 1990, 36 (10): 2 ~ 8.

[38] Farrar JCM. Developments in stainless steel welding consumables [J]. Welding and Metal Fabrication, 1990, (1): 27 ~ 30.

[39] Barry Messer, et al. Welding stainless steel piping with no backing gas [J]. Welding Journal, 2002, 81 (12): 32 ~ 34.

[40] 中国机械工程学会焊接学会. 焊接手册：第2卷　材料的焊接 [M]. 3版. 北京：机械工业出版社，2008.

[41] 陈祝年. 焊接工程师手册 [M]. 北京：机械工业出版社，2002.

[42] 薛松柏，栗卓新，朱颖，等. 焊接材料手册 [M]. 北京：机械工业出版社，2005.

[43] 张子荣，时炜. 简明焊接材料选用手册 [M]. 2版. 北京：机械工业出版社，2004.

[44] 史耀武. 焊接数据资料手册 [M]. 北京：机械工业出版社，2014.

[45] 周振丰. 金属熔焊原理及工艺（下册）[M]. 北京：机械工业出版社，1981.

[46] 杨建华. 高球化稳定性低白口倾向通用铸铁焊条的研究 [J]. 焊接学报，1984，(9)：4 ~ 8.

[47] Zhou Z F, Ren Z A, Wan C G. Study of improving the hot-cracking susceptibility of the nickel iron electrode for welding cast iron [J]. Journal of Materials Engineering, 1987, (2): 175 ~ 181.

[48] 彭高峨，张保国，李凤云. 微量铋在球墨铸铁焊接接头中的行为及铁素体球墨铸铁焊条的研究 [J]. 焊接学报，1987，8 (2)：65 ~ 73.

[49] Zhou Z F, Sun D Q. Welding consumable research for compacted graphite cast iron [J]. Journal of Materials Engineering, 1991, (4): 307 ~ 314.

[50] Zou Zengda, Ren Dengyi, Wang Yong. Repair welding for chilled cast iron rolls [J]. China Welding, 1992, (1): 39 ~ 44.

[51] Sun Daqian, Zhou Zhenfeng, Ren Zhenan. Effect of Cu, Ni, Mn and Mo on the austemperability, microstructure and mechanical properties of ADI weld metal [J]. China Welding, 1996, (1): 59 ~ 65.

[52] 陆文华，李隆盛，黄良余. 铸造合金及其熔炼 [M]. 北京：机械工业出版社，1996.

[53] 赵品，谢辅洲，孙文山. 材料科学基础 [M]. 哈尔滨：哈尔滨工业大学出版社，1999.

[54] 鄢君辉，赵康，王泓，等. 球墨铸铁与45钢的摩擦焊接研究 [J]. 热加工工艺，2000，(5)：24 ~ 26.

[55] 孙大谦，周振丰，任振安，等. 奥-贝球铁焊接研究进展 [J]. 焊接学报，2000，21 (4)：92 ~ 96.

[56] 周振丰. 铸铁焊接冶金与工艺 [M]. 北京：机械工业出版社，2001.

[57] 任振安，周振丰，孙大谦. 灰铸铁同质焊缝电弧冷焊接头冷裂纹研究进展 [M]. 焊接学报，2001，22 (1)：91 ~ 96.

[58] 中国机械工程学会，中国材料研究学会，中国材料工程大典编委会. 中国材料工程大典 [M]. 北

京：化学工业出版社. 2006.

[59] 中国机械工程学会焊接学会. 焊接金相图谱 [M]. 北京：机械工业出版社，1987.

[60] 任家烈，吴爱萍. 先进材料的连接 [M]. 北京：机械工业出版社，2000.

[61] 陈茂爱，陈俊华，高进强. 复合材料的焊接 [M]. 北京：化学工业出版社，2005.

[62] 李志远，钱乙余，张九海，等. 先进连接方法 [M]. 北京：机械工业出版社，2000.

[63] 刘联宝，等. 陶瓷—金属封接技术指南 [M]. 北京：国防工业出版社，1990.

[64] 方洪渊，冯吉才. 材料连接过程中的界面行为 [M]. 哈尔滨：哈尔滨工业大学出版社，2005.

[65] 李亚江，等. 先进材料焊接技术 [M]. 北京：化学工业出版社，2012.

[66] 陈沛生. 钎焊手册 [M]. 北京：机械工业出版社，1999.

[67] Hirose A, Fukumoto S, Kobayashi K F. Joining process for structure application of continuous fibre reinforced MMC [J]. Key Engineering Material, 1995 (104-107): 853 ~872.

[68] Hall I W, Lim J M, Lepetitcorps Y, et al. Microstructure analysis of isothermally exposed Ti/SiC MMC [J]. Journal of Materials Science, 1992 (27): 3835-3842.

[69] Blue C A, Sikka V K, Blue R A, et al, Infrared transient-liquid-phase joining of SCS-6/β21S Ti matrix composite [J]. Metallurgical and Material Transactions, 1996 (27A): 4011 ~4018.

[70] 吴爱萍，邹贵生，任家烈. 先进结构陶瓷的发展及其钎焊连接技术的进展 [J]. 材料科学与工程学报，2002，20 (1)：104-106.

[71] 冯吉才，靖向盟，张丽霞，等. TiC 金属陶瓷/钢钎焊接头的界面结构和连接强度 [J]. 焊接学报，2006，27 (1)：5-8.

[72] 辛志杰，等. 超硬与难磨削材料加工技术实例 [M]. 北京：化学工业出版社，2013.

[73] 中国航空研究院. 复合材料连接手册 [M]. 北京：航空工业出版社，1994.

[74] 刘黎明，高振坤，董长富，等. Al_2O_3p/6061Al 铝基复合材料扩散焊接工艺 [J]. 焊接学报，2004，25 (5)：85 ~88.

[75] 潘春旭. 异种钢及异种金属焊接 [M]. 北京：人民交通出版社，2000.

[76] 何康生，曹雄夫. 异种金属焊接 [M]. 北京：机械工业出版社，1986.

[77] Pan C, Zhang Z. Characteristics of the weld interface in dissimilar austenitic-pearlitic steel welds [J]. Materials Characterization, 1994, 33 (2): 87 ~92.

[78] Wang Z, Xu B, Ye C. Study of the martensite structure at the weld interface and the fracture toughness of dissimilar metal joints [J]. Welding Journal, 1993, 72 (9): 397s ~402s.

[79] 李亚江，王娟，等. 异种难焊材料的焊接及工程应用 [M]. 北京：化学工业出版社，2014.

[80] 顾钰熹. 特种工程材料焊接 [M]. 沈阳：辽宁科学技术出版社，1998.

[81] 刘中青，刘凯. 异种金属焊接技术指南 [M]. 北京：机械工业出版社，1997.

[82] 郭久柱，周振华，李湘多，等. 不锈钢与铝合金薄壁管的摩擦焊 [J]. 焊接学报，1992，13 (4)：231 ~236.

[83] 程景玉. 紫铜和低碳钢的手工电弧焊 [J]. 焊接学报，1998 (8)：20 ~21.

[84] 杜国华. 实用工程材料焊接手册 [M]. 北京：机械工业出版社，2004.